Uwe Altenburg

Embedded Systems

Entwurf und Anwendung von Single-Chip-Systemen mit STM32

Rheinwerk
Computing

Liebe Leserin, lieber Leser,

mit Embedded Systems haben Sie sich ein spannendes Thema vorgenommen – nämlich das Beste aus den beiden Welten der Hardware und der Software, eingebettet in einen übergeordneten technischen Kontext.

In diesem Buch werden Sie von der Planung eines eingebetteten Systems bis hin zum passenden Betriebssystem und einer eigenen Skriptsprache an die Hand genommen und durch den Prozess begleitet.

Ihr Reiseführer ist dabei Uwe Altenburg, ein erfahrener Dozent, der sich hervorragend darauf versteht, auch komplexe Sachverhalte verständlich und praxisnah zu vermitteln.

Sie können dabei selbst entscheiden, ob Sie ganz von vorne beginnen und das Buch beispielsweise als Ausbildungsbegleiter nutzen möchten, oder mit den fortgeschritteneren Themen wie zum Beispiel den (automatisierten) Tests starten möchten, wenn Sie schon Vorkenntnisse mitbringen.

Nun aber auch noch ein Wort in eigener Sache: Wir möchten nicht nur gute Bücher machen, sondern immer bessere. Wir hoffen dazu beizutragen, dass Sie so lernen können, wie Sie es sich wünschen – effizient, mit Spaß, in einem angenehmen Tempo ... was immer Ihnen wichtig ist. Und wer könnte besser sagen, ob uns das gelungen ist, als Sie? Deshalb freuen wir uns, wenn Sie Feedback für uns haben! Wie hat es Ihnen gefallen? Können wir noch etwas verbessern?

Überhaupt sind wir gern im Austausch: Gibt es ein IT-Thema, zu dem Sie ein Buch am Markt vermissen? Etwa, weil es zu einer Veranstaltung an der Hochschule keine genau passende Literatur gibt, oder weil Sie sich in ein neues Framework einarbeiten möchten? Dann melden Sie sich gern!

Und nun viel Spaß und Erfolg mit den Embedded Systems!

Ihre Almut Poll
Lektorat Rheinwerk Computing

almut.poll@rheinwerk-verlag.de
www.rheinwerk-verlag.de
Rheinwerk Verlag · Rheinwerkallee 4 · 53227 Bonn

Auf einen Blick

Wir hoffen, dass Sie Freude an diesem Buch haben und sich Ihre Erwartungen erfüllen. Ihre Anregungen und Kommentare sind uns jederzeit willkommen. Bitte bewerten Sie doch das Buch auf unserer Website unter **www.rheinwerk-verlag.de/feedback**.

An diesem Buch haben viele mitgewirkt, insbesondere:

Lektorat Almut Poll, Lisa Helmus
Korrektorat Sibylle Feldmann, Düsseldorf
Herstellung Stefanie Meyer
Typografie und Layout Vera Brauner
Einbandgestaltung Lisa Kirsch
Coverbilder Unsplash © Vishnu_Mohanan; shutterstock: 2495468253 © Mentor57; shutterstock_2432854517 © Louiza Houache; shutterstock_2375569273 © NicoElNino; shutterstock_2216535707 © Gorodenkoff; Shutterstock_710787151 © Nordroden; iStock_641142336 © PhonlamaiPhoto
Satz SatzPro, Krefeld, gesetzt aus der TheAntiquaB (9,35/13,7 pt) in FrameMaker
Druck Beltz Grafische Betriebe, Bad Langensalza

FSC
www.fsc.org
MIX
Papier | Fördert gute Waldnutzung
FSC® C089473

Dieses Buch wurde mit mineralölfreien Farben auf chlorfrei gebleichtem und FSC®-zertifiziertem Offsetpapier (90 g/m²) gedruckt.

Der Umwelt zuliebe wurde auf die Einschweißfolie verzichtet.

Hergestellt in Deutschland.

Bibliografische Information der Deutschen Nationalbibliothek:
Die Deutsche Nationalbibliothek verzeichnet diese Publikation in der Deutschen Nationalbibliografie; detaillierte bibliografische Daten sind im Internet über *http://dnb.dnb.de* abrufbar.

ISBN 978-3-367-10457-4

1. Auflage 2025

Rheinwerk Verlag GmbH • Rheinwerkallee 4 • 53227 Bonn
service@rheinwerk-verlag.de

Informationen zu unserem Verlag und Kontaktmöglichkeiten finden Sie auf unserer Verlagswebsite **www.rheinwerk-verlag.de**. Dort können Sie sich auch umfassend über unser aktuelles Programm informieren und unsere Bücher und E-Books bestellen.

Inhalt

Materialien zum Buch

Auf der Webseite zu diesem Buch stehen folgende Materialien für Sie zum Download bereit:

- **Die komplette Software in C und C#**

Gehen Sie auf *www.rheinwerk-verlag.de/5989*. Klicken Sie auf den Reiter MATERIALIEN. Sie sehen die herunterladbaren Dateien samt einer Kurzbeschreibung des Dateiinhalts. Klicken Sie auf den Button HERUNTERLADEN, um den Download zu starten. Je nach Größe der Datei (und Ihrer Internetverbindung) kann es einige Zeit dauern, bis der Download abgeschlossen ist.

Kapitel 1
Einleitung

Welches war das erste Embedded System, und zu welchem Zweck wurde es entwickelt? Mit der Antwort auf diese Frage treten wir in wirklich große Fußstapfen.

Als im Juli 1969 die beiden Astronauten Neil Armstrong und Edwin »Buzz« Aldrin mit ihrer Mondlandefähre Eagle auf dem Mond aufsetzten, war das zweifelsohne ein Meilenstein in der Raumfahrt. Noch heute sind die Namen der ersten beiden Astronauten auf dem Mond wohl jedem bekannt.

1.1 Embedded Systems

An Bord der Landefähre flog damals ein Gerät mit, das die Entwicklung der Computertechnik in den nächsten Jahrzehnten und indirekt sogar bis heute maßgeblich beeinflusst hat, das aber kaum jemand kennt. Es handelt sich um das erste *eingebettete System*, den *Apollo Guidance Computer*.

Zu der damaligen Zeit waren Computer unglaublich groß und schwer, und sie benötigten eine leistungsstarke Stromversorgung. Der Apollo Guidance Computer (AGC) war mit seinen Abmessungen von 55 × 30 × 15 cm kaum größer als eine Schuhschachtel, wog »nur« 32 kg und hatte eine Leistungsaufnahme von gerade einmal 55 W. Bis vor ein paar Jahren hätte man dies mit einer Glühlampe gleichgesetzt, heute entspricht das schon fünf bis sechs LED-Leuchten. Warum hatte aber gerade dieser Computer einen so großen Einfluss auf die weitere Entwicklung technischer Systeme?

Der Apollo Guidance Computer war der erste integrierte Computer – CPUs als Schaltkreise gab es ja noch nicht. Stattdessen war der AGC aus 4.100 einfachen Logikschaltungen, zweifachen NOR-Gatter mit jeweils drei Eingängen, aufgebaut, was an sich schon eine große Leistung war. Noch bemerkenswerter war jedoch sein fortschrittliches Softwarekonzept.

Der Computer hatte mehrere Aufgaben, die die Navigation und Steuerung der Landefähre betrafen. Er berechnete mithilfe eines *Inertialsystems* ständig die aktuelle Position und Lage der Fähre, konnte die Entfernung zur Oberfläche des Mondes mittels eines Radars messen und steuerte, je nach gewähltem Programm, selbsttätig das Haupttriebwerk. Außerdem konnten die Astronauten über eine einfache, aber zweckmäßige Bedieneinheit, das sogenannte DSKY, Programme wählen und Statusinformationen ablesen. Während Computer zu der Zeit meist noch *batchprogrammiert* wurden, also eine konkrete Aufgabe, einen *Job*, in Form eines Lochkartenstapels, dem *Batch*, erhielten, musste der AGC mehrere Jobs *gleichzeitig* ausführen.

Neben der für sich genommen schon beeindruckenden Minimalisierung war es insbesondere diese gleichzeitige und zudem *prioritätsabhängige Ausführung* mehrerer kritischer Aufgaben unter Echtzeitbedingungen, die die Software des AGC so besonders machte. Das erforderte eine ganz neue Art der Programmierung. Software, die unter allen Umständen funktionierte, war bis dahin nicht üblich. Die Computerprogramme dieser Zeit konnten bei einem Fehler anhalten – das war beim AGC keine Option.

Die Genialität des AGC hinsichtlich seiner Hardware, aber besonders hin-sichtlich seiner Software in Bezug zum Stand der Technik, kann man aus heutiger Sicht nur noch schwer nachvollziehen. Für die Zeit und das damalige Wissen kann man diese Leistung jedoch gar nicht genug würdigen. Bis zu 300 Ingenieure arbeiteten an der Entwicklung dieses einen Systems und parallel an der Lösung vieler Probleme, die zu der Zeit völliges Neuland waren.

Es sind also mehrere Aspekte, die mit dem AGC erstmals in einem System vereint wurden. Dazu gehören Begriffe wie *Multitasking* und *Echtzeit*, die das erste Mal relevant waren, und auch der Begriff des *Software-Engineerings* wurde damals geprägt. Wer sich für eine detaillierte Dokumentation der Architektur und der Software des AGC interessiert, dem sei an der Stelle das Buch »The Apollo Guidance Computer« von Frank O'Brien empfohlen (siehe Quelle 1 im Literaturverzeichnis).

Die wesentlichen Eigenschaften eines eingebetteten Systems, wie der direkte Bezug zur Hardware, die Echtzeitfähigkeit und die Robustheit, wurden damals definiert. Auch wenn man heute technologisch deutlich mehr Möglichkeiten hat, so gelten die Grundlagen unverändert.

1.2 Was bietet das Buch

Sie studieren Informatik, Elektrotechnik oder Elektronik und wollen sich mit dem Entwurf eines modernen eingebetteten Single-Chip-Systems befassen? Das ist genau Ihr Buch! Vielleicht sind Sie aber bereits auf diesem Gebiet tätig und suchen nach Anregungen? Auch dann finden Sie sicher die eine oder andere Idee zur Programmierung eines Mikrocontrollers aus der STM32-Familie.

Kann man heute noch selbst Hardware entwickeln, ein eigenes Betriebssystem schreiben oder vielleicht eine eigene Programmiersprache? Die Hardware von heutigen PCs ist schon sehr speziell, und dafür selbst noch etwas entwickeln zu wollen, ist zumindest einmal recht anspruchsvoll. Dagegen kann man mit etwas Einarbeitung einen modernen 32-Bit-Mikrocontroller wie den STM32, den wir hier im Buch betrachten wollen, sehr gut verstehen und demnach sicher anwenden. Es gibt natürlich verschiedene Alternativen, wie beispielsweise die bekannten Arduinos, die sehr leistungsfähigen ESP32-Mikrocontroller oder auch die Raspberries, mit denen man aufgrund ihrer Frameworks und der riesigen Community sehr schnell zu erstaunlichen Ergebnissen kommt.

Schon immer war jedoch das Verständnis einer Sache wertvoller als die bloße Anwendung. Mit diesem Ansatz soll im vorliegenden Buch ein Mikrocontroller-Modul bestehend aus einer Hardware, einem minimalen Betriebssystem und sogar einer integrierten Interpreter-Sprache komplett, ohne die Nutzung von Frameworks – also *bare metal* –, entwickelt werden.

Dieses Buch deckt dazu ein sehr breites Spektrum ab – quasi die komplette Entwicklung einer eigenen kleinen Mikrocontroller-Hardware bis hin zur dazu passenden PC-Software. Als Leser oder Leserin finden Sie in der umfangreichen Software zum Buch viele Lösungen und Anregungen für eigene Entwicklungen. Dennoch bekommen Sie hier kein »Bauplan-Buch« im eigentlichen Sinne, stattdessen stehen immer die Funktion und das Verständnis im Vordergrund. In diesem Sinne ist es eher ein sehr praxisorientiertes Lehrbuch.

1.3 Die Software zum Buch

Zum vorliegenden Buch gehört eine sehr umfangreiche Software, die für den Mikrocontroller in C und für den PC in C# erstellt wurde. Die Software soll nicht als Anhang oder gar als Zugabe verstanden werden. Vielmehr bilden das Buch und die Software eine Einheit bzw. ergänzen sich. Im Text werden Variablennamen verwendet, die man exakt so auch im Quelltext wiederfinden kann. Ebenso wurden Funktions- und Dateinamen übereinstimmend benannt. Für ein genaues Verständnis des Buchtexts empfiehlt es sich daher, an manchen Stellen den Quelltext offen zu haben und mitzulesen. Dazu reicht in jedem Fall ein Texteditor. Allerdings hat die Verwendung professioneller Entwicklungstools schon Vorteile, weil man dann leicht zwischen Referenzen und Definitionen wechseln kann.

Die Software kann als Zip-Datei vom Verlagsserver heruntergeladen werden. Nach dem Entpacken ist im Verzeichnis *Embedded Systems* die Software wie in Abbildung 1.1 strukturiert.

```
Embedded Systems
        ├── AL10
        ├── BasicOS
        ├── BootLoader
        ├── CodepadIDE
        └── EmbeddedBASIC
                  ├── Builder
                  ├── Download
                  ├── Emulator
                  ├── Runtime
                  ├── TestResults
                  └── UnitTests
```

Abbildung 1.1 Verzeichnisstruktur der Software

Dabei enthält der oberste Ordner *AL10* die Layoutdaten des Breakout-Boards aus Kapitel 2, »Hardware«. Die Bezeichnung *AL10* ist die vom Autor verwendete eigene Bezeichnung. Da im Buch nur diese eine Hardware beschrieben wird, erscheint der Name sonst nicht weiter – es wird stattdessen immer nur vom Breakout-Board gesprochen.

Im Ordner *BasicOS* befindet sich der komplette C-Quelltext des in Kapitel 4, »Betriebssystem«, entwickelten Betriebssystems. Wenn also in Kapitel 4 Bezug auf Dateien genommen wird oder Bezeichner von Variablen oder Typen genannt werden, befinden sich die entsprechenden Dateien in diesem Ordner. Man kann darin dann direkt nach den Dateien oder Bezeichnern suchen.

Der Ordner *BootLoader* enthält den C-Quelltext des in Kapitel 3, »Bootloader«, entwickelten Bootloaders. Es gilt auch hier, dass Dateien und Bezeichner mit den im Buch verwendeten Namen übereinstimmen.

Der Ordner *CodepadIDE* enthält die Installationsdatei des in Kapitel 5, »Embedded BASIC«, verwendeten *Application Development Tool*. Der Quelltext zu diesem Tool ist zu umfangreich und wird im Buch auch nicht näher erläutert. Aus diesen Gründen ist hier nur die Installation enthalten. Installation und Nutzung des Tools sind zwar in keiner Weise eingeschränkt, jede Installation erfolgt jedoch immer auf eigenes Risiko. Weder der Autor noch der Verlag übernimmt irgendeine Haftung für Schäden, die sich aus der Installation oder Nutzung der Software ergeben. Zusätzlich enthält der Ordner auch die Beispiele, die in Embedded BASIC geschrieben sind und im Buch aufgeführt werden.

Die Ordner sind alle noch weiter strukturiert, aber insbesondere der Ordner *Embedded-BASIC* enthält mehrere teils recht umfangreiche Projekte, die alle auf dem PC laufen und in C# erstellt sind. Im Grunde enthält der Ordner *EmbeddedBASIC* nur eine Visual Studio Solution, die aus mehreren Projekten besteht.

Da wäre zunächst das Projekt *Builder* zu nennen, das den Übersetzer für Embedded BASIC enthält. In Kapitel 7, »Übersetzer«, wird der Übersetzer näher erläutert und entwickelt. Der gesamte Quelltext ist in C# erstellt und kann als Referenz für einen eigenen Compiler angesehen und genutzt werden.

Mit *Emulator* ist die Emulation des Skript-Interpreters auf dem PC gemeint, die in Kapitel 6, »Interpreter«, beschrieben wird. Das Projekt *Emulator* verwendet seinerseits das Projekt *Runtime*, was den Quelltext des Interpreters als DLL generiert. Sowohl für den Builder als auch für die Runtime existieren Tests, die diese Projekte mittels des C#-Testframeworks von Visual Studio überprüfen. Die Unit-Tests finden Sie im Ordner *Unit-Tests*. Die Unit-Tests sind keineswegs vollständig, sie dienen eher als Beispiel dazu, wie man C# und C gemeinsam testen kann.

Schließlich ist im Ordner *Download* noch ein Tool zu finden, mit dem man Intel-Hex-Dateien, wie sie der Builder und auch der GCC-Compiler generieren, in den Mikrocontroller laden kann. Im Verzeichnis befinden sich die kompletten Quellen in C#. Die vollständige oder teilweise Nutzung dieser Software für den privaten Gebrauch oder im Rahmen einer Ausbildung ist komplett frei und unterliegt keinen Einschränkungen.

Der enorme Umfang der Quellen ergibt sich schon daraus, dass alles komplett funktionierende Software ist. Es sind also keine einfachen oder bewusst kurz gehaltenen Beispiele, sondern vielmehr komplette Applikationen. Der Einstieg in die gesamten Quellen wird sicher etwas Zeit benötigen, auf der anderen Seite findet man so vielleicht noch die eine oder andere Inspiration.

Nutzung der Software

Das umfangreiche Softwarepaket zu diesem Buch ist für jegliche private Nutzung sowie für Ausbildungs-, Schulungs- oder Lehrzwecke uneingeschränkt nutzbar. Sämtliche Quellen dürfen zu eben diesen Zwecken kopiert, auf mehrere Rechner verteilt und von mehreren Nutzerinnen und Nutzern gleichzeitig verwendet werden, solange der Ursprung ersichtlich bleibt.

Jede kommerzielle Nutzung, und sei es auch nur in Teilen, erfordert jedoch die vorherige Zustimmung des Autors!

1.4 Verwendete Entwicklungstools

Für die Entwicklung einer Leiterplatte bieten sich verschiedene Tools an. Ein freies Layoutprogramm ist dabei *KiCad*, zu dem es eine große Community gibt. Das Layout hier im Buch ist dagegen mit *Fusion 360* erstellt worden. Fusion 360 ermöglicht neben dem Leiterplattendesign darüber hinaus die Konstruktion von Gehäusen oder anderen mechanischen Teilen – auch für einen anschließenden 3-D-Druck. Diese Software ist zwar lizenzpflichtig, für die nicht kommerzielle Nutzung steht aber eine limitierte Version zum Download zur Verfügung. Das Board hier aus dem Buch erfüllt die Limitierungen der freien Version. Studierende dürften darüber hinaus einen kostenlosen Zugang über ihre Hochschule bekommen.

Die eigentliche Systemprogrammierung erfolgt in C unter Nutzung des *GNU-C-Compilers* (GCC). Für die Erstellung von C-Programmen gibt es eine Vielzahl von Entwicklungsumgebungen. Je nach Zielplattform haben sich verschiedene Programme etabliert. Für die STM32-Familie eignet sich eine Eclipse-IDE wie beispielsweise die STM32CubeIDE sehr gut. Sie ist für die STM32-Familie frei verfügbar und bietet für alle STM32-Typen gezielt Unterstützung. Auch die Debug-Möglichkeiten sind bei dieser Entwicklungsumgebung sehr gut. Die Software für den STM32 wird unter Nutzung der CMSIS-Library erstellt. Dabei handelt es sich um eine quelloffene und sehr gut dokumentierte Bibliothek (siehe Quelle 2 im Literaturverzeichnis) für alle ARM-Mikrocontroller.

Bei der Erstellung der PC-Software mit C# steht *Microsoft Visual Studio* ganz oben. Die Unterstützung für C#, aber natürlich auch für C, ist außerordentlich gut. Die Software ist lizenzpflichtig, es gibt aber eine sogenannte Community-Version, die eine sinnvolle Einschränkung auf nicht kommerzielle Nutzung hat. Funktional ist die Version nicht eingeschränkt, auch nicht hinsichtlich einer Codegröße. Studierende an Hochschulen sollten uneingeschränkten Zugang zu den aktuellen Versionen von Visual Studio haben, und professionelle Softwareentwickler besitzen sicher eine entsprechende Lizenz.

Wer nicht mit Visual Studio arbeiten möchte, kann auch *Visual Studio Code* verwenden. Das ist in der Tat ein freier und sehr flexibel konfigurierbarer Source-Code-Editor. Für die Entwicklung von C# benötigt man von Microsoft ein C# Dev Kit, das man aus dem Editor heraus installieren kann. Natürlich unterstützt der Editor auch C und die GNU-Compiler für ARM.

Jede andere Präferenz hinsichtlich des Source-Code-Editors oder des C-Compilers ist ebenso möglich!

Legen wir los ...

Kapitel 2
Hardware

Hardware selbst entwerfen zu können, eröffnet ganz neue Möglichkeiten und schafft zudem auch mehr Freiheit für eigene Software.

Hardwareentwicklung ist ein Gebiet, an das sich Informatiker nicht gern herantrauen. Die Gründe sind sicher unterschiedlich, und natürlich gibt es sehr viel Auswahl, sodass eigentlich keine Notwendigkeit besteht, Hardware selbst entwickeln zu müssen. Auf der anderen Seite eröffnen sich dadurch aber ganz neue Möglichkeiten – kann man sie doch so gestalten, wie man das selbst für richtig hält. Abgesehen davon macht es natürlich Spaß und schafft ein erhabenes Gefühl, wenn dann tatsächlich etwas funktioniert. Für den Einstieg sind gerade die Single-Chip-Systeme mit einem Mikrocontroller sehr gut geeignet.

2.1 Single-Chip

Da die Bezeichnungen *Single-Chip-System* oder auch *System-On-a-Chip* (SOCs) nicht exakt definiert sind und man darunter verschiedene Alternativen verstehen kann, soll im Folgenden eine Unterscheidung vorgenommen werden. Letztlich geht es darum, zu erklären, was im Rahmen des vorliegenden Buchs darunter verstanden werden soll.

2.1.1 Entwicklung

Wenn man einige Jahre zurückschaut, erfährt man, dass die Herstellung von spezifischen integrierten Schaltkreisen mit der Entwicklung der digitalen Armbanduhren begann. Erste Modelle gab es bereits 1970, aber spätestens in den 1980er-Jahren entwickelte sich dieser Markt enorm. Die Funktionalitäten, die in einer Uhr integriert werden konnten, nahmen immer mehr zu – erst nur eine Stoppuhr, später dann sogar noch ein Taschenrechner. Das war möglich, weil man kundenspezifische Schaltkreise (ASICs – *Application Specific Integrated Circuits*) in großer Stückzahl herstellen konnte. Neben der Digitallogik für die Uhr waren gleich noch die LCD-Treiber auf dem Chip integriert. Diese Schaltkreise waren die ersten Systems-On-a-Chip, allerdings hatten alle immer nur genau eine Aufgabe – waren also nicht programmierbar.

Parallel entwickelte sich eine weitere Art von Single-Chip-Systemen, die kundenspezifisch programmierbar waren. Die erste Schaltkreisfamilie dieser Art stammte von *Texas Instruments* (TI) aus dem Jahr 1974 – der TMS1000 (siehe Quelle 3 im Literaturverzeichnis). Dieser 4-Bit-Mikrocontroller war in der Fertigung programmierbar, also nur bei TI selbst, und wurde in großer Stückzahl in Consumer-Produkten wie etwa Spielen (*Speak & Spell*) eingesetzt. Der Gedanke, alle nötigen Komponenten wie den Prozessor, den Speicher sowie die Ein- und Ausgänge auf einem Chip zu integrieren, und die dafür genutzte Bezeichnung *Computer-On-a-Chip* gehen auf diesen Schaltkreis zurück und wurden von TI sogar patentiert (siehe Quelle 4 im Literaturverzeichnis). Die gängige Bezeichnung *Mikrocontroller* für einen Prozessor mit Speicher plus Peripherie für eingebettete Anwendungen setzte sich erst später durch.

Der erste Single-Chip-Prozessor stammt dagegen von Intel: der 4004 aus dem Jahr 1971. Ein Prozessor ist ein hochintegrierter Chip, aber insofern kein Single-Chip-System, weil nicht alle Komponenten auf einem Chip zusammengefasst werden – in der Regel wird bei einem Prozessor zumindest der Speicher extern angeschlossen, meist aber auch die Peripherie (siehe Quelle 5 im Literaturverzeichnis).

Die Entwicklung der Mikrocontroller ist jedoch eng mit der Entwicklung der Prozessoren verbunden. Oft wurden die Kerne für Mikrocontroller direkt von bereits vorhandenen Prozessoren abgeleitet und lediglich um den Speicher und die Peripherie ergänzt.

Während für die TMS1000-Familie noch ein spezieller Hardware-Emulator für den Programmentwurf benötigt wurde, kamen im nächsten Entwicklungsschritt Mikrocontroller mit EPROM auf den Markt. Diese Varianten hatten das typische Fenster im Chip und waren mittels UV-Licht löschbar. So konnte man in der Zielhardware zunächst mit der EPROM-Version arbeiten, und erst für die Serie wurde der endgültige Programmstand in einmal programmierbare Mikrocontroller »gebrannt« (OTP – *One Time Programmable*). Oft wurden dann auch nur die teureren EPROM-Varianten verwendet, und das Fenster wurde einfach zugeklebt, um versehentliches Löschen zu verhindern.

Anfang der 1990er-Jahren boten zuerst *Microchip* und später auch alle anderen Hersteller Mikrocontroller mit EEPROM an. So konnte man denselben Mikrocontroller mehrfach im System programmieren (ISP – *In System Programmable*). Diese Variante setzte sich schließlich durch – der EEPROM wurde später nur durch einen kostengünstigeren und größeren FLASH-Speicher ersetzt.

Vergleicht man die erforderlichen Initialkosten bzw. die rentable Stückzahl, so sind diese bei kundenspezifischen Schaltkreisen am höchsten, was sich demnach nur bei einer sehr hohen Stückzahl rechnet, wie etwa bei Uhren oder einfachen Taschenrechnern. Bei den heutigen Mikrocontrollern fallen dagegen kaum Initialkosten an, und selbst geringste Stückzahlen sind bereits rentabel.

Heute findet man auf einem Chip den Prozessor, den Speicher, die Peripherie, man kann den Speicher einige Tausend Male neu programmieren, und es ist sogar möglich, das laufende Programm im fertigen System zu debuggen. Das soll in diesem Buch unter Single-Chip-System verstanden werden.

2.1.2 Anwendungen

Wie bereits angedeutet, sind Mikrocontroller heute für sehr spezifische Anwendungen geeignet, weil man keine große Stückzahl benötigt, um rentabel zu sein. Außerdem haben moderne Mikrocontroller ein enormes Potenzial. Mit Speichergrößen von bis zu 1 MB FLASH und 512 kB RAM lassen sich sehr umfangreiche Applikationen realisieren.

Ein wesentlicher Aspekt der Single-Chip-Systeme sind deren geringere Kosten. Man kann also gut mehrere solcher Systeme über ein Netzwerk verbinden und eine größere Anlage verteilt automatisieren. Dieser Trend hält seit einigen Jahren an, und Anwendungen finden sich in der Gebäudeautomatisierung sowie im Automotive-Bereich. Auch das *Internet der Dinge* (IoT) ist inzwischen eine Domäne der Mikrocontroller. Selbst die dazu benötigte Kommunikationshardware, wie beispielsweise CAN oder auch Bluetooth und WLAN, ist teilweise schon Bestandteil der Mikrocontroller.

Es gibt neben dem Preis noch den Vorteil einer höheren Ausfallsicherheit. Jede Komponente, die man nicht extra auf eine Leiterplatte setzen muss, kann auch nicht ausfallen. Das ist besonders bei Applikationen mit erhöhten Anforderungen hinsichtlich Temperatur oder mechanischen Belastungen wie etwa Schwingungen im Automotive-Bereich von Vorteil. Daher setzen sich Single-Chip-Systeme gerade dort als mobile Steuerungen durch.

Was alle Anwendungen gemeinsam haben, ist die Notwendigkeit, größere Applikationen sicher erstellen zu können. Natürlich gibt es auch noch die klassischen Mikrocontroller-Anwendungen, beispielsweise in Kaffeemaschinen, elektrischen Zahnbürsten oder Fernbedienungen, aber selbst da erwartet man heute beispielsweise eine Bluetooth-Verbindung zum Handy.

2.2 Mikrocontroller

Die Auswahl eines geeigneten Mikrocontrollers ist heute weniger eine Entscheidung, die aufgrund der benötigten Hardware getroffen wird. Wenn man danach gehen wollte, würde sich die Anzahl der potenziell möglichen Hersteller und Typen kaum einschränken. Jeder Hersteller bietet heute eine Vielzahl an Varianten an, und es ist eher schwierig, sich da überhaupt einen Überblick zu verschaffen.

Stattdessen geht man inzwischen lieber den Weg, einen etwas größeren Mikrocontroller zu verwenden, als für die Aufgabe tatsächlich erforderlich wäre. Dadurch gewinnt man eine gewisse Reserve, falls sich über die Produktlebensdauer hinaus neue Anforderungen ergeben. Die Mehrkosten sind meist gering, und man vermeidet vielleicht ein Redesign oder gar eine Neuentwicklung. Bei extrem kostensensitiven Anwendungen wird man das natürlich nicht machen können.

Die Entscheidung für einen konkreten Mikrocontroller fällt heute eher aufgrund anderer Kriterien. Einerseits ist das die langfristige Verfügbarkeit eines speziellen Typs bzw. die Möglichkeit eines Ersatzes. Wenn beides gegeben ist, fällt zum anderen die Entscheidung nach den Entwicklungswerkzeugen. Die Kosten werden heute maßgeblich durch die Entwicklungszeit bestimmt. Bessere Tools versprechen natürlich eine kürzere Entwicklungszeit und sichern zudem die getätigte Investition.

2.2.1 ARM-based

Zur Zeit der Homecomputer kamen nicht nur so bekannte Geräte wie etwa der C64 oder später der Amiga auf den Markt. Es gab auch eher »exotische« Homecomputer, die man heute kaum noch kennt – dazu zählte unter anderem der Acorn Archimedes. Dieser klassische Homecomputer, der rein äußerlich einem Amiga 500 ähnelte, basierte auf einer neuartigen CPU. Die britische Firma *Acorn* hatte selbst eine CPU für diesen Rechner entwickelt, die eine *Reduced Instruction Set Architecture* (RISC) aufwies. RISC-CPUs zeichnen sich dadurch aus, dass ihr Befehlssatz einfacher aufgebaut ist. Das Wort »einfacher« darf man in dem Zusammenhang nicht negativ interpretieren. Eine RISC-CPU benötigt weniger Schaltungsaufwand als eine vergleichbare CPU mit *Complete Instruction Set Architecture* (CISC) und hat dadurch prinzipbedingt eine geringere Stromaufnahme. Im Bereich der eingebetteten Systeme ist das ein großer Vorteil.

Die Acorn-Homecomputer konnten sich nicht durchsetzen, aber die Technologie, RISC-CPUs zu entwerfen, wurde in die Firma *Advanced RISC Machines Ltd.*, kurz ARM Ltd. übernommen. ARM stellt selbst keine Prozessoren her, lizenziert jedoch ihre ARM-CPU als *Intellectual Property Core* (IPC) an viele Hardwarehersteller.

Man kann nicht pauschal sagen, dass eine RISC-CPU besser wäre als eine CISC-CPU. Der geringere Aufwand, den eine RISC-CPU jedoch auszeichnet, ist auch ein großer Vorteil, wenn es darum geht, diese CPU in ein System-On-a-Chip zu integrieren. Genau das passiert mit den ARM-Cores nämlich, und man findet sie daher in vielen Mikrocontrollern und in fast jedem Handy!

Wenn eine CPU eine große Verbreitung hat, lohnt sich der Aufwand, dafür sehr gute Tools zu entwickeln, und umgekehrt führen gute Tools wiederum zu einer stärkeren

Akzeptanz und Verbreitung der CPUs. Inzwischen hat ARM eine ziemlich dominante Marktstellung, die natürlich schon durch die technische Qualität begründet ist, aber eben auch durch solche Markteffekte.

Man hat nun die Auswahl zwischen verschiedenen Herstellern, die die ARM-Cores lizenzieren und sie in ihre Mikrocontroller integrieren, und es gibt eine sehr gute Toolunterstützung dafür. In diesem Buch wollen wir uns auf eine spezielle Mikrocontroller-Familie beschränken, obwohl es von verschiedenen Herstellern vergleichbar gute Alternativen gibt. Das trifft dann natürlich auch auf die Tools zu.

2.2.2 STM32-Familie

Die Firma *ST-Microelectronics* (ST) ist seit vielen Jahren ein Begriff, wenn es um Mikrocontroller geht – bekannt sind vielleicht noch die Mikrocontroller der Reihen ST6, ST7 oder ST9. Die von ST basierend auf dem ARM-Kern entworfene STM32-Familie hat aber inzwischen eine herausragende Rolle auf dem Markt eingenommen. Der Gedanke einer Mikrocontroller-Familie ist nicht neu und besteht darin, dass es zwar viele Varianten gibt, aber sofern einige Varianten gleiche Komponenten enthalten, etwa die gleichen Ports, Timer oder Schnittstellen, verhalten sich diese Komponenten auch überall gleich. Dieser Ansatz wurde bei den STM32-Mikrocontrollern konsequent umgesetzt. Zudem gibt es fein abgestufte Varianten, sodass man für seine konkrete Anwendung stets einen optimal passenden Chip findet.

ST unterteilt seine STM32-Familie von Mikrocontrollern ganz grob in die folgenden Anwendungsbereiche:

- High-Performance (F4, F7, H5, H7)
- Main-Stream (F0, F1, F3, G0, G4)
- Low-Power (L0, L1, L4)
- Wireless (W)

Die Varianten der *High-Performance*-Reihe zeichnen sich generell durch höhere Taktfrequenzen, einen größeren Speicher sowie eine *Floating-Point-Unit* (FPU) aus. Die FPU unterstützt mindestens das 32-Bit-*Single-Precision-Format*, manche F7-Varianten unterstützen aber auch das *Double-Precision-Format* mit 64 Bit Breite. Darüber hinaus bieten die High-Performance-Typen komplexere Hardwarekomponenten. Dazu zählt etwa eine RGB-Display-Schnittstelle mit XGA-Auflösung (1.024 × 768 Bildpunkte) oder auch ein *Ethernet Physical Layer* (PHY). Damit lassen sich dann Anwendungen mit grafischem *Human Machine Interface* (HMI) realisieren oder auch komplexe Steuerungen.

In der *Main-Stream*-Reihe werden alle die Mikrocontroller zusammengefasst, die über die heute üblichen Peripheriekomponenten verfügen. Dazu zählen insbesondere Timer, die komplexe Impulsmuster generieren können, oder Schnittstellen wie UART, SPI, I^2C und USB. Anwendungen für diese Varianten sind etwa Motorsteuerungen oder Sensor-Aktor-Applikationen. Die Varianten G0 und G4 sind speziell für *Mixed-Signal-* Anwendungen optimiert und bieten dafür neben einer höheren Taktrate auch noch schnelle DA- und AD-Wandler sowie spezielle Filterstrukturen an.

Die *Low-Power*-Reihe bietet erstaunlich viel Rechenleistung für besonders energiearme Applikationen. Im Grunde bekommt man beim L4 den gleichen Kern wie bei einem F4, jedoch mit deutlich geringerer Stromaufnahme. Damit werden Anwendungen möglich, die über lange Zeit autark betrieben werden und trotzdem über moderne Kommunikation, wie etwa Funkprotokolle, verfügen müssen. Typische Applikationen finden sich daher auch bei Metering- bzw. Sensornetzwerken sowie in der Medizintechnik. Aktuell unterstützen die F4-Varianten noch etwas höhere Taktraten – sind damit also schneller –, und auch beim verfügbaren Speicher liegen die F4-Varianten noch vorn. Es lohnt sich aber, zu beobachten, wie sich die Produktpalette bei den Low-Power-Varianten entwickeln wird.

Unter dem Begriff Internet of Things werden sogenannte Low-Power-Funkstandards zusammengefasst, die eine große Reichweite bei gleichzeitig geringer Sendeleistung ermöglichen. Dazu zählen etwa LoRa (*Long Range*) und Sigfox. Diesen Funkstandards ist gemein, dass sie in einem freien ISM-Band (*Industrial Science Medical Band*) operieren. In Europa liegen die Frequenzen für diese Bänder bei 433 MHz und 868 MHz. Da die Sendeleistungen sowie die Zykluszeiten in diesen Bändern jedoch stark limitiert sind, kann die Reichweite nur durch komplexe Modulationsarten erreicht werden. ST bietet dafür spezielle Mikrocontroller an, die zusätzlich gleich einen Funktransceiver mit auf dem Chip integrieren. Damit ermöglichen diese Mikrocontroller HF-Kommunikationslösungen (*Hochfrequenz*) mit geringstem Bauteilaufwand. Anwendungen für derart spezielle Mikrocontroller finden sich in der Gebäudeautomation, der Sicherheitstechnik oder bei Metering-Lösungen.

Dieser kurze Überblick kann den vielen Möglichkeiten der STM32-Familie von Mikrocontrollern natürlich nicht gerecht werden. Es ist aber zu erkennen, dass ein und derselbe Kern mit unterschiedlicher Peripherie auf eine Vielzahl von Lösungen passt.

2.2.3 STM32F412RET6

Es stellt sich natürlich die Frage, welchen STM32 man sich aus der Vielzahl der Varianten herausgreifen sollte, um damit eine eigene Hardware zu entwerfen – in diesem Buch soll es der STM32F412RET6 sein. Dieser Mikro-controller gehört zwar prinzipiell schon zum Anwendungsbereich High-Performance, dort jedoch noch zur Kategorie *Access Line*. Unter Access Line versteht ST eine recht umfangreiche Gruppe, die ein breites Spektrum von Anwendungen abdecken kann. Um die Entscheidung etwas zu untermauern, folgen jetzt die wesentlichen Eigenschaften, die für diesen konkreten Typ sprechen.

Aufgrund der ARM-M4-Architektur besitzt dieser Mikrocontroller bereits eine 32-Bit-*Floating-Point-Unit* (FPU) – alle Operationen, die mit dem Datentyp FLOAT ausgeführt werden, werden sehr effizient direkt auf der FPU-Hardware ausgeführt. Man kann natürlich trotzdem noch Variablen vom Typ DOUBLE verwenden, dann würde der Compiler jedoch langsame Library-Funktionen aufrufen. Für Steuerungsapplikationen ist FLOAT jedoch meist schon ausreichend.

Außerdem besitzt der STM32F412 eine große Anzahl an Kommunikationsschnittstellen, insbesondere drei UARTs und zwei CAN-Controller. Auch USB wäre möglich, was aber zunächst nur eine Option sein soll. Obendrein gibt es noch mehrere I^2C- und SPI-Schnittstellen.

Schließlich verfügt dieser Typ über mehrere Speicherausbaustufen, und der STM32 F412RET6 besitzt immerhin schon 512 kB FLASH und 256 kB RAM auf dem Chip – einzig einen EEPROM-Bereich gibt es leider nicht. Es ist allerdings nicht allein die Größe, die den Speicher so interessant macht, vielmehr ist es die sinnvolle Aufteilung des FLASH-Speichers in Segmente. Das ist ein wesentlicher Vorzug, weil wir unsere Software aufteilen wollen, wobei jeder Teil sein eigenes Segment bekommen soll.

Auch die anderen Eigenschaften, wie etwa die *Analog-Digital-Wandler* (ADU) mit 12-Bit-Auflösung oder die *Real Time Clock* (RTC) mit separater Spannungsversorgung, sind für Steuerungsanwendungen ideal. Darüber hinaus besitzt unser STM32F412 auch noch 17 universelle Timer. Damit lässt sich so ziemlich jede Signalform generieren, die man je benötigen wird.

Schließlich soll uns dieser Mikrocontroller auch als Startpunkt dienen – es gibt darüber und darunter genügend Alternativen, sodass man je nach konkreter Applikation leicht variieren kann.

2.3 Breakout-Board

Auch ein Single-Chip-System braucht irgendeine Leiterplatte, und diese braucht wiederum Anschlüsse für Sensoren, Aktoren, ein Display etc.

Daher soll es zunächst darum gehen, wie unser Mikrocontroller verwendet werden kann. Man findet sehr viele sogenannte *Breakout-Boards*, die man entweder auf einem Steckbrett oder einer Leiterplatte montieren kann. Das betrifft nicht nur Mikrocontroller, sondern ebenso Sensoren, Relais oder Schnittstellenmodule. Deshalb erscheint gerade die Verwendung auf einem Steckbrett als sehr interessant. Man kann einerseits im Labor verschiedene Schaltungen aufbauen und erproben, und anschließend kann das Modul auch gleich auf einer eigenen Leiterplatte verbaut werden.

Abbildung 2.1 Breakout-Board mit STM32F412

Alternativ kann die Schaltung des Breakout-Boards auch als Ausgangspunkt für eigene Entwürfe dienen. Die Dateien für Schaltung und Layout hier im Buch wurden mit Fusion 360 entworfen, sie sind in der Softwaresammlung verfügbar. Damit besteht neben der Verwendung des Breakout-Boards selbst auch noch die Möglichkeit, eine komplett neue Hardware auf der Basis des STM32F412 zu entwickeln. Die grundlegende Funktion ist damit dann schon mal gesichert.

2.3.1 Pinout

Im Gegensatz zu vielen anderen Breakout-Boards, bei denen im Grunde die Pins des Mikrocontrollers eins zu eins an den Rand geführt werden, sollen hier stattdessen Funktionen nach außen geführt werden. In Abbildung 2.2 ist das Pinout zu erkennen. Ein ähnliches Konzept ist in der weiterführenden Quelle 6 im Literaturverzeichnis beschrieben.

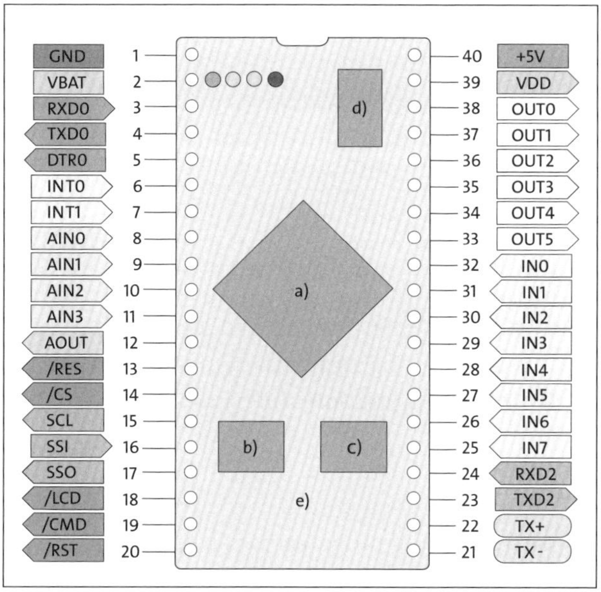

Abbildung 2.2 Pinout des universellen STM32F412-Breakout-Boards; a) Mikrocontroller STM32, b) serielles EEPROM, c) Pegelwandler RS485, d) Spannungsregler 3.3 V, e) ISP-Buchse

Man kann es schon der Beschriftung entnehmen, die digitalen Ausgänge befinden sich an den Anschlüssen 33 bis 38, die digitalen Eingänge an den Anschlüssen 25 bis 32. Das Prinzip setzt sich bei den analogen Eingängen wie auch bei den Schnittstellen weiter fort. Die Pins, die zusammengehören, sind auch nebeneinander angeordnet. Das erleichtert nicht nur die Verdrahtung bei Prototypen, sondern hat auch noch weitere Vorteile. Beispielsweise sollen analoge Signale möglichst getrennt von digitalen Signalen geführt werden, um ein Übersprechen (*Crosstalk*) zu vermeiden. Diese Signale sind dementsprechend an gegenüberliegenden Seiten des Breakout-Boards angeordnet.

Darüber hinaus ist das frühzeitige Festlegen der Funktion insofern praktisch, da die Pin-Konfiguration des Mikrocontrollers schon im Betriebssystem erfolgen kann und nicht erst durch die Anwendung. Auf der anderen Seite hat das Festlegen der Funktionen natürlich auch einen Nachteil. Sollte die benötigte Anzahl an Ein- und Ausgängen nur leicht abweichen, müsste man eine Änderung im Betriebssystem vornehmen. Da wir dieses aber nachladbar gestalten werden, lässt sich das zumindest leicht realisieren.

Das Breakout-Board unterstützt mit seinen gerade einmal 40 Pins die nach-folgend aufgeführten Funktionalitäten:

- 2 UART-Schnittstellen
- 1 RS485-Schnittstelle

- 1 SPI-Systembus
- 2 Interrupt-Eingänge
- 8 digitale Eingänge
- 6 digitale Ausgänge, PWM
- 4 analoge Eingänge, 12 Bit
- 1 analoger Ausgang, 12 Bit
- 1 gepufferte Echtzeituhr

Für eine Vielzahl von Anwendungen, etwa im Umfeld der Gebäudeautomatisierung oder in der Automatisierungstechnik, als Erweiterung zu klassischen SPS oder einfach als Steuercomputer für DIY-Projekte ist diese Konfiguration durchaus praktikabel.

2.3.2 Debugging

Um den Mikrocontroller auf einem Board erstmalig programmieren zu können, muss man die von ARM definierte ISP-Schnittstelle (*In System Programming*) verfügbar machen. Dieses Interface heißt bei allen ARM-basierten Mikrocontrollern SWD-Interface (SWD, *Serial Wire Debugging*) und benötigt insgesamt nur vier Leitungen:

- SWCLK – Taktsignal des SWD-Interface
- SWDIO – Ein-/Ausgabeleitung des SWD-Interface
- /NRST – Main-Reset-Signal des Mikrocontrollers
- GND – Massepotenzial

Es gibt für diese Schnittstelle keine allgemeingültige Definition hinsichtlich Steckverbinder oder Pin-Belegung. Einerseits ist das zwar gut, weil man so den Platzverhältnissen entsprechend oder auch nach den Kosten selbst entscheiden kann, andererseits führt das aber zu einer Vielzahl von Varianten. Es hat sich aus Sicht des Autors als sehr praktisch erwiesen, bei eigenen Entwürfen immer den gleichen Steckverbinder (z. B. eine zehnpolige Micromatch-Buchse) als ISP-Interface vorzusehen. Allein schon durch die rote Farbe bekommt diese kleine Buchse eine gewisse Bedeutung, die darin besteht, dass über dieses Interface der STM32F412 direkt zugreifbar wird. Das betrifft nicht nur die Programmierung, man kann über diese Buchse auch den *In-System-Debugger* anschließen. Bei einer Buchse besteht weniger die Gefahr, dass man die Pins versehentlich berühren oder gar kontaktieren kann, und die zehnpolige Variante erlaubt es zudem, dieselbe Buchse für verschiedene Mikrocontroller-Familien zu verwenden – etwa auch noch für die AVR-Controller.

2.3.3 Connectivity

Warum verfügt das Modul nicht über eine USB-Schnittstelle? In der Tat gibt es eine Vielzahl ähnlicher Breakout-Boards, die gleich einen USB-Anschluss mitbringen. Meist ist das eine Mini-USB-Buchse oder bei neueren Modellen auch schon eine USB-C-Buchse. Das ist in der Tat für schnelle Aufbauten auf einem Steckbrett ideal, weil man sowohl die Datenverbindung als auch die 5-V-Versorgungsspannung vom PC bekommt.

Sobald man das Breakout-Board jedoch auf einer Leiterplatte montieren oder in ein Gehäuse einbauen möchte, wird diese Buchse zum Problem. Man findet viele DIY-Projekte, bei denen Breakout-Boards mit USB unmittelbar an den Rand eines Gehäuses platziert werden mussten, nur damit man die Buchse von außen auch erreichen kann. Eine USB-Buchse direkt auf dem Breakout-Board ist also schon konstruktiv eine unnötige Herausforderung. Abgesehen davon stellt USB immer noch eine recht hohe Hürde bezüglich der Programmierung dar. Unser STM32F412 unterstützt zwar prinzipiell auch USB-OTG (*On-The-Go*), kann also sowohl Device als auch Host sein, das bedeutet aber nicht, dass man beliebige USB-Geräte problemlos anschließen kann.

Letztlich erweisen sich die zwei seriellen UART-Schnittstellen mit 3.3-V-Pegel (RXD0, TXD0 und RXD2, TXD2) dann doch als nützlicher. Man verwendet einfach einen RS232-Pegelwandler oder einen USB-Seriell-Adapter und hat so beide Möglichkeiten, die zudem auch konstruktiv flexibler sind. Entsprechende Buchsen gibt es bereits mit dem erforderlichen Pegelwandler anschlussfertig. Für Prototypen, die man nur auf einem Steckbrett aufbauen möchte, kann man direkt ein USB-Seriell-Kabel verwenden und hat darüber auch gleich die benötigte 5-V-Spannungsversorgung. Der entsprechende Linear-Regler für die 3.3-V-Versorgung des Mikrocontrollers ist auf dem Breakout-Board bereits vorhanden, und für externe Verbraucher stehen die 3.3 V auch zur Verfügung.

Die erste UART, an den Pins TXD0, RXD0, ist primär für Programm-Updates vorgesehen, kann aber sonst für beliebige serielle Geräte verwendet werden, z. B. auch für ein Bluetooth-Modul. Die zweite UART, an den Pins RXD2, TXD2, kann für den Anschluss serieller Sensoren oder eines GPS-Empfängers genutzt werden. Letztlich sind es, bis auf den Programm-Download, zwei gleichwertige UARTs. Darüber hinaus ist es auch möglich, die beiden Pins der zweiten seriellen Schnittstelle (RXD2, TXD2) auch direkt als USB-Schnittstelle oder als CAN-Interface zu verwenden.

Anders als bei den UART-Schnittstellen befindet sich der Pegelwandler für die Ankopplung des Breakout-Boards an ein Modbus-System bereits mit auf dem Board. Die Intention des Breakout-Boards soll unter anderem auch darin bestehen, dass man Sensoren und Aktoren über ein drahtgebundenes Bussystem vernetzen kann (*Sens and Connect*). Als mögliches Bussystem für einfache Anwendungen kommt praktisch nur Modbus oder ein CAN-Bus in Betracht. Modbus mit seiner *Request-Response-Architektur* ist ein Stück weit einfacher zu handhaben als ein *Multimaster-CAN-Bus*, daher fiel die Wahl auf Modbus. Modbus soll also immer unterstützt werden, während der CAN-Bus optional sein soll. Letztlich können aber beide Bussysteme sogar gleichzeitig genutzt werden, wobei sich für Modbus der Bustreiber bereits mit auf dem Breakout-Board befindet.

2.3.4 Erweiterungen

Eine besonders interessante Erweiterungsmöglichkeit ergibt sich durch die als Systembus genutzte SPI-Schnittstelle. Über den herausgeführten Systembus (SCL, SSI, SSO) kann ein LCD-Grafik-Display mit einer Auflösung von bis zu 240 × 128 Bildpunkten angeschlossen werden. Eine genaue Erklärung dazu findet sich in Abschnitt 4.4, »Grafik-Display«.

Zusätzlich zu dem seriellen LCD-Display kann man noch eine zweite serielle Komponente über die SPI ansteuern. Dafür stehen eine zweite Select-Leitung und ein separates Reset zur Verfügung (/RES, /CS). Denkbar wäre hier etwa ein *W5500-Ethernet-Chip* oder auch ein *RFM95-LoRa-Funktransceiver*. Diese beiden Optionen werden im vorliegenden Buch nicht näher betrachtet. Der Autor hat aber beides in der Praxis bereits erfolgreich implementiert.

Sollte es für eine Anwendung einmal an weiteren digitalen I/O-Pins fehlen, kann man die SPI auch dazu nutzen, Schieberegister als *Port-Expander* anzuschließen. Einfach zu verwendende Schaltkreise, wie SN74HC595 oder SN74HC164, können in dem Fall sehr hilfreich sein.

2.4 Schaltungsentwurf

Schaltungsentwurf ist eine Kunst! In manchen Fällen trifft das sicherlich zu, allerdings ist es zum großen Teil doch eher eine systematische Herangehensweise. Der wesentliche Schritt zu einem funktionierenden Entwurf ist die Aufteilung der Gesamtschaltung in ihre funktionalen Bestandteile (*Dekomposition*). Jeder Mikrocontroller benötigt beispielsweise eine Spannungsversorgung und eine Takterzeugung. Das sind nur zwei von möglicherweise recht vielen Bestandteilen, die man anschließend separat entwirft. Zu jedem Bestandteil gehört wiederum eine minimale Spezifikation. So muss man etwa festlegen, welche Spannung die Versorgung überhaupt liefern soll und welche Stromaufnahme dabei zu erwarten ist. Im einfachsten Fall reicht dafür vielleicht eine überschlägige Rechnung, in schwierigeren Fällen muss man eventuell auch erst eine Simulation durchführen.

Schaltungsentwurf ist ein eigenes Studienfach, und nur mit einem kurzen Abriss von wenigen Zeilen wird niemand zum Meister. Auf der anderen Seite trauen sich viele zu, eine komplexe Software zu erstellen, obwohl sie auch nicht Informatik studiert haben. Der einzige Unterschied besteht darin, dass bei der Schaltungsentwicklung auch einmal etwas nachhaltig kaputtgehen kann, während Programmierer ja immer [Strg]+[Z] drücken können.

In den folgenden Abschnitten entwerfen wir nun die Bestandteile der Schaltung unseres Breakout-Boards. Das sind zumeist sehr einfache Schaltungen, was durchaus als Motivation zu verstehen ist, denn schon mit solchen einfachen Schaltungen kommt man recht weit. Den gesamten Schaltplan des Breakout-Boards finden Sie in Anhang A dieses Buchs.

2.4.1 Versorgung

Unser Mikrocontroller hat eine Betriebsspannung von 3.3 V. Üblicherweise hat man jedoch eher eine Versorgungsspannung von 5 V zur Verfügung, etwa wenn das Breakout-Board auf einem Steckbrett direkt über USB versorgt wird. Deshalb sollen die 3.3 V direkt auf dem Breakout-Board generiert werden.

Die einfachste Lösung besteht in dem Fall in der Verwendung eines *Linear-Reglers*. Solche Regler, wie beispielsweise den TS1117BCW33 in unserer Schaltung, gibt es in sehr vielen Varianten. Sie funktionieren alle nach dem gleichen einfachen Prinzip. Ein Transistor wird *linear geregelt*, sodass am Ausgang die gewünschte Spannung U_{Out} anliegt. Am Eingang muss dazu eine Spannung U_{In} anliegen, die mindestens um die Flussspannung des Transistors größer ist. Bei einer Eingangsspannung von $U_{In} = 5V$ und einer Ausgangsspannung von $U_{Out} = 3.3V$ würden folglich $U_{Drop} = U_{In} - U_{Out} = 1.7V$ über dem Transistor abfallen. Dieser Spannungsabfall führt zusammen mit dem Ausgangsstrom I_{Out} zu einer Verlustleistung $P_V = U_{Drop} \cdot I_{Out}$, die der Transistor als Wärme abgeben muss.

Sind Linear-Regler also schlecht? Sie »verheizen« ja förmlich Energie. In der Tat muss die Verlustleistung natürlich gering sein. Das erreicht man entweder, indem man die Spannungsdifferenz U_{Drop} zwischen Ein- und Ausgang sehr klein hält oder indem die Stromaufnahme der nachfolgenden Schaltung sehr gering ist – idealerweise sogar beides. Generell kann man feststellen, dass sich die Linear-Regler gerade als Spannungsversorgung für Mikrocontroller oder auch bei Prozessoren wieder stärker etablieren. Das liegt daran, dass es Varianten gibt, die mit einer sehr geringen *Drop-out-Spannung* auskommen – sogenannte *Low-Drop-Regler* (LDO). Gegenüber schaltenden Reglern erzeugen Linear-Regler nämlich praktisch keine Störungen. Sie bieten darüber hinaus aber noch mehr Vorteile, wie etwa eine schnelle Ausregelung von Schwankungen in der Eingangsspannung.

Solange also die Verlustleistung gering ist, sind Linear-Regler den schaltenden Reglern prinzipiell überlegen. Bei Schaltungen, die mit einer höheren Eingangsspannung betrieben werden, etwa mit 12 V oder gar 24 V, setzt man auf Kombinationen aus einem Schalt- und einem Linear-Regler. Damit reduziert sich die gesamte Verlustleistung auf ein Minimum, und der Mikrocontroller bekommt eine *ripplefreie* Spannungsversorgung. So gesehen ist also der Linear-Regler auf dem Breakout-Board nie überflüssig. Für die Spannungsversorgung unseres Breakout-Boards allein wäre der gewählte Linear-Regler etwas überdimensioniert. Die 3.3 V stehen aber auch an Pin 39 (VDD) nach außen hin zur Verfügung. So können extern angeschlossene Schaltungen, die ebenfalls eine 3.3-V-Versorgung benötigen, direkt darüber betrieben werden. Die Stromaufnahme sollte dabei aber 100 mA nicht übersteigen.

An Pin 2 (VBAT) ist zudem der Anschluss eines *Super-Caps* vorgesehen. Die 3.3 V des Linear-Reglers werden über einen Vorwiderstand und eine Schottky-Diode auf VBAT ausgegeben. Der Vorwiderstand reduziert den Ladestrom beim Einschalten, falls der Super-Cap vollständig entladen ist. Die Schottky-Diode hat gegenüber einer normalen Diode einen geringeren Spannungsabfall von 0.3 V. Damit lädt sich der Super-Cap langsam bis auf 3 V auf. Wenn die Betriebsspannung ausfällt, übernimmt der Super-Cap unterbrechungsfrei die Versorgung der Real Time Clock im Mikrocontroller, sodass zumindest die Uhrzeit korrekt weiterläuft. Super-Caps sind Kondensatoren mit sehr hoher Kapazität. Üblich sind hier Werte von 0.1 bis zu 3.3 F!

Wie lange würde die RTC mit einem Super-Cap als Versorgung denn noch funktionieren? Die Einheit Farad F hat folgende Bedeutung: Bei einem Ampere lädt sich ein Kondensator mit einem Farad in einer Sekunde um ein Volt auf – also: F = As/V. Diese Bedeutung gilt logischerweise auch für den Entladevorgang, weil sonst Ladung anderweitig verloren gehen müsste. Die RTC funktioniert sicher bis zu einer minimalen Spannung von 1.7 V und benötigt, laut Datenblatt des STM32F412, durchschnittlich etwa 1.75 µA. Der Super-Cap hat im voll aufgeladenen Zustand eine Anfangsspannung von 3 V – wir haben demnach einen Spannungshub U_{Delta} von 1.3 V, bis die RTC nicht mehr funktioniert. Mit einem Super-Cap von 1 F würde die RTC also funktionieren:

[2.1] $$t_{RTC} = U_{Delta} \cdot C_{Cap} / I_{RTC}$$

$$t_{RTC} = 1.3\ V \cdot 1\ As/V / 1.75 \cdot 10^{-6}\ A$$

$$t_{RTC} = 742857\ s$$

Das entspricht in etwa 8.9 Tagen. Je nach verwendetem Super-Cap kann man nun mit Gleichung 2.1 die Restlaufzeit der RTC ermitteln.

2.4.2 Reset-Schaltung

Warum benötigt ein Mikrocontroller überhaupt eine Reset-Schaltung? In der Digitalelektronik werden oft sogenannte *Flip-Flops* verwendet. Das sind Logikelemente, die einen 1-Bit-Zustand speichern können. Davon gibt es in einem Mikrocontroller unglaublich viele. Diese Flip-Flops haben allerdings die unschöne Eigenschaft, dass sie nach dem Einschalten zufällig einen der beiden möglichen Zustände annehmen. Das lässt sich nur dadurch korrigieren, dass man zuerst alle Schaltungsteile in einen definierten Anfangszustand bringt. Genau das ist die Aufgabe der Reset-Schaltung.

Jeder Mikrocontroller besitzt dazu einen expliziten Eingang, an dem ein aktiver Pegel, meist der Low-Pegel, den Controller in den Reset-Zustand versetzt. Solange der Pegel aktiv ist, bleibt der Controller im Halt. Damit besteht die einfachste *Reset-Sequenz* darin, diesen Eingang während des Hochlaufens der Versorgungsspannung auf *Low* zu halten. Erst nachdem die Spannung im Mikrocontroller, aber auch an der Außenbeschaltung stabil ist, darf das Reset-Signal den inaktiven High-Pegel annehmen.

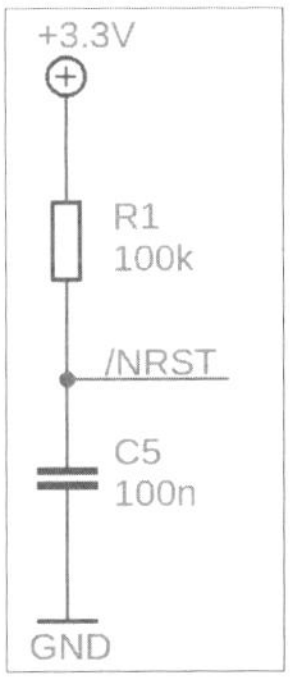

Abbildung 2.3 Reset-Schaltung in RC-Kombination (Tiefpass)

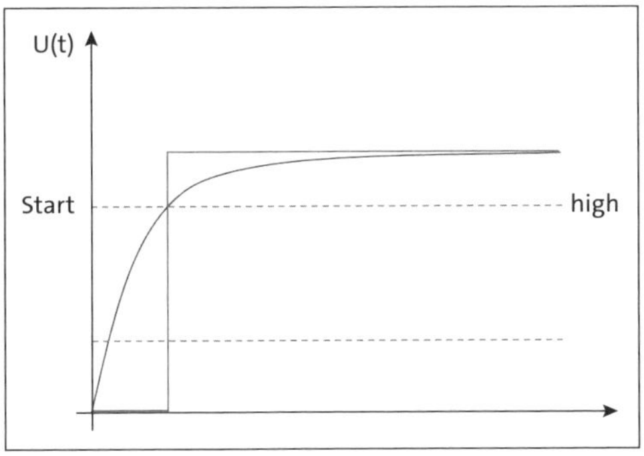

Abbildung 2.4 Spannungsverlauf der Reset-Schaltung an /NRST

Schaltungstechnisch lässt sich das einfach durch die obige RC-Kombination erreichen. Der Kondensator ist zu Beginn nicht aufgeladen und zieht einen hohen Ladestrom. Damit stellt er quasi eine Verbindung nach Masse dar, was den Pegel an /NRST kurzzeitig auf *Low* zieht. Durch den Widerstand lädt sich der Kondensator langsam auf – die Spannung an /NRST nähert sich dadurch exponentiell der Betriebsspannung. Der Reset-Eingang hat zudem *Schmitt-Trigger-Verhalten* und kippt ab einem konkreten Spannungswert direkt in den inaktiven Zustand.

Wird die Betriebsspannung abgeschaltet, entlädt sich der Kondensator über den Widerstand bzw. auch über die interne Schutzdiode des /NRST-Eingangs.

Der STM32F412 hat intern bereits einen *Pull-up-Widerstand* von 40 bis 50 kOhm am /NRST-Eingang. So gesehen könnte man den Widerstand außen theoretisch sogar weglassen. Durch die Parallelschaltung wird der resultierende Pull-up-Widerstand jedoch etwas niederohmiger, was für stabilere Verhältnisse an diesem wichtigen Eingangspin sorgt.

Die hier angegebenen Werte halten den Reset-Eingang etwa 2 ms aktiv.

2.4.3 Takterzeugung

Die Takterzeugung wird bei Mikrocontrollern oft mittels *Pierce-Oszillator* realisiert. Dazu befindet sich im Mikrocontroller ein *invertierender Verstärker*, dessen Ein- und Ausgang auf zwei Pins geführt sind. Als Außenbeschaltung wird dann ein *Bandpassfilter*, bestehend aus einem Quarz mit zwei Kondensatoren, benötigt. Aufgrund des Aussehens dieses Filters wird es auch *Pi-Filter* genannt. Der Quarz ist das frequenzbestimmende Element und sorgt für ein sehr schmalbandiges Filter. Die beiden wichtigsten Eigenschaften dieses Filters sind eine sehr hohe Güte bei der Resonanzfrequenz sowie eine Phasendrehung um 180°. Der invertierende Verstärker im Inneren und das Filter außen haben dann zusammen eine Phasendrehung von 360°, was zu einer *Mitkopplung* und damit zu einer Schwingneigung führt.

Die beiden Lastkapazitäten im Bereich von 12 bis 33 pF sind zwar klein, aber trotzdem wichtig. Je kleiner ihr Wert gewählt wird, desto größer wird die Verstärkung, und desto sicherer schwingt der Oszillator an. Zu klein oder zu groß dürfen sie jedoch nicht sein, weil dann die 180°-Phasenbedingung kippen könnte und der Oszillator gar nicht mehr schwingt. Außerdem beeinflussen sie geringfügig die exakte Frequenz des Oszillators, weshalb sie auch »Ziehkondensatoren« genannt werden. Das ist insbesondere beim 32.768-kHz-Uhrenquarz für die RTC relevant. Die Uhr kann man softwareseitig noch feintrimmen, aber dann sollten sich die Werte der Kondensatoren außen natürlich auch nicht mehr ändern.

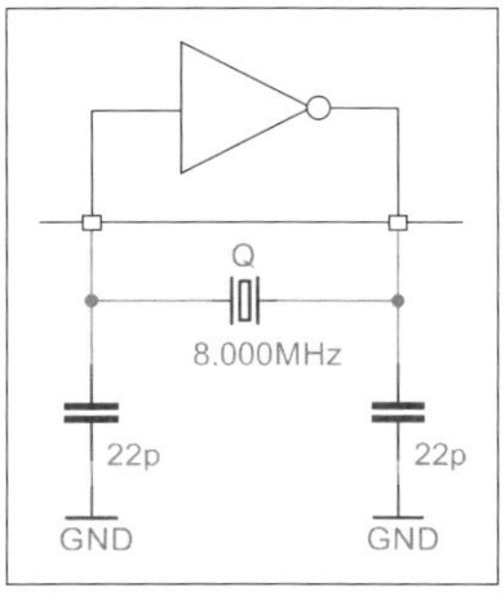

Abbildung 2.5 Pierce-Oszillator, invertierender Verstärker mit Pi-Filter

Als Lastkapazitäten sollten daher immer *Vielschicht-Keramik-Kondensatoren* verwendet werden, weil diese eine sehr geringe Temperaturabhängigkeit haben. Die Temperaturabhängigkeit ist natürlich auch ein Faktor bei der Wahl des Quarzes. In der Regel wird der Wert in ppm/C^2 (Parts per Million pro Grad Celsius zum Quadrat) angegeben und sollte um 0.035 ppm/C^2 liegen.

2.4.4 Digitale I/O-Pins

Prinzipiell kann jeder Pin unseres Mikrocontrollers entweder als Eingang (*Input*) oder als Ausgang (*Output*) konfiguriert werden. Bei einem Eingang kann man zudem noch einen *Pull-up*-Widerstand oder alternativ einen *Pull-down*-Widerstand aktivieren, und bei einem Ausgangspin gibt es die Wahl zwischen einem *Push-Pull-* und einem *Open-Drain*-Treiber. Es sind sogar *bidirektionale* Pins möglich, indem man einen Open-Drain-Ausgang mit einem Pull-up-Widerstand kombiniert. Das ist sehr flexibel, und daher käme es gar nicht darauf an, welchen Pin wir bei unserem Breakout-Board an die Steckerleisten führen – man könnte einfach das nehmen, was am nächsten liegt.

Die Auswahl wird aber etwas komplizierter, wenn man statt eines einfachen I/O eine der vielen Sonderfunktionen (*Alternate Functions*) des STM32 nutzen möchte. Im Datenblatt des STM32F412, aber auch jedes anderen Typs, findet man dazu mehrere Tabellen, jeweils eine pro Port, mit allen möglichen Alternate Functions (AF) zu jedem einzelnen Pin. Theoretisch hat darin jeder Pin 16 mögliche Sonderfunktionen, wobei einige aber nicht belegt sind. Die nachfolgende Tabelle ist ein Auszug aus dem Datenblatt des STM32F412 für Port B.

In der linken Spalte der Tabelle findet man alle Pins von Port B und in den Spalten daneben die möglichen Sonderfunktionen AF0 bis AF15. Betrachtet man exemplarisch die Zeile für Pin 6 (PB6), sieht man, dass dieser Pin etwa mit dem ersten Kanal von Timer 4 verbunden werden kann (AF2: TIM4_CH1) oder als Taktleitung für I^{2}C 1 dienen kann (AF4:

I2C1_SCL) oder auch als TX-Leitung der UART 1 genutzt werden kann. Viele der Sonderfunktionen kommen dabei mehrfach vor – entweder in derselben Tabelle oder in einer der anderen Tabellen. Damit hat man zwar viele Möglichkeiten, allerdings gleicht die optimale Auswahl schon einer Sisyphusarbeit. In der Praxis hat sich diese Matrix jedoch mehrfach als hilfreich erwiesen, weil man durch geschickte Zuordnung auch das Routing einer Leiterplatte vereinfachen kann, indem man dieselbe Funktion einem anderen Pin zuweist, der günstiger zu routen ist.

		AF0	AF1	AF2	AF3	AF4	AF5	AF6	AF7	AF8	AF9	AF10	AF12	AF15
	PB0	-	TIM1_CH2N	TIM3_CH3	TIM8_CH2N	-	-	SPI5_SCK/ I2S5_CK	-	-	-	-	-	EVENTOUT
	PB1	-	TIM1_CH3N	TIM3_CH4	TIM8_CH3N	-	-	SPI5_NSS/ I2S5_WS	-	DFSDM1_ DATIN0	QUADSPI_ CLK	-	-	EVENTOUT
	PB2	-	-	-	-	-	-	DFSDM1_ CKIN0	-	-	QUADSPI_ CLK	-	-	EVENTOUT
	PB3	JTDO- SWO	TIM2_CH2			I2CFMP1_ SDA	SPI1_SCK/I2 S1_CK	SPI3_SCK/ I2S3_CK	USART1_RX	-	I2C2_SDA	-	-	EVENTOUT
	PB4	JTRST	-	TIM3_CH1	-	-	SPI1_MISO	SPI3_MISO	I2S3ext_ SD	-	I2C3_SDA	-	SDIO_D0	EVENTOUT
	PB5	-	-	TIM3_CH2	-	I2C1_SMBA	SPI1_MOSI/I 2S1_SD	SPI3_MOSI/ I2S3_SD	-	-	CAN2_RX	-	SDIO_D3	EVENTOUT
	PB6	-	-	TIM4_CH1	-	I2C1_SCL	-	-	USART1_TX	-	CAN2_TX	QUADSPI_ BK1_NCS	SDIO_D0	EVENTOUT
Port B	PB7	-	-	TIM4_CH2	-	I2C1_SDA	-	-	USART1_RX	-	-	-	FSMC_NL	EVENTOUT
	PB8	-	-	TIM4_CH3	TIM10_CH1	I2C1_SCL	-	SPI5_MOSI/I2S 5_SD	-	CAN1_RX	I2C3_SDA	-	SDIO_D4	EVENTOUT
	PB9	-	-	TIM4_CH4	TIM11_CH1	I2C1_SDA	SPI2_NSS/ I2S2_WS	-	-	CAN1_TX	I2C2_SDA	-	SDIO_D5	EVENTOUT
	PB10	-	TIM2_CH3	-	-	I2C2_SCL	SPI2_SCK/ I2S2_CK	I2S3_MCK	USART3_TX	-	I2CFMP1_ SCL	-	SDIO_D7	EVENTOUT
	PB11	-	TIM2_CH4	-	-	I2C2_SDA	I2S2_CKIN	-	USART3_RX	-	-	-	-	EVENTOUT
	PB12	-	TIM1_BKIN	-	-	I2C2_SMBA	SPI2_NSS/ I2S2_WS	SPI4_NSS/ I2S4_WS	SPI3_SCK/ I2S3_CK	USART3_ CK	CAN2_RX	DFSDM1_ DATIN1	FSMC_D13/F SMC_DA13	EVENTOUT
	PB13	-	TIM1_CH1N	-	-	I2CFMP1_ SMBA	SPI2_SCK/ I2S2_CK	SPI4_SCK/ I2S4_CK	-	USART3_ CTS	CAN2_TX	DFSDM1_ CKIN1	-	EVENTOUT
	PB14	-	TIM1_CH2N	-	TIM8_CH2N	I2CFMP1_ SDA	SPI2_MISO	I2S2ext_SD	USART3_ RTS	DFSDM1_ DATIN2	TIM12_CH1	FSMC_D0	SDIO_D6	EVENTOUT
	PB15	RTC_ 50Hz	TIM1_CH3N	-	TIM8_CH3N	I2CFMP1_ SCL	SPI2_MOSI/I 2S2_SD	-	-	DFSDM1_ CKIN2	TIM12_CH2	-	SDIO_CK	EVENTOUT

Abbildung 2.6 Alternate Functions an Port B (Datenblatt STM32F412)

Machen wir es konkret. Unser Breakout-Board soll sechs Ausgänge haben, die alle in der Lage sind, PWM-Signale zu generieren. In dem Fall dürfen wir also nur Pins verwenden, die mit einem Timer-Kanal verbunden werden können. Bei Port B kann man fast jeden Pin mit einem Timer verbinden, aber PB2 dürften wir gerade nicht verwenden. Stattdessen nehmen wir PB4 bis PB9 als OUT0 bis OUT5. Diese Pins liegen, was das Layout angeht, alle recht günstig zur vorgesehenen Steckerleiste unseres Boards.

Auf diese Weise legt man zuerst alle Pins fest, die eine Sonderfunktion haben sollen – etwa die UARTs und die SPI. Das betrifft dann auch die Eingänge. Wenn man beispielsweise Impulsbreiten mittels Timer messen möchte, muss der entsprechende Eingangspin auch auf einen Timer-Kanal verbunden werden können. Die Eingänge IN0 bis IN3 entsprechen bei unserem Breakout-Board den Pins PC6 bis PC9 am Mikrocontroller, und diese Pins können wahlweise auf Timer 3 oder Timer 8 verbunden werden. Damit besteht also auch bei den Eingängen die Möglichkeit, Timer-Funktionen zu nutzen.

Nutzung der Port-Tabellen

Versuchen Sie bitte einmal, mithilfe der Port-Tabellen im Datenblatt des STM32F412 und anhand der Schaltung des Breakout-Boards in Anhang A nachzuvollziehen, wie man die Eingänge IN0 bis IN3 auf die Kanäle von Timer 3 und gleichzeitig OUT0 bis OUT3 auf die Kanäle von Timer 4 verbinden kann.

Alle anderen Pins, für die eine einfache I/O-Funktion ausreicht, können dann wahlfrei oder entsprechend einem günstigeren Layout zugeordnet werden. Solche Pins sind etwa die Ausgänge für die LEDs oder die Select-Leitung für den EEPROM.

Mitunter benötigt man mehrere Iterationen, bis man die optimale Zuordnung aller Pins in einer Schaltung gefunden hat.

2.4.5 Externe Interrupts

Eine besondere Gruppe von Eingängen sind die, die unmittelbar zu einer Unterbrechung (*External Interrupt*) des Programms führen. Mit den Alternate Functions gibt es ja bereits die Möglichkeit, Sonderfunktionen der Hardware zu nutzen – hier ist jedoch eine universelle Funktionalität gemeint, die man frei programmieren kann. Ein externer Interrupt ruft im Grunde eine Funktion in der Software auf, was sehr flexibel ist.

Unser Breakout-Board soll über zwei solcher *interruptfähigen* Eingänge INT0 und INT1 verfügen. Die Frage ist, welche Pins des Mikrocontrollers man dafür nimmt. Beim STM32F4 kann man praktisch jeden Pin so konfigurieren, dass es bei einer Signalflanke einen Interrupt auslöst, und natürlich ist auch die Flanke konfigurierbar. Man muss lediglich beachten, dass sich gleiche Pins an verschiedenen Ports gegenseitig ausschließen – also nicht gleichzeitig als externe Interrupt-Eingänge genutzt werden können. Bei unserem Breakout-Board sind es letztlich die Pins PA0 und PA1, die auf externe Interrupts konfiguriert werden. Damit ließen sich dann zwei schnelle Zähler realisieren oder ein Zähler, der ein richtungsabhängiges Quadratursignal decodiert. Alternativ könnte man damit auch eine Zeitmessung zwischen zwei Lichtschranken realisieren.

2.4.6 Analoge Eingabe

Eine besondere Stärke von Mikrocontrollern sind Analogeingänge, und unser STM32F412 hat einen sehr guten *Analog-Digital-Umsetzer* (ADC) mit bis zu 16 Eingängen und 12 Bit Auflösung integriert.

Werfen wir zunächst einen genaueren Blick auf den Analog-Digital-Umsetzer und betrachten wir dessen Arbeitsweise. Im Grunde besteht der ADC tatsächlich aus einem *Digital-Analog-Umsetzer* (DAC) mit einem *Komparator*. Die Arbeitsweise nennt sich *sukzessive Approximation*. Dabei wird am DAC ein Analogwert eingestellt, und mit dem Komparator wird lediglich verglichen, ob der Analogwert am Eingang größer oder kleiner ist. Das Verfahren beginnt mit dem höchstwertigen Bit, was dem halben Messbereich entspricht, und nähert sich sukzessive immer weiter in Richtung der niederwertigen Bits an. Jedes weitere Bit halbiert den verbleibenden Messbereich, sodass die Approximation *logarithmisch konvergiert* – nach zwölf Iterationen hat der AD-Wandler also einen 12-Bit-Analogwert ermittelt. Eine Auflösung von 12 Bit entspricht einem Wertebereich von 0 bis 4095. Wir werden jedoch noch sehen, dass wir die Auflösung rein rechnerisch verdoppeln können, also auf 0 bis 8192. Das ist für einen Mikrocontroller dann schon sehr gut.

Zunächst interessiert uns nur wieder die Pin-Konfiguration. Der STM32F412 hat 16 Pins, die potenziell als Analogeingänge konfiguriert werden können. Da die meisten der Pins jedoch an Port A liegen und wir von Port A vorrangig die Schnittstellen (UART, SPI) verwenden wollen, bieten sich vier Pins von Port C an. Dabei handelt es sich um die Pins PC0 bis PC3. Diese Pins entsprechen den Kanälen 10 bis 13 des ADC im Mikrocontroller. Damit hat unser Breakout-Board standardmäßig also vier Analogeingänge. Für den Fall, dass das einmal nicht ausreichen sollte, könnte man die beiden Interrupt-Eingänge INT0 und INT1 auch noch zu Analogeingängen umkonfigurieren. Letztlich stehen also bis zu sechs Analogeingänge an unserem Breakout-Board zur Verfügung. Das Umkonfigurieren ist zwar nur als Option gedacht, zumindest liegen diese Pins aber schon passend nebeneinander.

Welchen Spannungsbereich messen die Analogeingänge überhaupt? Der ADC im STM32 hat eine eigene, getrennte Spannungsversorgung (VDDA). Das ist darin begründet, dass insbesondere digitale Schaltungen viele Störungen auf der Betriebsspannung hervorrufen. Diese Störungen möchte man von der Versorgung des ADC fernhalten.

Versorgungsspannung des ADC

VDDA ist die positive Versorgungsspannung des ADC.

VREF ist die Referenzspannung des ADC.

VREF ist intern mit VDDA verbunden!

Die Analogeingänge haben einen Messbereich von 0 V bis VDDA. Laut Datenblatt darf man VDDA beim STM32F412 jedoch nicht beliebig wählen, was sicher so zu erklären ist, dass es ja intern im Chip Verbindungen zwischen dem ADC und dem Prozessorbus gibt.

Wir wählen der Einfachheit halber für VDDA dieselben 3.3 V wie für den STM32 auch. Damit sich jedoch die digitalen Störungen nicht direkt in den ADC übertragen, schalten wir ein *LC-Tiefpassfilter* zwischen die 3.3 V und VDDA. Ein LC-Tiefpass besteht aus zwei aktiven Bauelementen, einer Spule und einem Kondensator – es ist also ein Filter *zweiter Ordnung* und besitzt daher eine größere Steilheit. Die Dämpfung beträgt 40 dB pro Dekade. Gleichspannungsmäßig hat die Spule dagegen nur einen sehr geringen Widerstand, sodass wir kaum einen Spannungsabfall hervorrufen. Aus diesen beiden Gründen sind LC-Filter in Versorgungsleitungen immer besser und RC-Kombinationen vorzuziehen.

In der Regel liefern jedoch Sensoren, wie beispielsweise Temperaturfühler, selten einen ideal passenden Spannungswert. Es wird daher immer nötig sein, eine Anpassung vorzunehmen, sodass der Sensorwert in einem definierten Bereich genau auf den Analogbereich von 0 bis 3.3 V abgebildet wird. Dazu eignen sich *Operationsverstärker* sehr gut, und speziell wären das die sogenannten *Instrumentenverstärker*. Alternativ kann man natürlich auch auf Standardsignale setzen, wie beispielsweise 0 bis 10 V oder 0 bis 20 mA, die in der Automatisierungstechnik sehr verbreitet sind. Eine Anpassung erfordert dafür lediglich ein oder zwei Widerstände als Spannungsteiler bzw. einen *Shunt*-Widerstand als *Bürde* für den Strom.

Da wir den AD-Wandler des STM32 nun mit 3.3 V versorgen, dürfen die Analogeingänge keinesfalls eine höhere Spannung erhalten – auch nicht kurzzeitig. Das könnte zur Zerstörung des Eingangs oder sogar des ganzen Chips führen. Es ist daher ratsam, unmittelbar vor jedem Analogeingang eine Schutzschaltung, bestehend aus einem Längswiderstand (10 kOhm), einem Kondensator (100 nF) und zwei Schottky-Dioden (z. B. BAT43), vorzusehen.

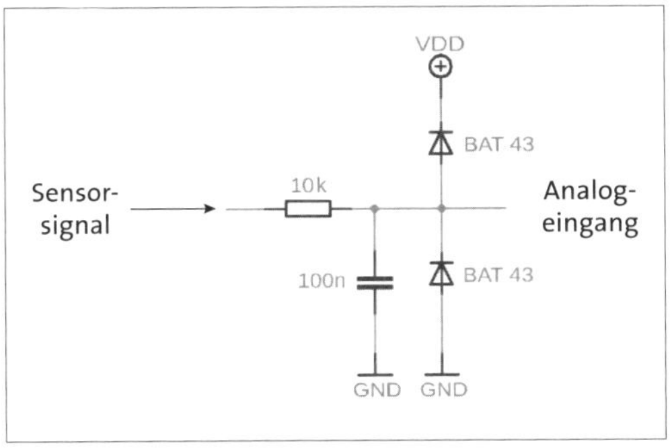

Abbildung 2.7 Schutzschaltung für Analogeingänge

Diese Schaltung erfüllt gleich zwei Aufgaben. Wird das Sensorsignal einmal größer als VDD = 3.3V, dann wird die obere Diode leitend und begrenzt den Spannungswert am

Analogeingang auf VDD + 0.3V. Das Gleiche passiert, sollte das Sensorsignal kleiner als die Masse werden. In beiden Fällen begrenzt der Längswiderstand zudem den Strom durch die Schutzdiode. Die zweite Aufgabe besteht darin, das Sensorsignal etwas zu glätten, d. h. höhere Frequenzanteile herauszufiltern. Der Widerstand und der Kondensator bilden dazu einen *RC-Tiefpass*. Die benötigte Spannung VDD ist an Pin 39 unseres Breakout-Boards verfügbar.

Bei der Programmierung der Analogwertmessung werden wir noch sehen, dass man trotz einer einfachen Schaltungstechnik sehr gute Ergebnisse erzielen kann – ein bisschen wird uns dabei auch die Mathematik helfen.

2.4.7 Analoge Ausgabe

Der STM32F412 verfügt leider nicht über einen DA-Wandler. Es ist daher nicht möglich, an einem der Pins eine Spannung auszugeben. Das ist jedoch kein nennenswerter Nachteil, weil man eine analoge Ausgabe dennoch sehr einfach realisieren kann. Das Zauberwort heißt *Pulsweitenmodulation* (PWM). Ein pulsweitenmoduliertes Signal ist eine generische digitale Signalform, die den Wert einer Mess- oder Stellgröße durch das zeitliche Verhältnis (*Duty Cycle*) zweier Signalpegel beschreibt. Der Vorteil des an sich digitalen PWM-Signals liegt in seiner einfachen Umwandlung in eine analoge Größe mittels *Integration*. Nimmt man beispielsweise einen Kondensator als integrierendes Element, erhält man eine analoge Spannung, mit einer Spule, z. B. einem Motor, kann man dagegen den Strom integrieren. Die Kombination aus einem verlustfrei übertragbaren digitalen Signal und der einfachen Umwandlung durch Integration macht das PWM-Signal so universell.

Unsere digitalen Ausgänge sind alle in der Lage, ein PWM-Signal zu erzeugen. So gesehen wären alle sechs Ausgänge unseres Breakout-Boards grundsätzlich auch als analoge Ausgänge verwendbar. Da die Anzahl der digitalen Ausgänge aber ohnehin schon begrenzt ist, wollen wir einen expliziten PWM-Ausgang zur Erzeugung analoge Signale vorsehen.

Der Pin AOUT unseres Breakout-Boards geht an PB10 des STM32F412, das mit Kanal 3 von Timer 2 verbunden werden kann. Damit besteht die Möglichkeit, an diesem Pin kontinuierlich ein PWM-Signal mit einer Frequenz f_{PWM} = 10 kHz auszugeben. Da das eine Funktionalität des Timers ist, benötigt diese PWM-Ausgabe keinerlei Rechenzeit – einmal initialisiert, wird kontinuierlich ein exaktes PWM-Signal ausgegeben.

Die nachfolgende Schaltung wandelt das PWM-Signal an AOUT in eine analoge Spannung im Bereich von 0 bis 10 V um. Dieser Spannungsbereich ist Standard und in der Automatisierungstechnik sehr stark verbreitet. Die Schaltung besteht aus zwei Teilen –

dem RC-Glied, das die Integration der Spannung übernimmt, und dem Verstärker, der den Spannungsbereich anpasst. Dabei ist hier nicht dargestellt, dass der *Operationsverstärker* (OPV) eine Versorgungsspannung von mindesten 12 V haben muss.

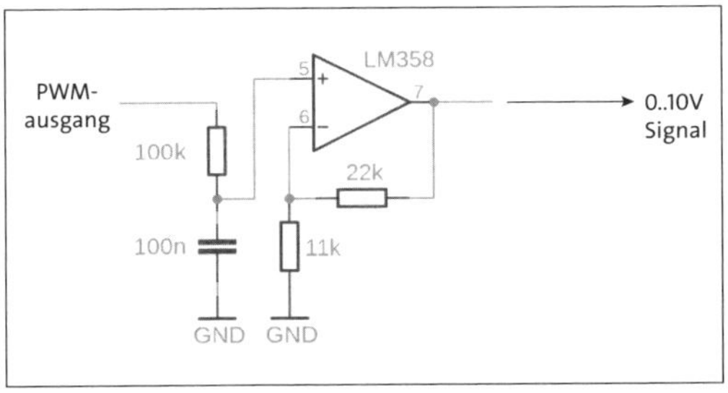

Abbildung 2.8 Einfacher Analogausgang mit 0 bis 10 V Standardsignal

Schauen wir uns die Funktion dieser Schaltung genauer an. Das RC-Glied wird hier zur Integration des PWM-Signals verwendet. Dabei gehen zwei Größen in die Analogwandlung ein. Einerseits stellt die Amplitude des PWM-Signals, U_{PWM} = 3.3 V, den Maximalwert dar, auf den sich der Kondensator aufladen kann. Andererseits wirkt sich das Tastverhältnis des PWM-Signals auf den Spannungswert am Kondensator aus. Nehmen wir ein Tastverhältnis von 50 % an – *High*- und *Low*-Zeit des PWM-Signals sollen gleich sein. Der Kondensator wird also genauso lange geladen, wie er anschließend wieder entladen wird. Aufgrund des Verlaufs von Lade- und Entladekurve wird sich dabei allerdings ein Spannungswert um die 1.65 V am Kondensator einstellen! Je nach Größe des Kondensators bzw. auch des Widerstands bleibt allerdings eine mehr oder weniger große *Ripple-Spannung*. Macht man den Kondensator nur groß genug, wird die Ripple-Spannung gegen null gehen. Das heißt, ein einfaches RC-Glied reicht prinzipiell aus, um aus einem PWM-Signal eine analoge Spannung im Bereich von 0 bis U_{PWM} zu generieren. Der nachfolgende *nicht invertierende Verstärker* ändert lediglich den Spannungsbereich auf 0 bis 10 V.

Die Ripple-Spannung kann bei einem einfachen RC-Glied insofern zum Problem werden, da man beim Vergrößern der Kapazität auch die Hochlaufzeit verlängert. Salopp gesagt, wird unser einfacher DA-Wandler entweder sehr träge und die Ausgabe veränderlicher Analogwerte damit schwieriger, oder man muss mit einer hohen Ripple-Spannung leben. Die Lösung für dieses Dilemma besteht darin, das einfache RC-Glied, ein Tiefpass 1. Ordnung, durch einen Tiefpass höherer Ordnung zu ersetzen.

An der Stelle nimmt man einen *aktiven Tiefpass* mit Operationsverstärker. Wir lassen die Schaltung aus Abbildung 2.8 quasi unverändert, schalten jedoch noch einen Tiefpass 2. Ordnung davor (siehe Quelle 7 im Literaturverzeichnis).

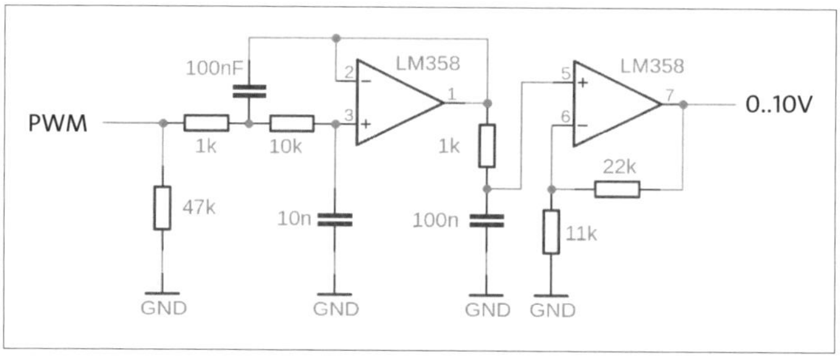

Abbildung 2.9 Vorgeschalteter Tiefpass 2. Ordnung (Sallen-Key-Form)

Ideal ist dafür die *Sallen-Key-Schaltung*, die es sowohl als Hoch- als auch als Tiefpass gibt. Damit erhöht sich die Ordnung insgesamt auf drei. Je höher die Ordnung ist, desto höher kann man die Grenzfrequenz wählen, da die Filterkurve immer steiler wird. So reduziert sich die Ripple-Spannung, und man erhält einen dynamischeren DA-Wandler.

Die obige Schaltung wandelt ein PWM-Signal mit einer Frequenz von 10 kHz in ein sehr ordentliches Analogsignal um. Man kann sogar das Tastverhältnis des PWM-Signals modulieren, und das analoge Signal folgt den Änderungen sehr gut. Im unten dargestellten Oszillogramm ist die Aufzeichnung eines sinusförmig modulierten PWM-Signals mit etwa 62 Hz zu sehen.

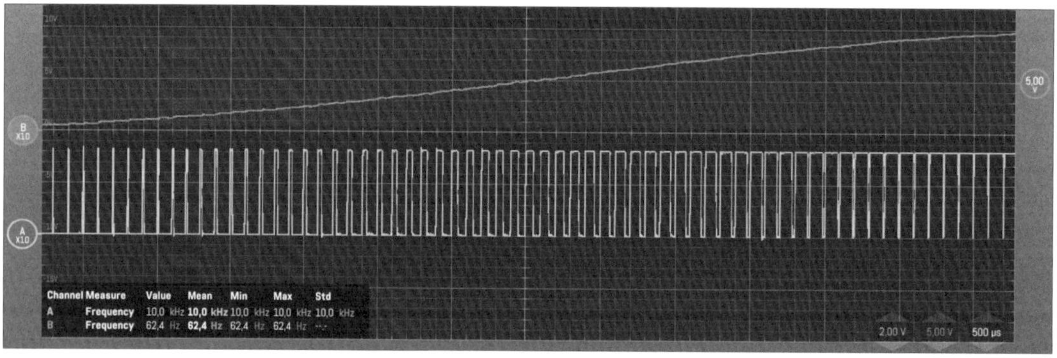

Abbildung 2.10 Aufnahme eines sinusförmigen Analogsignals mit ca. 62 Hz; die untere Linie zeigt ein sinusförmig moduliertes PWM-Signal, die obere den Verlauf des Analogsignals nach dem Tiefpass.

Die Änderung des Tastverhältnisses erfolgte dabei in sehr kleinen Stufen, die man vielleicht sogar im Analogsignal noch erkennen kann. Die Grenzfrequenz des Tiefpasses aus Abbildung 2.9 liegt bei $f_G = 1.59$ kHz. Es gibt im Internet Seiten, auf denen man Filter berechnen kann. Für die Sallen-Key-Form gibt es eine gute Webseite: *http://sim.okawa-denshi.jp/en/OPseikiLowkeisan.htm*.

2.4.8 SPI als Systembus

Einen Systembus findet man klassischerweise bei Prozessoren, die externen Speicher und externe IO-Komponenten adressieren. Der Systembus besteht aus einem Adress-, einem Daten- und einem Steuerbus. Bei einem Single-Chip-System sind diese Komponenten jedoch alle mit auf dem Chip integriert. Wozu benötigt unser Single-Chip-System also überhaupt einen Systembus?

Der STM32F412 hat leider keinen integrierten EEPROM-Speicher. Um die genauen Vorzüge eines EEPROM soll es im nächsten Abschnitt noch gehen, aber diese Speicherart ist gerade für eingebettete Systeme sehr nützlich. Deshalb soll zusätzlich ein serieller EEPROM-Chip auf dem Breakout-Board platziert werden. Bei den seriellen EEPROMs gibt es im Wesentlichen zwei Schnittstellen, zwischen denen man wählen kann – dem *Serial Peripheral Interface* (SPI) und dem *Inter-Integrated-Circuit-Bus* (I^2C). Welcher Schnittstelle man dabei den Vorzug gibt, ist schon eher eine philosophische Frage. Beide Varianten sind auf ihre Weise gut. Der I^2C-Bus ist ein echter 2-Draht-Bus und bis ins Detail spezifiziert. Wenn man also Wert darauf legt, möglichst wenige Pins des Mikrocontrollers zu verwenden, würde man diesem Bus den Vorzug geben. Demgegenüber ist die SPI-Schnittstelle kein echter Standard und daher auch nicht so konsequent spezifiziert wie der I^2C-Bus. Man kann aber sagen, dass eine SPI-Schnittstelle schneller ist als ein I^2C-Bus. Auch die Anschaltung von SPI-Teilnehmern an den Bus ist etwas flexibler – so kann man gegebenenfalls mehrere Teilnehmer auch einfach hintereinander »durchschleifen« (*Daisy Chain*). Eine SPI benötigt allerdings zusätzliche Select-Leitungen für die Busteilnehmer, weil es keine Adressierung gibt. Der wesentliche Vorteil, der letztlich auch den Ausschlag für die SPI als Systembus gegeben hat, ist dessen höhere Geschwindigkeit.

Neben dem EEPROM sollen auch andere Teilnehmer wie etwa ein LCD-Display, ein Funkmodem oder sogar ein Ethernet-Adapter angeschlossen werden können, und alle diese Teilnehmer erfordern die Übertragung größerer Datenmengen. Im Grunde ist unser Systembus also eher eine Kommunikations- oder auch eine Erweiterungsschnittstelle.

Schauen wir uns zunächst das Funktionsprinzip einer SPI-Schnittstelle an. Grundsätzlich geht die Kommunikation immer vom Mikrocontroller aus, nur er kann aktiv eine Übertragung starten. Dazu wählt er den passenden Teilnehmer mittels Low-Pegel an dessen Select-Leitung /CS (*Chip Select*) aus und generiert anschließend den Schiebetakt an SCL (*Shift Clock*). Man kann sich eine SPI-Übertragung ganz gut als zwei gekoppelte Schieberegister oder als einen Ring vorstellen. Ein Register befindet sich dabei immer im Mikrocontroller und eins im ausgewählten Teilnehmer.

Mit jedem einzelnen Takt an SCL wird ein Bit vom Mikrocontroller zum Teilnehmer über die Leitung SSO (*Serial Shift Out*) und gleichzeitig ein Bit vom Teilnehmer zum Mikrocontroller über die Leitung SSI (*Serial Shift In*) übertragen. Die Breite der jeweiligen Schieberegister ist im Mikrocontroller wählbar, aber standardmäßig sind es 8 Bit. Damit ist der Transfer von einem Byte nach acht Takten an SCL abgeschlossen. Im Sinne eines effektiven Datenaustauschs kann der Mikrocontroller jedoch nahtlos weitere Takte generieren und so in einem Transfer auch größere Datenblöcke übertragen.

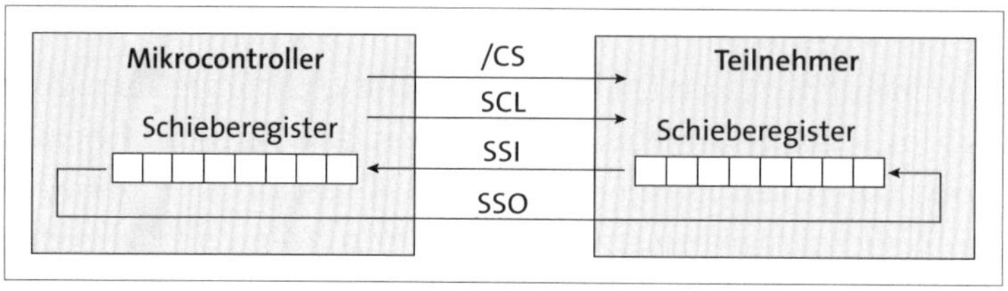

Abbildung 2.11 SPI-Transfer mittels gekoppelter Schieberegister

Wie aus dem Schaltplan in Anhang A ersichtlich ist, verwenden wir die Pins PA5 als SCL, PA6 als SSI und PA7 als SSO, die alle im STM32 der SPI1 zugeordnet werden können. Diese Pins sind auf dem Breakout-Board unmittelbar mit dem EEPROM verbunden und werden außerdem an den Pins 15 bis 17 der ersten Stiftleiste herausgeführt. Damit erlaubt unser Systembus extern angeschlossene Teilnehmer, wie etwa ein Display. Da jeder Teilnehmer auch eine Select-Leitung braucht und insbesondere das Display noch weitere Steuerleitungen erfordert, belegt der Systembus insgesamt ganze acht Pins. Darüber sind dann aber zwei externe Teilnehmer anschließbar. Das kann einerseits das Display sein und zusätzlich noch ein LoRa-Funkmodul oder sogar ein Ethernet-Adapter mit W5500-Chip. Natürlich kann man auch einfach nur eine Port-Erweiterung über die SPI realisieren.

Eine Besonderheit bietet unser Systembus. Erfahrungsgemäß ist es sinnvoll – manchmal sogar zwingend nötig –, dass Teilnehmer am SPI-Bus zusätzlich zur Select-Leitung noch eine Reset-Leitung bekommen. Darüber kann der Mikrocontroller ein über SPI angeschlossenes Modul oder einen Chip explizit rücksetzen (sofern der Chip einen Reset-Eingang hat). Da die SPI-Schnittstelle eine taktsynchrone Verbindung ist, reicht bereits ein Glitch oder eine Race Condition beim Einschalten, und man kann keine Daten mehr korrekt übertragen.

2.4.9 EEPROM-Speicher

Die Abkürzung EEPROM steht für *Electrically Erasable and Programmable Readonly Memory*, was so viel bedeutet wie »wiederbeschreibbarer Speicher«. Damit ist die Möglichkeit gemeint, Daten remanent sichern, bei Bedarf aber auch wieder ändern zu können.

Bei zahlreichen Anwendungen besteht die Notwendigkeit, Konfigurationsdaten zu speichern. Das können Grenzwerte oder Parameter sein, die für den Betrieb relevant sind, Serviceintervalle, Betriebszeiten und Laufleistungen zählen ebenfalls dazu. Schließlich kann man auch Fehlercodes oder Ereignisse im EEPROM ablegen. Allen diesen Werten ist gemein, dass sie sich gelegentlich oder auch regelmäßig ändern, aber über einen Spannungsausfall hinweg erhalten bleiben müssen. Genau dafür ist ein EEPROM ideal.

Wenn man etwas am STM32 kritisieren wollte, dann ist es das Fehlen eines integrierten EEPROM. ST-Microelectronics hatte sicher einen guten Grund, den EEPROM wegzulassen, aber es gibt kleinere Mikrocontroller, wie etwa die der bekannten AVR-Reihe, die neben dem FLASH auch noch einen EEPROM beinhalten. ST-Microelectronics beschreibt in einer Application Note (siehe Quelle 26 im Literaturverzeichnis) einen Algorithmus, mit dem man einen virtuellen EEPROM im FLASH-Speicher emulieren kann. Da FLASH-Speicher aktuell jedoch nur etwa 10.000 Mal gelöscht und wieder beschrieben werden kann, muss man die Daten weit streuen. Das erfordert einerseits einen aufwendigen Algorithmus und andererseits auch sehr viel FLASH-Speicher. Diese Lösung ist für unseren STM32F4 daher eher nicht geeignet, weil die verfügbaren FLASH-Sektoren mit 128 kB zu groß sind.

Wir wollen deshalb einen zusätzlichen seriellen EEPROM-Chip mit SPI-Schnittstelle auf dem Breakout-Board vorsehen. Glücklicherweise ist der Anschluss des EEPROM an unseren Systembus sehr einfach.

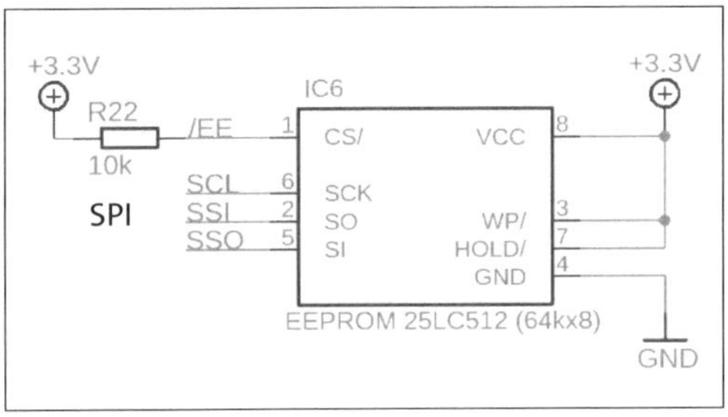

Abbildung 2.12 EEPROM am SPI-Systembus

Bei der Auswahl eines seriellen EEPROM-Chips muss man darauf achten, dass die Angabe der Speichergröße in kBit erfolgt – also hat etwa der EEPROM-Typ 25LC512 auf unserem Breakout-Board in der Tat 512 kBit = 64 KByte Speicherplatz.

Eine Besonderheit gilt es bei Teilnehmern am Systembus jedoch zu beachten – es dürfen niemals zwei Teilnehmer gleichzeitig auf den Bus zugreifen. In dem Fall könnten zwei Ausgangstreiber gegeneinander arbeiten, was mindestens zu einem hohen Strom führt, aber möglicherweise auch zur Zerstörung eines der beiden Pins. Müsste das nicht aber eigentlich die Software im Mikrocontroller sicherstellen?

Alle Mikrocontroller schalten ihre Pins beim Reset entweder in einen hochohmigen Zustand (*Tri-State*) oder konfigurieren sie pauschal als »toleranten« Eingang. Das ergibt insofern Sinn, als der Hersteller ja nicht wissen kann, ob ein Pin als Ein- oder Ausgang verwendet werden wird. Damit in einer fertigen Schaltung keine Ausgänge gegeneinander arbeiten, ist das also eine logische Konsequenz. Man muss beim Schaltungsentwurf deshalb generell davon ausgehen, dass es bei einem Neustart eine Zeit gibt, in der der Mikrocontroller salopp gesagt »noch nicht da ist«!

Die Select-Eingänge der Teilnehmer am Systembus müssen demnach einen Pull-up-Widerstand bekommen, der in der Zeit zwischen Reset und der erfolgten Pin-Konfiguration den Teilnehmer in einem inaktiven (englisch disabled) Zustand hält. Diese Zeit kann beim Nachladen des Betriebssystems schon mal einige Sekunden betragen!

2.4.10 UART-Schnittstellen

Unser Mikrocontroller STM32F412 verfügt über drei UART-Schnittstellen, was vergleichsweise viel ist. Genau genommen sind es eigentlich sogar vier Schnittstellen, aber bei der gewählten Gehäuseform (LQFP64) ist die vierte UART leider nicht komplett herausgeführt. Würde man stattdessen das 100-polige Gehäuse (LQFP100) verwenden, stünden in der Tat ganze vier UARTs zur Verfügung.

Den drei verfügbaren Schnittstellen werden bei unserem Breakout-Board nun die nachfolgenden Funktionen zugeordnet. Es zeigt sich, dass die Schnittstellen sowie einige zusätzlich erforderliche Pins an Port A verfügbar sind:

- Download-Schnittstelle an PA2, PA3 und PA4
- Modbus-Schnittstelle an PA8, PA9 und PA10
- Erweiterungsschnittstelle an PA11 und PA12

Prinzipiell sind für eine asynchrone serielle Schnittstelle zwei Pins ausreichend – ein Pin zum Senden (TXD) und ein Pin für den Empfang (RXD). Die Download-Schnittstelle verfügt zusätzlich noch über einen weiteren Pin (DTR).

Eine klassische RS232-Verbindung besaß früher neben der TXD- und der RXD-Leitung noch vier weitere Steuersignale, RTS/CTS und DTR/DSR, die der Flusssteuerung bzw. dem Handshake zwischen einer *Datenend-* und einer *Datenübertragungseinrichtung* dienten. Mit der Zeit entfielen die Steuersignale jedoch. Oft findet man nur noch eines der beiden Paare, oder es gibt sie auch gar nicht mehr. Allerdings ist das Vorhandensein von RTS oder DTR manchmal auch von Vorteil. Der Grund ist dabei gar nicht die eigentliche Funktion der beiden Steuersignale, die darin bestand, einem angeschlossenen Gerät, etwa einem Modem, Empfangsbereitschaft zu signalisieren. Vielmehr nutzt man diese Leitungen oft als universelle Ausgänge, etwa als Reset-Signal oder auch zum Umschalten zwischen Sende- und Empfangsbetrieb. Die Funktion richtet sich dabei eher nach dem angeschlossenen Gerät als nach dem RS232-Standard. In diesem Sinn ist auch der DTR-Pin an unserem Breakout-Board zu verstehen. Obwohl die Download-Schnittstelle für Programm-Updates genutzt werden kann, steht sie ansonsten jedoch zur freien Verfügung, und eine zusätzliche Steuerleitung ist dann mitunter vorteilhaft.

Die erste UART (TXD0, RXD0, DTR0) ist im Grunde also eine universelle serielle Kommunikationsverbindung und kann mit entsprechenden Pegel-wandlern als eine klassische RS232 betrieben, aber ebenso auch als USB- oder sogar als Bluetooth-Schnittstelle ausgeführt werden. Damit sind vielfältigste Anwendungen denkbar, beispielsweise auch der Anschluss eines LTE-Modems zur Übertragung von Störmeldungen oder der Aufbau einfacher Fernwirktechnik unter Verwendung von digitalen Funkmodulen.

Der RS232-Standard definiert die Übertragung einer logischen 0 (*Space*) als einen Spannungswert zwischen +3 und 15 V und einer logischen 1 (*Mark*) als eine Spannung zwischen –3 und –15 V. Durch das Ausklammern des Bereichs zwischen –3 und +3 V erhöht sich der *Signal-Rausch-Abstand*, wodurch sich die mögliche Leitungslänge gegenüber reinen Logikpegeln deutlich erhöht. Eine RS232 funktioniert bei niedrigen Baudraten sicher bis 15 m und darüber hinaus. Für die Umsetzung der Logikpegel auf die Signalpegel einer RS232 benötigt man jedoch einen Schaltkreis mit einer *Ladungspumpe*.

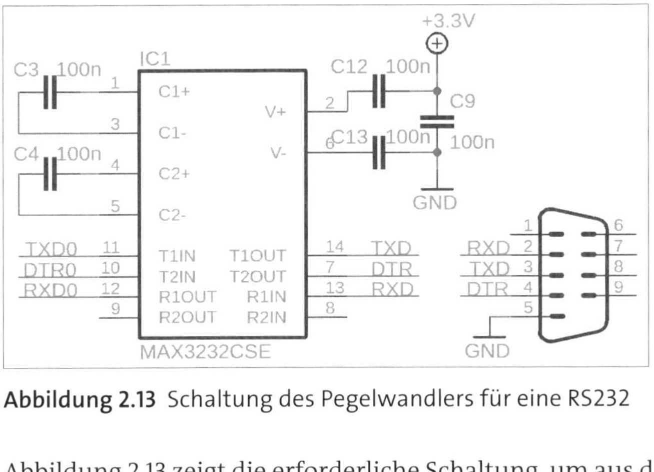

Abbildung 2.13 Schaltung des Pegelwandlers für eine RS232

Abbildung 2.13 zeigt die erforderliche Schaltung, um aus den Signalen TXD0, RXD0 und DTR0, die am Breakout-Board herausgeführt sind, eine RS232-Schnittstelle zu machen. Dabei wird insbesondere auch die Belegung eines neunpoligen Sub-D-Steckers dargestellt. Mit einem Sub-D-Stecker werden *Datenendeinrichtungen* (DTE) ausgestattet. Damit wäre unser Breakout-Board dann sinngemäß eine Datenendeinrichtung, vergleichbar also mit einem PC. Der Pegelwandler MAX3232 arbeitet bereits ab 3.3 V Versorgungsspannung, die wir außen am Breakout-Board am VDD-Pin zur Verfügung haben. Solche Schaltungen findet man fertig bestückt im Internet, sodass man sie nicht unbedingt selbst aufbauen muss.

Die zweite UART (TXD1, RXD1, TX/RX) wird dagegen ausschließlich für die RS485-Schnittstelle auf dem Breakout-Board verwendet. Um diese wird es im nächsten Abschnitt noch genauer gehen. Auch hier gibt es neben den beiden Pins für das Senden (TXD1) und Empfangen (RXD1) noch einen dritten Pin (TX/RX). Dieser Pin schaltet zwischen Sende- und Empfangsbetrieb um.

Schließlich ist die dritte UART (TXD2, RXD2) wieder als universelle serielle Verbindung gedacht. Technisch gibt es keine Unterschiede zwischen den drei UARTs. Alle haben prinzipiell die gleichen Möglichkeiten. Bei der Implementierung im Betriebssystem werden wir sehen, dass auch die Größen der Datenpuffer sowie die möglichen Datenraten bei allen drei UARTs identisch sind. Dennoch soll die dritte UART einen etwas anderen Charakter bekommen. Hier soll man serielle Sensoren anschließen, etwa einen GPS-Empfänger oder auch beliebige andere Module, die eine UART haben, aber nur mit 3.3 V Logikpegel arbeiten. Damit kommt dieser UART eher die Rolle einer Erweiterungsschnittstelle zu.

UARTs mit Logikpegeln

Die Pins der beiden UART-Schnittstellen – TXD0, RXD0, DTR0 sowie TXD2, RXD2 –, die an unserem Breakout-Board herausgeführt sind, arbeiten mit 3.3 V Logikpegel und dürfen nicht ohne einen Pegelwandler mit einer RS232 verbunden werden!

Alternativ können die Pins TXD2 und RXD2 auch als CAN-Schnittstelle konfiguriert werden. Unter Verwendung eines Pegelwandlers für den CAN-Bus, wie z. B. den Schaltkreis MCP2551, kann das Breakout-Board an jeden CAN-Bus angeschlossen werden bzw. Sensoren über den CAN-Bus auslesen.

2.4.11 RS485-Kommunikation

Im Gegensatz zu einer RS232 handelt es sich bei einer RS485 nur um eine *Halb-Duplex-Schnittstelle*. Beide Schnittstellen basieren zwar gleichermaßen auf einer zeichenweisen asynchronen Übertragung und beide nutzen daher auch eine unterlagerte UART, bei einer RS485 kann zu jedem Zeitpunkt aber immer nur gesendet oder nur empfangen werden. Salopp gesagt, könnte man eine RS232 mit einem Telefon vergleichen und eine RS485 mit einem Walkie-Talkie. Diese Analogie offenbart noch einen zweiten wichtigen

Aspekt, der eine RS485 von einer RS232 unterscheidet. Während eine RS232 immer nur eine *Punkt-zu-Punkt*-Verbindung erlaubt, ermöglicht eine RS485 eine *Punkt-zu-Multipunkt*-Verbindung. Das ist der Grund, warum man mit einer RS485 auch ein Bussystem aufbauen kann.

Beide Schnittstellen unterscheiden sich ebenfalls hinsichtlich ihrer verwendeten Signalpegel. Schauen wir uns dazu die Signalübertragung einer RS485 etwas genauer an. Es handelt sich um eine *differenzielle Schnittstelle*, bei der es zwei Leitungen A und B gibt, wobei A die *nicht invertierte* und B die *invertierte* Leitung ist. Man findet für die beiden Leitungen auch Bezeichnungen wie TX+/TX- oder D+/D-, die das eindeutig kennzeichnen. Beide Leitungen führen nur Spannungspegel von 0 oder 5 V bezogen auf GND. Die Pegel sind aber immer invers zueinander, wenn also A = 0 V führt, dann führt B = 5 V und umgekehrt. Die Codierung der Datenbits erfolgt daher durch diese beiden Bedingungen:

- $A - B > 0.2\,V \rightarrow$ logisch 1 (Mark)
- $A - B < -0.2\,V \rightarrow$ logisch 0 (Space)

Das Aussparen des Differenzbereichs von –0.2 V bis +0.2 V vergrößert wieder den Signal-Rausch-Abstand, und durch die Verwendung der zwei symmetrischen Signalleitungen lassen sich bei moderaten Datenraten schon Leitungslängen bis zu 1.000 m und mehr erreichen.

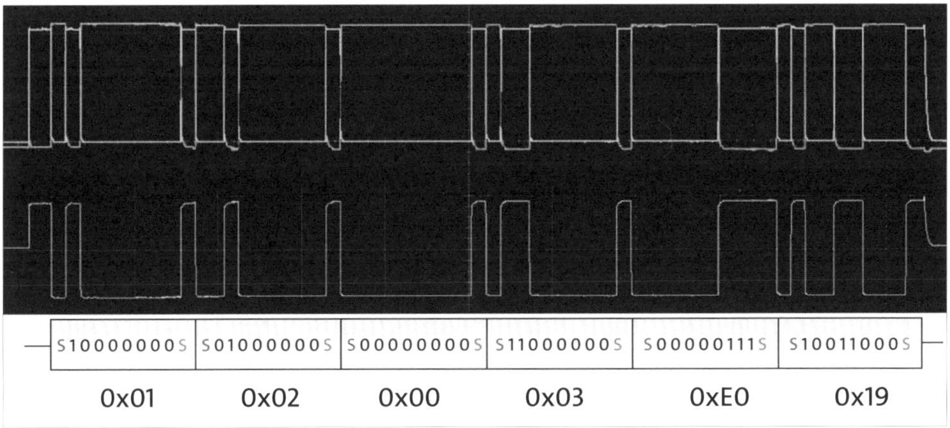

Abbildung 2.14 Signalverlauf eines RS485-Telegramms (Format 8N1), oben die Signale A und B auf Masse bezogen, darunter die Differenz A–B, wie sie die UART empfängt, unten der erkannte Bitstrom und darunter schließlich die decodierten Datenbytes

Im diesem Oszillogramm eines kurzen RS485-Telegramms sind deutlich die invertierten Signalverläufe der beiden Leitungen A und B zu erkennen. Bildet man mit dem Oszilloskop die Differenz der beiden Kanäle A–B, ergibt sich der untere Signalverlauf. Ein Digitaloszilloskop kann den resultierenden Kanal meist auch gleich als UART decodieren und zeigt die tatsächlich übertragenen einzelnen Bytes an. Eine UART überträgt immer das niederwertigste Bit zuerst!

Damit wir aus unserer UART1 (TXD1, RXD1, TX/RX) eine RS485 machen können, benötigen wir lediglich einen kleinen achtpoligen Schaltkreis, wie in Abbildung 2.15 gezeigt.

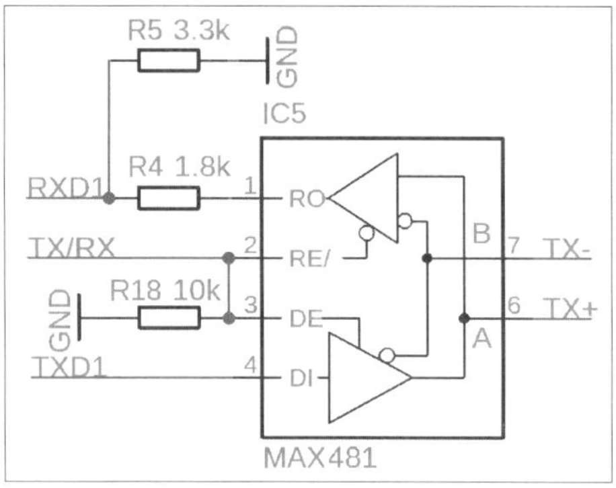

Abbildung 2.15 Schaltung des Pegelwandlers für die RS485

Der ausgewählte Typ MAX481 der Firma MAXIM ist nur einer von vielen möglichen Schaltkreisen, die für die Pegelwandlung auf eine RS485 in Betracht kommen. Es gibt dabei sowohl Schaltkreise, die mit 5 V arbeiten, als auch Typen, die schon mit 3.3 V auskommen. Da ein RS485-Treiber beim Senden aber bereits 50 bis 60 mA Stromaufnahme hat, fiel die Entscheidung bei unserem Breakout-Board auf einen 5-V-Typ, sodass der 3.3-V-Längsregler, aus dem auch der Mikrocontroller versorgt wird, nicht überlastet wird.

Es gibt ein wichtiges Merkmal, auf das Sie bei der Auswahl eines Treiber-IC achten sollten. Was passiert, wenn die beiden Leitungen A und B einmal »offen bleiben« oder gar »kurzgeschlossen« werden? Der Fall ist gar nicht so selten und passiert beispielsweise immer dann, wenn ein Busteilnehmer von Senden auf Empfangen wechselt. Die Leitungen A und B sind dann beide null, bzw. die Differenz zwischen ihnen ist null, bis ein anderer Teilnehmer wieder auf Senden schaltet. Da A–B = 0 V jedoch ein unbestimmter Buszustand ist, wäre das Verhalten aller angeschlossenen Empfänger unbestimmt. Damit dies nicht zu Fehlern beim Empfang führt, sollte der Treiber-IC über eine *Fail-Safe-Logik* verfügen. Bei einer Spannungsdifferenz von kleiner 0.2 V zwischen den Leitungen A und B liefert ein Empfänger mit Fail-Safe-Logik einen High-Pegel. Das ist für die UART der Ruhezustand, also der unkritische Fall. Unser MAX481 besitzt eine solche Logik.

So einfach die Schaltungstechnik und so praktisch eine RS485 auch ist, diese Schnittstelle ist leider standardmäßig nicht *potenzialfrei*! Sofern man das berücksichtigt, ist sie ausgesprochen tolerant und funktioniert praktisch immer. Was bedeutet aber »nicht potenzialfrei«? Alle Teilnehmer am Bus müssen dasselbe Massepotenzial haben. Es sind nur wenige Volt Unterschied zulässig (*Common Mode Voltage Range*). Obwohl eine RS485 also prinzipiell ein Zweidrahtbus ist, muss man gegebenenfalls die Massen mit verbinden. Bei einer Installation in der Gebäudetechnik kann man auch darauf bauen, dass alle Teilnehmer ihre Massen auf PE (*Protective Earth*) verbunden haben. In dem Fall muss und sollte man keine weitere Masseverbindung schaffen. Die Verkabelung und Planung eines RS485-Netzwerks ist allerdings vielschichtig und soll hier nicht näher betrachtet werden.

Wir haben an unserem Breakout-Board nun eine universelle und busfähige Schnittstelle, die wir speziell für Verbindungen mit dem Modbus-Protokoll verwenden können.

2.4.12 ISP-/Debug-Schnittstelle

Die letzte, aber wohl auch die wichtigste Schnittstelle an unserem Breakout-Board ist die sogenannte ISP-Schnittstelle (*In System Programming*) oder auch Debug-Schnittstelle. Bei ARM wird diese Schnittstelle als SWD-Schnittstelle (*Serial Wire Debug*) bezeichnet. Ohne diese Schnittstelle könnte man kein Programm in den Mikrocontroller laden. Später wollen wir dazu zwar nur noch unseren Bootloader verwenden, den wir im nächsten Kapitel entwickeln, aber auch den muss man zunächst einmal in den Mikrocontroller laden, und das geht nur über diese Schnittstelle.

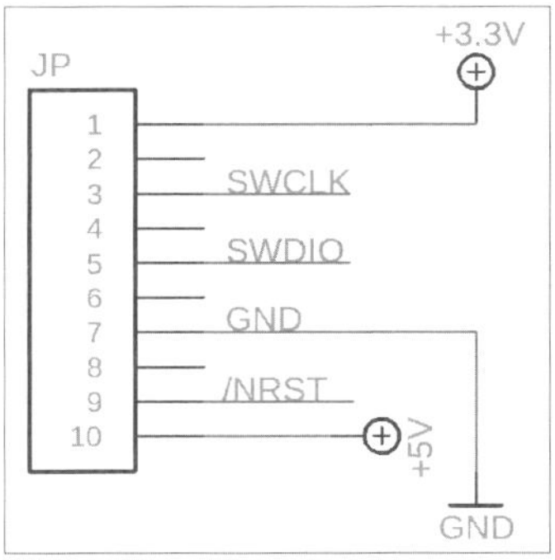

Abbildung 2.16 Signale an der ISP-Debug-Schnittstelle (Buchse)

Die Belegung der kleinen Buchse auf unserem Breakout-Board ist ziemlich willkürlich – anders formuliert: Es gibt es keinen Standard dafür. Bei Produkten, die in sehr großer Stückzahl gefertigt werden, findet man ohnehin nur noch Kontaktpunkte auf der Leiterplatte, alternativ werden manchmal noch günstige Pinheader verbaut. Beides spart vielleicht ein paar Cent, ist aber weder verpolungs- noch berührungssicher. Als ISP-Buchse eignen sich daher diese kleinen roten Micromatch-Buchsen sehr gut.

Wie Sie sehen, ist die Micromatch-Buchse nur zur Hälfte belegt, und man könnte gegebenenfalls auch mit einer sechspoligen Buchse auskommen. Wenn man jedoch auf allen eigenen Entwicklungen immer die gleiche Buchse verwenden möchte, ist etwas Reserve mitunter nicht schlecht. Die anderen Pins könnten aber auch noch genutzt werden. So verfügt die SWD-Schnittstelle von ARM prinzipiell über eine Trace-Funktion (SWO) für schnelle Ausgaben. Man könnte ebenfalls freie I/O-Pins für eine spätere Fehlersuche auf diese Buchse führen, sodass man auf Hardwareereignisse mit einem Oszilloskop triggern kann.

Die minimal erforderlichen Leitungen, um den Mikrocontroller programmieren zu können, sind SWDCLK, SWDIO und GND. Es ist jedoch ratsam, noch die Reset-Leitung /NRST des Mikrocontrollers mitzuverbinden. Damit hat man die Möglichkeit, auch ein Hardware-Reset auszulösen. In Summe sind es dann gerade einmal vier Leitungen, die man zum Programmieren des Mikrocontrollers benötigt. Anstatt sich nun einen speziellen Programmieradapter für STM32 zuzulegen, ist es günstiger, einfach ein NUCLEO-Board zu verwenden. Es gibt von ST-Microelectronics viele verschiedene Varianten dieser erfolgreichen Evaluation-Boards. Alle NUCLEO-Boards verfügen bereits über einen ST-LINK-Programmieradapter (siehe Abbildung 2.17).

Abbildung 2.17 NUCLEO-Board (hier F411RE) mit dem ST-LINK-Adapter

Man kann also mit einem solchen Board die ersten Schritte machen und es dann als Programmieradapter für alle eigenen Entwicklungen nutzen. Die Boards haben sogar schon eine vorgearbeitete Trennstelle, sodass man sich leicht seinen eigenen Adapter bauen kann, wie in Abbildung 2.18 gezeigt.

Abbildung 2.18 ST-LINK-Adapter (Eigenbau)

Der ST-LINKProgrammieradapter bietet neben der SWD-Schnittstelle sogar noch eine frei verfügbare serielle Schnittstelle (UART), die man gleichzeitig als USB-UART-Adapter verwenden kann. Ein Eigenbauadapter muss im Grunde aber nur die vier mittleren Leitungen des SWD-Headers (CN4) auf die vier entsprechenden Pins unserer ISP-Buchse verbinden. Die beiden äußeren Pins bleiben frei. Pin 1 von CN4 ist ein Eingang, der dem Adapter anzeigen soll, dass die Zielhardware mit Spannung versorgt wird, und Pin 6 ist der Trace-Ausgang der SWD-Schnittstelle – beide Pins werden nicht benötigt.

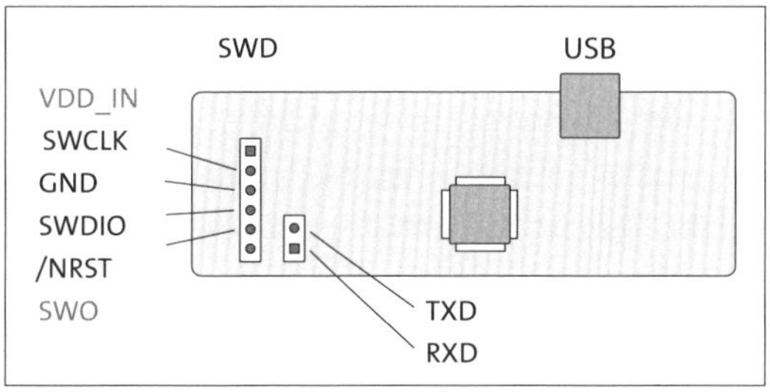

Abbildung 2.19 Pin-Belegung des ST-LINK-Adapters

Als Gegenstück zu unserer ISP-Buchse auf dem Breakout-Board bietet sich ein Micromatch-Stecker mit Schneidklemmtechnik an. Man kann beispielsweise vier einzelne

Pinheader-Kabel (*Jump Wire*) verwenden und eine sichere Verbindung zwischen CN4 und einem Micromatch-Stecker herstellen. Schon hat man seinen eigenen Programmieradapter!

NUCLEO-Board

Das NUCLEO-Board, das unserem gewählten Mikrocontroller am nächsten kommt, ist das NUCLEO-F411RE. Dieses NUCLEO-Board könnte man auch anstelle unseres Breakout-Boards verwenden. Wenn auch nicht alle Pins ideal liegen, so sind doch die seriellen Schnittstellen sowie die SPI als Systembus verfügbar. Erste Versuche und die Evaluierung der Software sind damit gut möglich.

Es empfiehlt sich ohnehin, als Einstieg in die STM32-Programmierung ein NUCLEO-Board zu verwenden, und anschließend kann man es dann als Programmieradapter für eigene Entwicklungen nutzen.

2.5 Leiterplattenlayout

Als Informatiker denkt man nicht als Erstes an die Entwicklung eigener Leiterplatten oder meint vielleicht, dass das zu kompliziert und zu teuer sei. Dabei wird die eigentliche Herstellung heute von Firmen übernommen, die meist nach dem Pool-Prinzip arbeiten. Man sendet seinen Entwurf online zu einer Herstellerfirma, die dann mehrere Leiterplatten zusammen auf einem großen Nutzen anordnet und fertigt. Die Fertigungskosten werden entsprechend der tatsächlich auf dem Nutzen belegten Leiterplattenfläche aufgeteilt. Durch dieses Pool-Prinzip reduzieren sich die Kosten pro Leiterplatte, weil die Rüst- bzw. Einmalkosten für einen Nutzen auch auf mehrere Besteller verteilt werden können. Außerdem ermöglicht dieses Konzept die professionelle Herstellung eigener Entwürfe. Im Grunde bekommt damit jeder Hobbyelektroniker die gleiche Qualität, wie sie sonst nur Firmen für ihre Serienprodukte benötigen.

Um es vorwegzunehmen: Bei eigenen Designs wird auch mal etwas nicht funktionieren, Bauelemente werden vielleicht einfach nicht passen oder sogar kaputtgehen. Es ist noch nie ein Meister vom Himmel gefallen, und selbst die großen Meister haben irgendwann einmal angefangen. Ein kleines Breakout-Board ist daher der ideale Einstieg. Aufgrund der geringen Fläche fallen keine hohen Kosten an, und durch das erprobte Design ist die Wahrscheinlichkeit eines Fehlers sehr gering.

Wenn man allerdings die Möglichkeit einer professionellen Herstellung nutzen möchte, braucht man natürlich entsprechende Fertigungsdaten. Daher wollen wir in den folgenden Abschnitten klären, wie wir zu diesen Daten kommen, welche Schritte dazu notwendig sind und was man dabei beachten sollte.

2.5.1 Technologische Grundlagen

Eine Leiterplatte besteht aus einem Glasfaser-Epoxidharz-Verbundmaterial (Bezeichnung z. B. FR4, *Flame Retardant*) mit einer Dicke von 1.6 mm. Das Material ist mechanisch sehr stabil, leicht und besonders widerstandsfähig gegenüber chemischen Substanzen und hohen Temperaturen, wie sie während der Bestückung auftreten. Üblicherweise hat die Kupferschicht, die auf beiden Seiten der Leiterplatte aufgebracht ist, eine Dicke von nur 35 µm. Die Stärke von 1.6 mm und eine Kupferschicht von 35 µm sind Standard. Inzwischen gibt es jedoch eine Vielzahl weiterer Varianten. Das reicht von extra dünnen Leiterplatten mit einer Stärke von nur 1 mm oder sogar flexiblen Leiterplatten bis hin zu extra starken Platinen mit 2 mm Dicke. Die Kupferschichten können zudem ebenfalls stärker gewählt werden, etwa 70 µm, wenn Layouts für besonders hohe Ströme ausgelegt werden müssen. In der Regel sind diese Varianten aber mit Mehrkosten bei der Fertigung verbunden.

Wir betrachten daher nur die doppelseitigen Leiterplatten mit einer Dicke von 1.6 mm und einer 35 µm starken Kupferschicht, weil das bei den meisten Herstellern die günstigste Alternative darstellt. Darüber hinaus gibt es noch Multiplayer-Leiterplatten mit 4 bis 48 Layern. Diese sind jedoch eher für besonders hochintegrierte Designs oder bei erhöhten EMV-Anforderungen erforderlich. Abgesehen davon wollen wir uns aber auf SMD-Layouts konzentrieren. Die Abkürzung SMD steht für *Surface Mounted Device* und bezeichnet Bauteile, die nur auf der Bestückungsseite kontaktiert werden. Diese Technik ist inzwischen üblich und aufgrund der professionellen Fertigung auch für jeden nutzbar. Wir müssen diesen Schritt sogar gehen, weil es unseren STM32F4 gar nicht als Durchsteckbauelement (THT, *Through Hole Technology*) gibt!

Die Verwendung von SMD-Bauteilen ermöglicht darüber hinaus eine höhere Flexibilität beim Entwurf. Der Leiterplattenentwurf ist ja gleichzeitig die Schnittstelle zur mechanischen Konstruktion – somit bekommt auch der Konstrukteur mehr Möglichkeiten oder Freiheiten für seinen Entwurf. Man kann die einseitige SMD-Bestückung beispielsweise sehr vorteilhaft mit einer THT-Bestückung kombinieren. Damit lassen sich beispielsweise Steckverbinder, Bedienelemente oder auch ein Display konstruktiv auf der Oberseite (siehe Abbildung 2.21) anordnen, und die funktionale Schaltung kann dann die verbleibende Unterseite (siehe Abbildung 2.20) nutzen. Das wäre mit einer reinen THT-Bestückung so nicht machbar.

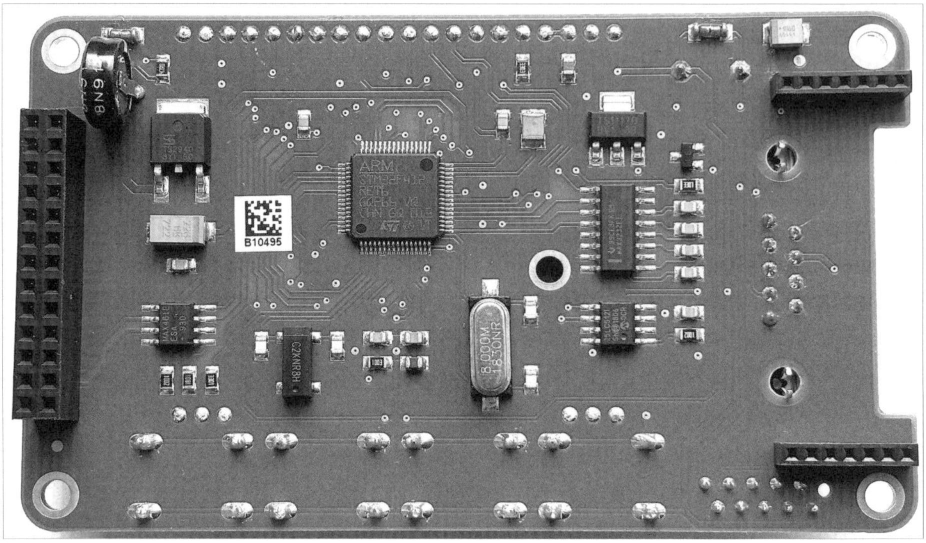

Abbildung 2.20 Gemischte Bestückung mit SMD- und THT-Bauteilen, hier die Unterseite mit SMD und THT ...

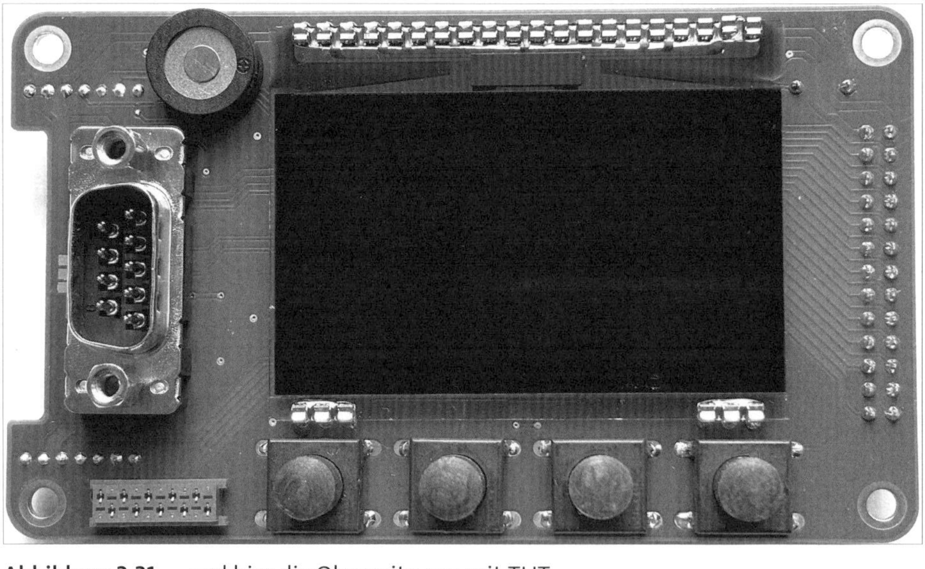

Abbildung 2.21 ... und hier die Oberseite nur mit THT

Auf den beiden Abbildungen sind die Ober- und die Unterseite einer doppelseitigen Platine einer Bedieneinheit dargestellt. Die Bedienelemente auf der Oberseite bestimmen die Abmessungen sowie die Aufteilung der Leiterplatte. Die Unterseite bietet dann noch genügend Fläche für ein komplettes System mit STM32F412, wie wir es auch auf unserem Breakout-Board realisieren wollen. Würde man allerdings auf der Oberseite auch noch SMD-Bauelemente verwenden wollen, gäbe es einiges zu beachten. Vereinfacht gesagt, müsste man dann schwerere SMD-Bauelemente auf der Oberseite und leichtere Bauelemente auf der Unterseite anordnen. Diese Art der Bestückung wollen wir aber nicht weiter betrachten, obwohl es technologisch sinnvoll sein kann, auch beidseitig SMD-Bauelemente zu verwenden.

Die gemischte Bestückung erfordert jedoch auch schon einige Überlegungen. Bei kleinen Stückzahlen müssen die THT-Bauelemente in einem extra Arbeitsgang per Hand nachbestückt werden, was zusätzliche Kosten verursacht. Bei größeren Stückzahlen gibt es dann die Möglichkeit, THT-Bauelemente auch maschinell nachzulöten. Als Hobbyelektroniker wird man ohnehin alles selbst löten wollen. Wer sich das allerdings rein handwerklich nicht zutraut, der sollte einfach mit einer Bestückungsfirma Kontakt aufnehmen – da findet sich bestimmt ein Weg.

In Summe können wir festhalten, dass man heute enorm viele Möglichkeiten hat und der Entwurf einer Platine weit über das eigentliche Layout hinausgeht. Leiterplatten haben immer Bezüge zum Schaltungsentwurf, zur mechanischen Konstruktion und nicht zuletzt zur Fertigungstechnologie. Das macht deren Entwicklung aber auch so kreativ und interessant.

2.5.2 Aufteilung einer Leiterplatte

Der Entwurf einer Leiterplatte beginnt bereits beim Schaltplan. Jedes Bauteil, das wir beim Entwurf in den Schaltplan ziehen, bringt sein Gehäuse (*Package*) auf die Leiterplatte mit. Jedes Gehäuse hat ein spezifisches Layout (*Footprint*). Man muss also schon beim Hinzufügen eines Bauteils auf das richtige Gehäuse achten, weil dieses ja dann das Layout bestimmt. Alle Verbindungen zwischen Pins im Schaltplan werden sofort zu Verbindungen zwischen *Pads* im Layout. Alle Verbindungen zwischen den Pads erscheinen im Layout anfangs nur als Luftlinien – eine rein optische Verbindung ohne Leiterzug. Bereits während man den Schaltplan entwirft, sollte man daran denken, die Bauteile auf der Leiterplatte in zusammengehörende Gruppen zu sortieren. Die Luftlinien helfen dabei sehr gut, weil man damit erkennt, welche Platzierung später das Routing vereinfacht. Es ist nicht hilfreich, erst den Schaltplan vollständig fertig zu zeichnen und danach die Bauteile auf der Platine platzieren zu wollen! Man sieht später nur noch sehr schlecht, welche Bauteile tatsächlich zusammengehören.

Wenn der Schaltplan komplett fertig ist, kann man mit der genauen Platzierung der Bauteile beginnen. Dazu muss man zwingend zuerst die Abmessungen und die Kontur der Leiterplatte festlegen. Vor dem eigentlichen Routing müssen auch die Positionen von

Befestigungsbohrungen und Steckverbindern definiert sein. Falls man seinen Entwurf später in ein Gehäuse einbauen möchte, nimmt man sich die Maßzeichnung und rechnet die genauen Maße auf der Leiterplatte aus. Ein guter Konstrukteur legt alle Maße immer in Bezug zu Lochgruppen (z. B. Befestigungspunkten) oder anderen ausgezeichneten Referenzpunkten, wie etwa Steckverbindern, fest und rechnet sich die genauen Maße in Bezug zu dieser Referenz aus. Man kann den Nullpunkt im Layout dazu auch an jede beliebige Stelle versetzen. Die Außenkontur einer Leiterplatte sollte nicht unbedingt als Referenz genommen werden, obwohl eine gefräste Leiterplatte heute eine Toleranz kleiner als +/–0.1 mm aufweist.

Steckverbinder oder Bauteile, die einen maßlichen Bezug zum Gehäuse oder zu anderen externen Bauteilen haben, sollte man direkt durch Eingeben der berechneten Koordinaten ausrichten. Andere Bauelemente kann man mit der Maus an einem sinnvoll eingestellten Fangraster ausrichten. Wenn man sehr penibel auf die Optik achten will, empfiehlt es sich, auch bei kleinen Bauelementen auf Fluchtlinien zu achten. Anderenfalls sieht das Ergebnis später etwas inexakt aus. Letztlich ist das aber kaum funktionsrelevant. Man kann diesbezüglich viel lernen, wenn man sich viele fertige Leiterplatten anschaut und auf die Platzierung der Bauelemente achtet.

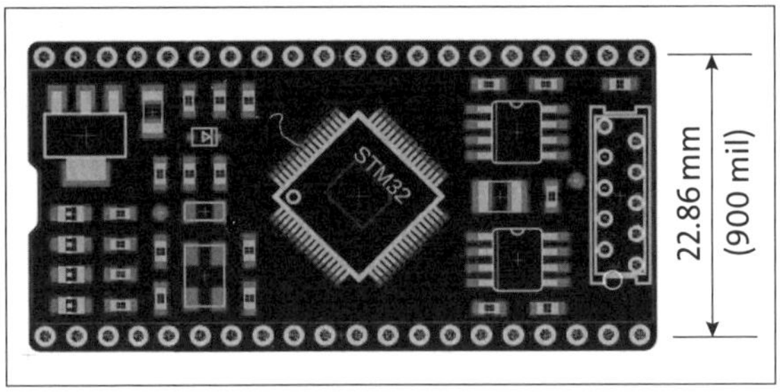

Abbildung 2.22 Breakout-Board mit ausgerichteten Bauelementen

Bei unserem Breakout-Board gibt es ein Maß, das sehr genau stimmen muss, und das ist der Abstand der Stiftleisten zueinander. Beträgt der Abstand nicht exakt 22.86 mm, passt das Board später nicht auf ein Steckbrettchen. Warum ist das Maß eigentlich so krumm?

Beim Layouten von Leiterplatten (PCBs) trifft man immer wieder auf die Einheiten *inch* und *mil*. Viele Maßangaben bei Bauelementen – ebenso wie etwa Rastermaße von Steckverbindern und auch sonst viele Maße mit Bezug zum Leiterplattenentwurf – werden immer noch in Zoll angegeben. Das hat sich trotz der standardisierten SI-Einheiten so gehalten. Während Zoll auch sonst noch recht gebräuchlich ist (z. B. die 3/4-Zoll-Wasserleitung), dürfte die Einheit mil kaum bekannt sein. Dabei steht 1 mil für ein 1000stel-inch. Ein Inch wiederum sind genau 25,4 mm, also entspricht 1 mil 0.0254 mm. Es ist allerdings nicht hilfreich, sich die Angaben in mil immer umzurechnen. Stattdessen sollte man sich einige Referenzgrößen in mil merken – das erleichtert den Umgang damit sehr schnell.

Ein typisches Maß, das man sich merken kann, ist das Rastermaß von 2.54 mm, also 100 mil. Sämtliche Lochraster-Universalleiterplatten sowie die Standard-Pinheader und viele andere Kontaktabstände haben dieses Rastermaß. Unser Breakout-Board muss demnach einen Pinheader-Abstand mit einem Vielfachen von 100 mil haben – in unserem konkreten Fall sind das 900 mil oder 22.86 mm. Wollten wir unser Breakout-Board schmaler machen, dann wäre das nächste mögliche Maß 800 mil oder 20.32 mm. In der Praxis rechnet man bei Konstruktionsmaßen eher in Millimetern und bei layoutspezifischen Maßen eher in mil.

Die Platzierung der Bauelemente selbst ist sowohl in Position als auch in Orientierung völlig frei. Allerdings muss man bei der Aufteilung der Fläche genügend Platz für das Routing einplanen. Um einen Schaltkreis mit 64 Pins herum, wie es bei unserem Mikrocontroller der Fall ist, muss man schon etwas Freiraum lassen. Anderenfalls hat man beim Routing Probleme, von den Pins wegzukommen. Im Gegensatz zu THT-Bauelementen hat man dafür ja nur den einen Layer. Man unterschätzt den erforderlichen Platz recht schnell, und es können sich Engstellen bilden. Sie können deshalb auch mit der Orientierung spielen und dabei die Vorzugsrichtung und Dichte der Luftlinien vergleichen. Würden wir den Mikrocontroller hier nicht um 45° gedreht platzieren, käme es oben und unten vielleicht zu einer Engstelle. Durch die Drehung entspannt sich die Lage jedoch. Wenn Schaltungsentwurf und Layout gut zusammenarbeiten, kann man gegebenenfalls auch prüfen, ob ein anderes Pinning des Mikrocontrollers zu einem einfacheren Layout führt. In der Regel wird das aber das Layout nicht grundsätzlich verändern, bestenfalls punktuell. In der Praxis sind die letzten paar Luftlinien am schwierigsten zu routen – jede Vereinfachung kann in dem Fall helfen.

Schließlich hat man noch den Freiheitsgrad der Bauelementgröße. Es gibt jedes Bauelement, Widerstände, Kondensatoren und natürlich auch unseren Mikrocontroller, in unterschiedlich großen Bauformen. Wir verwenden auf dem Breakout-Board vorrangig die Größe 0603 für alle Widerstände sowie für die Keramik-Kondensatoren. Diese Größe kann man noch selbst löten. Wenn man etwas mehr Fläche für sein Design zur Verfügung hat und eigenhändig löten will, hätte man es mit der Größe 0805 ein wenig einfacher. Das Gehäuse unseres Mikrocontrollers hat die Bauform LQFP64 (*Low Profile Quad Flat Package*). Diese Bauform ist mit etwas Übung noch gut selbst lötbar. Kleinere Varianten sollte man nur verwenden, wenn man die Platine für eine professionelle Bestückung entwirft oder wenn man selbst einen SMD-Ofen besitzt. In dem Fall könnte man das Breakout-Board tatsächlich noch sehr viel kleiner machen.

2.5.3 Routing eines SMD-Designs

Es gibt einige Maße, auf die Sie im Zusammenhang mit dem Layout achten sollten. Da ist zunächst die Leiterzugbreite zu nennen. In unserem Layout des Breakout-Boards sind alle Signale mit einer Breite von 10 mil geroutet. Dieses Maß hängt primär von der Strombelastung eines Leiterzugs ab, die bei Logiksignalen allerdings verschwindend gering ist. Man könnte daher diesen Wert auch noch verringern. Die geringste Breite, die ohne zusätzliche Kosten bei einem Leiterplattenhersteller bestellbar ist, muss man konkret auf dessen Webseite nachlesen. Werte zwischen 6 und 8 mil sind aktuell Standard. Mit den gewählten 10 mil kann man die Platine also praktisch überall herstellen lassen, weil der Fertigungsprozess mit Sicherheit keine Limitierung darstellt.

In dem Zusammenhang sind die Mindestabstände zwischen Leiterzügen bzw. zwischen Leiterzügen und Pads oder Vias ebenfalls zu nennen. Auch hier sollte man mindestens 6 bis 8 mil einhalten. Wie soll man das aber prüfen? Die Prüfung übernimmt das Layoutprogramm, weil man das selbst kaum messen könnte. Dafür gibt es in jedem Layoutprogramm eine Konfigurationsseite, auf der man alle diese Grenzwerte vorgeben kann. Es hilft, sich dazu auch einmal die Webseite eines Herstellers anzuschauen. Diese Grenzwerte sind durch die Fertigung vorgegeben und werden meistens auch noch einmal genauer erklärt. Man kann sich aber gut vorstellen, dass beispielsweise der Fräser, der die Platine letztlich aus dem Nutzen herausschneidet, nicht in Leiterzüge schneiden darf. Der Abstand von den Leiterzügen zur Kontur sollte deshalb auch eher etwas größer gewählt werden, etwa 12 bis 15 mil.

Ein wichtiger Punkt sind auch die Durchmesser der *Vias* (*Vertical Interconnect Access*), also der Durchkontaktierungen, die die Verbindung von einem zum anderen Layer herstellen. Vias werden zunächst gebohrt und dann in einem nachfolgenden Schritt innen mit Kupfer beschichtet. Bei Logiksignalen kann man sehr kleine *Micro-Vias* verwenden, die nur einen Durchmesser von 12 mil (0.3 mm) haben. Der Restring, also der Kupferring um die Bohrung herum, muss mindestens 6 mil (0.15 mm) breit sein. Das ganze Via hat dann also einen Durchmesser von 24 mil. Kleiner sollte man den Durchmesser der Vias bei einer Leiterplatte von 1.6 mm Dicke nicht machen.

Bei genauem Hinsehen gibt es Vias, die scheinbar gar keine Verbindung zu einem Leiterzug haben. Diese Vias sind Masseverbindungen zwischen den Polygonen auf der Oberseite und der Unterseite. Wenn man Vias mit dem Signal GND geschickt platziert, kann man Massepfade wiederherstellen, die durch zu dichtes Routing unterbrochen wurden.

Das Routing der Leiterzüge ist an sich eine eher meditative Tätigkeit und könnte in vielen Fällen ohne Nachteile auch von einem Autorouter übernommen werden. Allerdings pflegt jeder Layouter dabei einen gewissen persönlichen Stil.

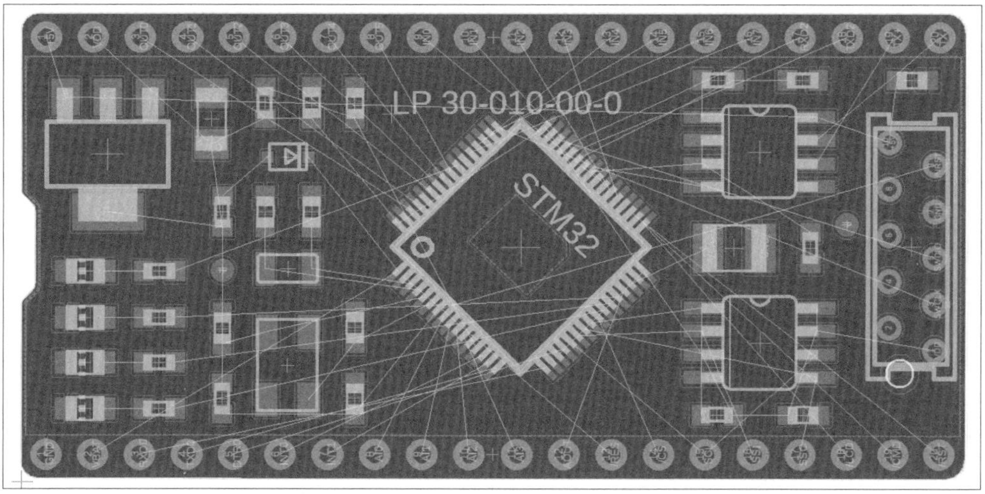

Abbildung 2.23 Breakout-Board vor dem Routing, nur mit Luftlinien

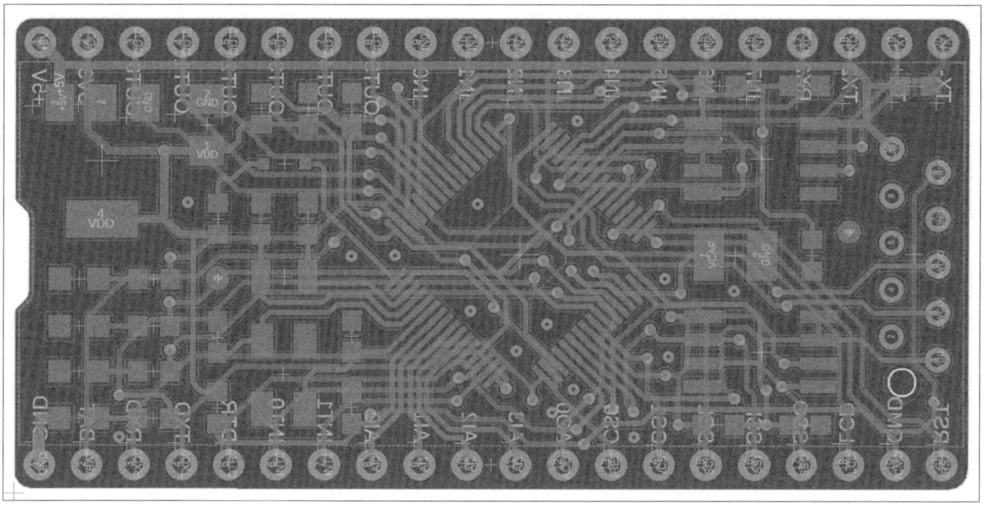

Abbildung 2.24 Breakout-Board nach dem Routing und dem Auflösen aller Luftlinien

Eine Frage taucht immer wieder auf. Warum macht man diese 45°-Winkel an jeder Abbiegung eines Leiterzugs? Das ist etwa so wie mit dem Eisen im Spinat. Generationen von Kindern mussten Spinat essen, weil Eltern überzeugt waren, dass darin besonders viel Eisen ist. Ob man nun 45°- oder 90°-Winkel macht, bedeutet für diese Art Leiterplatte keinen Unterschied. Es kommt genau genommen auch gar nicht auf den Winkel an, man versucht eigentlich, Ecken und spitze Winkel im Kupfer zu vermeiden. Wahrscheinlich gab es früher Probleme, Feinheiten exakt zu ätzen, und durch das Abschrägen konnte man die Anforderungen etwas reduzieren. Bei der heutigen Fertigung spielt das jedoch keine Rolle mehr. Dennoch halten sich auch Layouter, die das wissen, immer noch peinlich genau daran, und irgendwie erwartet man es optisch auch so.

Um es jedoch klar zu sagen: Es gibt viele Fälle, bei denen dem Routing eine besondere Rolle zukommt und es sehr wichtig ist, wie die Leiterzüge verlegt werden. Dazu gehören insbesondere HF-Layouts, bei denen man die Ausbreitung von Feldern um die Leiterzüge beachten muss. Auch bei sehr hohen Strömen, bei denen man einen geringen Leitungswiderstand anstrebt, oder in Fällen, in denen es auf die Signallaufzeit ankommt, ist ein spezielles Layout erforderlich.

2.5.4 Spannungs- und Masseflächen

Ein wichtiges Thema beim Leiterplattenlayout sind die sogenannten Massepfade. Prinzipiell sollte man immer versuchen, eine große Massefläche über mindestens einen Layer zu legen. Das ist aus mehreren Gründen sinnvoll. Ein Grund ist die möglichst breite Ausführung aller Masseverbindungen. Warum sind diese so wichtig? Jeder Stromfluss, und sei er noch so gering, führt an einem Widerstand zu einem Spannungsabfall. Gibt es einen Spannungsabfall auf einer Masseverbindung, entspricht das einer Potenzialverschiebung, in dem Fall einer Potenzialanhebung. Solche Potenzialdifferenzen fallen im statischen Fall gar nicht auf. Wenn aber durch Umschaltvorgänge kurzzeitig mehr Strom fließt, kann es passieren, dass Toleranzen nicht mehr eingehalten werden. Daher versucht man, die Masse immer so breit wie möglich auszuführen, um einen geringen Leitungswiderstand zu erreichen. Im Layoutprogramm gibt es dazu die Möglichkeit, Polygone zu definieren und diese mit Masse (GND) zu verbinden.

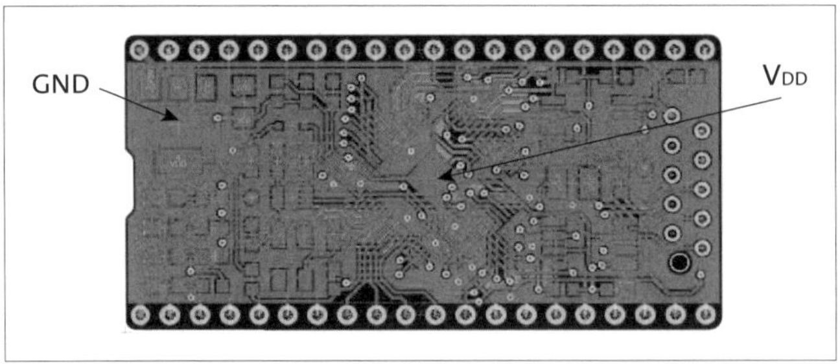

Abbildung 2.25 Fertiges Breakout-Board mit Spannungs- und Masseflächen

Beim Anlegen einer Massefläche (GND) verbindet das Layoutprogramm alle Massepins der Schaltkreise mit dieser Fläche, und man hat vermeintlich überall eine ideale Masseverbindung. Leider trügt die erzeugte Massefläche leicht darüber hinweg, dass es trotzdem Engstellen geben kann. Diese Engstellen können unter Umständen sogar sehr schmal ausfallen, und man übersieht sie leicht. Daher sollten Sie versuchen, sich die Massepfade von jedem Schaltkreis zu einem zentralen Massepunkt bildlich vorzustellen oder sie gegebenenfalls sogar auf einem Ausdruck einzeichnen.

Rank-Eigenschaft bei Polygonen

Wenn man Polygonflächen ineinander schachteln möchte, muss man der äußeren Fläche einen größeren Wert für die Rank-Eigenschaft zuweisen als der inneren Fläche. Es gilt: Eine Fläche mit kleinerem Rank durchbricht eine Fläche mit größerem Rank!

Hat ein Schaltkreis wie unser STM32-Mikrocontroller mehrere Massepins (GND), müssen diese Massepins möglichst kurz miteinander verbunden werden. Damit das sichergestellt ist, hilft folgender Trick: Man zeichnet die Masseverbindungen zuerst explizit als Leiterbahnen ein. Alle Leiterzüge, die mit Masse verbunden sind, werden später beim Erzeugen der Massefläche einfach in diese integriert – sie sind dann gar nicht mehr als solche sichtbar.

Das könnte man natürlich mit allen Massepins so machen, aber das macht den Entwurf eher unübersichtlich und nicht unbedingt besser. Zusammengehörende Versorgungspins eines Schaltkreises sollte man jedoch explizit so anlegen, was gleichermaßen für Masse GND wie für die Versorgungsspannungen V_{DD} und V_{SS} gilt.

Abkürzungen für Versorgungsspannungen

VDD und VCC kennzeichnen die positive Versorgungsspannung, VSS und VEE kennzeichnen die negative Versorgungsspannung oder manchmal auch das Bezugspotenzial, GND ist immer das Bezugspotenzial bei 0 V.

2.5.5 Elektromagnetische Verträglichkeit

Mit *elektromagnetischer Verträglichkeit*, kurz EMV, ist die Aussendung von Störungen bzw. die Toleranz gegenüber Störquellen gemeint. Dieses Thema ist insofern wichtig, da immer mehr elektronische Geräte in Verwendung sind – ihre Dichte also kontinuierlich zunimmt. Außerdem nimmt auch der Anteil an drahtlosen Geräten stetig zu, und deren Funktion wäre direkt betroffen, wenn Geräte ein unzulässiges Störspektrum aussenden.

Daher werden zwei Klassen definiert, Class A für industrielle Anwendungen und Class B für den unmittelbaren bzw. privaten Bereich, wobei Class B kleinere Störpegel fordert. Für jede Frequenz im Bereich von 150 kHz bis 1 GHz wird in den Klassen eine maximal zulässige abgestrahlte Leistung (*Radiated Emission*), gemessen in dBµV, definiert. Es wird zwar noch mal in leitungsgebundene und direkt abgestrahlte Störungen unterteilt, beide Bereiche bedingen sich jedoch wechselseitig. Leitungen sind immer auch Antennen, die senden und empfangen können.

Stark vereinfacht, findet man in den niedrigen Frequenzbereichen oft Störungen, die durch Umschaltvorgänge mit einigen Hundert kHz ausgelöst werden. Die Ursachen sind meist Schaltregler oder andere Leistungsschalter, beispielsweise bei einer Motorsteuerung. In den oberen Frequenzbereichen findet man dagegen oft Störungen, die durch hochfrequente Signale im MHz-Bereich entstehen, insbesondere auf Leitungen um Prozessoren herum. Jedes Gerät sollte die Grenzwerte über den gesamten Frequenzbereich einhalten, was aber nur durch eine aufwendige Messung sichergestellt werden kann. Sofern ein Gerät ein CE-Zeichen hat, darf es diese Grenzwerte nicht überschreiten.

Was sind die Ursachen solcher Störungen, und wie kann man ihnen begegnen? Dazu muss man etwas ausholen und die Grundlagen der Systemtheorie bemühen. Jedes *rechteckförmige* Signal besteht im Grunde aus der Summe einer Menge von *sinusförmigen* Signalen, wobei zur Grundfrequenz f_G nur die ungeraden Oberwellen addiert werden:

[2.2] $$f_{Rechteck} = f_G + \frac{1}{3} f_{G3} + \frac{1}{5} f_{G5} + \frac{1}{7} f_{G7} + \frac{1}{9} f_{G9} + \cdots$$

Wenn man diese Addition grafisch durchführt, sieht man recht schnell, wie sich daraus ein rechteckförmiges Signal ergibt. Gerade die scharfen Kanten eines Rechtecksignals erfordern aber sehr hohe Frequenzanteile. Das gilt dann natürlich auch umgekehrt – ein scharfkantig generiertes Rechtecksignal erzeugt quasi viele und hohe Oberwellen. Dieser Zusammenhang lässt sich auch auf andere Signalformen übertragen, alle nicht sinusförmigen Signale enthalten höherfrequente Oberwellen. Salopp formuliert, erzeugen steilere Flanken höhere Frequenzanteile, d. h., gerade digitale Schaltungen sind eine perfekte Störquelle mit einem sehr breiten Spektrum, wie Sie in Abbildung 2.26 sehen können.

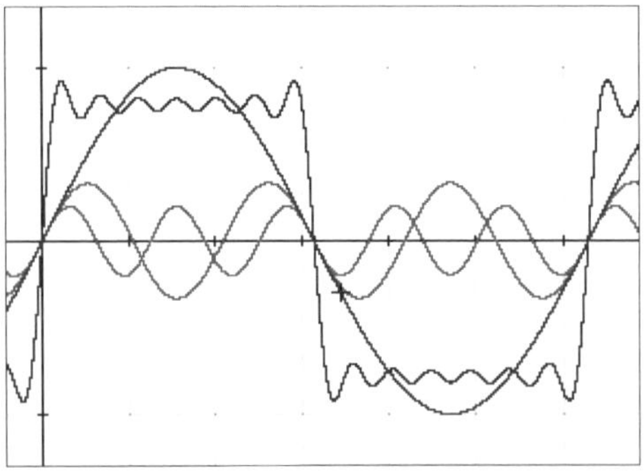

Abbildung 2.26 Grafische Überlagerung nach Gleichung 2.2

Da wir einen Quarz mit 8 MHz an unserem Mikrocontroller betreiben, erzeugen wir demzufolge ungewollt auch Frequenzen von 24 MHz, 40 MHz, 56 MHz usw. Die Amplituden werden natürlich schnell kleiner, aber wir kommen leicht bis in den UKW-Bereich – UKW-Radios decken etwa die Frequenzen von 87 bis 109 MHz ab. Genau genommen haben wir im Mikrocontroller ohnehin 100 MHz, weil eine PLL-Schaltung den äußeren Takt hochsetzt. Dazu kommen wir noch, aber diesen Teil können wir schaltungstechnisch nicht beeinflussen. Was man aber beeinflussen kann, ist der Anschluss des Quarzes an den Mikrocontroller.

Aus Sicht der elektromagnetischen Verträglichkeit muss das Ziel darin bestehen, die Aussendung dieser höheren Frequenzanteile möglichst zu verhindern. Im EMV-Labor findet man diese Frequenzen sofort und kann sie gegebenenfalls auch der Takterzeugung des Mikrocontrollers zuordnen. Beim Entwurf der Schaltung kann man aber auf ein paar Regeln setzen, die helfen sollen, dass die Aussendung den zulässigen Pegel nicht überschreitet.

Die wichtigste Regel ist dabei, die Leitungen vom Quarz zu den Pins des Controllers so kurz wie möglich zu halten. Dabei sollten natürlich auch keine Durchkontaktierungen verwendet werden, weil das bedeutet, dass man um eine andere Leitung »herumläuft«. Die zweitwichtigste Regel ist, den Quarz und die Leitungen zum Controller in einer Massefläche einzubetten. Nach Möglichkeit sollte auch auf der Unterseite unter den Taktleitungen eine Massefläche platziert werden. Bei Mehrlagenlayouts würde man ohnehin eine Zwischenlage komplett als Massefläche ausführen. Bei einem doppelseitigen Layout kann man nur versuchen, auf der Unterseite lokal eine Massefläche zu platzieren.

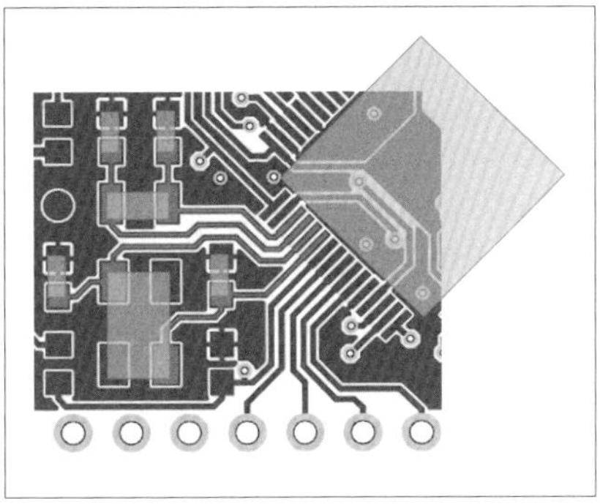

Abbildung 2.27 Layout der Quarze mit den Kondensatoren (8.000 MHz 4-polig, 32.768 kHz 2-polig)

Eine weitere grundsätzliche Maßnahme zur Reduktion von Störaussendungen besteht in der Platzierung kleiner Keramik-Kondensatoren mit einer Kapazität von 100 nF in unmittelbarer Nähe zu V_{DD}-Pins von Schaltkreisen. Diese Kondensatoren (*Decoupling*

Capacitors) blocken kleinste Störungen ab, die durch Umschaltvorgänge in jedem Digitalschaltkreis entstehen. Sie stützen quasi kurzzeitig die Versorgungsspannung und verhindern damit Lastwechsel auf den Leiterzügen.

Wenn man das alles berücksichtigt, hat man schon viel erreicht. Im Grunde steht der Quarz aber nur beispielhaft für die EMV-Problematik. Letztlich hat man auch durch Busleitungen, wie etwa unseren SPI-Bus, hohe Frequenzen auf Leitungen, die sich mitunter über das gesamte Board erstecken.

2.5.6 Erstellung der Fertigungsdaten

Wenn der Entwurf unserer Platine abgeschlossen ist und auch der *Design Rule Check* keine nennenswerten Fehler mehr ausweist, kann man mithilfe des *CAM Processor* die Fertigungsdaten erstellen. Was wird von Leiterplattenherstellern als Dateiformat für die Fertigung aber genau erwartet? Obwohl manche Hersteller auch die spezifischen Dateiformate der gebräuchlichsten Layoutprogramme direkt unterstützen, gibt es ein Format, das wirklich von allen Herstellern unterstützt wird – das *Gerber-Dateiformat*. Bei den Gerber-Dateien handelt es sich um eine Reihe von Textdateien im ASCII-Format, die in einem Ordner oder auch einer Zip-Datei zusammengefasst werden.

Man spezifiziert mithilfe des CAM Processor, welche Designlayer auf welche Fertigungslayer übertragen werden sollen. In Abbildung 2.28 ist dieser Schritt zu erkennen – für den Fertigungslayer TOP COPPER sollen hier die Designlayer TOP, PADS und VIAS verwendet werden. Zur Kontrolle bekommt man das Ergebnis auch gleich angezeigt.

Wenn man die Zuordnung für alle Fertigungslayer (links in Abbildung 2.29) spezifiziert hat, kann man die Gerber-Dateien unmittelbar ausgeben. Es empfiehlt sich in jedem Fall, die erzeugten Dateien anschließend mit einem externen Gerber-Viewer optisch noch einmal zu kontrollieren. Dabei muss man natürlich nicht die Leiterzüge nachprüfen. Typische Fehler bei der Erstellung der Gerber-Daten sind falsche Layer für die Beschriftung (*Silk Screen*) oder ein fehlender Layer im Kupfer. Manche Hersteller bieten dazu einen Online-Gerber-Viewer auf ihrer Webseite an, sodass dieser Schritt schnell und kostenfrei möglich ist. Man hat durch diese Maßnahme dann auch sofort die Sicherheit, dass der eigene Entwurf ein Erfolg wird.

Die Entwicklung einer Leiterplatte in allen Schritten auf wenigen Seiten kann natürlich nur ein Querschnitt sein und niemals vollständig. Dennoch sollte erkennbar sein, dass man von Beginn an mit professionellen Tools arbeitet und vom Entwurf bis zum Versenden der Fertigungsunterlagen verschiedene Kontrollmöglichkeiten hat. Man kann sich die Leiterplatte in jedem Entwicklungsschritt anschauen und optisch kontrollieren. Mithilfe des *Design Rule Check* kann sichergestellt werden, dass keine groben Fehler in die Fertigung gehen.

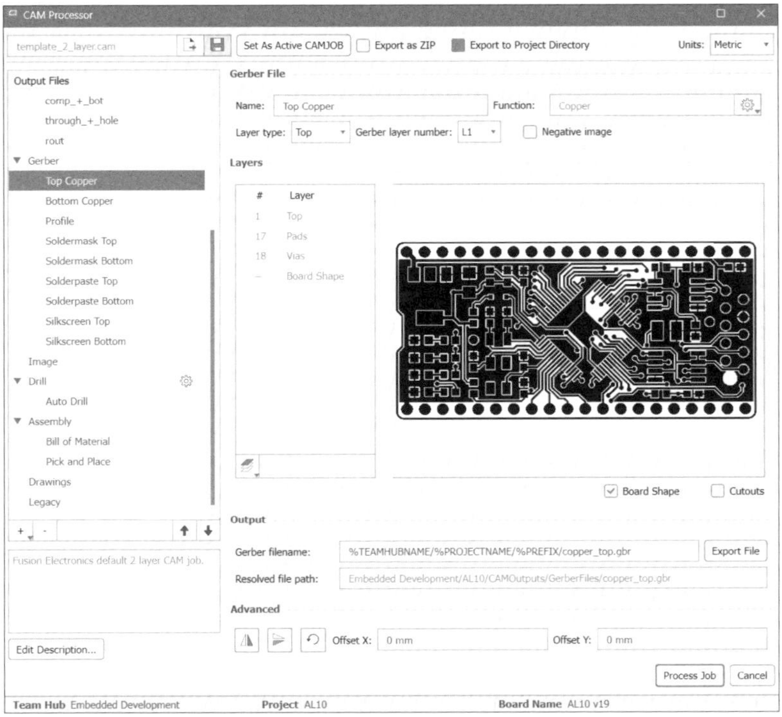

Abbildung 2.28 Ansicht des CAM Processor in Fusion 360

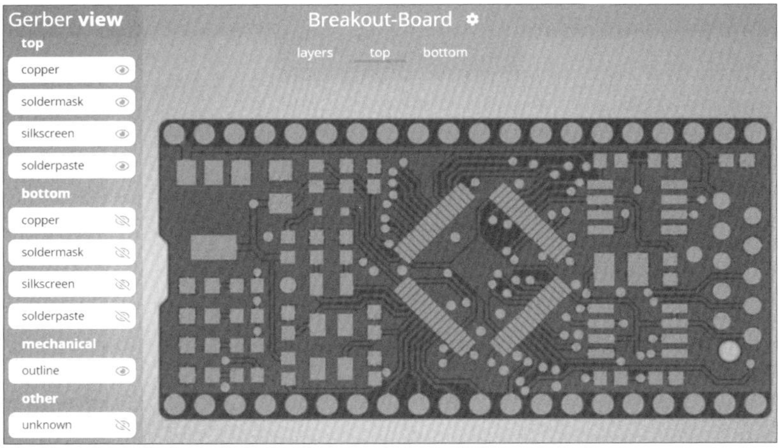

Abbildung 2.29 Kontrolle der Fertigungsdaten mit einem Gerber-Viewer

Damit haben wir nun unsere eigene Platine. Die Bestückung ist natürlich auch nicht ganz einfach, weil der STM32 nur 0.5 mm Pin-Abstand hat.

Kapitel 3
Bootloader

Ein Programm, das es erlaubt, ein anderes Programm nachzuladen, ist nichts anderes als eine Backdoor. Es stellt eine ernstzunehmende Sicherheitslücke dar!

Wie der Name schon sagt, hat der Bootloader die Aufgabe, ein Betriebssystem beim Booten zu laden und dann natürlich auch zu starten. Dabei wird angenommen, dass das Betriebssystem auf einer Festplatte oder einer SD-Karte liegt. Bei einem Mikrocontroller befindet sich das Betriebssystem ja bereits im FLASH. Wozu ist der Bootloader dann noch nötig?

Die Aufgabe des Ladens wird bei einem Mikrocontroller etwas abgewandelt. Der Bootloader erwartet den Programmcode des Betriebssystems über eine oder mehrere mögliche Schnittstellen. PCs haben früher immer zuerst versucht, ein System von Laufwerk A: zu laden. Das ist hier analog – wird ein Programmcode beispielsweise über die serielle Schnittstelle gesendet, lädt der Bootloader dieses System, anderenfalls nimmt er das vorhandene aus dem FLASH.

Die Möglichkeit, über den Bootloader ein neues System nachzuladen, ist enorm nützlich. Wir haben an unserem Board zwar eine Debug-Schnittstelle (Micromatch-Buchse), über die man das Betriebssystem immer einspielen könnte, in einem eingebauten System kommt man an diese Schnittstelle physisch aber kaum noch heran. Dagegen ist fast immer eine serielle Schnittstelle, der RS485-Bus oder eine beliebige andere Schnittstelle außen am Gerät zugänglich.

Ein Bootloader ist also ein remanentes Programm, das nach einem Reset kurz auf ein Update wartet. Falls jedoch kein Update beginnt, startet das zuletzt geladene Betriebssystem aus dem FLASH. In vielen STM32-Mikrocontrollern ist standardmäßig schon ein serieller Bootloader integriert. Um den integrierten Bootloader zu verwenden, müsste der BOOT0-Pin auf 3.3 V verbunden werden. Diesen Bootloader wollen wir hier nicht verwenden! Der Grund ist einzig der, dass man einen eigenen Bootloader immer anpassen kann, sodass er allen spezifischen Anforderungen gerecht wird.

Über das Sicherheitsrisiko einer solchen Schnittstelle wollen wir an der Stelle gar nicht reden. Man kann jedoch davon ausgehen, dass alle derzeit im Einsatz befindlichen Systeme in irgendeiner Form eine Bootschnittstelle besitzen! Das Wissen, dass damit jedes eingebettete System eine eingebaute *Backdoor* hat und darüber natürlich auch angreifbar ist, sollte einem als Entwickler schon zu denken geben.

3.1 System-Startup

Im STM32F412 ist bis zu 1 MB FLASH-Speicher integriert. Das ist schon ziemlich viel, und natürlich ist nicht alles in einem einzigen FLASH-Segment angeordnet. Vielmehr teilen alle STM32-Varianten den FLASH in mehrere Segmente, und alle STM32F4xx-Varianten haben das gleiche Memory-Layout zumindest bis zu der Größe, die sie gemeinsam haben. Das bedeutet, dass Mikrocontroller mit kleinem Speicher nur die ersten FLASH-Segmente besitzen, und je größer der Speicher wird, desto mehr Segmente kommen hinzu. Die höheren Segmente sind dann immer 128 kB groß. Man kann also denselben Bootloader für ganz unterschiedliche Varianten verwenden – ein großer Vorteil.

In Abbildung 3.1 sind die unteren FLASH-Segmente dargestellt. Man erkennt, dass die ersten vier Segmente jeweils 16 kB groß sind, gefolgt von einem 64 kB großen Segment. Darüber folgen dann je nach verfügbarer Speichergröße weitere Segmente zu je 128 kB. Für unseren Bootloader können wir daher das erste Segment reservieren. Dieses Segment ist auch der Startpunkt, den das Programm hardwareseitig nimmt. Dort befindet sich eine sogenannte *Vektortabelle*. Den genauen Aufbau der Vektortabelle schauen wir uns noch an.

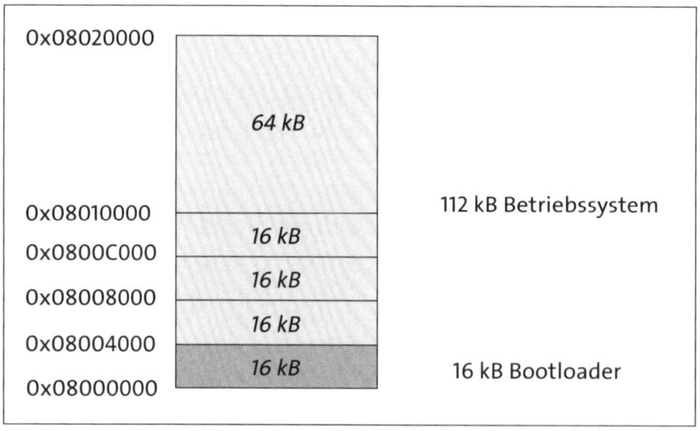

Abbildung 3.1 Layout der ersten FLASH-Segmente (Sector0 bis Sector4)

Die folgenden FLASH-Segmente mit einer Größe von zusammen 112 kB reservieren wir für unser Betriebssystem. Alle FLASH-Segmente, die darüber noch folgen, stehen für das Anwendungsprogramm zur Verfügung. Damit ergibt sich eine sinnvolle Limitierung von 112 kB für das Betriebssystem – die nächste mögliche Größe wäre dann ja schon 240 kB!

Läuft eine ARM-CPU nicht eigentlich an der Adresse 0x00000000 los? Im Prinzip schon, ST-Microelectronics hat jedoch vorgesehen, dass man unterschiedlichen Speicher ab der Adresse 0x000000000 einblenden kann. Das passiert über die Konfiguration der beiden Bits BOOT0 und BOOT1. BOOT0 ist dabei ein Hardwarepin am Chip und BOOT1 ein Flag in einem Register. Damit gibt es drei Möglichkeiten, den Speicher zu konfigurieren.

Da wir BOOT0 hardwareseitig auf GND, also auf logisch null gezogen haben, erscheint bei unserer Hardware immer der FLASH ab Adresse 0x80000000 an der Startadresse ab 0x00000000. Damit startet das Programm eigentlich im FLASH – genauer im ersten Segment des Programmspeichers. BOOT1 hat in dem Fall keine weitere Bedeutung.

Alternativ besteht die Möglichkeit, den ST-eigenen Bootloader auszuführen. Dazu müsste BOOT0 auf 3.3 V, also logisch eins gezogen werden. In dem Fall entscheidet das BOOT1-Flag, ob der ST-Bootloader oder der SRAM an der Adresse 0x00000000 erscheint. Beide Fälle sind für uns jedoch nicht interessant, weil BOOT0 hardwareseitig auf GND verbunden ist.

3.1.1 Start des Bootloaders

Schauen wir uns nun an, was genau die Hardware beim Booten macht. Der Begriff der *Vektortabelle* war schon gefallen, und an der Stelle müssen wir uns den Aufbau dieser Tabelle ansehen. Im Grunde ist die Vektortabelle ein Array mit 256 Adressen, wobei jede Adresse 32 Bit breit ist. Das Array beginnt an der Adresse 0x80000000 im ersten FLASH-Segment, und die ersten beiden Einträge sind beim Booten relevant.

Die CPU sieht also vermeintlich an der Adresse 0x00000000 – in Wirklichkeit ja an der Adresse 0x80000000 – zwei 32-Bit-Werte. Sie lädt den ersten Wert in den *Stack-Pointer* (SP = Register 13) und den zweiten Wert in den *Program-Counter* (PC = Register 15). Diese beiden Zuweisungen stehen nirgends, sie werden direkt von der Hardware ausgeführt. Danach beginnt die CPU mit der Befehlsdecodierung bei der Adresse, die dann im PC steht, und unser Programm läuft! Die anderen 254 Einträge in der Vektortabelle sind die sogenannten *Interrupt-Vektoren*. Sie verweisen auf die Eintrittspunkte der zugehörigen *Interrupt-Handler*.

0x0800000C	...	
0x08000008	*Vectors[2]*	
0x08000004	*Vectors[1]*	Programm-Counter
0x08000000	*Vectors[0]*	Stack-Pointer

Abbildung 3.2 Anfang der Vektortabelle

Die berechtigte Frage lautet nun: Wie kommt die Vektortabelle an die Adresse 0x80000000? Ein C-Compiler kennt unterschiedliche Segmente, etwa *.text* für das Programm und *.data* für Variablen. Legt man nun eine Array-Variable für die Vektortabelle in C an, entscheidet der Linker, in welches Segment er die Variable legt, und in der Regel landet die Variable dann im *.data*-Segment. Das muss nicht für Variablen zutreffen, die zusätzlich als `const` spezifiziert wurden, aber letztlich entscheidet das der Linker. Wir müssen also explizit ein neues Segment definieren und vom Linker verlangen, dass das Vektor-Array in diesem Segment liegen soll.

Im nachfolgenden Listing 3.1, einem Auszug aus dem *Linker-Skript*, finden wir die entsprechenden Definitionen. Das Linker-Skript hat die Endung **.ld* und befindet sich im Projektverzeichnis. Der Linker liest die Datei zu Beginn ein und speichert sich die darin hinterlegten Informationen ab. Beim Linken legt er dann anschließend die eigentlichen Adressbezüge fest.

Analysieren wir das Skript einmal, um die Definitionen zu verstehen. Mit dem Abschnitt `MEMORY` werden die Speicherbereiche bekannt gegeben. Die Namen `RAM` und `FLASH` sind lediglich Bezeichner, auf die später Bezug genommen wird. Zu jedem Speicher gehören die Lese- sowie die Schreibattribute, die Anfangsadresse `ORIGIN` und die Größe `LENGTH` in Bytes. Danach folgen im Abschnitt `SECTIONS` die Segmente, die der Linker kennen soll. Das erste Segment hat hier den Namen `.isr_vector` und soll an einer 4-Byte-Grenze ausgerichtet werden. Das Attribut `KEEP` sagt dem Linker, dass er dieses Segment auch dann behalten soll, wenn es gar keine Bezüge dazu gibt. Das ist wichtig, weil die Vektortabelle ja nur von der Hardware und nirgendwo im Source-Code verwendet wird. Schließlich weist der Pfeil dieses Segment dem Speicher `FLASH` zu. Damit liegt das Segment an der ersten Stelle im FLASH.

```
MEMORY
{
    RAM   (xrw) : ORIGIN = 0x20000000, LENGTH = 0x00020000
    FLASH  (rx) : ORIGIN = 0x08000000, LENGTH = 0x00004000
}
```

```
SECTIONS
{
    .isr_vector :
    {
        . = ALIGN(4);
        KEEP(*(.isr_vector))
        . = ALIGN(4);
    } >FLASH
}
```

Listing 3.1 Auszug aus dem Linker-Skript (*.ld)

Die Vektortabelle selbst wird wie ein Array mit Funktionszeigern deklariert. Diese Deklaration kann prinzipiell in jedem C-File stehen, der beste Platz ist aber sicher die Datei mit dem Startup-Code.

```
// vector table
__attribute__ ((used, section(".isr_vector")))
VOID (*const g_pfnVectors[])(VOID) =
{
    (VOID*)&_stack_top, // initial stack pointer
    Reset_Handler, // reset Handler
    ...
}
```

Listing 3.2 Array-Variable für Vektortabelle

Beim Übersetzen des Betriebssystems wird dem Linker im Linker-Skript jedoch eine höhere Startadresse (ORIGIN) im FLASH-Speicher vorgegeben. Im Ergebnis beginnt der kompilierte Binärcode 16 kB weiter oben. Auch das Betriebssystem beginnt mit der schon bekannten Vektortabelle, die nun an der Adresse 0x08004000 beginnt. Mit dem Wissen um die ersten beiden Einträge in dieser Tabelle kann der Bootlader jetzt das übernehmen, was sonst die Hardware beim Booten macht. Er liest also an der Adresse 0x08004000 den Stack-Pointer und an der Adresse 0x08004004 den Programm-Counter aus der Vektortabelle des Betriebssystems. Das sind die beiden einzigen Informationen, die benötigt werden, um das Betriebssystem zu starten.

Im nachfolgenden Listing ist der Aufruf der Funktion `Start()` zu sehen. Diese Funktion ergibt sich aus der Einsprungadresse *Entry*, die an Index 1 in der Vektortabelle steht. Die Initialisierung des Stack-Pointers erfolgt mithilfe eines Assembler-Aufrufs, der sich hinter `InitSP()` verbirgt. Der Inline-Assembler-Code ist nötig, um das Register R13 (SP) zu beschreiben.

```
// --- Constants ---
#define FLASH_START         0x08000000
#define VECTOR_TAB_OFFS     0x00004000

// --- Stack pointer ---
#define InitSP(sp) __ASM volatile ("MSR msp, %0\n" :: "r" (sp))

// --- Function call ---
typedef VOID(*CALL)();

// --- Vector table ---
DWORD* pVectorTable = (DWORD*)(FLASH_START | VECTOR_TAB_OFFS);

// --- Bootloader ---
INT main()
{
    InitSysClock();
    InitRS232();

    PutStringRS232("System Loader V1.0\r\n");
    PutStringRS232("OK");

    Loader();

    if (CheckMemory(SYSTEM_START_ADDR, MAX_SYSTEM_SIZE))
    {
        DWORD Stack = pVectorTable[0];
        DWORD Entry = pVectorTable[1];
        CALL  Start = (CALL)Entry;

        InitSP(Stack);
        Start();
    }

    Reset();
}
```

Listing 3.3 Main-Routine des Bootloaders

In Summe ist das alles, was zum Starten des Betriebssystems erforderlich ist. Es ist also alles komplett in der main()-Funktion des Bootloaders enthalten. Ein einfacher Bootloader ist demnach nicht sehr aufwendig. Der Aufruf von `CheckMemory()` prüft, ob der FLASH-Speicher konsistent ist, ob überhaupt ein Betriebssystem im FLASH vorhanden ist und ob es ein vollständiges und korrekt übertragenes Betriebssystem ist. Wie die Funktion das macht, sehen wir noch beim Download.

Sofern kein Betriebssystem gestartet werden kann, wird der Mikrocontroller immer wieder neu gestartet und wartet jedes Mal für ca. eine Sekunde auf ein Update.

3.1.2 Mögliche Erweiterungen

Bisher haben wir den Bootloader und das Betriebssystem als zwei komplett getrennte Programme betrachtet, die entsprechend unabhängig voneinander kompiliert werden. Dabei war schon aufgefallen, dass etwa die serielle Schnittstelle in beiden Programmen verwendet wird und deshalb derselbe Binärcode zweimal im Speicher steht – einmal im Bootloader und dann noch einmal im Betriebssystem.

Wenn der Bootloader diese Funktionalität dem Betriebssystem zur Verfügung stellen könnte, wäre es eventuell nicht notwendig, denselben Binärcode zweimal im Speicher zu halten. Natürlich geht das, allerdings darf das Betriebssystem nicht direkt auf Funktionen im Bootloader zugreifen! Das ist deshalb nicht möglich, weil dann Abhängigkeiten entstünden, die dazu führten, dass unterschiedliche Versionen von Bootloader und Betriebssystem nicht zueinander kompatibel wären. Das ist ein ganz wesentlicher Aspekt, der den Bootloader ad absurdum führen würde. Die Lösung für das Problem ist wieder die Vektortabelle. Da das Betriebssystem genau weiß, wo die Vektortabelle des Bootloaders liegt, könnte der Bootloader in der Vektortabelle beliebige Funktionen zur Verfügung stellen, also die Adressen der Funktionen, und das Betriebssystem könnte diese Funktionen aufrufen. Aus dem Bootloader wird in dem Fall eine Art BIOS (*BASIC Input/Output System*).

Auf diesem Weg lassen sich die direkten Abhängigkeiten deutlich reduzieren, allerdings müssen alle Funktionalitäten, die der Bootloader zur Verfügung stellt, dann immer kompatibel bleiben. Das ist natürlich möglich, aber eine Einschränkung, die den Vorteil einer gemeinsamen Nutzung der UART allein nicht aufwiegt. Allerdings wären auf diesem Weg auch Sicherheitsfunktionen denkbar, wie etwa Verschlüsselungen oder andere komplexe Algorithmen, die nicht im Betriebssystem stehen dürften oder dort zu groß wären.

Der serielle Bootloader belegt aktuell weniger als die Hälfte des ersten 16-kB-Segments im FLASH. Daher wären auch noch andere Schnittstellen für ein Betriebssystem-Update denkbar, wie etwa ein Download über RS485 oder über CAN.

3.2 Betriebssystem-Updates

Wir wollen einen Bootloader erstellen, der es ermöglicht, unmittelbar nach einem Reset für etwa eine Sekunde ein neues Betriebssystem zu laden. Mehr noch – es soll damit möglich sein, jedes Speichersegment unseres Boards zu beschreiben. Außerdem soll das Betriebssystem dann eine Möglichkeit anbieten, ein Reset über eine serielle Schnittstelle auszulösen. Damit hätte man zu jeder Zeit die Chance, mit einem Programmiertool den FLASH-Speicher neu zu beschreiben – also mit anderen Worten ein Programm-Update durchzuführen.

Unter dem Gesichtspunkt der IT-Sicherheit würde man das als eine Form von Backdoor bezeichnen. Es geht hier aber zunächst um die Realisierung der Funktion selbst. Darüber hinaus wäre es dann natürlich wünschenswert, eine höhere Sicherheit anzustreben, etwa durch ein Schlüsselsystem.

3.2.1 FLASH-Speicher

Die direkte Übersetzung von FLASH lautet »Blitz«, und eine Eigenschaft eines Blitzes ist dessen Geschwindigkeit. Damit wird aber nicht unbedingt auf die Zugriffszeiten dieses Speichertyps Bezug genommen – die sind sogar recht hoch –, vielmehr ist die Geschwindigkeit beim Löschen gemeint.

Technisch gesehen, ist ein FLASH-Speicher eine Art EEPROM (Electrically Erasable and Programmable Readonly Memory) mit dem Unterschied, dass man FLASH-Speicher nur segmentweise löschen kann, EEPROMs dagegen byteweise. Es gibt noch weitere Unterschiede, wie beispielsweise die *Endurance*, die Anzahl der Zyklen, sprich, wie oft eine Speicherzelle gelöscht und neu beschrieben werden kann. Da liegt EEPROM-Speicher mit ca. 1.000.000 Zyklen deutlich vor FLASH-Speicher mit nur etwa 10.000 Zyklen. Was aber die Speicherdichte und den Preis angeht, liegt FLASH deutlich vorn.

Bei der Verwendung eines FLASH-Speichers zur permanenten Speicherung gibt es neben dem Löschen ganzer Segmente noch weitere Besonderheiten. Nachdem ein FLASH-Segment im Speicher des Mikrocontrollers gelöscht wurde, sind alle Bits gesetzt, d. h., es steht in jedem Byte des Segments der Wert 0xFF (255). Das mag verwunderlich klingen, weil Löschen irgendwie mit 0x00 assoziiert wird, aber letztlich ist es unerheblich. Jede Speicherzelle kann anschließend einmal oder auch mehrfach beschrieben werden, wobei aber die einzelnen Bits nur zu null geändert werden können! Es ist nicht möglich, Bits, die einmal auf null gesetzt wurden, wieder auf eins zu ändern, es sei denn, man löscht das ganze Segment.

Die Besonderheit des FLASH-Speichers in einem Mikrocontroller ist jedoch die Fähigkeit, diesen in einem laufenden System neu zu programmieren. Dies bedeutet, dass in einem FLASH-Segment ein Programm ganz normal ausgeführt wird, das dann ein anderes FLASH-Segment neu beschreibt. Das ist die Eigenschaft, die einen Bootloader in einem Single-Chip-System überhaupt erst ermöglicht.

Das Programmieren des FLASH-Speichers erfolgt einfach mit einer Iteration. Man verwendet dazu am besten einen Zeiger, der in den FLASH zeigt. Wenn der Zeiger die erste Adresse eines Segments erreicht, muss zunächst das gesamte Segment gelöscht werden. Danach kann man Byte für Byte in das Segment schreiben. Falls man dabei erneut in ein neues Segment wechselt, muss dieses erst wieder gelöscht werden usw.

FLASH programmieren

- Die Programmierung erfolgt in drei Schritten:
- Lösche ein Segment beim Erreichen der ersten Adresse,
- schreibe ein Byte an die Adresse und
- gehe zur nächsten Adresse.

Mit diesem einfachen Algorithmus kann man über mehrere Segmente hinweg in den FLASH-Speicher schreiben, allerdings muss die erste Adresse eines jeden Segments enthalten sein. Man kann also nicht wahlfrei in einem Segment schreiben. Diese Einschränkung ist für den Bootloader akzeptabel, wenn das Betriebssystem lückenlos von der niedrigsten zur höchsten Adresse übertragen wird. Für den Fall, dass das Betriebssystem auch wahlfrei übertragen werden kann, also mit Lücken bzw. wechselnden Adressen, muss man zu Beginn vorsorglich alle FLASH-Segmente einmal löschen.

Unter Verwendung der CMSIS-Library, die unter anderem alle erforderlichen FLASH-Funktionen anbietet, sieht das Löschen und das anschließende Beschreiben des FLASH-Speichers folgendermaßen aus.

```
// --- Erase operating system sectors ---
BOOL EraseFlash()
{
    FLASH_Unlock();
    FLASH_ClearFlag(FLASH_FLAG_EOP |
                    FLASH_FLAG_PGSERR |
                    FLASH_FLAG_WRPERR);
    FLASH_EraseSector(FLASH_Sector_1, VoltageRange_3);

    FLASH_ClearFlag(FLASH_FLAG_EOP |
```

```
                        FLASH_FLAG_PGSERR |
                        FLASH_FLAG_WRPERR);
    FLASH_EraseSector(FLASH_Sector_2, VoltageRange_3);

    FLASH_ClearFlag(FLASH_FLAG_EOP |
                        FLASH_FLAG_PGSERR |
                        FLASH_FLAG_WRPERR);
    FLASH_EraseSector(FLASH_Sector_3, VoltageRange_3);

    FLASH_ClearFlag(FLASH_FLAG_EOP |
                        FLASH_FLAG_PGSERR |
                        FLASH_FLAG_WRPERR);
    FLASH_EraseSector(FLASH_Sector_4, VoltageRange_3);
    FLASH_Lock();
}

// --- Write to flash ---
BOOL WriteFlash(CODE* pAddr,BYTE* pData,BYTE nSize)
{
    INT nResult = FLASH_COMPLETE;

    FLASH_Unlock();

    while (nResult == FLASH_COMPLETE && nSize--)
        nResult = FLASH_ProgramByte((DWORD)pAddr++,*pData++);

    FLASH_Lock();

    return nResult == FLASH_COMPLETE;
}
```

Listing 3.4 Löschen und wahlfreies Beschreiben der Segmente 1 bis 4

Die Funktionen `FLASH_Unlock()` und `FLASH_Lock()` sichern das Löschen bzw. das Schreiben ab. Man muss den FLASH erst entsperren, um überhaupt eine Änderung vornehmen zu können. Das ist im Wesentlichen für den Fall gedacht, dass ein Zeiger versehentlich in den FLASH zeigt und man dort auch schreiben würde. Solange der Speicher gesichert ist, kann es nicht zu ungewollten Änderungen am Inhalt kommen.

Die Verwendung der CMSIS-Library ist sehr empfehlenswert! Jede Funktion, also beispielsweise auch die hier verwendeten FLASH-Funktionen, liegen im Quelltext vor und sind sehr gut nachvollziehbar. Es empfiehlt sich daher, auf dieser Library (eigentlich eine Quelltextsammlung) aufzusetzen. Es gibt einen weiteren unschätzbaren Vorteil. Viele Programmiererinnen und Programmierer weltweit nutzen diese Library, daher kann man inzwischen einfach nach den Namen der Funktionen im Internet suchen und findet passende Beispiele in Foren und Hilfestellung zu deren Verwendung. Auch die Quellen, die zu diesem Buch gehören, basieren auf dieser Library und können sehr gut als Referenz dienen.

3.2.2 Intel-Hex-Format

Für die Speicherung und Übertragung von Speicherabbildern haben sich seit vielen Jahren zwei Dateiformate etabliert: das *Intel-Hex-File* und das alternative *Motorola-S-Record-Format*. Letzteres ist jedoch längst nicht so bekannt, daher konzentrieren wir uns auf das Intel-Hex-Format.

Beim Übersetzen der Quellen des Betriebssystems – das wir im nächsten Kapitel entwickeln werden – entsteht am Ende eine lange Datei im Intel-Hex-File-Format. Dabei handelt es sich um eine Textdatei, in der in jeder Zeile ein Datensatz mit bis zu 32 Datenbytes steht. Zusätzlich zu den Daten gehören zu jedem Datensatz noch eine Adresse, eine Typkennung sowie eine Prüfsumme. Jedes Datenbyte in der Zeile wird durch zwei Zeichen in hexadezimaler Form dargestellt. Jeder Datensatz beginnt mit einem Doppelpunkt:

```
:020000040800F2
:10400000F86E012081EE00087DEE00087DEE0008CC
:104010007DEE00087DEE00087DEE00080000000047
    ...
:00000001FF
```

Listing 3.5 Auszug aus einer OS-Datei im Intel-Hex-Format

Das Format einer Zeile eines Intel-Hex-Files ist immer gleich und hat folgende Struktur:

```
: <Length> <Address> <Type> <Databytes> <Checksum>
```

Der Doppelpunkt ist das einleitende Zeichen für einen Datensatz, sodass man auch andere Zeilen hinzufügen kann (Kommentare, Abschnittskennungen oder Ähnliches), solange diese eben nicht mit einem Doppelpunkt beginnen.

`<Length, 1 Byte>`

Die Längenangabe bezieht sich auf die Anzahl der Datenbytes, die in dem Satz enthalten sind. Die Gesamtlänge der Zeile wäre dann Länge + 5.

`<Address, 2 Bytes>`

Die Adresse ist ein Wert zwischen 0 und 65535, also eine *16-Bit-Adresse* oder maximal 64 kB Adressumfang. Das ist bei heutigen 32-Bit-Mikrocontrollern natürlich nicht mehr ausreichend, um ein größeres Programm komplett zu adressieren. Deshalb gibt es die Möglichkeit, innerhalb einer Intel-Hex-Datei Anfangsadressen zu spezifizieren. Die Adresse eines Datensatzes ist also quasi immer als Offset zur letzten Anfangsadresse zu interpretieren.

`<Type, 1 Byte>`

Der erste Datensatz eines Intel-Hex-Files ist oft die *absolute Anfangsadresse*, auf die sich alle nachfolgenden Datensätze dann beziehen. Listing 3.5 erfolgt das Setzen der Anfangsadresse mit der ersten Zeile: `020000040800F2`. In dieser Zeile ist die Typkennung 04. Das bedeutet, die beiden Datenbytes in diesem Satz spezifizieren die obersten beiden Bytes einer *32-Bit-Extended-Address*. Das erste Datenbyte ist dabei das höchstwertige Byte und das zweite Datenbyte das nachfolgende Byte der Anfangsadresse. Alle weiteren Datensätze liegen dann an der Adresse, die sich aus der Addition Extended Address + Address ergibt.

Im FLASH-Speicher beginnt das Betriebssystem an der Adresse 08004000h, die sich in Listing 3.5 durch die Addition mit der nachfolgenden Datensatzadresse dann auch tatsächlich ergibt.

Es gibt noch eine weitere Adressangabe, die *Segment Address*, bei der die Typkennung 02 ist. Wieder werden zwei Datenbytes angegeben, die in dem Fall jedoch 4 Bits nach links verschoben werden, um einen Segment-Offset zu bilden. Praktisch gesehen, kann man einfach alle drei Adressen addieren, um die *absolute Adresse* eines jeden Datensatzes zu berechnen:

`<Absolut> = <Extended> + <Segment> + <Address>`

Die beiden Kennungen 03 und 05 sind für Startadressen innerhalb der Daten reserviert, was aber für Mikrocontroller nicht relevant ist, weil diese ohnehin feste Startadressen haben. Die Typkennung 01 spezifiziert das Ende einer Datei bzw. einer Übertragung, und für alle sonstigen Datensätze mit Nutzdaten muss die Typkennung 00 sein.

`<Checksum, 1 Byte>`

Das letzte Byte in einem Datensatz ist eine sehr einfache Prüfziffer – es handelt sich dabei um die 1-Byte-Quersumme aller Bytes, die man anschließend von 256 abzieht – im Grunde also das Zweierkomplement des Low-Bytes. Damit gestaltet sich die Gegenprobe, ob ein Datensatz korrekt übertragen wurde, sehr einfach. Man berechnet wieder die Quersumme aller Bytes, diesmal einschließlich der Prüfsumme, wobei das Low-Byte dann null ergeben muss.

Diese Rechnung lässt sich sehr einfach beim Empfang eines Datensatzes mit einer Prüfsumme vom Datentyp Byte durchführen. Wenn alle Zeichen – entsprechend der zuvor gesendeten Länge – empfangen wurden, muss die Prüfsumme gerade null ergeben. Diesen Vorgang wiederholt man dann für jede weitere Zeile, immer muss am Ende die Prüfsumme null sein.

3.2.3 Download-Schnittstelle

Die Download-Schnittstelle, die wir verwenden werden, besteht aus den beiden Port-Pins PA2 (TxD) für das Senden und PA3 (RxD) für den Empfang. An unserem Board sind die Pins als TXDO und RXDO herausgeführt. Da das die direkten Pins vom STM32 sind, wird auf jeden Fall ein Adapter benötigt. Geeignet sind alle USB/Serial-Adapter, die sich auf dem PC als *virtuelle serielle Schnittstelle* (VCOM) registrieren und einen Signalpegel von 3.3 V besitzen.

Im STM32F4 entspricht das dem Peripheriemodul USART2 – die Programmierung erfolgt, unter Nutzung der CMSIS-Library, mittels der nachfolgenden Routinen.

```
// --- Defines ---
// USART2 as RS232
// PA2  = TXDO
// PA3  = RXDO

#define UART_PINS     GPIOA
#define TXDO          GPIO_Pin_2
#define RXDO          GPIO_Pin_3

#define TXDO_SRC      GPIO_PinSource2
#define RXDO_SRC      GPIO_PinSource3

// --- Init USART2 for download ---
VOID InitRS232()
{
    USART_InitTypeDef uart_init = {0};
    GPIO_InitTypeDef  gpio_init = {0};

    // config as alternate function
    GPIO_PinAFConfig(UART_PINS, TXDO_SRC, GPIO_AF_USART2);
    GPIO_PinAFConfig(UART_PINS, RXDO_SRC, GPIO_AF_USART2);

    // config TXDO, RXDO as AF and push/pull
```

```
    gpio_init.GPIO_Pin   = TXD0 | RXD0;
    gpio_init.GPIO_Mode  = GPIO_Mode_AF;
    gpio_init.GPIO_OType = GPIO_OType_PP;
    GPIO_Init(UART_PINS, &gpio_init);

    // UART data format setup as 115200,8N1
    uart_init.USART_Mode       = USART_Mode_Rx | USART_Mode_Tx;
    uart_init.USART_WordLength = USART_WordLength_8b;
    uart_init.USART_StopBits   = USART_StopBits_1;
    uart_init.USART_Parity     = USART_Parity_No;
    uart_init.USART_BaudRate   = 115200;
    USART_Init(USART2, &uart_init);

    // enable finally
    USART_Cmd(USART2, ENABLE);
}

// --- Any char received on USART2 ---
BOOL RxCharRS232()
{
    return USART_GetFlagStatus(USART2, USART_FLAG_RXNE) == SET;
}

// --- Get received char from USART2 ---
CHAR GetCharRS232()
{
    return USART_ReceiveData(USART2);
}

// --- Put a single char into USART2 ---
VOID PutCharRS232(CHAR chChar)
{
    while (USART_GetFlagStatus(USART2, USART_FLAG_TXE) == RESET);
    USART_SendData(USART2, chChar);
}
```

Listing 3.6 Initialisierung der USART2 als Download-Schnittstelle

Mit diesen wenigen Quelltextzeilen ist die serielle Schnittstelle bereit, mit 115.200 Baud Zeichen zu empfangen und zu senden. Als Datenformat sind 8 Datenbits und 1 Stoppbit (8N1) inzwischen Standard.

In der Tat benötigt man für ein einfaches Download-Protokoll auch keinen Zeichenpuffer. Wir werden im Kapitel 4 über das Betriebssystem noch ausführlich auf die Verwendung von Puffern zum Senden und Empfangen eingehen. Im Bootloader reicht es jedoch, wenn wir Zeichen für Zeichen lesen können. Das erfolgt im obigen Quelltext mit den beiden Funktionen `RxCharRS232()`, die `true` liefert, wenn ein Zeichen komplett empfangen wurde, und `GetCharRS232()`, die das Zeichen von der USART2 ausliest.

Die Funktionsnamen enthalten alle die Bezeichnung RS232, obwohl es sich am Mikrocontroller nicht um eine RS232 handelt. Nur mit einem Pegelwandler wäre es eine RS232. Da man jedoch ohnehin keine Mikrocontroller-Pins direkt nach außen legen sollte, enthalten die Funktionsnamen schon die angedachte Funktion als RS232 mit Pegelwandler.

Die Initialisierung der seriellen Schnittstelle erfolgt in der `main()`-Funktion, unmittelbar bevor die Funktion `Loader()` aufgerufen wird. Die Funktion des Loaders bzw. das zugrunde liegende Download-Protokoll definieren wir nun.

3.2.4 Download-Protokoll

Wenn man selbst einen Bootloader erstellt, hat man natürlich auch alle Freiheiten bei der Wahl eines geeigneten Download-Protokolls. Man kann es daher einfach gestalten oder auch sehr kompliziert. Es gibt ein paar Überlegungen, die man deshalb vorher anstellen sollte, damit die Designentscheidungen letztlich einfach umsetzbar sind und das Protokoll trotzdem stabil und sicher funktioniert.

Durch die Wahl des Intel-Hex-Formats liegt die zeilenweise Übertragung der Datei schon recht nahe. Dennoch könnte man natürlich auch ein binäres Protokoll entwickeln, eventuell sogar mit einer Verschlüsselung. Diesen Mehraufwand wird man natürlich nur betreiben, wenn der Download über einen offenen Kanal erfolgt. Im Fall der seriellen Übertragung über eine RS232 ist eine Kompromittierung eher unwahrscheinlich.

Der Bootloader soll ca. eine Sekunde darauf warten, dass über die serielle Schnittstelle ein Download gestartet wird. Wenn nichts passiert, soll er das Betriebssystem starten. Was bedeutet aber »nichts«? Was passiert, wenn ein externes Gerät an der seriellen Schnittstelle angeschlossen wird, das von sich aus ständig Zeichen sendet? Dann passiert ja kontinuierlich etwas, aber der Bootloader würde ungültige Daten empfangen. Würde er dann etwa »unendlich lange« auf einen korrekten Download warten und das Betriebssystem vielleicht nie starten? Das darf natürlich nicht passieren! Die Empfangsroutine muss demnach sehr tolerant sein. Der Begriff, der in dem Zusammenhang wichtig ist, ist die *technische Resilienz*. Es darf weder zu einem Pufferüberlauf kommen noch zu einem Retriggern der Timeout-Zeit. Nur bei einer korrekt empfangenen Zeile der Intel-Hex-Datei wird die Timeout-Zeit neu gestartet.

Leider ist die Prüfsumme beim Intel-Hex-Format sehr schwach – es handelt sich ja nur um eine einfache Quersumme. Man kann aber zusätzliche Plausibilitätsprüfungen vorsehen. Dazu zählen natürlich der Beginn mit einem Doppelpunkt und der Typ einer Zeile. Wenn die Länge, die Prüfsumme, der Protokolltyp und die Adresse sinnvoll sind, kann man von einer korrekt übertragenen Zeile ausgehen.

Den Beginn eines Downloads kennzeichnet ein *OK*, das der Bootloader zunächst senden muss, damit der PC weiß, dass der Bootloader jetzt bereit ist. Auch der PC sollte eine gewisse Resilienz aufweisen – egal welche Zeichen er vor dem OK empfängt: Sie müssen ignoriert werden. So kann der Bootloader beispielsweise zuerst seine Versionsnummer senden: *System-Loader V1.3.1 OK*.

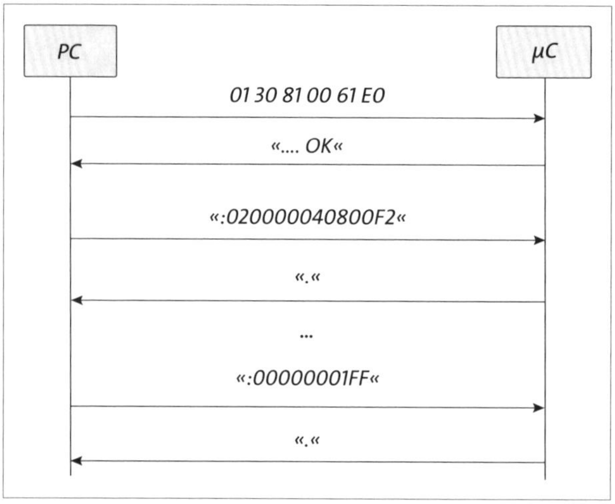

Abbildung 3.3 Download-Protokoll

Jede Zeile wird erst nach erfolgter und verifizierter Speicherung im FLASH bestätigt. Als Bestätigung soll ein Punkt (.) ausreichend sein. Dieser Vorgang wiederholt sich, bis die gesamte Datei übertragen wurde. Die letzte Zeile der Intel-Hex-Datei dient dabei auch gleich als Ende-Kennung der Übertragung. Mit den obigen Überlegungen ergibt sich ein einfaches ASCII-Protokoll für die Übertragung eines neuen Betriebssystems und später auch des Anwender-programms in den FLASH-Speicher des Mikrocontrollers.

Die Quellen der Funktion `Loader()` wären etwas zu umfangreich, um sie hier abzudrucken. Sie sind jedoch komplett in den Quellen zum Buch enthalten.

Damit der Download überhaupt beginnen kann, muss der Mikrocontroller prinzipiell ein Reset ausführen. Dazu sendet der PC zuerst eine Reset-Sequenz bestehend aus den folgenden sechs Bytes: 0x01 0x30 0x81 0x00 0x61 0xE0. Diese Sequenz ist eine Art Schlüssel, der zu einem Reset führen soll. Natürlich darf der Schlüssel in sonstigen Daten nicht auftauchen, aber durch die Länge ergibt sich eine Wahrscheinlichkeit von $1:2^{48}$. Die Erkennung und Behandlung dieses Schlüssels besprechen wir beim Datenempfang über die serielle Schnittstelle im Betriebssystem in Abschnitt 4.2.7.

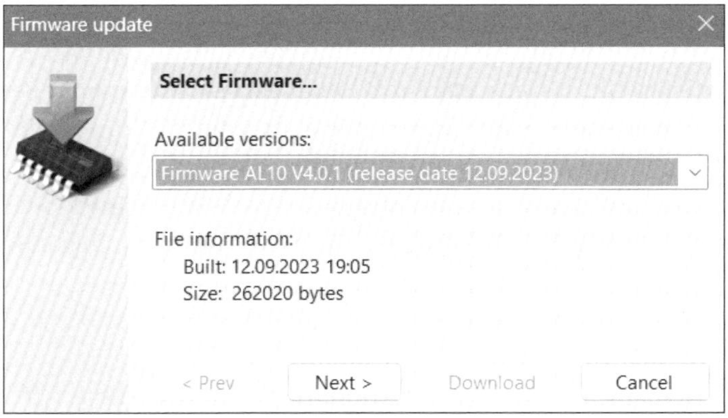

Abbildung 3.4 Dialog des Download-Utility-Tools

Mit einem kleinen C#-Programm, das als *Download-Utility* mit in der Software zum Buch enthalten ist, kann man nun jederzeit ein Betriebssystem-Update durchführen.

3.2.5 Prüfsumme

Auch wenn die Übertragung über eine serielle Verbindung in der Tat recht stabil ist, so kann es doch vorkommen, dass eine laufende Übertragung eines Programms unterbrochen wird. Gründe gäbe es genug, es reicht jedoch schon, dass der Anwender die Schaltfläche CANCEL betätigt. Dann wäre ein Teil des Betriebssystems bereits in den FLASH des Controllers übertragen worden, aber im Grunde wäre das Betriebssystem dann nicht lauffähig. Es darf also nicht gestartet werden, weil undefiniert wäre, was passiert!

Damit gar kein unsicherer Zustand entstehen kann, muss nach einem vollständigen Download des Betriebssystems noch eine Kennung im FLASH-Speicher abgelegt werden. Anhand dieser Kennung soll der Bootloader immer prüfen können, ob der letzte Download vollständig war und das Betriebssystem demnach bedenkenlos gestartet werden kann.

Zwar würde dafür ein Flag ausreichen, sinnvollerweise wird man aber in solch einem Fall einer Prüfung des Speichers mittels *CRC-Code* den Vorzug geben. Die Abkürzung CRC steht für *Cyclic Redundancy Check* und ist ein mathematisches Verfahren, um aus einem Bitstrom eine Prüfsumme zu generieren. CRC-Codes sind sehr verbreitet, und je nach Anwendungsfall nutzt man 8-Bit-, 16-Bit- und auch 32-Bit-Varianten. Es gibt zwar verschiedene andere Arten von Prüfsummen, wie etwa Parität oder Quersummen, das CRC-Verfahren zeichnet sich jedoch dadurch aus, dass es eine hohe Hamming-Distanz aufweist und gleichzeitig recht einfach umsetzbar ist.

Schauen wir uns das Prinzip des CRC-Verfahrens doch etwas genauer an. Aus der Analysis, einem Teilgebiet der Mathematik, das sich mit Funktionen befasst, stammt der Begriff der *Polynom-Division*. Die Anwendungen dafür sind vielfältig, aber im Grunde geht es immer darum, ein Polynom höheren Grades in ein Produkt zweier Polynome mit niedrigerem Grad umzuwandeln. So kann man das Polynom $x^3 + x^2 + x + 1$ als Produkt der Polynome $(x^2 + 1) \cdot (x + 1)$ schreiben. Alternativ kann man stattdessen auch folgende Gleichung aufstellen:

[3.1] $$(x^3 + x^2 + x + 1) : (x + 1) = (x^2 + 1)$$

Wie bei einer algebraischen Division gibt es auch hier den Fall, dass eine Polynom-Division mitunter nicht ohne Rest möglich ist. Ändern wir in diesem Sinne Gleichung 3.1 etwas ab und führen die Polynom-Division noch einmal komplett durch, ergibt sich folgender Rechenweg:

[3.2]
$$\begin{array}{l}
\quad (x^3 + 2x^2 + 3x + 4) : (x + 1) = (x^2 + x + 2) \\
-(x^3 + 1x^2) \\
\qquad\quad (x^2 + 3x) \\
\qquad -(x^2 + 1x) \\
\qquad\qquad\quad (2x + 4) \\
\qquad\qquad -(2x + 2) \\
\qquad\qquad\qquad\quad 2
\end{array}$$

R = 2.

Die einzelnen Schritte bestehen aus einer Multiplikation des Divisor-Polynoms mit einem Faktor und einer anschließenden Subtraktion mit dem Ziel, immer den Term mit dem höchsten Grad zu eliminieren. Am Beispiel ist schließlich auch gut zu erkennen, dass der Rest der Polynom-Division höchstens einen Grad niedriger sein kann als der Grad des Divisor-Polynoms – hier also nur noch eine Konstante.

Wie hilft uns dieses Wissen nun aber beim CRC-Verfahren? Der eigentlich gesuchte CRC-Code ist genau dieser Rest, allerdings von einer binär durchgeführten Polynom-Division. Bei einer binären Polynom-Division ist die Abfolge ganz ähnlich wie unsere Rechnung in Gleichung 3.2 oben. Allerdings vereinfacht sich der Vorgang recht stark, weil es nur noch die möglichen Faktoren 0 und 1 gibt. Ein konkretes Beispiel soll die Analogie verdeutlichen.

Nehmen wir zunächst einige wenige Datenbits an, z. B. 10110111, für die wir ein CRC-Code berechnen wollen. Diese Bitfolge wird folgendermaßen als Polynom geschrieben:

$$1x^7 + 0x^6 + 1x^5 + 1x^4 + 0x^3 + 1x^2 + 1x + 1 \qquad [3.3]$$

Die Bits stehen also jeweils als Faktoren im Polynom, sodass ein konkreter Exponent entweder vorhanden oder, bei einer Null, fehlen kann. Für die Division benötigen wir nun noch ein Divisor-Polynom, das in dem Zusammenhang auch als *Generator-Polynom G* bezeichnet wird. Nehmen wir ein kurzes Polynom, z. B. G = 101, entspricht das dann:

$$1x^2 + 0x + 1 \qquad [3.4]$$

Bei einem Grad des Polynoms von 2 kann der Rest der Division also höchstens noch den Grad 1 haben. Wir benötigen für unseren CRC-Code demnach also nur 2 Bits. Die binäre Polynom-Division läuft jetzt folgendermaßen ab:

10110111 : 101 = 100100 [3.5]

101

  0101

   101

     011

R = 11

Die einzelnen Schritte bestehen wieder aus einer Multiplikation – in dem Fall eben nur mit 0 oder 1 – und einer anschließenden Subtraktion, um den höchsten Grad zu eliminieren. An der Stelle bietet die binäre Polynom-Division aber einen besonderen Vorteil. Man betrachtet ja immer nur die beiden Faktoren, die untereinanderstehen – also etwa die beiden Einsen bei x^7. Bei einer Subtraktion ergibt sich hier eine Null, aber auch bei einer Addition wird die Stelle zu null. Die Faktoren von x^7, x^6, x^5 etc. haben auch nichts miteinander zu tun, sie stehen – salopp gesagt – nur zufällig nebeneinander. Deshalb gibt es auch keinen Übertrag, und anstelle einer Subtraktion darf man einfach eine XOR-Operation verwenden. Das ist ein elementarer Schritt des CRC-Verfahrens, weil man in der Praxis natürlich sehr lange Daten-Polynome und auch längere Generator-Polynome vorfindet. Obwohl es sich also schon um eine Modulo-Operation bezogen auf die Polynom-Division handelt, ist es dem Prinzip nach keine binäre Division!

Binäre Polynom-Division

Eine binäre Polynom-Division darf man nicht mit einer binären Division gleichsetzen! Nur bei der binären Polynom-Division darf man die Überträge zwischen den Bits ignorieren und so anstelle einer Subtraktion auch eine XOR-Operation (quasi also eine Addition) verwenden.

Da die Multiplikationen mit 0 bzw. 1 gar keine wirklichen Rechenoperationen sind, bleiben nur zwei Operationen übrig: das Schieben und die XOR-Verknüpfung. Damit wird aus der anfänglich so komplizierten Mathematik letztlich ein wirklich schlanker Algorithmus. Der amerikanische Mathematiker W. Wesley Petersen hat das Verfahren 1961 als Erster beschrieben (siehe Quelle 15 im Literaturverzeichnis). Seitdem sind sehr viele Varianten hinzugekommen, und obwohl das Prinzip einfach ist, macht es in der Praxis durchaus Probleme, eine CRC-Berechnung richtig auszuführen.

Wenn also tatsächlich nur die beiden Operationen Schieben und XOR verwendet werden, denkt jeder Informatiker sofort an ein linear rückgekoppeltes Schieberegister (LFSR, *Linear Feedback Shift Register*). In der Tat spielt das Ergebnis der Polynom-Division auch gar keine Rolle, wir wollen lediglich den Rest als CRC-Code verwenden. Dafür können wir uns nun ein LFSR konstruieren, das für das Polynom aus Gleichung 3.4 folgendermaßen aussieht.

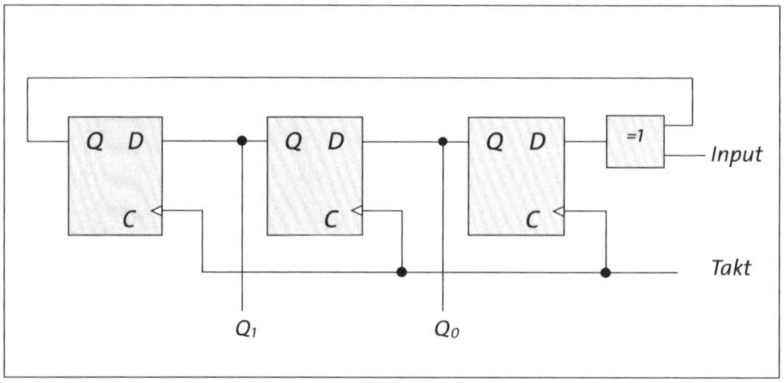

Abbildung 3.5 Linear rückgekoppeltes Schieberegister (G=101)

Die Schaltung entsteht, wenn man für jedes Bit des Generator-Polynoms ein D-Flip-Flop verwendet und vor alle Eingänge, bei denen im Generator-Polynom eine Eins steht, ein XOR-Gatter schaltet. Das letzte (linke) D-Flip-Flop hat dabei eine Sonderstellung. Dieses Flip-Flop speichert den vorherigen Bitwert lediglich für einen einzigen Takt und bekommt deshalb kein XOR-Gatter. Die vorgeschalteten XOR-Gatter bilden den Rückkopplungspfad des LFSR. Bei einem Ausgangswert von eins führen die XOR-Operationen zu einer Negation. Zum Verständnis: Das ist der Moment, in dem bei der Polynom-Division die Subtraktion stattgefunden hat. Das höchstwertige Bit war da auch immer eins.

Schieben wir die acht Bits aus Gleichung 3.5 durch diese Schaltung, erhalten wir an Q_0 und Q_1 genau das gleiche Ergebnis. Wir hätten damit sogar unseren eigenen CRC2-Generator. Probieren Sie es mit einer Simulationssoftware doch ruhig einmal aus. Eine sehr gute Onlinesimulation gibt es beispielsweise auf der Website *www.falstad.com*. Dort kann man sehr einfach Digital- und auch Analogschaltungen simulieren.

Wir wollen jedoch gar keine Hardware konstruieren, die uns ein CRC-Zeichen berechnet. Im Übrigen ist in unserem STM32F4 sogar ein Hardware-CRC-Generator in Form eines LFSR enthalten. Uns soll es eher um den Algorithmus gehen, weil der dann auch portierbar ist. Die Vorstellung, wie LFSRs grundsätzlich funktionieren, hilft dabei allerdings sehr, weil alle CRC-Algorithmen immer nur das Prinzip eines LFSR nachbilden. Die LFSRs sind ihrerseits jedoch schon ein eigener Forschungsgegenstand, und es existieren verschiedene Arten. Unser LFSR aus Abbildung 3.5 hat beispielsweise die Galois-Form.

Mit diesen Grundlagen wollen wir nun unser gesamtes Betriebssystem absichern – das sind maximal 112 kB FLASH oder 112 kB · 1024 Bytes · 8 Bits = 917.504 Bits. Für diese Datengröße benötigen wir eine CRC-Variante mit 32 Bit Breite, anderenfalls wäre die Bitfehlertoleranz zu hoch. Dafür bietet sich das Standard-CRC32-Verfahren an, das auch als File-CRC bezeichnet wird und exakt so ebenfalls bei Ethernet-Frames verwendet wird. Das Generator-Polynom dafür lautet:

$$G_{CRC32} = x^{32} + x^{26} + x^{23} + x^{22} + x^{16} + x^{12} + x^{11} + x^{10} + x^{8} + x^{7} + x^{5} + x^{4} + x^{2} + x + 1$$

Nach der Umformung in die Binärdarstellung entspricht das Polynom der hexadezimalen Darstellung 0x104C11DB7 mit 33 Bit Breite, weshalb der Rest der Polynom-Division nur noch maximal 32 Bit Breite haben kann. Bei jeder Implementierung des CRC-Verfahrens als Algorithmus kann das Bit 33 jedoch weggelassen werden. Das geht, weil bei der Polynom-Division immer der höchstwertige Exponent eliminiert wird. Letztlich hat man also nur noch das Polynom 0x04C11DB7 mit 32 Bit Breite.

Wer jetzt allerdings denkt, dass es nun ganz einfach sein sollte, irrt sich. Es gibt neben dem Generator-Polynom noch weitere Merkmale, die einen CRC-Algorithmus ausmachen. Da wäre zunächst der Anfangswert. Das File-CRC setzt den Anfangswert auf 0xFFFFFFFF, weil anderenfalls führende Nullen im Bitstrom keinen Anteil am CRC-Wert generieren würden. Als Nächstes spielt die Reihenfolge, in der die Datenbits durch den CRC-Generator geschoben werden, eine wichtige Rolle. Da man beim File-CRC von byteadressiertem Speicher ausgeht, werden die Datenbytes in aufsteigender Reihenfolge gelesen. Die acht Datenbits eines jeden Bytes werden allerdings auch in aufsteigender Wertigkeit gelesen – das LSB (*Least Significant Bit*) kommt also immer zuerst. Das entspricht nicht der Reihenfolge, in der wir die Bits in Gleichung 3.5 verwendet hatten – dort kam das MSB (*Most Significant Bit*) zuerst! Das ist einfach eine Festlegung und kommt ein Stück weit daher, dass sowohl Ethernet als auch serielle Schnittstellen ihre Datenbits in *LSB first* übertragen. Man könnte so einen Hardware-CRC-Generator in Form eines LFSR etwas einfacher konstruieren. Für unseren CRC-Algorithmus hat das jedoch gravierende Auswirkungen. Wir müssen das Generator-Polynom spiegeln, und auch die Schieberichtung kehrt sich um! Vertauscht man MSB und LSB sowie analog alle anderen Bits des Generator-Polynoms, erhält man den gespiegelten Wert 0xEDB88320. Schauen wir uns den Algorithmus bis dahin einmal an.

```
// --- File CRC32 ---
DWORD CRC32(const BYTE* pData, INT nLength)
{
    DWORD dwCRC = 0xFFFFFFFF;

    while (pData != NULL && nLength-- > 0)
    {
        BYTE byData = *pData++;
        BYTE nBit = 0;

        while (nBit++ < 8)
        {
            if ((dwCRC ^ byData) & 1)
                dwCRC = (dwCRC >> 1) ^ 0xEDB88320;
            else
                dwCRC >>= 1;

            byData >>= 1;
        }
    }

    return ~dwCRC;
}
```

Listing 3.7 Berechnung eines 32-Bit-CRC-Codes (File-CRC)

Im obigen Listing (siehe auch Quelle 9, Seite 18 im Literaturverzeichnis) ist der C-Code des File-CRC-Algorithmus dargestellt. Die äußere Schleife iteriert über alle Datenbytes, während die innere Schleife die Datenbits schiebt – und zwar immer nach rechts. Sofern in der führenden Stelle – eigentlich also in Bit 31, hier jedoch in Bit 0 – jeweils eine 1 steht, wird der CRC-Code geschoben, und mit XOR wird die Summe mit dem Generator-Polynom gebildet. Anderenfalls wird der CRC-Code nur um ein Bit geschoben. Die innere Schleife emuliert hier also ein gespiegeltes LFSR. Wenn der gesamte Speicherbereich durch den CRC-Generator geschoben wurde, wird das Ergebnis schließlich noch invertiert.

Der dargestellte Algorithmus dient im Wesentlichen dem Verständnis. In der Praxis setzt man eher einen tabellenbasierten Algorithmus ein, da der deutlich schneller arbeitet. Im Grunde nimmt man mit der Tabelle die Änderung des CRC-Codes für ein gesamtes Datenbyte vorweg. Damit entfällt die komplette innere Schleife, allerdings muss man auch 256 DWORDs als Tabelle im Programm ablegen. In der Quelltextsammlung zum Buch finden Sie die entsprechenden CRC-Algorithmen für das File-CRC32 sowie für das Modbus-CRC16 in der Tabellenversion.

Damit haben wir einen CRC32-Code, den wir nach einem erfolgreichen Download in die letzten 4 Bytes des FLASH-Segments schreiben können. Bei jedem Start kann der Bootloader nun zunächst die Konsistenz des Speichers prüfen. Ergibt sich aus irgendeinem Grund ein anderer CRC-Code, wird das Betriebssystem logischerweise nicht gestartet.

Kapitel 4
Betriebssystem

Eine Software, bei der man alle Fehler selbst gefunden hat, ist schließlich eine Software, die man wirklich versteht.

Immer wenn eine Software mehrere Aufgaben gleichzeitig bearbeiten muss, stellt sich die Frage nach einem Betriebssystem. Bei einem PC ist die Antwort eindeutig, man will einen Text bearbeiten und vielleicht gleichzeitig Musik aus dem Internet streamen. Wir haben es aber mit einem Mikrocontroller zu tun, Textverarbeitung ist bestimmt nicht die erste Aufgabe, die einem dabei einfällt. Was sind also die Aufgaben, die unser Mikrocontroller bearbeiten muss, und brauchen wir dafür ein Betriebssystem?

Unser Breakout-Board hat mehrere Schnittstellen, wie die beiden UARTs, die Modbus-Schnittstelle und nicht zu vergessen die analogen und digitalen Ein- und Ausgänge. Es wird gleichzeitig mehrere Datenprotokolle geben, wie etwa das Modbus-Protokoll, aber auch andere Kommunikationsprotokolle, und es wird natürlich Anwendungslogik für die I/Os geben. Wir werden also eine Software schreiben müssen, die sich gleichzeitig um alle diese Schnittstellen kümmern kann.

Wir wollen die Software in C schreiben, und ganz prinzipiell besteht ein C-Programm nur aus einer `main()`-Funktion. Wenn wir da alle Aufgaben parallel und ohne Unterstützung durch ein Betriebssystem abarbeiten wollten, sähe das in etwa so aus.

```
// --- Multithreading? ---
VOID main()
{
    for (;;)
    {
        HandleIO();
        HandleComm();
        HandleModbus();
    }
}
```

Listing 4.1 Naiver Ansatz für ein einfaches Multithreading

Diese Variante funktioniert zwar, aber nur, solange die Summe der Ausführungszeiten aller Funktionen kleiner als die maximal zulässige Reaktionszeit der häufigsten Aufgabe ist. Würde man etwa einen I/O-Pin alle 100 ms umschalten wollen, müssten sämtliche Funktionen in der Zeit einmal durchgelaufen sein. Das ist natürlich möglich und bei vielen kleineren Mikrocontroller-Applikationen sicher schon oft so realisiert worden. In der Regel wird man mit diesem Ansatz einen Mikrocontroller aber nicht optimal ausnutzen können, weil diese Lösung nicht skalierbar ist. Was würde passieren, wenn der Pin später irgendwann nur alle 10 ms umschalten soll?

Die Ausführung von mehreren Aufgaben (*Multithreading*) ist aber nur ein Aspekt, bei dem ein Betriebssystem nützlich ist. Darüber hinaus abstrahiert es die Hardware, stellt Treiber, Datenpuffer oder sogar Dateien zur Verfügung. In der Regel ist die Softwareentwicklung unter Nutzung eines Betriebssystems deutlich komfortabler als ohne. Im Bereich Embedded Systems gibt es einige etablierte Betriebssysteme, wie beispielsweise *FreeRTOS*, *MbedOS* oder *RIOT*, die alle auch für den STM32 erhältlich sind.

Ist es da wirklich noch notwendig oder sinnvoll, ein Betriebssystem selbst zu schreiben? Die Frage impliziert ein klares Nein, aber genau genommen lässt sie sich aufgrund der bloßen Verfügbarkeit solcher Systeme gar nicht beantworten. Wenn man eine Softwarekomponente einsetzt, legt man sich in gewisser Weise fest und geht damit quasi eine Abhängigkeit ein. Es stellen sich sofort weitreichende Fragen: Wie sind die Lizenzbedingungen? Wie bekommt man Updates? Wie erfolgt eine Fehlerbeseitigung? Wie gut ist der Support?

Demgegenüber steht natürlich der Aufwand, alles selbst zu entwickeln. Dieser Aufwand wird gern überschätzt, während die Probleme beim Einsatz fertiger Softwarekomponenten eher unterschätzt werden.

In den folgenden Abschnitten wollen wir ein minimales Betriebssystem selbst entwickeln und sehen, wie weit wir letztlich kommen. Am Ende stellen wir die obige Frage noch einmal.

4.1 Initialisierung

Unser Betriebssystem beginnt an der Adresse 0x08004000 und wird dort vom Bootloader gestartet. In Abbildung 3.1 sind die ersten fünf FLASH-Segmente dargestellt – die Adresse 0x08004000 ist der Beginn des zweiten, 16 kB großen FLASH-Segments direkt hinter dem Bootloader. Das ist deshalb wichtig, weil unser Betriebssystem an dieser Adresse ohne den Bootloader gar nicht starten würde!

Für den Fall, dass man das Betriebssystem aber debuggen möchte, muss man zunächst eine Version erstellen, die im ersten FLASH-Segment an der Adresse 0x08000000 beginnt. Dafür sind lediglich zwei kleinere Anpassungen nötig. Im Linker-Skript muss man die Startadresse des FLASH-Speichers ändern und in der Datei *System.c* den Offset der Vektortabelle löschen.

Betriebssystem ohne Bootloader

Um das Betriebssystem auch ohne den Bootloader startfähig zu machen, müssen Sie im Linker-Skript die Anfangsadresse des FLASH-Speichers (ORIGIN) auf 0x08000000 setzen und in der Datei *System.c* den Offset der Vektortabelle auf 0x0000 ändern.

Diese Änderungen bewirken, dass man ein startfähiges Betriebssystem erhält, das dann geeignet ist, um es etwa direkt aus der CubeIDE heraus zu debuggen oder auch um das Betriebssystem stand-alone, ohne Bootloader, zu verwenden.

4.1.1 PLL-Clock

Unser Mikrocontroller soll mit einem Systemtakt von 100 MHz operieren. Wir haben extern jedoch nur einen 8-MHz-Quarz – wie kann das überhaupt funktionieren? Schauen wir uns dazu ein Detail an, das heute bei praktisch allen besseren Mikrocontrollern verwendet wird – die sogenannte PLL (*Phased Locked Loop*).

Der eigentliche Systemtakt wird im Mikrocontroller von einem hochfrequenten, spannungsgesteuerten, aber freilaufenden Taktgenerator, einem VCO (*Voltage Controlled Oszillator*), erzeugt. Dieser freilaufende Takt wird zunächst durch einen programmierbaren Teiler geleitet, der im Ergebnis dann einen 8-MHz-Takt liefert. Der Quarz außen am Mikrocontroller dient nun als Referenz für einen *Phasendiskriminator*. Dabei handelt es sich um einen Komparator, der die Phasenlage von internem und externem Takt vergleicht und je nach Abweichung eine Steuerspannung zur Korrektur an den freilaufenden Taktgenerator liefert. Im Grunde ist das also ein Regelkreis, der den geteilten Systemtakt *phasensynchron* zum externen Quarztakt hält. Durch den Phasenvergleich erreicht man die gleiche Genauigkeit, die der Quarztakt liefert, mit dem Unterschied, dass der Systemtakt nun um den Teilerfaktor schneller läuft.

Die Verwendung einer PLL hat gleich mehrere Vorteile. Ganz wichtig ist dabei natürlich die Möglichkeit, den internen Systemtakt umprogrammieren zu können. Dazu muss man lediglich den programmierbaren Teiler konfigurieren, und schon erzeugt der VCO eine andere Frequenz – der Quarz muss dazu nicht geändert werden. Ein Mikrocontroller benötigt intern nicht nur einen Takt. In der Tat sind es viele verschiedene Takte, die aber alle synchron zueinander laufen. Das kann man nur erreichen, indem man programmierbare Teiler zwischenschaltet und auch den Basistakt, also den Takt des VCO, konfigurierbar macht. Wir werden uns bei den Hardwarekomponenten noch mit den dort verfügbaren Takten und Teilern befassen.

Der zweite, ebenfalls sehr wichtige Aspekt ist der positive Einfluss auf die Aussendung elektromagnetischer Störstrahlung. Durch den niederfrequenten Quarz erzeugt man weniger Störfrequenzen, wodurch sich das Störspektrum insgesamt verbessert. Nicht zuletzt kann man auch günstigere Grundtonquarze einsetzen, die ein stabiles Schwingverhalten aufweisen.

Moment, wie kann denn der Mikrocontroller seine PLL konfigurieren, wenn die PLL doch erst benötigt wird, damit ein Programm überhaupt loslaufen kann? Dafür gibt es eine einfache und einleuchtende Erklärung – ein STM32 startet zuerst mit einem separaten internen Takt von 16 MHz – einer Art Hilfstakt. Für kostensensitive Applikationen könnte man den externen Quarz sogar weglassen und nur mit dem Hilfstakt operieren. Wenn der externe Quarz eingeschwungen und die PLL konfiguriert ist, wird durch Setzen eines Bits auf den Systemtakt umgeschaltet. Das Programm läuft dann quasi schlagartig schneller.

Schauen wir uns an, wie die PLL konfiguriert wird. Dazu gibt es in der Datei *system_stm32f4xx.c*, die zur CMSIS-Library gehört, drei Definitionen:

```
// PLL configuration
#define PLL_N           200
#define PLL_M             8
#define PLL_P             2
```

Listing 4.2 Koeffizienten für die PLL-Konfiguration

Die Konfiguration der PLL erfolgt danach anhand der folgenden Gleichung:

[4.1] $f_{SYSCLK} = HSE\_VALUE : PLL\_M \cdot PLL\_N : PLL\_P$

Der Wert HSE_VALUE wird in der Datei *stm32f4xx.h* definiert und ist die Frequenz des externen Quarzes $f_{CRYSTAL}$, in unserem Fall also 8 MHz. Setzt man nun die Werte aus Gleichung 4.1 ein, ergibt sich für die Frequenz des Systemtakts f_{SYSCLK} ein Wert von 100 MHz.

Die Funktionen `SystemInit()` und `SetSysClock()`, die ebenfalls von der CMSIS-Library bereitstellt werden, führen letztlich die Konfiguration der PLL aus. Wir rufen dazu die Funktion `SystemInit()` beim Start des Betriebssystems auf. Das passiert ziemlich direkt aus der `main()`-Funktion heraus. Man kann mit der CubeIDE diese Funktionen auch direkt debuggen und die einzelnen Schritte verfolgen. So werden in der Funktion `SystemInit()` zunächst alle Einstellungen rückgängig gemacht – die PLL-Konfiguration wird quasi wieder in den Reset-Zustand versetzt. Das ist konsequent, weil unser Betriebssystem ja nicht das erste Programm ist, das auf dem Mikrocontroller läuft. Der Bootloader hatte seinerseits schon eine Systeminitialisierung vorgenommen, und in der Tat operiert unser Bootloader mit einem geringeren Systemtakt! Der Grund ist: Unser Bootloader kann so auch auf einem STM32F401 verwendet werden, der zwar dasselbe Speicherlayout aufweist, aber nur mit maximal 84 MHz operieren kann.

Der zweite wichtige Aufruf während der Initialisierungsphase ist der Aufruf der Funktion `SystemCoreClockUpdate()`. In dieser Funktion wird eine globale Variable mit dem Namen `SystemCoreClock` zugewiesen. Diese Variable kann zu jeder Zeit verwendet werden, um die eingestellte Frequenz des Systemtakts zu ermitteln. Für den Fall, dass man die PLL einmal anders konfigurieren möchte, sollte man anschließend mit dem Debugger prüfen, ob diese Variable die gewünschte Frequenz anzeigt.

Damit sind die PLL und der Systemtakt konfiguriert. Man kann an der Stelle gleich noch den Takt für jedes verwendete Hardwaremodul (*Peripheral Modules*) aktivieren. Nach einem Reset sind alle Module, wie beispielsweise die Ports oder die UARTs, standardmäßig deaktiviert – sie bekommen einfach noch keinen Takt. Solange ein Hardwaremodul keinen Takt bekommt, ist dessen Stromaufnahme praktisch null. In unserem Betriebssystem erfolgt die Aktivierung aller Module gleich im Anschluss an die Initialisierung des Systemtakts in der Funktion `InitSysConfig()`. Alternativ kann die Freigabe des Takts aber auch im Rahmen der Initialisierung eines jeden Moduls erfolgen.

4.1.2 GPIO-Setup

Wie Peripheriemodule mithilfe der CMSIS-Library initialisiert werden, kann man sehr gut an den GPIO-Modulen, also den I/O-Pins unseres Breakout-Boards, sehen. Das Prinzip ist aber immer ähnlich, ganz gleich, ob es sich nur um die GPIO-Pins oder um den AD-Wandler oder eine UART handelt.

Die CMSIS-Library stellt passende Strukturen zur Verfügung, die man zunächst mit Initialwerten füllt. Anschließend ruft man eine Library-Funktion auf und übergibt ihr die zuvor initialisierte Struktur. Zu jeder Strukturdeklaration gehören immer auch »sprechende« Konstanten, sodass die Initialisierung sehr gut lesbar und leicht verständlich wird. Der nachfolgende Auszug gibt einen Einblick in die GPIO-Initialisierung, wie sie in unserem Betriebssystem implementiert ist.

```
// --- I/O definitions ---

#define IN_PINS0     GPIOC
#define IN_0         GPIO_Pin_9
#define IN_1         GPIO_Pin_8
```

```
#define IN_2        GPIO_Pin_7
#define IN_3        GPIO_Pin_6
#define IN_4        GPIO_Pin_11
#define IN_5        GPIO_Pin_10
#define IN_6        GPIO_Pin_12

#define IN_PINS1    GPIOA
#define IN_7        GPIO_Pin_15
#define IN_8        GPIO_Pin_0
#define IN_9        GPIO_Pin_1

#define OUT_PINS    GPIOB
#define OUT_0       GPIO_Pin_9
#define OUT_1       GPIO_Pin_8
#define OUT_2       GPIO_Pin_7
#define OUT_3       GPIO_Pin_6
#define OUT_4       GPIO_Pin_5
#define OUT_5       GPIO_Pin_4

// --- Init GPIOs ---
VOID InitGPIO()
{
    GPIO_InitTypeDef gpio_init = {0};

    // config input pins
    gpio_init.GPIO_Pin  = IN_0 | IN_1 | IN_2 | IN_3 | ...;
    gpio_init.GPIO_Mode = GPIO_Mode_IN;
    gpio_init.GPIO_PuPd = GPIO_PuPd_DOWN;
    GPIO_Init(IN_PINS0, &gpio_init);

    gpio_init.GPIO_Pin  = IN_7 | IN_8 | IN_9;
    gpio_init.GPIO_Mode = GPIO_Mode_IN;
    gpio_init.GPIO_PuPd = GPIO_PuPd_DOWN;
    GPIO_Init(IN_PINS1, &gpio_init);

    // config output pins
    gpio_init.GPIO_Pin   = OUT_0 | OUT_1 | OUT_2 | OUT_3 | ...;
    gpio_init.GPIO_Mode  = GPIO_Mode_OUT;
    gpio_init.GPIO_OType = GPIO_OType_PP;
    GPIO_Init(OUT_PINS, &gpio_init);
}
```

Listing 4.3 Auszug aus der GPIO-Initialisierung

Die Funktion `InitGPIO()` definiert eine Variable vom Typ `GPIO_InitTypeDef`. Die Typdeklaration befindet sich in der CMSIS-Library. Dabei handelt es sich um eine Struktur, die alle Informationen aufnimmt, die für die Initialisierung eines oder auch mehrerer Pins eines Ports benötigt werden. Die Ports sind als Konstanten `GPIOA`, `GPIOB` etc. vordefiniert, ebenso wie die Pins `GPIO_Pin_0` bis `GPIO_Pin_15`. Da die Pins als Bitmasken deklariert sind, kann man sie ODER-verknüpfen und so mit einem Aufruf von `GPIO_Init()` gleich mehrere Pins identisch konfigurieren.

Da die Sprache C leider keine *Namespaces* unterstützt, sind allen Bezeichnern sogenannte *Namespace Prefixes* vorangestellt. Sämtliche Konstanten und Typen, die zur GPIO-Initialisierung gehören, beginnen stets mit `GPIO_`. Das macht die Bezeichner zwar etwas länger, hilft aber auch bei der Eingabe, weil man nur diesen Anfang tippt und sich dann mit [Strg]+Leertaste eine Liste aller möglichen Bezeichner anzeigen lässt. Achtung, die Bezeichner sind sich teils wirklich sehr ähnlich, und man verwendet schnell eine unpassende Konstante oder eine unpassende Funktion. Anschließend muss man dann herausfinden, warum das Programm nicht funktioniert.

Schauen wir uns die verwendeten Konstanten der Initialisierungsstruktur noch etwas genauer an. Jeder Pin kann entweder als Eingang oder als Ausgang konfiguriert werden. Diese Unterscheidung erfolgt über das Strukturelement `GPIO_Mode`. Bei Eingängen ist es zusätzlich ratsam, den *Pull-up*- oder den *Pull-down*-Widerstand zu aktivieren, damit offene Eingänge stets auf einen definierten Pegel gezogen werden. In unserem Fall ziehen wir alle Eingänge auf *Low*, aktivieren also den Pull-down-Widerstand. Bei den Ausgängen gibt es ebenfalls eine Spezialisierung, die die konkrete Schaltungsart des Ausgangs betrifft. Wenn ein Ausgang aktiv nach Masse und nach VDD schalten kann, ist es ein *Push-Pull*-Ausgang. Alternativ gibt es Ausgänge, die nur nach Masse schalten können; dann handelt es sich um sogenannte *Open-Drain*-Ausgänge.

Die Konfiguration der Ein- und Ausgänge ist damit auch schon abgeschlossen. Die Nutzung der CMSIS-Library macht uns diese Aufgabe wirklich einfach. Wir werden aber noch sehen, dass die Library-Funktionen nicht immer ideal sind. Speziell bei den GPIO-Zugriffen werden wir stattdessen dann auf schlankere Funktionen setzen.

4.1.3 AD-Wandler

Auch die Initialisierung der Analogeingänge beginnt zunächst wieder mit der Konfiguration der entsprechenden Port-Pins. Das sind in dem Fall die Pins PC0 bis PC3. Diese Pins werden, wie auch schon bei den digitalen Eingängen, über einen Aufruf der CMSIS-Funktion `GPIO_Init()` konfiguriert. Der wesentliche Unterschied besteht in dem Wert `GPIO_Mode_AN`, der initial dem Strukturelement `GPIO_Mode` zugewiesen wird. Mit nur einem Aufruf werden so alle vier Pins zu analogen Eingängen. Analoge Eingänge sollten weder einen Pull-up- noch einen Pull-down-Widerstand erhalten. Das würde möglicherweise zu einer Verfälschung der Messwerte führen.

```
// --- ADC definitions ---

#define ADC_PORT   GPIOC
#define ADC_0      GPIO_Pin_0
#define ADC_1      GPIO_Pin_1
#define ADC_2      GPIO_Pin_2
#define ADC_3      GPIO_Pin_3

// --- Init ADC ---
VOID InitADC()
{
    GPIO_InitTypeDef gpio_init = {0};
    ADC_InitTypeDef adc_init = {0};
    ADC_CommonInitTypeDef adc_common = {0};

    // configure analog pins
    gpio_init.GPIO_Pin  = ADC_0 | ADC_1 | ADC_2 | ADC_3;
    gpio_init.GPIO_Mode = GPIO_Mode_AN;
    gpio_init.GPIO_PuPd = GPIO_PuPd_NOPULL;
    GPIO_Init(ADC_PORT, &gpio_init);

    // setup common adc params
    adc_common.ADC_Mode = ADC_Mode_Independent;
    adc_common.ADC_Prescaler = ADC_Prescaler_Div2;
    adc_common.ADC_TwoSamplingDelay = ADC_TwoSamplingDelay_5Cycles;
    ADC_CommonInit(&adc_common);

    // setup adc1 parameters
    adc_init.ADC_Resolution = ADC_Resolution_12b;
    adc_init.ADC_ContinuousConvMode = DISABLE;
    adc_init.ADC_ScanConvMode = DISABLE;
    adc_init.ADC_NbrOfConversion = 1;
    ADC_Init(ADC1, &adc_init);

    // enable adc
    ADC_Cmd(ADC1, ENABLE);
}
```

Listing 4.4 Initialisierung des AD-Wandlers

Der zweite Schritt ist die Initialisierung der gemeinsamen Einstellungen, die für alle Analog-Digital-Wandler gelten. Unser STM32F412 verfügt tatsächlich nur über einen AD-Wandler, und im Grunde können wir bei einem STM32F412 auch nur den Vorteiler (`ADC_Prescaler`) für den AD-Wandler konfigurieren. Hier stellen wir den kleinstmöglichen Teiler ein, was dem Default-Wert entspricht. Weitere Konfigurationsmöglichkeiten gibt es bei diesem Mikrocontroller nicht. Der Schritt wäre so gesehen nicht unbedingt nötig. An der Stelle muss man aber sagen, dass die CMSIS-Library für eine Vielzahl von STM32-Varianten erstellt worden ist. Im Sinne einer leichteren Portierbarkeit ergibt es also schon Sinn, die eigene Software auch möglichst generisch zu halten. Würden wir unser Betriebssystem später einmal portieren wollen, etwa auf einen STM32F446, der über drei AD-Wandler verfügt, müssten wir zumindest an der Stelle nichts ändern.

Im letzten Schritt wird noch der AD-Wandler an sich, hier ADC1, konfiguriert. Die wesentliche Einstellung betrifft die Auflösung von 12 Bit. Man kann die Auflösung zwar auch reduzieren, wenn es auf eine möglichst kurze Wandlungszeit ankommt, in der Regel wird man aber die höchste Auflösung wählen. Zudem bieten die AD-Wandler aller STM32-Mikrocontroller auch die Möglichkeit, ausgewählte Eingänge kontinuierlich zu wandeln. Das ergibt in unserem Fall jedoch keinen Sinn, weil die Werte nur nach Bedarf gelesen werden. Schließlich muss der AD-Wandler mit der Funktion `ADC_Cmd()` nur noch eingeschaltet werden, und fortan kann man jederzeit eine Messung starten.

Für die eigentliche Messung werden wir noch eine Funktion erstellen, die dann den AD-Wandler verwendet.

4.1.4 DA-Wandler

Bisher haben wir uns mit der Konfiguration der Ein- und Ausgänge befasst sowie mit der Konfiguration von Analogeingängen. Für die Konfiguration des PWM-Ausgangs für den DA-Wandler müssen wir uns mit der alternativen Konfiguration von Pins beschäftigen. Theoretisch kann jeder Pin 15 alternative Funktionen (AF, *Alternate Functions*) zugewiesen bekommen. Die tatsächlich zu einem Pin verfügbaren Funktionen findet man in Tabellen im Datenblatt des jeweiligen Controllertyps. Eine solche Tabelle hatten wir bereits bei der Auswahl der I/O-Pins verwendet. In Abbildung 2.6 sind beispielsweise alle AFs an Port B aufgeführt.

Mit der Funktion `GPIO_PinAFConfig()` weisen wir einem Pin eine verfügbare Funktion zu. Man könnte umgekehrt auch sagen, dass der Pin einer konkreten Hardware zugewiesen wird. Letztlich richtet sich die Funktion des Pins dann nach der Hardware. Dem Pin selbst muss man bei der Konfiguration den Modus `GPIO_Mode_AF` mitgeben.

```
// --- Defines ---
// PB10 = PWM

#define DAC_PORT            GPIOB
#define DAC_PIN             GPIO_Pin_10
#define DAC_PIN_SRC         GPIO_PinSource10

// --- Init DAC ---
VOID InitDAC()
{
    GPIO_InitTypeDef gpio_init = {0};
    TIM_OCInitTypeDef tmr_ocinit = {0};
    TIM_TimeBaseInitTypeDef tmr_setup = {0};

    // alternate function PWM
    GPIO_PinAFConfig(DAC_PORT, DAC_PIN_SRC, GPIO_AF_TIM2);

    // setup pin as AF output
    gpio_init.GPIO_Pin = DAC_PIN;
    gpio_init.GPIO_Mode = GPIO_Mode_AF;
    gpio_init.GPIO_OType = GPIO_OType_PP;
    GPIO_Init(DAC_PORT, &gpio_init);

    // setup timer base
    tmr_setup.TIM_Period = DAC_RANGE;
    tmr_setup.TIM_ClockDivision = TIM_CKD_DIV1;
    tmr_setup.TIM_CounterMode = TIM_CounterMode_Up;
    TIM_TimeBaseInit(TIM2, &tmr_setup);

    // setup output compare
    tmr_ocinit.TIM_OCMode = TIM_OCMode_PWM1;
    tmr_ocinit.TIM_OCPolarity = TIM_OCPolarity_High;
    tmr_ocinit.TIM_OutputState = TIM_OutputState_Enable;
    TIM_OC3Init(TIM2, &tmr_ocinit);

    // channel 3 auto reload
    TIM_OC3PreloadConfig(TIM2, TIM_OCPreload_Enable);

    // timer 2 auto reload
    TIM_ARRPreloadConfig(TIM2, ENABLE);
```

```
    // enable timer
    TIM_Cmd(TIM2, ENABLE);
}
```

Listing 4.5 Initialisierung des PWM-Ausgangs

Mit der obigen Initialisierung wird Pin PB10 dem Timer 2 zugewiesen. Der Pin ist dann automatisch auf den Kanal 3 des Timers verbunden. Schauen wir uns genauer an, wie die Timer funktionieren.

Unser STM32F412 verfügt insgesamt über acht 16-Bit- und vier 32-Bit-Timer, alle jeweils mit vier separaten Kanälen. Es handelt es sich dem Prinzip nach bei allen Timern um *Modulo-Zähler*. Das bedeutet, man kann einen Wertebereich vorgeben, und der Timer durchläuft, abhängig von seiner Konfiguration, diesen Wertebereich vorwärts oder rückwärts. Die Parameter, die wir daher Timer 2 mit der Funktion `TIM_TimeBaseInit()` zuweisen, umfassen also zunächst die Periode, den Wertebereich des Zählers, sowie die Zählrichtung. Die Frage lautet natürlich, wie schnell Timer 2 nun eigentlich zählt. Timer 2 ist mit dem *Advanced Peripheral Bus 1* (APB1) verbunden, der mit einer Frequenz von 50 MHz getaktet wird. Die Timer an den beiden Peripheriebussen APB1 und APB2 werden immer mit der gleichen Taktfrequenz betrieben wie der Bus auch. Man kann bei Timer 2 zusätzlich noch einen Vorteiler auswählen, um die Taktfrequenz zu reduzieren. Wir benötigen den Vorteiler jedoch nicht, denn bei einer Periode von 5000 läuft der Timer in genau 100 µs einmal durch. Das entspricht der gewünschten Frequenz von 10 kHz, für die der DA-Tiefpass ausgelegt ist. Damit ist die Initialisierung der Zeitbasis bereits abgeschlossen.

Die Konfiguration des PWM-Kanals ist ähnlich einfach. Da die Erzeugung von PWM-Signalen eine Standardaufgabe ist, gibt es speziell dafür vordefinierte Konstanten. So lässt sich mit dem `OCMode` (*Output Compare Mode*) festlegen, ob das PWM-Signal *active high* oder *active low* sein soll. Mit der Konstanten `TIM_OCMode_PWM1` legen wir *active high* fest. Bei einem Overflow des Zählers wird der Kanal nun immer auf High-Pegel geschaltet und beim nächsten *Output Compare Event* wieder auf Low-Pegel gezogen. Das passiert alles in der Hardware des Timers und belegt keinerlei Rechenzeit.

Es bleiben noch zwei Zeilen der Initialisierung des Timers, die eine wichtige Funktion haben. Für unseren DA-Wandler wären beide Zeilen nicht zwingend erforderlich, aber deren Verständnis ist wichtig. Um das PWM-Tastverhältnis zu ändern, müssen wir lediglich das *Output Compare Register* auf einen neuen Wert setzen, und schon wird eine andere Pulsbreite generiert. So weit stimmt es. Doch was passiert, wenn wir das Compare Register unmittelbar vor einem Compare Event zurücksetzen würden, vor den aktuellen Zählerwert? Wir würden quasi ein Compare Event übergehen – es würde also nicht stattfinden! Der Ausgang bliebe bis zum nächsten Compare auf high. Damit das nicht passiert, kann man, anstatt das Compare Register direkt zu beschreiben, in ein *Preload Register* schreiben. Der Timer übernimmt das Preload Register dann immer erst bei einem Overflow. Somit ist sichergestellt, dass das Compare Event nicht übergangen werden kann. Mit der Funktion `TIM_OC3PreloadConfig()` aktiviert man das Preload Register sowie die synchronisierte Übernahme daraus. Es gibt aber auch Fälle, in denen man dieses Verhalten nicht möchte. Das ist beispielsweise dann der Fall, wenn man das Compare Register per Interrupt weiterrückt, um mehrere Compare Events auszulösen. In dem Fall muss man natürlich direkt in das Compare Register schreiben können. Das Preload Register ist dabei kein weiteres Register, es wird einfach als das Compare Register adressiert, nur dass die Hardware des Timers intern eine Art »Schattenregister« dafür vorhält. Die Timer des STM32 sind wahre Wunderwerke, und ein PWM-Signal zu generieren, ist so, als würde man sich von einem Musiker *Alle meine Entchen* wünschen.

4.1.5 SPI-Systembus

Mit der Konfiguration von *Alternate Function Pins* haben wir uns bereits beim PWM-Ausgang für die Analogwertausgabe befasst. Das Prinzip benötigen wir jetzt auch wieder. Die Pins der SPI-Schnittstelle sind in dem Fall auch wieder AF-Pins – deren Konfiguration gleich für alle drei Signale auf einmal erfolgen kann. Damit ist die Konfiguration der SPI-Pins auch schon abgeschlossen. Die SPI selbst ist nicht ganz so einfach, aber schauen wir uns die möglichen Parameter im Einzelnen an.

```
// --- Defines ---
// PA5  = SCL
// PA6  = SSI (MISO)
// PA7  = SSO (MOSI)

#define SPI_PINS            GPIOA
#define SPI_SCL             GPIO_Pin_5
#define SPI_SSI             GPIO_Pin_6
#define SPI_SSO             GPIO_Pin_7

#define SPI_SCL_SRC         GPIO_PinSource5
#define SPI_SSI_SRC         GPIO_PinSource6
#define SPI_SSO_SRC         GPIO_PinSource7

// --- Init SPI1 ---
VOID InitSPI()
{
```

```
    SPI_InitTypeDef spi_init = {0};
    GPIO_InitTypeDef gpio_init = {0};

    // config alternate function SPI1
    GPIO_PinAFConfig(SPI_PINS, SPI_SCL_SRC, GPIO_AF_SPI1);
    GPIO_PinAFConfig(SPI_PINS, SPI_SSI_SRC, GPIO_AF_SPI1);
    GPIO_PinAFConfig(SPI_PINS, SPI_SSO_SRC, GPIO_AF_SPI1);

    // config SPI1 pins
    gpio_init.GPIO_Pin      = SPI_SCL | SPI_SSI | SPI_SSO;
    gpio_init.GPIO_Mode     = GPIO_Mode_AF;
    gpio_init.GPIO_OType    = GPIO_OType_PP;
    GPIO_Init(SPI_PINS, &gpio_init);

    // spi data setup
    spi_init.SPI_Mode       = SPI_Mode_Master;
    spi_init.SPI_DataSize   = SPI_DataSize_8b;
    spi_init.SPI_FirstBit   = SPI_FirstBit_MSB;
    spi_init.SPI_CPOL       = SPI_CPOL_High;
    spi_init.SPI_CPHA       = SPI_CPHA_2Edge;
    spi_init.SPI_NSS        = SPI_NSS_Soft | SPI_NSSInternalSoft_Set;
    spi_init.SPI_Direction = SPI_Direction_2Lines_FullDuplex;
    spi_init.SPI_BaudRatePrescaler = SPI_BaudRatePrescaler_4;
    SPI_Init(SPI1, &spi_init);

    // enable SPI1
    SPI_Cmd(SPI1, ENABLE);
}
```

Listing 4.6 Initialisierung des SPI-Systembusses

Das SPI-Modul auf dem Mikrocontroller ist sehr flexibel konfigurierbar. Das liegt nicht zuletzt auch daran, dass die SPI nicht ganz so strikt spezifiziert wurde wie etwa eine I²C-Schnittstelle. Es gibt also mehrere Freiheitsgrade, die man einstellen muss, damit eine SPI funktioniert.

Bei einem SPI-Bus darf nur der Master eine Übertragung starten und den Bustakt generieren. Unser STM32 fungiert als Busmaster. Diese Einstellung wird über das Element `SPI_Mode` zugewiesen – daher ist der erste Parameter `SPI_Mode_Master`. Auch der zweite Parameter ist einleuchtend. Wir wollen Daten immer im Byte-Format austauschen und setzen daher `SPI_DataSize` auf `SPI_DataSize_8b`. Schließlich muss man sogar die *Bit-*

Order konfigurieren – hier setzen wir die Reihenfolge auf *Most Significant Bit first* (MSB first) mit dem Parameter `SPI_FirstBit_MSB`. Bis hierhin handelt es sich quasi um die Grundeinstellungen.

Darüber hinaus gibt es zwei weitere Parameter, die durchaus für Verwirrung sorgen können und bestimmt schon oft Grund für eine fieberhafte Fehlersuche waren. Es geht um die beiden Parameter *Clock Polarity* (`CPOL`) und *Clock Phase* (`CPHA`). Was sagen diese beiden Parameter aus?

Wenn der Busmaster, also unser Mikrocontroller, eine Übertragung beginnt, setzt er zunächst die *Select-Leitung* des entsprechenden Teilnehmers auf *low*. Der so adressierte Teilnehmer schaltet sich unmittelbar an den Bus und folgt nun dem Taktsignal des Masters. Welchen Pegel muss der Master aber gerade zu Beginn, wenn er den Teilnehmer adressiert, auf der Taktleitung ausgeben? Die Antwort auf diese Frage ist die *Clock Polarity* oder `CPOL`. Die zweite Frage betrifft die Phasenlage des Taktsignals. Bei welcher Flanke des Taktsignals werden die Daten in Master und Slave übernommen? Die Antwort auf diese Frage ist die *Clock Phase* oder `CPHA`. Die jeweils zwei möglichen Antworten führen insgesamt zu vier möglichen Modi.

Mode	CPOL	CPHA	Bedeutung
0	LOW	1EDGE	SCL low, Übernahme bei steigender Flanke
1	LOW	2EDGE	SCL low, Übernahme bei fallender Flanke
2	HIGH	1EDGE	SCL high, Übernahme bei fallender Flanke
3	HIGH	2EDGE	SCL high, Übernahme bei steigender Flanke

Tabelle 4.1 SPI-Modi und ihre Bedeutung

Beim häufigsten Modus, Mode 0, würde der Master im Moment der Adressierung einen Low-Pegel auf der Taktleitung ausgeben. Die erste Flanke wäre dann logischerweise eine steigende Flanke, bei der Master und Slave jeweils die anliegenden Datenbits übernehmen. Mit der zweiten, also mit der fallenden Flanke würden dann die nächsten Bits ausgegeben usw.

Wenn im Datenblatt eines Busteilnehmers der SPI-Modus als Nummer steht, findet man in Tabelle 4.1 die beiden Parameter für die SPI-Konfiguration. Meist findet man in Datenblättern jedoch eher Takttelegramme. Dann schaut man darin zuerst auf den Ruhepegel des Takts und dann auf die Taktflanke, bei der die Datenbits stabil sind. So kann man die beiden Parameter für die SPI-Konfiguration leicht ermitteln. Es gibt natürlich noch die *Brute-Force-Methode* – einfach alle vier Modi durchprobieren.

Die Hersteller von Schaltkreisen mit SPI-Schnittstelle versuchen, ihre Chips so tolerant wie möglich zu gestalten. Es kann also gut sein, dass sogar zwei Modi gleichermaßen funktionieren – etwa 0 und 3 oder 1 und 2, weil diese Modi jeweils die Daten bei der gleichen Taktflanke übernehmen. Wir verwenden hier Modus 3, weil er sich erfahrungsgemäß bei den meisten SPI-Schaltkreisen als funktional erwiesen hat. Modus 0 und Modus 3 unterscheiden sich lediglich durch einen redundanten Flankenwechsel unmittelbar nach dem Chip-Select, was dem Teilnehmer zusätzlich etwas Zeit verschafft, das erste Datenbit bereitzustellen.

Mit welcher Taktrate operiert unsere SPI nun überhaupt? Der Nachteil, dass eine SPI nicht so strikt definiert ist, ist gleichzeitig auch ein Vorteil. Bei einer SPI-Schnittstelle ist die Taktrate nämlich frei wählbar und wird nur durch die maximal möglichen Taktraten der Teilnehmer begrenzt. Deshalb können wir die höchste gemeinsame Taktrate einstellen oder jeden Teilnehmer mit dessen maximaler Taktrate ansprechen. Der EEPROM erlaubt dabei eine Taktrate von bis zu 25 MHz, das LCD-Display aber nur maximal 20 MHz. Wir wählen also eine Taktrate, die entweder kleiner oder gleich der kleinsten mögliche Frequenz ist.

Die Einstellung der Taktrate erfolgt dabei in Form eines Teilerfaktors bezogen auf den Bustakt, an dem das Modul intern angeschlossen ist. Das Modul SPI1 ist beim STM32F4 am APB2-Bus (*Advanced Peripheral Bus*) angeschlossen. Dieser Bus ist ein *High-Speed-Bus* und wird äquivalent mit der System-Clock von 100 MHz getaktet. Allerdings erhält die SPI noch mal einen davon abgeleiteten peripheren Takt f_{PCLK2} von:

$$f_{PCLK2} = f_{SYSCLK} : 2 \qquad [4.2]$$

... also mit einer Frequenz von 50 MHz. Stellen wir dazu noch den Teilerfaktor von 4 für den SPI-Systembus ein, erhalten wir im Ergebnis eine Taktrate der SPI von $f_{PCLK2} : 4$ gleich 12.5 MHz. Für den EEPROM allein könnten wir auch den Teilerfaktor 2 wählen. Mit der resultierenden Taktrate von 25 MHz dürften wir aber das LCD-Display nicht betreiben. Für eine jeweils optimale Performance müssten wir die SPI stets umkonfigurieren. Diesen Aufwand wollen wir allerdings gar nicht betreiben – 12.5 MHz ist also die gewählte Taktrate.

4.1.6 NVI-Controller

Jeder STM32 besitzt einen sogenannten *Nested Vectored Interrupt Controller* (NVIC), der das Verhalten bei einem aufgetretenen Interrupt steuert. Genauer gesagt, ist der NVIC ein Merkmal aller Cortex-M-Mikrocontroller von ARM. Vor der Einführung der Cortex-M-Architektur im Jahr 2004 war die Interrupt-Verarbeitung der ARM-Mikrocontroller weniger effizient. Es gab keine direkte Vektortabelle, nur eine Liste mit Sprungbefehlen, und auch die Anbindung an den CPU-Kern war nicht so effektiv. Da aber insbesondere Mikrocontroller ihre Vorteile aus einer effizienten Behandlung von Interrupt-Ereignissen ziehen, stellen die *ARM-Cortex-M-Mikrocontroller* einen echten Fortschritt dar.

Um die Möglichkeiten des NVIC zu verdeutlichen, soll Abbildung 4.1 eine bessere Vorstellung ermöglichen. Es gibt grundsätzlich die Möglichkeit, jeder Interrupt-Quelle eine Priorität zuzuordnen. Das bedeutet, dass jeder Interrupt natürlich die `main()`-Funktion unterbrechen kann, aber es kann auch ein Interrupt mit höherer Priorität einen bereits laufenden Interrupt niederer Priorität unterbrechen.

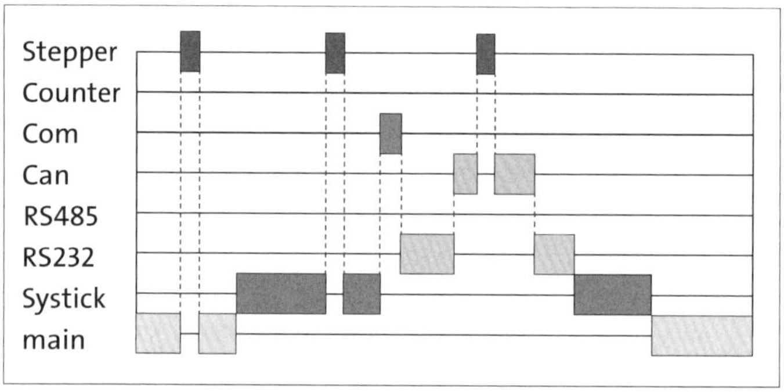

Abbildung 4.1 Nested Interrupts bei unterschiedlichen Prioritäten

Die niedrigste *Interrupt-Priorität* hat der System-Timer (*Systick*). Dieser Timer spielt eine wichtige Rolle, wenn es darum geht, ein Multitasking-System zu entwickeln. Nehmen wir für den Moment aber nur an, dass der *Systick-Interrupt* einen Millisekundenzähler inkrementiert. Dazu muss der Systick zwar die `main()`-Funktion unterbrechen, aber andere Interrupts nicht. Das andere Extrem wäre beispielsweise die Steuerung eines Schrittmotors. Die einzelnen Schritte des Motors müssen zeitlich sehr exakt ausgegeben werden – anderenfalls macht ein Schrittmotor entweder Geräusche, oder er verliert sogar Schritte. Daher bekommt der Stepper-Interrupt die höchste Priorität und wird dadurch jeden anderen laufenden Interrupt unterbrechen. Zuletzt noch ein Beispiel für eine mittlere Priorität, wie etwa eine serielle Schnittstelle. Bei einer Baudrate von 115.200 Baud mit dem Format 8N1 würde alle 90 µs ein neues Zeichen empfangen werden. Damit kein Zeichen verloren geht, muss der Interrupt innerhalb dieser Zeit ausgeführt werden. Wäre in der Zeit aber der Schrittmotor wieder dran, würde dieser den Empfangsinterrupt unterbrechen. Man kann sich noch weitere Interrupt-Quellen vorstellen und deren Priorität relativ zu den anderen Quellen einsortieren. Im Ergebnis erhält man dann ein *prioritätsgesteuertes präemptives Interrupt-Verhalten*. Das ist genau das, was der NVIC leisten kann.

Einer der größten Vorteile der Cortex-M-Architektur ist dabei sicher der, dass Interrupt-Routinen exakt so von der Hardware aufgerufen werden, wie es auch der C-Compiler machen würde. Das ist nicht bei allen Mikrocontrollern der Fall, erleichtert die Programmierung jedoch ungemein. Das bedeutet aber auch, dass bei jedem Interrupt zuerst die Register auf den Stack gesichert werden, für die der Aufrufer (*Caller*) – in dem Fall also der Interrupt-Controller – zuständig ist. Ohne Floating-Point-Hardware sind das acht Register (R0 bis R3, R12, R14, R15, PSR), also 32 Byte, die ein Interrupt an Stackspeicher benötigt. Wenn die *Floating-Point-Unit* (FPU) aktiviert ist, sind es sogar 26 Register, also schon 104 Byte!

An der Stelle ergibt sich zu Recht die Frage, wie viele *Nested Interrupts* es denn nun maximal gibt. Davon hängt ja direkt ab, wie viel Stackspeicher im ungünstigsten Fall benötigt werden würde. Natürlich ist das bei allen STM32-Mikrocontrollern konfigurierbar. Dazu gibt es vier Bits, die man zwei *Prioritätsklassen* zuordnen kann, entweder der *Preemption-Priority* oder der *Sub-Priority*. Eine höhere Preemption-Priority unterbricht dabei eine niedrigere Preemption-Priority. Die Sub-Priority regelt indes, welcher Interrupt zuerst behandelt wird, wenn es mehrere Interrupt-Anforderungen mit gleicher Preemption-Priority gibt. Das klingt vielleicht etwas kompliziert, aber mit ein paar Beispielen wird der Zusammenhang schnell klar.

Werden etwa alle vier Bits der Preemption-Priority zugeordnet, gibt es 16 Prioritätslevel und demnach maximal 16 laufende Interrupts mit zusammen 1.664 Byte möglichem Stackbedarf. In dem Fall gibt es dann keine Sub-Priorities. Ordnet man zwei Bits der Preemption-Priority zu, gibt es nur noch vier Prioritätslevel mit maximal 416 Byte Stackbedarf, und die verbleibenden zwei Bits bilden dann vier Sub-Priorities. Treten zwei Interrupts auf, die zwar die gleiche Preemption-Priority haben, aber unterschiedliche Sub-Priority, dann wird die Routine mit der höheren Sub-Priority zuerst ausgeführt. Grundsätzlich gehen aber keine Interrupts verloren.

Das lässt sich dann jeweils noch in drei Preemption-Bits und ein Sub-Bit oder ein Preemption-Bit und drei Sub-Bits aufteilen. Ordnet man alle vier Bits der Sub-Priority zu, gibt es keine Nested Interrupts mehr. Dafür hat man 16 Sub-Priorities, die dann regeln, in welcher Reihenfolge die Interrupts nacheinander abgearbeitet werden. Das ist insgesamt also sehr flexibel und erlaubt eine feine Abstimmung zwischen Stackbedarf und Latenzzeit (*Latency Time*) der verschiedenen Interrupts. Unter der Latenzzeit versteht man die Zeit, die zwischen dem auslösenden Ereignis und dem Aufruf einer zugehörigen Interrupt-Funktion vergeht. Die Latenzzeit ist jedoch keine Konstante, sondern unterliegt einer gewissen Schwankungsbreite. Diese Schwankungen werden auch als *Jitter* bezeichnet.

In einem *Echtzeitbetriebssystem* entscheidet primär die Priorität zugunsten einer geringen Latenzzeit. Daher werden wir die Interrupt-Behandlung so effektiv wie nur möglich gestalten und alle vier Bits der Preemption-Priority zuordnen. Jede Interrupt-Quelle erhält dadurch eine eigene Priorität, sodass genau geregelt ist, welcher Interrupt Vorrang hat. Dabei darf es natürlich auch gleiche Prioritäten geben, die folglich nacheinander abgearbeitet werden müssen. Gibt es beispielsweise zwei Schrittmotoren, kann das zu einem leichten Jittern der Schrittimpulse führen. Solche Überlegungen sind beim Systementwurf sehr wichtig. Letztlich ist die Initialisierung der Prioritäten jedoch mit einer Zeile getan.

```
// enable 16 interrupt priorities
NVIC_PriorityGroupConfig(NVIC_PriorityGroup_4);

// relocate vector table to 0x80004000
NVIC_SetVectorTable(NVIC_VectTab_FLASH, 0x4000);
```

Listing 4.7 Initialisierung des NVI-Controllers

Im Listing steht eine weitere wichtige Zeile, die die Lage der Vektortabelle im FLASH-Speicher betrifft. Unser Betriebssystem beginnt im Speicher hinter dem Bereich für den Bootloader. Dieser Bereich ist 16 kB groß, weil das die Größe des ersten FLASH-Segments ist. Damit beginnt das Betriebssystem bei der Adresse 0x80004000. Solange der NVIC nichts davon erfährt, würde er Interrupts über die Standard-Vektortabelle bei 0x80000000 aufrufen wollen. Deshalb muss dem NVIC der Offset zur Vektortabelle des Betriebssystems bekannt gegeben werden, also die 0x4000. Damit sind die Interrupts grundsätzlich konfiguriert. Jede Interrupt-Quelle muss dann noch separat konfiguriert werden. Das schauen wir uns im Folgenden am Beispiel der externen Interrupts an.

4.1.7 UART-Interfaces

Mit jeder neuen Hardware, die wir bisher initialisiert haben, kam eine neue spezifische Konfiguration hinzu – so auch jetzt wieder bei der Initialisierung einer seriellen Schnittstelle. Es geht um die UART2, das ist die Schnittstelle, über die wir auch schon den Download eines Programms im Bootloader realisiert haben. Die Besonderheit ist jetzt die Konfiguration eines *Interrupt-Vektors*. Während beim Bootloader die UART-Schnittstelle für den Download lediglich im *Polling Mode* betrieben wurde, sollen die drei UARTs beim Betriebssystem ausschließlich im *Interrupt Mode* verwendet werden.

Zunächst sind aber wieder die bereits bekannten Schritte nötig – Konfiguration der Pins RXDO und TXDO als alternative Funktion sowie die Konfiguration der UART selbst. Diese beiden Schritte sind identisch mit der Konfiguration im Bootloader.


```
// --- Defines ---
// USART2 as RS232
// PA2  = TXD0
// PA3  = RXD0

#define UART_PINS            GPIOA
#define TXD0                 GPIO_Pin_2
#define RXD0                 GPIO_Pin_3

#define TXD0_SRC             GPIO_PinSource2
#define RXD0_SRC             GPIO_PinSource3

// --- Init UART2 as RS232 ---
VOID InitRS232()
{
    USART_InitTypeDef uart_init = {0};
    GPIO_InitTypeDef  gpio_init = {0};
    NVIC_InitTypeDef  nvic_init = {0};

    // config alternate function
    GPIO_PinAFConfig(UART_PINS, TXD0_SRC, GPIO_AF_USART2);
    GPIO_PinAFConfig(UART_PINS, RXD0_SRC, GPIO_AF_USART2);

    // config TXD0, RXD0
    gpio_init.GPIO_Pin   = TXD0 | RXD0;
    gpio_init.GPIO_Mode  = GPIO_Mode_AF;
    gpio_init.GPIO_OType = GPIO_OType_PP;
    GPIO_Init(UART_PINS, &gpio_init);

    // UART data format setup 115200,8N1
    uart_init.USART_Mode       = USART_Mode_Rx | USART_Mode_Tx;
    uart_init.USART_WordLength = USART_WordLength_8b;
    uart_init.USART_StopBits   = USART_StopBits_1;
    uart_init.USART_Parity     = USART_Parity_No;
    uart_init.USART_BaudRate   = 115200;
    USART_Init(USART2, &uart_init);
```

```
    // UART Interrupt Vector
    nvic_init.NVIC_IRQChannelPreemptionPriority = 9;
    nvic_init.NVIC_IRQChannel = USART2_IRQn;
    nvic_init.NVIC_IRQChannelCmd = ENABLE;
    NVIC_Init(&nvic_init);

    // enable receive interrupt
    USART_ITConfig(USART2, USART_IT_RXNE, ENABLE);

    // enable finally
    USART_Cmd(USART2, ENABLE);
}

// --- USART2 interrupt handler ---
VOID USART2_IRQHandler()
{
    if (USART_GetITStatus(USART2, USART_IT_RXNE) == SET)
    {
        // RX buffer not empty
    }

    if (USART_GetITStatus(USART2, USART_IT_TXE) == SET)
    {
        // TX buffer empty
    }
}
```

Listing 4.8 Initialisierung einer interruptfähigen UART

Neu ist jetzt die Einrichtung und Anmeldung eines UART-Receive-Interrupts beim *Nested Vectored Interrupt Controller* (NVIC). Analog zu den bereits bekannten Strukturen für die Initialisierung von Hardwaremodulen gibt es dafür die Struktur `NVIC_InitTypeDef`.

Der primäre Parameter in der Struktur `NVIC_InitTypeDef` ist die Kanalnummer `NVIC_IRQChannel`. Die Kanalnummer korrespondiert mit einem Index in der Interrupt-Vektortabelle. Die Indizes darin sind fest in der Hardware hinterlegt – man kann also nicht selbst bestimmen, welchen Index man verwenden möchte. Am Beispiel unseres Moduls UART2 werden alle auftretenden Interrupts an die Funktion weitergeleitet, deren Adresse an Index 38 in der Vektortabelle steht. Natürlich muss man sich diese Nummern weder merken, noch muss man sie überhaupt kennen. Die CMSIS-Library hat hierfür bereits Konstanten vordefiniert, und in unserem Fall wäre das `USART2_IRQn`.

Der zweite wichtige Parameter ist die Priorität des Interrupts, die mit dem Wert in `IRQChannelPreemptionPriority` festgelegt wird. Wie im Kapitel zuvor beschrieben, unterscheidet der NVI-Controller in Preemption- und in Sub-Priorities. Man kann in der Struktur daher auch beide Werte definieren. Da wir aber den NVI-Controller nur auf Preemption-Prioritäten konfiguriert haben, definieren wir auch nur diesen einen Wert. Der Wertebereich liegt zwischen 0 und 15, wobei die höchste Priorität die Nummer 0 hat! Unsere UART bekommt eine mittlere, eher etwas niedrigere Priorität zugewiesen.

Bei gesetztem `ENABLE`-Flag wird mit dem Aufruf der Funktion `NVIC_Init()` der Interrupt-Kanal aktiviert. Das heißt nicht, dass nun schon Interrupts ausgelöst werden. Es besteht lediglich eine Verbindung zwischen möglichen Interrupt-Quellen der UART mit dem *Interrupt-Handler*. Woher weiß der NVIC nun aber, welches der Interrupt-Handler ist?

Bei der Definition der Vektortabelle in der Datei *startup_stm32f4xx.c* werden bereits alle möglichen Interrupt-Handler namentlich vordefiniert. Der Interrupt-Handler an Index 38 der Tabelle, dem Index unseres UART2-Moduls, hat den Namen `USART2_IRQHandler()`. Nun kann C keine Adresse auf eine Funktion vergeben, wenn es diese Funktion gar nicht gibt, und da wir nur die wenigsten Interrupt-Handler tatsächlich definieren, könnte der C-Compiler die Vektortabelle gar nicht vollständig ausfüllen. Hier hilft ein Attribut – man kann auch sagen, eine vendorspezifische Compiler-Erweiterung – mit der Bezeichnung `__attribute__(weak)`. Es lohnt sich, diese Konstruktion einmal genauer anzuschauen, denn im Grunde ist es genau der gleiche Mechanismus, wie ihn objektorientierte Sprachen für das Überschreiben von *virtuellen Methoden* verwenden.

Allen namentlich vordefinierten Interrupt-Handlern wird ein *Default-Handler* zugewiesen, in dem Fall eine leere Funktion. Damit kann der C-Compiler die Vektortabelle zunächst initialisieren. Falls der Linker aber irgendwo eine Funktion mit dem gleichen Namen findet, ersetzt er den Eintrag in der Vektortabelle mit der Adresse dieser neuen Funktion. Man kann an der Stelle auch sagen, dass die neue Funktion die Default-Implementierung überschreibt.

Da wir einen eigenen Interrupt-Handler definieren, ersetzt der Linker den zugehörigen Eintrag in der Vektortabelle. Diese implizite Zuordnung zwischen einem Kanal des NVIC und dem passenden Interrupt-Handler ist allerdings schon etwas verwirrend, zumal es auch noch einer Compiler-Erweiterung bedurfte, um sie zu ermöglichen. Hier darf man durchaus kritisch fragen, ob es dafür nicht eine bessere Lösung gegeben hätte.

Ein Detail zum Interrupt-Handler muss man noch beachten. Wir haben nun einen Interrupt-Handler, der nach abgeschlossener Initialisierung für jedes empfangene Zeichen aufgerufen wird. Genau genommen kann der Handler den Grund seines Aufrufs jedoch gar nicht wissen, denn alle möglichen Interrupts der UART müssen von diesem einen

Handler bearbeitet werden. Zunächst ist das nur der *Receive-Interrupt*, aber wir werden sehen, dass zumindest noch der *Transmit-Interrupt* hinzukommt. Daher muss ein Interrupt-Handler gegebenenfalls auf mehrere mögliche *Interrupt-Status-Flags* prüfen und alle behandeln. In Listing 4.8 ist das bereits angedeutet, den genauen Inhalt der Funktion besprechen wir in Abschnitt 4.2.7, »Serielle Datenübertragung«, bei der Implementierung der seriellen Funktionen.

4.2 Abstraktionen

Bisher haben wir exemplarisch einige Hardwaremodule in unserem STM32 initialisiert bzw. konfiguriert. Dazu zählen die I/O-Pins, die Analogeingänge und natürlich unser SPI-Systembus. Dabei konnten wir komplett auf der CSMIS-Library aufbauen. Die Library lieferte uns alle Funktionen, die wir für diesen ersten Schritt benötigten. In diesem Abschnitt soll es nun darum gehen, Hardwarezugriffe zu abstrahieren. Was heißt das?

Natürlich bietet die CMSIS-Library auch Funktionen an, um etwa auf GPIO-Pins zuzugreifen oder Analogwerte einzulesen. Wir wollen jedoch einen eigenen *Hardware Abstraction Layer* (HAL) erstellen. Die Funktionen der CMSIS-Library sind deshalb nicht schlecht oder gar ungeeignet, aber sie sind nicht optimal, wenn es um eine spezielle Hardware geht. So kann die CMSIS-Library beispielsweise nicht wissen, wie wir unseren AD-Wandler verwenden, ob wir vielleicht eine externe oder die interne Referenz nutzen. Selbst der einfache Zugriff auf I/O-Pins lässt sich eleganter realisieren, wenn wir wissen, wie die Hardware aufgebaut ist.

Mit einem Hardware Abstraction Layer schafft man sich im Grunde eine optimierte Schnittstelle, die mittels Funktionen die verfügbare Hardware zum Betriebssystem hin kapselt. Man könnte umgekehrt auch sagen, dass man die Hardware vor dem Betriebssystem verbirgt. Der wesentliche Vorteil ist dabei nicht allein die optimale Implementierung einer solchen Schnittstelle, es ist die Schnittstelle selbst. Wenn man das Betriebssystem auf eine andere Hardware portieren möchte, muss man den HAL neu implementieren oder anpassen, alle Aufrufe in den HAL bleiben aber unverändert. Unser HAL ist eine Zwischenschicht zwischen der CMSIS-Library und dem Betriebssystem.

4.2.1 Port-Zugriffe

Bei der Initialisierung der GPIOs mithilfe der Funktion `GPIO_Init()` wurde als erster Parameter immer der Port, also etwa `GPIOA`, `GPIOB` etc., angegeben. Im Grunde erwartete die Funktion `GPIO_Init()` aber einen Zeiger auf eine Datenstruktur vom Typ `GPIO_TypeDef`.

Die Bezeichner `GPIOA`, `GPIOB` etc. sind also eigentlich nur konstante Zeiger auf eine Datenstruktur dieses Typs.

Beim STM32 bilden sich alle Hardwaremodule im Speicher des Controllers ab – man nennt das *Memory Mapped I/O*. Dieses Konzept ist sehr flexibel und eigentlich auch sehr gut zu verstehen. Die Definition von `GPIOA` verweist also, wenn man sie einmal komplett auflöst, auf folgende Speicheradresse:

```
((GPIO_TypeDef *) 0x40020000)
```

Dort beginnt der Speicherbereich, in dem sich die Hardware von Port A ein-blendet. Liest man beispielsweise an der Adresse 0x40020010, so liest man das *Input Data Register* (IDR) und erhält einen bitcodierten Wert mit den aktuellen Zuständen der Port-Pins. An der folgenden Adresse 0x40020014 befindet sich das *Output Data Register* (ODR), über das man alle Pins, die als Ausgang konfiguriert sind, direkt manipulieren kann. Diese Adressen sollte man jedoch keinesfalls so verwenden, sie dienen hier lediglich der Verdeutlichung des Prinzips. Stattdessen nutzt man immer einen Zeiger auf die Port-Struktur `GPIO_TypeDef` für einen Zugriff. Wir gehen für unsere eigenen Zugriffsfunktionen also auch immer von einem Zeiger auf einen Port aus.

Man kann bei einem Port-Zugriff allerdings einiges falsch machen, was im Rahmen eines Betriebssystems dann zu schwer auffindbaren Fehlern führen würde. Konstruieren wir zunächst ein Beispiel. Angenommen, unser Programm möchte den Pin eines Ports setzen. Dann könnte man doch einfach das Output Data Register lesen, darin das entsprechende Bit setzen und dann das Register wieder zurückschreiben. Wenn nun aber gerade nach dem Lesen des ODR-Registers ein Interrupt ausgeführt werden würde, der einen anderen Pin desselben Ports setzen will, unterbricht der Interrupt unseren Port-Zugriff und setzt seinerseits ein Bit im ODR-Register. Nachdem der Interrupt abgearbeitet wurde, kehrt die Ausführung zu unserem Programm zurück, allerdings ist nun unser zuletzt gelesener Wert des ODR-Registers nicht mehr aktuell. Beim Zurückschreiben auf das Output-Register setzen wir dann zwar unser Bit, löschen aber genau das Bit wieder, das der Interrupt zuvor gesetzt hatte! Dieser Effekt ist ein typischer Fehler, der in Multithreading-Umgebungen auftreten kann, und trägt die Bezeichnung *Read-Modify-Write-Problem*. Um sicherzugehen, dass das nicht passiert, müssten wir vor jedem Port-Zugriff alle Interrupts sperren. Das wäre jedoch keine sinnvolle Lösung!

Wie macht man einen Port-Zugriff aber nun richtig? Die Entwickler des STM32 haben diese Problematik natürlich erkannt und ein zusätzliches Register mit dem Namen *Bit Set and Reset Register* (BSSR) vorgesehen. Den Aufbau und die Funktion dieses Register wollen wir uns genauer anschauen, weil es mehrere Möglichkeiten bietet und tatsächlich das *Read-Modify-Write-Problem* des ODR-Registers löst. Es handelt sich um ein

Write-Only-Register und besteht im Grunde aus zwei Teilen, einem Low-Teil und einem High-Teil. Die jeweils 16 Bits der beiden Teile korrespondieren mit den niederwertigen 16 Bits des ODR-Registers. Setzt man ein Bit im Low-Teil des BSRR-Registers, wird das zugehörige Bit im ODR gesetzt. Setzt man dagegen ein Bit im High-Teil des BSRR-Registers, wird das zugehörige Bit im ODR-Register gelöscht! Würde man dasselbe Bit im Low- und im High-Teil gleichzeitig setzen, führt das zum Setzen des korrespondierenden Bits im ODR-Register.

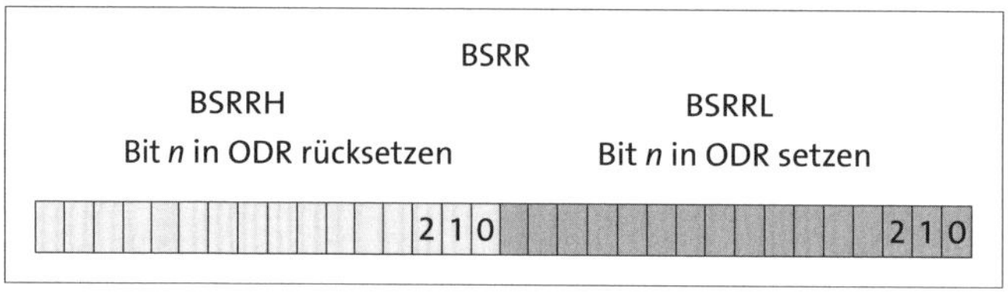

Abbildung 4.2 BSRR-Register bestehend aus BSRRH und BSRRL

Das klingt zunächst kompliziert, ist aber letztlich eine sehr clevere Lösung. Um die volle Funktionalität dieses BSRR-Registers nutzen zu können, müssen wir die Deklaration der CMSIS-Library für dieses Register geringfügig erweitern. Die nachfolgende Deklaration erlaubt sowohl die Verwendung als ein 32 Bit breites Register als auch die separate Nutzung der beiden 16 Bit breiten Teile. Es empfiehlt sich, diese Änderung in der CMSIS-Library nachzuziehen.

```
typedef struct
{
    __IO uint32_t MODER; // offset 0x00
    __IO uint32_t OTYPER; // offset 0x04
    __IO uint32_t OSPEEDR; // offset 0x08
    __IO uint32_t PUPDR; // offset 0x0C
    __IO uint32_t IDR; // offset 0x10
    __IO uint32_t ODR; // offset 0x14

    union
    {
        __IO uint32_t BSRR; // offset 0x18

        struct
        {
            __IO uint16_t BSRRL; // offset 0x18
            __IO uint16_t BSRRH; // offset 0x1A
        };
```

```
    };

    __IO uint32_t LCKR; // offset 0x1C
    __IO uint32_t AFR[2]; // offset 0x20
} GPIO_TypeDef;
```

Listing 4.9 Erweiterte GPIO_TypeDef-Deklaration

Die vorangestellten Bezeichner `__IO` stehen für den Typqualifizierer `volatile`. Eine damit gekennzeichnete Deklaration wird vom C-Compiler nicht optimiert. Das stellt sicher, dass der Compiler mehrere aufeinanderfolgende Schreib- oder Lesezugriffe auf die Port-Register nicht zusammenfassen kann.

Volatile Variablen

Ein C-Compiler optimiert Zugriffe auf Variablen so gut wie möglich, weil jede Speicheroperation Zeit kostet. So hält er beispielsweise Zählvariablen in CPU-Registern oder fasst aufeinanderfolgende Zugriffe zu einem Zugriff zusammen. Das wird dem Compiler untersagt, wenn man eine Variable als `volatile` deklariert. Nur dann wird wirklich jeder Zugriff auf diese Variable auch tatsächlich ausgeführt.

Mithilfe der Register BSRR bzw. BSRRL und BSRRH können wir nun sehr effektive Funktionen erstellen, um auf Port-Pins zuzugreifen. Die Funktionen sind dann *threadsafe*, weil sie kein *Read-Modify-Write-Problem* mehr aufweisen. Alle Zugriffe erfolgen *atomar*, also ohne Unterbrechung.

```
// --- Get a single pin ---
BYTE GetGPIOPin(GPIO_TypeDef* pPort, BYTE nPin)
{
    return pPort->IDR >> nPin & 0x01;
}

// --- Set a single pin ---
VOID SetGPIOPin(GPIO_TypeDef* pPort, BYTE nPin, WORD nValue)
{
    if (nValue)
        pPort->BSRRL = 1 << nPin;
    else
        pPort->BSRRH = 1 << nPin;
}
```

```
// --- Set multiple pins ---
VOID SetGPIOPins(GPIO_TypeDef* pPort, WORD wClear, WORD wSet)
{
    pPort->BSRR = wClear << 16 | wSet;
}
```

Listing 4.10 Eigene Funktionen für GPIO-Zugriffe

In der Softwaresammlung zum Buch findet sich noch eine weitere Funktion, die einen Port-Pin »toggelt« – quasi einen einzelnen Pin atomar negiert. Der Trick besteht dabei darin, die gewünschte Operation mit nur einer Schreib-anweisung in das BSRR-Register abzuschließen.

An der Stelle soll noch ein Hinweis zum kreativen Schreiben von Quelltexten anregen. Beim Durchsehen der Quellen des Betriebssystems tauchen immer wieder Codezeilen wie die nachfolgenden beiden auf:

```
SetGPIOPin(EEP_CS, LOW);
```

```
SetGPIOPin(EEP_CS, HIGH);
```

Falls es nicht sofort auffällt: Die Funktion `SetGPIOPin()` erwartet eigentlich drei Parameter – den Port, die Nummer des Pins und einen booleschen Wert für das Setzen bzw. Rücksetzen des Pins. Die obigen Funktionsaufrufe haben aber nur zwei Parameter! Wie kann das funktionieren?

Hinter der Definition von `EEP_CS`, also dem Chip-Select-Pin des EEPROM, verbergen sich tatsächlich zwei Parameter. Die Definition von `EEP_CS` sieht folgendermaßen aus:

```
#define EEP_CS   GPIOC, 4
```

Dieses Makro wird bei der Verwendung in einem der Funktionsaufrufe zu den beiden Parametern `pPort` und `nPin` expandiert. Das scheint zunächst nur eine verkürzte Schreibweise zu sein, dient aber sowohl der Lesbarkeit als auch der Wartbarkeit. Alle Pins, auf die im Betriebssystem direkt zugegriffen wird, wie etwa die Chip-Select-Pins, sind auf diese Weise deklariert.

Neben der einfachen Möglichkeit, auf benannte Pins zuzugreifen, gibt es noch eine zweite Abstraktion. Dabei handelt es sich um logische Ports, die etwa alle Eingänge zusammenfassen oder alle Ausgänge. Das ist eine Schnittstelle, die später von der Modbus-Implementierung verwendet werden wird und natürlich auch vom Skript-Interpreter, den wir in Kapitel 6, »Interpreter«, entwerfen wollen.

Die Intention besteht darin, mit einem Zugriff mehrere Pins als einen virtuellen Port zu lesen oder zu schreiben. Ein logischer Port hat dabei nichts mit den GPIO-Ports des Controllers zu tun. Wir benötigen also eine softwareseitige Gruppierung einzelner Pins, sodass man mit einem Funktionsaufruf bis zu 16 Pins gleichzeitig lesen oder schreiben kann.

```
// --- Read a virtual port ---
WORD PortIn(BYTE nPort, WORD wMask)
{
    WORD wPort = 0;

    if (nPort == INPUTS)
    {
        if (wMask & PIN0) wPort |= GetGPIOPin(IN0) << 0;
        if (wMask & PIN1) wPort |= GetGPIOPin(IN1) << 1;
        if (wMask & PIN2) wPort |= GetGPIOPin(IN2) << 2;
        if (wMask & PIN3) wPort |= GetGPIOPin(IN3) << 3;
        if (wMask & PIN4) wPort |= GetGPIOPin(IN4) << 4;
        if (wMask & PIN5) wPort |= GetGPIOPin(IN5) << 5;
        if (wMask & PIN6) wPort |= GetGPIOPin(IN6) << 6;
        if (wMask & PIN7) wPort |= GetGPIOPin(IN7) << 7;
        if (wMask & PIN8) wPort |= GetGPIOPin(IN8) << 8;
        if (wMask & PIN9) wPort |= GetGPIOPin(IN9) << 9;
    }
    else if (nPort == OUTPUTS)
    {
        if (wMask & PIN0) wPort |= GetGPIOPin(OUT0) << 0;
        if (wMask & PIN1) wPort |= GetGPIOPin(OUT1) << 1;
        if (wMask & PIN2) wPort |= GetGPIOPin(OUT2) << 2;
        if (wMask & PIN3) wPort |= GetGPIOPin(OUT3) << 3;
        if (wMask & PIN4) wPort |= GetGPIOPin(OUT4) << 4;
        if (wMask & PIN5) wPort |= GetGPIOPin(OUT5) << 5;
    }

    return wPort;
}

// --- Set virtual port ---
VOID PortOut(BYTE nPort, WORD wMask, WORD wSet)
{
    if (nPort == OUTPUTS)
    {
        if (wMask & PIN0) SetGPIOPin(OUT0, wSet & PIN0);
```

```
        if (wMask & PIN1) SetGPIOPin(OUT1, wSet & PIN1);
        if (wMask & PIN2) SetGPIOPin(OUT2, wSet & PIN2);
        if (wMask & PIN3) SetGPIOPin(OUT3, wSet & PIN3);
        if (wMask & PIN4) SetGPIOPin(OUT4, wSet & PIN4);
        if (wMask & PIN5) SetGPIOPin(OUT5, wSet & PIN5);
    }
}
```

Listing 4.11 Implementierung virtueller Ports

Die Implementierung basiert aktuell auf den beiden zuvor erstellten Funktionen `GetGPIOPin()` bzw. `SetGPIOPin()` und ist besonders generisch gehalten. Der erste Parameter ist die Nummer des virtuellen Ports – die Eingänge haben die Nummer `INPUTS` (1) und die Ausgänge die Nummer `OUTPUTS` (2). Die nachfolgenden Parameter sind dagegen Bitmasken mit einer Breite von 16 Bit (`WORD`). Wir werden noch sehen, dass das Modbus-Protokoll immer nur Register überträgt. Jedes Register hat dabei eine Breite von 16 Bit (`WORD`) und kann somit einen logischen Port enthalten. Liest man über Modbus ein spezielles Register, dann liest man einen logischen Port. Das ist natürlich auch schreibend möglich und sogar bitweise!

4.2.2 Analogwertmessung

Die Mikrocontroller der STM32F4-Reihe verfügen über einen sehr guten Analog-Digital-Wandler mit einer nominalen Auflösung von 12 Bit. Diese 12 Bit Datenbreite entsprechen einem Wertebereich von 0 bis 4095, was für einen Mikrocontroller aktuell recht gut ist. Da wir den Spannungsbereich des AD-Wandlers hardwareseitig auf 0 bis VDD (3.3 V) festgelegt haben, entspricht die kleinste messbare Änderung, also ein Quantisierungsschritt q, gerade einmal 0.806 mV.

Die Auflösung ist aber gar nicht das alleinige Kriterium, das einen guten AD-Wandler ausmacht. Andere Kenngrößen, wie Linearitäts- oder Offset-Fehler, die eher ein Maß für die Genauigkeit darstellen, sind ebenso wichtig. Auf diese Eigenschaften haben wir jedoch keinen Einfluss. Schauen wir uns daher an, was wir tun können, um den AD-Wandler optimal auszunutzen.

Jeder AD-Wandler quantisiert sein analoges Signal, weil er eben nur diskrete Werte darstellen kann. Somit kommt es zu einem *Quantisierungsfehler e* bei allen Zwischenwerten. Die obige Grafik verdeutlicht diesen Effekt, der, genau genommen, bei allen Analogwerten auftritt, zu denen es keine konkrete Stufung gibt.

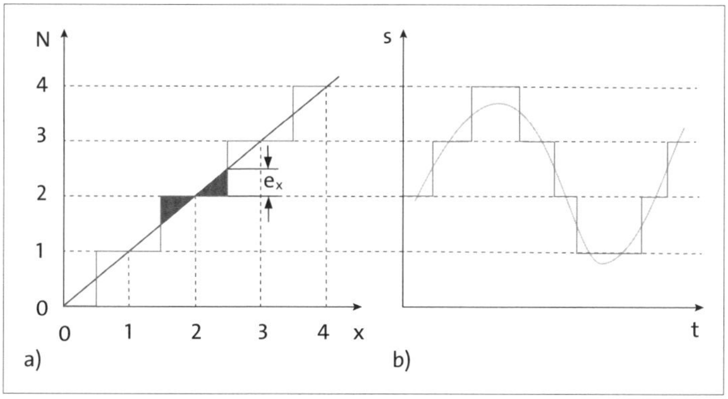

Abbildung 4.3 Quantisierungsfehler e eines Analogsignals; a) zeigt die Übertragungsfunktion N(x), ideal (linear) und real (quantisiert), b) das Analogsignal s(t) und das resultierende digitalisierte Signal.

Signaltheoretisch wird durch die Quantisierung das resultierende Digitalsignal mit Rauschen überlagert – es kommen Frequenzanteile hinzu. Dieses Rauschen wird auch als *Quantisierungsrauschen* bezeichnet. Leider ist die Quantisierung nicht der einzige negative Einfluss auf unsere AD-Messung. Man kann sich gut vorstellen, dass insbesondere an den Zwischenwerten, wenn das Analogsignal ohnehin keiner konkreten Stufe des AD-Wandlers zugeordnet werden kann, der AD-Wandler auch noch erratisch zwischen zwei Stufen wechselt. In der Tat führen auch thermisches Rauschen im Chip sowie eine Reihe weiterer Effekte, wie die geschaltete Signalübernahme in die *Sample-and-Hold-Schaltung*, dazu, dass der AD-Wandler quasi nie »zur Ruhe« kommt. In der Praxis pendelt der AD-Wandler meist mehrere Digits um das eigentliche Analogsignal. Auch unter optimalen Laborbedingungen sowie einer idealen Versorgungsspannung, guter Leitungsführung und Kondensatoren auf allen Signalleitungen »zappelt« der digitalisierte Wert. Wie können wir unter diesen Bedingungen eine genaue Messung durchführen?

Oversampling

Das gesamte Rauschen, das unser Signal umgibt, entsteht stochastisch, und man kann daher annehmen, dass es sich um *weißes Rauschen* handelt. Weißes Rauschen enthält viele Frequenzanteile, hat aber einen Mittelwert von null. Damit ändert weißes Rauschen den Verlauf unseres Signals nicht – es überlagert dieses nur. Das digitalisierte Signal aus dem AD-Wandler enthält demnach das analoge Signal plus eine mittelwertfreie Überlagerung mit weißem Rauschen. Deshalb können wir das Rauschen herausrechnen, indem wir eine einfache Mittelwertbildung durchführen. Bei jeder Messung erfassen wir also immer gleich mehrere Messwerte und berechnen deren Mittelwert.

```
// --- Read analog channel 0..3 (range = 0..8191) ---
WORD GetADCValue(BYTE nChannel)
{
    WORD wMeasure = 0;
    BYTE nSamples = 8;

    if (nChannel < ADC_CHANNELS)
    {
        ADC_RegularChannelConfig(ADC1, ADC_Channel_10 + nChannel, 1,
                                 ADC_SampleTime_144Cycles);
        while (nSamples--)
        {
            Nap(3);

            ADC_SoftwareStartConv(ADC1);
            while (!ADC_GetFlagStatus(ADC1, ADC_CSR_EOC1));

            wMeasure += ADC_GetConversionValue(ADC1);
        }

        wMeasure = (wMeasure + 2) / 4;
    }

    return wMeasure;
}
```

Listing 4.12 ADC-Messung mit Oversampling und Averaging

Schauen wir uns dazu das obige Listing 4.12 an. Die `Funktion GetADCValue()` ermittelt den aktuellen Wert eines Analogkanals. Wir haben an unserer Hardware vier Analogeingänge vorgesehen – das sind quasi die Kanäle 0 bis 3. Achtung, aufgrund der verwendeten Pins (PC0 bis PC3) sind es am AD-Wandler (ADC1) jedoch die Kanäle 10 bis 13. Die Nummerierung wollen wir mit unseren HAL-Funktionen auch gleich abstrahieren.

Die Funktion startet insgesamt achtmal den AD-Wandler, um jeweils eine Wandlung durchzuführen, wartet, bis die Wandlung abgeschlossen ist, und liest danach den digitalisierten Wert. Eine einzelne Wandlung dauert lediglich 7 µs, deshalb kann man mit einer WHILE-Schleife auch darauf warten. Wir fügen zwischen jeder Wandlung noch 3 µs Pause ein, sodass wir die acht Messungen im Abstand von jeweils 10 µs durchführen, was einer Abtastfrequenz von 100 kHz entspricht und insgesamt nur 80 µs dauert. Die acht einzelnen Messungen werden in der 16-Bit-Variablen `wMeasure` aufsummiert und anschließend für die Mittelwertbildung wieder geteilt. Wir teilen jetzt allerdings nicht durch die acht Messungen, sondern stattdessen nur durch vier Messungen! Damit verdoppelt sich der Wertebereich auf 0 bis 8191, und wir gewinnen quasi ein zusätzliches Bit bei der Auflösung. Dieser Vorgang heißt *Oversampling* (Überabtastung, siehe Quelle 8 im Literaturverzeichnis). Als Oversampling gilt im Grunde jede Abtastung, die über der doppelten Frequenz des abgetasteten Signals (*Abtasttheorem*) liegt. Wenn wir bei unserem zu messenden Signal quasi von einem Gleichsignal ausgehen, liegen wir deutlich darüber.

Calibration

Bisher haben wir uns um den AD-Wandler selbst gekümmert. Damit wir den gelesene AD-Messwert nun aber in einen konkreten Spannungswert umrechnen können, benötigen wir den aktuellen Messbereich. Wir haben die Spannung VDDA des Analog-Digital-Wandlers (und damit auch dessen Referenzspannung) fest auf VDD = 3.3V verbunden. Allerdings werden die 3.3 V von einem normalen Längsregler erzeugt und können sowohl exemplarbedingt als auch in Abhängigkeit von der konkreten Last leicht differieren. Es ist häufig so, dass die geregelte Spannung geringfügig über den 3.3 V liegt, etwa 3.315 V. Wenn wir genau messen wollen, müssen wir zunächst die exakte Spannung für VDDA ermitteln. Das klingt nach Baron Münchhausen auf der Kanonenkugel, denn wie soll der AD-Wandler selbst seine Betriebsspannung messen, wenn er diese zum Messen erst braucht? Hier haben die Entwicklerinnen und Entwickler bei ST-Microelectronics jedoch eine intelligente Variante vorgesehen.

Zusätzlich zu den 16 möglichen Kanälen, über die der ADC im STM32F412 verfügt, gibt es zwei weitere Kanäle. Ein Kanal davon ist beispielsweise ein Temperatursensor, mit dem man die Temperatur des Controllers messen kann. Der andere Kanal – und das ist jetzt der wichtigere –, ist an eine interne Referenzquelle angeschlossen. Man kann zu jedem Zeitpunkt die Spannung dieser Referenzquelle ermitteln. Das allein würde uns nicht weiterhelfen, weil wir ja VDDA nicht kennen.

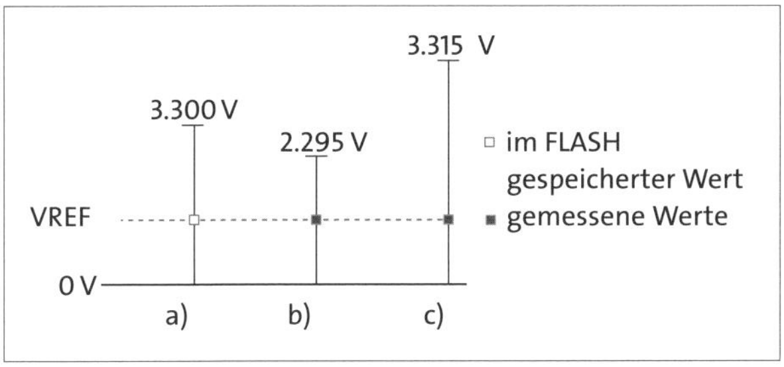

Abbildung 4.4 Interne Referenzspannung; a) zeigt die Fertigung mit Ausmessen von VREF, b) ein kleineres VDDA und c) ein größeres VDDA als bei der Fertigung.

Hier kommt der zweite Teil dieser cleveren Lösung von ST-Microelectronics. Während der Fertigung wird der Mikrocontroller einmal mit exakt 3.300 V betrieben, und zu dem Zeitpunkt wird auch die Referenzquelle gemessen. Der Messwert bei 3.300 V wird dann im FLASH-Speicher fest einprogrammiert. Damit weiß man später immer, welchen Messwert die Referenz bei exakt 3.300 V geliefert hatte. Nun braucht es lediglich eine Verhältnisgleichung, denn man kennt den Messwert der Referenzquelle bei VDDA = 3.300V und sucht jetzt zu einem aktuellen Messwert der Referenzquelle die aktuelle Spannung VDDA. Schauen wir uns dazu die obige Skizze genauer an, weil man es sich damit bildlich gut vorstellen kann.

Misst man einen größeren Wert für VREF als den im FLASH hinterlegte Wert, ist die Betriebsspannung kleiner als 3.300 V und umgekehrt. Das erscheint zunächst verwirrend, aber anhand der obigen Grafik sieht man den folgenden Zusammenhang:

[4.3] $VDDA = 3.300\ V \cdot VREF_{Calibrated} : VREF_{Current}$

Wir können die Gleichung nun in einer Funktion `CalibrateRange()` kapseln und zu jedem Zeitpunkt die aktuelle Spannung VDDA ermitteln. Das erfordert allerdings immer eine Analogmessung – wir messen ja tatsächlich einen Kanal, auch wenn der fix an die interne Referenz angeschlossen ist.

```
// --- Reference voltage address ---
#define REFERENCE_ADDR    0x1FFF7A2A
#define FULL_RANGE        10312
#define ADC_RANGE         8192

// --- Stored reference value ---
WORD GetReference()
{
    WORD wStoredRef = *(WORD*)REFERENCE_ADDR;

    return wStoredRef * 2;
}

// --- Calibrate analog range ---
WORD CalibrateRange(WORD wRange)
{
    WORD wRefCur = GetADCValue(ADC_VREF);
    WORD wRefCal = GetReference();

    return wRange * wRefCal / wRefCur;
}
```

```
// --- Read analog input channel ---
WORD ReadAnalogInput(BYTE nChannel)
{
    WORD wRange = CalibrateRange(FULL_RANGE);
    WORD wValue = GetADCValue(nChannel);

    return wRange * wValue / ADC_RANGE;
}
```

Listing 4.13 ADC-Kalibrierung mit interner Referenz

Die Funktion `CalibrateRange()` arbeitet nicht mit FLOAT-Zahlen, also nicht mit 3.3 V. Das wäre an der Stelle zwar möglich gewesen, stattdessen sollen die Messfunktionen, wie `ReadAnalogInput()`, aber einen Digitwert liefern, der im Bereich zwischen 0 bis 9999 liegt. So kann man dann ein 0-bis-10-V-Eingangssignal oder ein 0-bis-20-mA-Signal leicht umrechnen.

In der Praxis nimmt man nicht die verfügbaren 3.3 V als Messbereich, sondern nur etwa 3.2 V. Die Sensoranpassung legt man dann so aus, dass 100 % des Sensorsignals einer Spannung von 3.2 V entsprechen. Das bringt zwei wichtige Vorteile. Bei möglichen Schwankungen von VDDA knapp unter 3.3 V bleibt immer noch der gesamte Messbereich verfügbar, und außerdem hat man die Möglichkeit, einen Sensorfehler durch eine Messbereichsüberschreitung, quasi einen Overflow, anzuzeigen. In Listing 4.13 wird dieser Ansatz durch die Konstante `FULL_RANGE` realisiert. Der Wert von `FULL_RANGE` wird so gewählt, dass der erwartete Wertebereich 0 bis 9999 einen Spannungsbereich von 0 bis 3.2 V abdeckt. Bis zu den maximal möglichen 3.3 V muss `FULL_RANGE` daher einen Wert von 10312 haben.

Warum hat ST-Microelectronics eigentlich eine so »umständliche« Lösung für die interne Referenz gewählt? Wäre es nicht besser gewesen, eine bekannte Referenz einzubauen und dafür die FLASH-Speicherung wegzulassen? Leider unterliegen Spannungsreferenzen jedoch einer fertigungsbedingten Streuung. Daher macht man im Anschluss eine Zuordnung zu Toleranzgruppen. Das wäre bei einer integrierten Referenz auf dem Chip so nicht sinnvoll, weil dann der ganze Mikrocontroller betroffen wäre. Die Lösung von ST eliminiert den genauen Wert der Referenzquelle aus der Rechnung und damit auch sämtliche Fertigungstoleranzen.

4.2.3 Filtering

Wir haben bereits bei der Aufnahme der Messwerte eine Mittelwertberechnung durchgeführt. Das Ziel war dabei, das aufgeprägte Rauschen zu unterdrücken. Das gelingt auf diese Art und Weise jedoch nur bedingt. Obwohl der Mittelwert der überlagerten Rauschspannung in Summe null sein muss, ist er in einem so kurzen Intervall leider nicht null! Unsere Mittelwertbildung müsste also über einen sehr viel längeren Zeitraum erfolgen, damit wir das Rauschen wirkungsvoll eliminieren können. Um die eigentliche Messwertaufnahme aber nicht unnötig verlängern zu müssen, können wir nur im Anschluss noch eine kontinuierliche Filterung durchführen. Wir benötigen dafür einen Filteralgorithmus, dem wir jeden neuen Messwert übergeben und der uns im Ergebnis einen gefilterten Analogwert liefert. Dafür eignet sich eine sehr einfache Umsetzung eines Tiefpassfilters.

[4.4] $ADC_{New} = (ADC_{Last} \cdot (T - 1) + ADC_{Current}) : T$

Sinngemäß bedeutet Gleichung 4.4, dass sich jeder neue Messwert aus dem letzten Messwert plus einem geringen Anteil des aktuellen Messwerts ergibt. Dabei kann man mit der Zeitkonstanten *T* experimentieren. Je größer man T wählt, desto geringer wird der Einfluss des aktuellen Messwerts. Der Wert für T ist gleichsam die Zeitkonstante dieses Tiefpasses.

```
// --- Channels ---
WORD arrChannels[ANALOG_CHANNELS] = {0};

// --- Analog input (0..10000) ---
WORD AnalogIn(BYTE nChannel)
{
    if (nChannel < ANALOG_CHANNELS)
    {
        WORD wAnalogCur = ReadAnalogInput(nChannel);
        WORD wAnalogLast = arrChannels[nChannel];

        arrChannels[nChannel] = (wAnalogLast * 9 + wAnalogCur) / 10;

        return arrChannels[nChannel];
    }

    return 0;
}
```

Listing 4.14 Tiefpassfilter für die Analogwertmessung

Letztlich haben wir einen nicht ganz unerheblichen Aufwand betrieben, um die Analogwerterfassung möglichst gut umzusetzen. Die Messwertaufnahme ist damit jetzt nicht mehr so schnell, wie einem das Datenblatt des STM32F4 verspricht. Letztlich benötigt eine einzelne Messung 160 µs. Das ergibt sich auch daher, weil wir bei jeder Messung einmal kalibrieren. Das wäre so sicher nicht zwingend nötig, und die Zeit für die reine Messung könnte halbiert werden. Außerdem reduziert die kontinuierliche Filterung der Messwerte auch die Grenzfrequenz des Messsignals. Auf der anderen Seite sind die Analogkanäle so wirklich brauchbar, und man kann in der Tat einem einfachen Multimeter Konkurrenz machen. Wenn man jetzt noch bedenkt, dass für die Hardware keine weiteren und vor allem keine teuren Bauelemente erforderlich sind und unsere Lösung lediglich auf Software basiert, ist sie zudem auch noch wirtschaftlich.

4.2.4 Analogwertausgabe

Für die Analogwertausgabe generieren wir kontinuierlich ein PWM-Signal mit einer Frequenz von 10 kHz. Besser gesagt, es generiert Timer 2 (TIM2), denn es wird dafür keinerlei Rechenzeit der CPU benötigt. Lediglich eine Änderung des Tastverhältnisses und damit die Änderung des erzeugten Analogwerts erfordert jeweils eine Zuweisung an das Compare-Register des entsprechenden Timer-Kanals.

Allerdings kann man auch dabei, wie schon bei der Analogwerterfassung im letzten Abschnitt, die Genauigkeit etwas erhöhen. Wir haben bedingt durch die eingestellte Periode des Timers einen Wertebereich von 0 bis 4999, was in etwa der nominalen 12 Bit Auflösung der Analogeingänge entspricht. Diesmal soll es jedoch nicht darum gehen, diese Auflösung rechnerisch zu erhöhen, sondern vielmehr darum, diese Auflösung auch auf den generierten Analogwert zu übertragen. Das PWM-Signal hat dabei zwei Größen, die maßgeblichen Einfluss auf den Analogwert haben – das sind das Tastverhältnis sowie die Amplitude. Das Tastverhältnis können wir einstellen, auf die Amplitude haben wir jedoch keinen Einfluss. Wir können allerdings das Tastverhältnis so justieren, dass eine Toleranz der Amplitude gegebenenfalls kompensiert wird.

Um es klar zu sagen: Theoretisch ist nur das Tastverhältnis (*Duty Cycle*), also der Quotient aus Pulsbreite und Periode, die gewünschte Information, die ein PWM-Signal enthalten sollte. Die Amplitude könnte man als Einheitswert ansehen, sodass jegliche Toleranzen ohne Auswirkungen auf den Analogwert bleiben. Da wir das PWM-Signal aber direkt durch einen Tiefpass filtern und anschließend verstärken, übernehmen wir leider auch sämtliche Toleranzen der Amplitude.

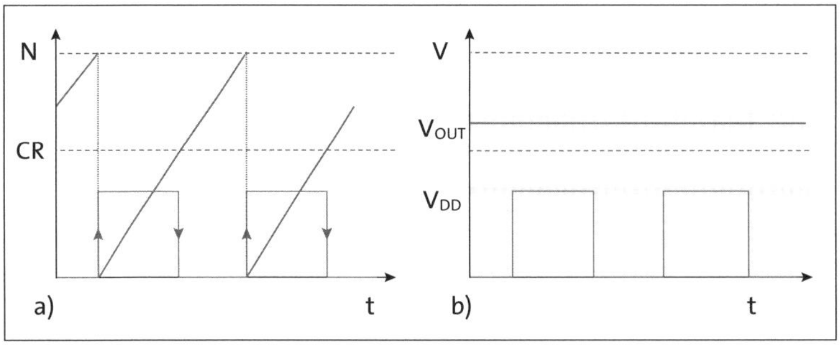

Abbildung 4.5 PWM-Erzeugung und resultierender Analogwert; a) zeigt das Compare Register (CR) und die resultierende Pulsbreite, b) zeigt den Einfluss der PWM-Amplitude auf den Analogwert.

Beim AD-Wandler hatten wir das Problem auch, weil die Spannung VDDA des Wandlers mit der Betriebsspannung VDD identisch war. Die Lösung dort bestand darin, VDDA konkret zu ermitteln. Diese Information können wir nun auch wieder nutzen. Wir wissen ziemlich genau, welche Amplitude unser erzeugtes PWM-Signal hat. Damit können wir das Tastverhältnis anpassen, um immer einen möglichst exakten Analogwert zu erhalten. Schauen wir dazu den nachfolgenden Quelltext genauer an.

```
// --- DAC conversion constants ---
#define ANALOG_RANGE      10000
#define SCALE_OPAMP       1.015F
#define DAC_RANGE          5000

// --- Scale analog output up ---
WORD CalibrateOpAmp(WORD wValue)
{
    return round(wValue * SCALE_OPAMP);
}

// --- Set DAC value ---
VOID SetDACValue(WORD wValue)
{
    if (wValue > DAC_RANGE) wValue = DAC_RANGE;

    TIM_SetCompare3(TIM2, wValue);
}
```

```
// --- Analog output (0..9999) ---
VOID AnalogOut(WORD wValue)
{
    if (wValue <= ANALOG_RANGE)
    {
        WORD wRange = CalibrateRange(ANALOG_RANGE);
        WORD wDacValue = CalibrateOpAmp(wValue);

        SetDACValue(DAC_RANGE * wDacValue / wRange);
    }
}
```

Listing 4.15 PWM-Ausgabe für DA-Wandler

Mit der Funktion `SetDACValue()` setzen wir direkt das Compare Register unseres PWM-Signals. Damit ändert sich die Pulsbreite, und wir bekommen einen neuen Analogwert. Da die Periode des Timers auf 5000 eingestellt ist, sollte der Compare-Wert nicht außerhalb dieses Bereichs liegen.

Die Funktion `AnalogOut()` ermittelt den neuen Wert für das Compare Register, indem sie zunächst den kompletten Analogbereich von 0 bis 9999 entsprechend der aktuellen Betriebsspannung mithilfe der Funktion `CalibrateRange()` skaliert und zusätzlich noch einen Korrekturfaktor für die externe Schaltung mit einrechnet. Die Verstärkung der Schaltung aus Abbildung 2.9 beträgt rechnerisch $V_{OpAmp} = 3$. Damit würde eine PWM-Amplitude von VDD = 3.3 V ein Analogsignal von maximal 9.9 V generieren können. Dabei ist nicht der Endwert das Problem, sondern die nicht ganz exakte Verstärkung. Dafür wird die Funktion `CalibrateOpAmp()` aufgerufen, die eine rechnerische Korrektur der Verstärkung vornimmt. Im Ergebnis werden die generierten Analogwerte relativ genau.

Diese aufwendigen Skalierungen sind zunächst nicht ganz einsichtig. Man findet sehr viele Beispiele im Internet, die einen DA-Wandler mittels PWM-Signal beschreiben. Oft wird lediglich eine einfache RC-Kombination nachgeschaltet und vielleicht noch auf die Ripple-Spannung hingewiesen. Wenn man aber versucht, etwas exakter zu werden, steigt der Aufwand schnell an. Die hier vorgestellte Lösung ist praktisch erprobt und funktioniert stabil. Natürlich ist die Frage, was man mit dem Analogsignal letztlich machen möchte. Zur Ansteuerung der Drehzahl einer Pumpe oder als Steuersignal für einen Lichtdimmer ist es allemal ausreichend. Für genauere Ausgaben müsste man über einen externen DA-Wandler oder einen anderen STM32 mit integriertem DA-Wandler nachdenken.

4.2.5 Zugriff auf Systembus

Betrachten wir zunächst den einfachen Fall, bei dem wir ein Datenbyte senden und gleichzeitig eine Antwort empfangen wollen. Das ist der Standardfall einer SPI, für den wir die Funktion `SendSPI()` in unserem Abstraction Layer zur Verfügung stellen. Die häufigsten Anwendungsfälle für diese Funktion werden jedoch Übertragungen von mehreren Bytes in Folge sein – die Funktion `SendSPI()` wird also meist zyklisch aufgerufen werden. Daher muss die Funktion sicherstellen, dass sie die SPI immer in einem sicheren Zustand verlässt. Schauen wir uns die Funktion zunächst an.

```
// --- Send data over SPI ---
WORD SendSPI(WORD data)
{
    SPI_I2S_SendData(SPI1, data);

    while (SPI_I2S_GetFlagStatus(SPI1, SPI_I2S_FLAG_TXE) == RESET);
    while (SPI_I2S_GetFlagStatus(SPI1, SPI_I2S_FLAG_BSY) == SET);

    return SPI_I2S_ReceiveData(SPI1);
}
```

Listing 4.16 SPI-Transfer für Systembus

Wir verwenden CMSIS-Library-Funktionen, die, jede für sich genommen, sehr wenig Funktionalität kapselt. Daher wäre es auch denkbar, den Inhalt der Funktionen direkt in unsere Funktion zu übernehmen, aber das können wir auch den C-Compiler machen lassen.

Die Funktion übernimmt zwar ein Datenwort als Parameter, wir haben unseren Systembus jedoch auf Byte-Transfer konfiguriert. Sollte sich jedoch einmal die Notwendigkeit ergeben, könnte die Funktion ohne weitere Änderungen auch WORD-Daten mit 16 Bit Breite übertragen. Das Datenwort wird zuerst in das *Data Register* (DR) der SPI geschrieben. In der Tat besteht die Funktion `SPI_I2C_SendData()` nur aus der einen Zuweisung. Das Data Register dient dabei als Puffer, die Daten werden sofort in das Schieberegister übernommen. Die erste WHILE-Schleife wartet also so lange, bis das Data Register wieder leer ist. Ab dem Moment läuft die eigentliche Übertragung, und das *Busy Flag* (BSY) wird von der Hardware gesetzt. Daher wartet die zweite WHILE-Schleife nun darauf, dass das Busy Flag wieder zurückgesetzt wird. Erst dann ist die komplette Übertragung abgeschlossen, und mit der Funktion `SPI_I2C_ReceiveData()` kann das parallel empfangene Datenwort aus dem Data Register ausgelesen werden.

Diese Implementierung ist sehr einfach, und man kann praktisch jede SPI-Kommunikation damit abbilden. Je geringer allerdings die Datenrate der SPI ist, desto langsamer wird auch die Funktion, weil sie bei jedem Datenwort die komplette Übertragung abwartet. Es gäbe alternativ die Möglichkeit, das BSY-Flag zu Beginn zu prüfen und dann das Datenregister zu beschreiben, aber nicht auf das Ende der kompletten Übertragung zu warten. So könnte das Programm weitermachen, während die Übertragung läuft. Allerdings bekommt man die Antwort auch erst mit dem nächsten Aufruf, was ungünstig ist. Wir betreiben die SPI allerdings mit einer Datenrate von 12.5 MHz. Die Übertragung von einem Byte dauert damit nur 0.64 μs, deshalb lassen wir den Aufruf zunächst so.

Es gibt einen weiteren Fall, den wir berücksichtigen müssen. Unser Systembus hat eine zentrale Rolle, und wir wollen deshalb auch Zugriffe auf den Bus aus einem Interrupt heraus zulassen. Wie können wir sicher verhindern, dass dabei eine laufende SPI-Kommunikation, zum Beispiel das Lesen des EEPROM, nicht durch einen Interrupt mit SPI-Zugriff unterbrochen wird? Das Ergebnis wäre erratisch, schon weil mehrere Teilnehmer ein Chip-Select-Signal erhalten würden.

Das Mittel der Wahl ist in dem Fall die Verwendung einer *Semaphore*. Eine Semaphore (auch Semaphor), ist eine Zählvariable, die eine Ressource (z. B. unseren Systembus) gegen gleichzeitige Verwendung aus mehreren parallel laufenden *Threads* sichert. Sofern unser Programm auf den Systembus zugreifen möchte, muss es zunächst die zugehörige Semaphore anfordern. Erst wenn das Programm die Semaphore tatsächlich im Besitz hat, darf es den Systembus verwenden. Nach der Verwendung muss es die Semaphore wieder freigeben. Der Interrupt muss seinerseits auch erst versuchen, die Semaphore zu bekommen. Ist die Semaphore jedoch bereits vergeben, kann der Interrupt sich nur noch beenden. Ein Interrupt kann nicht auf die Semaphore warten, das würde zu einem *Deadlock* führen!

Die dem Systembus zugeordnete Semaphore ist bereits in vordefinierten SPI-Funktionen gekapselt. Es gibt insgesamt drei Access-Funktionen, die der gegenseitigen Verriegelung des Systembusses dienen.

```
// --- Access functions ---
VOID AccessSPI();
VOID ReleaseSPI();
BOOL CanAccessSPI();
```

Listing 4.17 Zugriffsfunktionen für den Systembus

Im Programm wird jede Operation auf dem Systembus zwischen `AccessSPI()` und `ReleaseSPI()` eingeschlossen. Die Funktion `AccessSPI()` blockiert so lange, bis sie die

Semaphore zugeteilt bekommt. Innerhalb eines Interrupts wäre das jedoch fatal, daher muss dort zwingend `CanAccessSPI()` aufgerufen werden. Diese Funktion blockiert nicht, stattdessen liefert sie einen booleschen Wert zurück, der TRUE ist, wenn die Semaphore zugeteilt wurde, ansonsten ist der Wert FALSE. Die Rückgabe der Semaphore erfolgt immer mit `ReleaseSPI()`.

Unter anderem für Display-Treiber sind diese Funktionen ideal geeignet. Wir werden uns mit der Ansteuerung von Displays über unseren Systembus noch genauer befassen, haben jetzt aber schon mal die Mittel dafür.

4.2.6 Remanente Speicherung

Der EEPROM mit der Bezeichnung 25LC512 auf unserem Breakout-Board hat insgesamt 64 kB Speicherplatz, der wiederum in 512 Pages zu je 128 Byte Größe eingeteilt ist. Prinzipiell kann man einen EEPROM auch byteweise lesen und schreiben, was ein großer Vorteil gegenüber einem FLASH-Speicher ist. Allerdings bietet sich der Page-Zugriff dennoch an, weil er eher der Anwendung entspricht.

Abbildung 4.6 Interne Organisation des EEPROM

Dazu muss man sich überlegen, in welcher Form man den EEPROM nutzen will. Denkbar wäre hier die Speicherung von Nutzungsdaten, wie etwa einer zurückgelegten Wegstrecke, die Anzahl bearbeiteter Teile, Einschaltzeiten von Motoren oder Ähnliches. Es könnten jedoch auch Parametersätze im EEPROM abgelegt werden oder Konfigurationsdaten. Für alle diese Fälle bietet sich die Nutzung von jeweils einer Page mit ihren bis zu 128 Byte an.

```
// --- Constants ---
#define EEPROM_STATUS         0x05
#define EEPROM_READ_DATA      0x03
#define EEPROM_WRITE_DATA     0x02
#define EEPROM_WRITE_STATUS   0x01
#define EEPROM_WRITE_ENABLE   0x06

// --- Variables ---
BOOL bWriteAccess = 0;
```

```
// --- Busy ---
VOID WaitEeprom()
{
    BYTE nState = bWriteAccess;

    while (nState & 1)
    {
        Nap(10);

        SetGPIOPin(EEP_CS,LOW);
        SendSPI(EEPROM_STATUS);
        nState = SendSPI(0);
        SetGPIOPin(EEP_CS,HIGH);
    }

    bWriteAccess = 0;
}

// --- Read EEPROM block ---
VOID ReadEeprom(WORD nAddr, BYTE* pData, BYTE nCount)
{
    AccessSPI();

    if (nCount)
    {
        WaitEeprom();

        SetGPIOPin(EEP_CS,LOW);
        SendSPI(EEPROM_READ_DATA);
        SendSPI(nAddr >> 8);
        SendSPI(nAddr & 0xFF);

        while (nCount--)
        {
            *pData  = SendSPI(0);
             pData += 1;
        }

        SetGPIOPin(EEP_CS,HIGH);
    }
```

```
    ReleaseSPI();
}

// --- Write EEPROM block ---
VOID WriteEeprom(WORD nAddr, BYTE* pData, BYTE nCount)
{
    AccessSPI();

    if (nCount)
    {
        WaitEeprom();

        SetGPIOPin(EEP_CS,LOW);
        SendSPI(EEPROM_WRITE_ENABLE);
        SetGPIOPin(EEP_CS,HIGH);

        SetGPIOPin(EEP_CS,LOW);
        SendSPI(EEPROM_WRITE_DATA);
        SendSPI(nAddr >> 8);
        SendSPI(nAddr & 0xFF);

        while (nCount--)
        {
            SendSPI(*pData);
            pData += 1;
        }

        SetGPIOPin(EEP_CS,HIGH);

        bWriteAccess = 1;
    }

    ReleaseSPI();
}
```

Listing 4.18 Lesen und Schreiben des EEPROM

Der Zugriff auf einen EEPROM mit SPI-Schnittstelle ist Standard und gilt grundsätzlich als gelöst. Dennoch muss man die Funktionen für das Lesen und Schreiben erst einmal sicher implementieren. Die hier gezeigten Funktionen beruhen auf den beiden bereits vorgestellten Funktionen `SetGPIOPin()` und `SendSPI()` und stammen aus einem erprobten System. Die Verwendung der hier gezeigten Funktionen `ReadEeprom()` und `WriteEeprom()` zielt auf das Lesen bzw. Schreiben jeweils einer ganzen Page ab. Dazu hätte man sicher auch die Page als Parameter angeben können, die Funktionen sollen jedoch als eine Art Basisfunktionalität dienen und könnten daher auch verwendet werden, um nur einige wenige Bytes einer Page zu lesen oder zu schreiben.

Die Funktion `WaitEeprom()` führt nach einem Schreibzugriff auf den EEPROM immer erst ein Lesen des Statusregisters durch. Damit wird sichergestellt, dass wiederholtes Schreiben erst erfolgt, wenn der letzte Schreibvorgang beendet ist. Hier muss man beachten, dass das Schreiben einer Page in den EEPROM bis zu 5 ms in Anspruch nehmen kann.

Aus diesem Grund ist es mit der gezeigten Implementierung jedoch nicht möglich, über eine Page-Grenze hinweg zu schreiben! Wenn man das implementieren wollte, muss man an der Page-Grenze zunächst das Schreiben beenden und dann in der nächsten Page erneut einen Schreibvorgang beginnen. Der Nachteil ist dann jedoch, dass die Funktion den Programmiervorgang abwarten muss, was die Implementierung sehr verlangsamen würde.

Im Rahmen unseres Betriebssystems werden hier bereits die Funktionen zur Verriegelung des Systembusses gegen mehrere gleichzeitige Zugriffe verwendet – jeder Zugriff startet mit der Funktion `AccessSPI()` und endet mit dem Aufruf von `ReleaseSPI()`. Damit haben wir die Basisfunktionalität für den EEPROM fertig. Eigentlich wollten wir uns aber um die EEPROM-Pages kümmern, weil darin das eigentliche Know-how steckt.

Eine Problematik, mit der insbesondere eingebettete Systeme regelmäßig konfrontiert werden, ist die Möglichkeit eines unerwarteten Spannungsausfalls. Es gibt viele Lösungen, die dieses Problem adressieren. So gibt es beispielsweise die Variante, einen *PowerFail*-Interrupt vorzusehen. Dabei wird bei einem Spannungsausfall ein *nicht maskierbarer* Interrupt (NMI) ausgelöst, und gleichzeitig wird die Spannung über einen Kondensator noch für eine gewisse Zeit aufrechterhalten. Im Interrupt-Handler können dann alle relevanten Variablen gesichert werden, bevor die Spannung letztlich zusammenbricht. Man kann auch gleich einen batteriegepufferten SRAM-Baustein verwenden, wobei die relevanten Variablen vom Linker in den SRAM lokalisiert werden müssen. Beide Varianten sind jedoch aufwendig und preislich recht intensiv, insbesondere die SRAM-Variante mit der integrierten Batterie. Bei unserem Single-Chip-System fehlt zudem ein externes Speicherinterface. Der STM32F4 hat allerdings einen winzigen SRAM-Bereich von 80 Byte, der quasi zur *Real Time Clock* (RTC) gehört. Dieser kleine SRAM wird zusammen mit der RTC über die Spannung an VBAT gepuffert. Temporär kann man darin schnell veränderliche Werte wie beispielsweise Zähler ablegen. Es bleibt jedoch ein Restrisiko, wenn VBAT ausfällt.

Gibt es nicht eine einfache und sichere Variante der *remanenten* Speicherung? Hier kommen nun endlich unsere EEPROM-Pages ins Spiel. Geben wir zunächst ein konkreteres Beispiel, um die Problematik etwas genauer zu verstehen. Unser Breakout-Board soll regelmäßig die kumulierte Wassermenge eines Wasserzählers im EEPROM ablegen. Der Wasserzähler liefert dazu pro Mengeneinheit eine definierte Anzahl an Impulsen. Das soll so erfolgen, dass nach einem Spannungsausfall die bisher gezählte Wassermenge möglichst verlustfrei wiederhergestellt werden kann.

Man muss dabei berücksichtigen, dass ein EEPROM nur etwa eine Million Schreibzyklen erlaubt. Alles, was darüber hinausgeht, könnte Datenverlust zur Folge haben. Wenn wir den Zählerstand also jede Sekunde in den EEPROM sichern würden, hält der EEPROM gerade einmal zwei Wochen! Man vergrößert das Sicherungsintervall also zunächst auf ein Maß, bei dem der mögliche Datenverlust noch akzeptabel wäre. Nehmen wir an, wir würden den Zählerstand minütlich speichern. Das würde die Lebensdauer des EEPROM schon auf etwa zwei Jahre verlängern, was allerdings immer noch nicht ausreicht.

Der nächste Schritt in Richtung einer höheren Lebensdauer ist dann eine Art *Load Balancing* (Lastverteilung, auf den Speicher bezogen). Wir reservieren uns einfach zehn Pages im EEPROM und speichern den Zählerstand zyklisch in diese zehn Pages. Damit würden wir die Lebensdauer des EEPROM schlagartig auf 20 Jahre verlängern. Das ist aber nicht der einzige Vorzug, denn würden wir nur eine Page nutzen und würde im Moment des Speicherns die Spannung ausfallen, wäre der Zählerstand verloren! Nutzen wir dagegen mehrere Pages, kann es zwar zu einem Ausfall einer Page kommen, allerdings nicht zu einem Totalausfall des Zählerstands. Im Fall eines Speicherfehlers könnte der Zählerstand von maximal zwei Minuten verloren gehen. Falls das nicht akzeptabel ist, müsste man auf 20 Pages erhöhen usw. Es ist also so, dass wir auf diese Art und Weise *Redundanz* und *Remanenz* auf Kosten eines höheren Speicherbedarfs erkaufen. Aber woher wissen wir nun überhaupt, dass ein Spannungsausfall im Moment des Schreibens in den EEPROM aufgetreten war?

Die Lösung besteht wieder in der Verwendung einer CRC-Prüfsumme. Wir nutzen die letzten beiden Bytes in jeder Page, um darin eine 16-Bit-CRC-Prüfsumme über die gesamte Page abzulegen. Wenn das Speichern erfolgreich war, ist die Page nach einem Spannungsausfall noch konsistent – die CRC-Prüfung liefert also einen Wert von null (siehe dazu Abschnitt 3.2.4, »Download-Protokoll«). Wäre beim Speichern etwas Unvorhergesehenes passiert und die Page nicht korrekt, würde die CRC-Prüfung das aufdecken. Beim Start muss die Applikation nun lediglich die aktuellste Page ermitteln und von da aus die Sicherung fortführen. Die Implementierung dafür ist relativ einfach und kann in den Quellen zum Buch (*storage.c*) nachgesehen werden.

Es ist also eine Lösungsvariante, das Risiko eines Datenverlusts durch einen Spannungsausfall von vornherein einzukalkulieren, anstelle mit Aufwand zu versuchen, den Speicher davor zu schützen! Die Vorteile liegen klar im geringeren Aufwand und damit bei den geringeren Kosten. Die konkrete Implementierung ist hier allerdings ein Stück weit abhängig von der tatsächlichen Anwendung. Letztlich ist es aber, abgesehen vom extern benötigten EEPROM, eine echte Single-Chip-Lösung.

4.2.7 Serielle Datenübertragung

In der Konstruktionslehre gibt es das Prinzip der zwangsfreien Kopplung mechanischer Baugruppen. Glücklicherweise funktionieren Mikrocontroller nicht mechanisch, aber oft gelten Prinzipien ja auch fachübergreifend. Gemeint ist damit nichts anderes, als dass man verbundenen Komponenten möglichst viele Freiheitsgrade lässt oder, umgekehrt formuliert, nur die Freiheitsgrade koppelt, bei denen das nötig ist. Übertragen auf eine serielle Kommunikation, würde man das Prinzip so interpretieren, dass man die Daten zwar schnell senden und empfangen muss, aber davon abhängige Programmteile nicht zwingt, sie ebenfalls schnell bereitzustellen oder zu verarbeiten. Zur Kopplung unterschiedlich schneller Prozesse verwendet man daher oft Datenpuffer, die auch unter den Bezeichnungen Ringpuffer oder FIFO-Puffer bekannt sind. Abkürzungen wie FIFO oder LIFO stehen dabei für *First In First Out* bzw. *Last In First Out* und kennzeichnen das Verhalten eines solchen Puffers.

Zunächst wollen wir einen FIFO-Puffer prinzipiell entwerfen und dann jeweils einen Puffer für das Senden sowie für den Empfang bei unserer UART nutzen. Ein FIFO-Puffer besteht aus einem eindimensionalen Zeichen-Array (`arrBuffer`), einem Schreibzeiger (`nHead`), einem Lesezeiger (`nTail`) und der aktuellen Anzahl (`nCount`) der im Array befindlichen Zeichen. Die folgende Abbildung soll eine optische Vorstellung vermitteln.

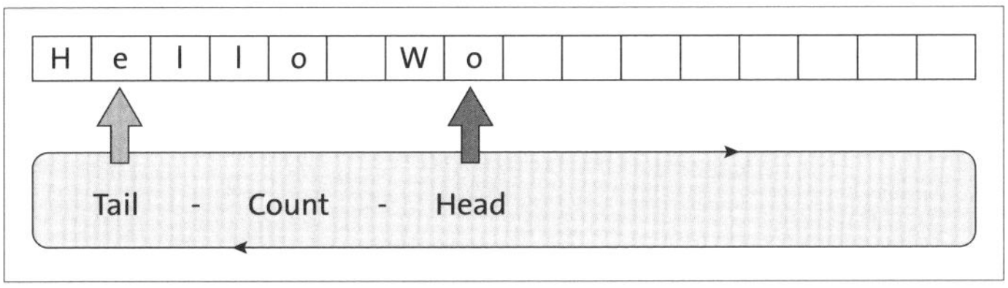

Abbildung 4.7 Prinzip eines FIFO-Puffers mit Schreib- und Lesezeiger

Die beiden Zeiger müssen nicht notwendigerweise tatsächlich Zeiger sein, es können auch einfache Indizes in das Zeichen-Array verwendet werden. Letztlich ist das eine Frage der konkreten Implementierung. Wichtig ist aber, dass der Schreibzeiger dem

Lesezeiger immer vorauseilt, denn man kann dem FIFO nur etwas entnehmen, wenn zuvor auch etwas eingetragen wurde.

Wenn einer der beiden Zeiger am Ende des Puffers angekommen ist, wird er wieder auf den Anfang des Puffers positioniert. Damit ist die Berechnung der aktuellen Zeichenzahl als Differenz zwischen Schreib- und Lesezeiger in der Praxis etwas umständlich. Man führt die Anzahl deshalb explizit mit und erhöht sie beim Schreiben bzw. verringert sie beim Lesen. Man kann einen FIFO-Puffer durch folgende Datenstruktur in C abbilden.

```
// --- Defines ---
#define MAXBUFFER          256

// --- Buffer ---
typedef struct BUFFER
{
    CHAR arrBuffer[MAXBUFFER];
    BYTE nCount;
    BYTE nHead;
    BYTE nTail;
} BUFFER;

// --- Prototypes ---
VOID WriteBuffer(BUFFER* pBuffer, CHAR chData);
BYTE CountBuffer(BUFFER* pBuffer);
VOID ClearBuffer(BUFFER* pBuffer);
CHAR ReadBuffer(BUFFER* pBuffer);
```

Listing 4.19 FIFO-Puffer als C-Struktur mit zugehörigen Funktionen

Die Implementierung der Funktionen für den FIFO-Puffer ist relativ einfach und enthält keine Besonderheiten. Man muss lediglich dafür sorgen, dass die Bereichsgrenzen stets eingehalten werden. Da das Zeichen-Array in unserem Fall eine Länge von 256 Zeichen hat und wir den Datentyp `BYTE` für `nHead` und `nTail` verwenden, kann der C-Compiler die Funktionen zudem sehr gut optimieren. Dennoch sollte man Funktionen immer so schreiben, dass sie auch mit anderen Bereichsgrenzen funktionieren. Um Speicherplatz zu sparen, könnte man die Puffer auch nur 128 oder 64 Zeichen lang machen.

Etwas kniffliger ist dagegen die Anbindung der beiden FIFO-Puffer für das Senden und Empfangen an die UART. Dabei muss man sehr genau arbeiten, weil wir es hier wieder mit zwei konkurrierenden Prozessen zu tun haben. Einerseits arbeitet unsere UART im Interrupt, weil wir sie eingangs so konfiguriert hatten, und auf der anderen Seite möchte die Applikation beliebig aus dem Empfangspuffer lesen und in den Sendepuffer schreiben können. Das geht nicht ohne eine gegenseitige Verriegelung der Prozesse. Aber warum ist das ein Problem – dafür haben wir doch die Puffer?

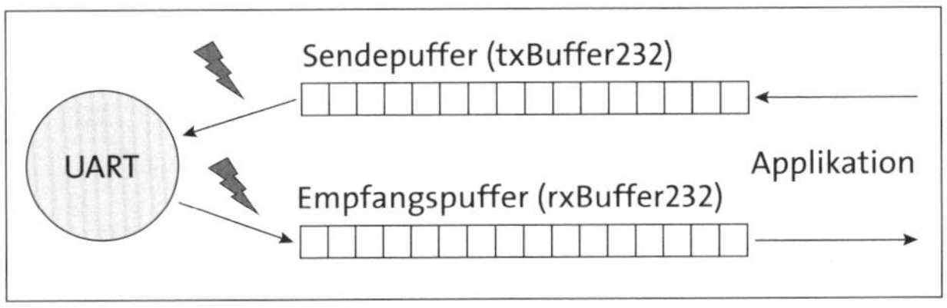

Abbildung 4.8 Anbindung von Sende- und Empfangspuffer an die UART

Betrachten wir zunächst nur den Empfangspfad. Die UART empfängt gerade ein Zeichen und löst einen Interrupt aus. Der Interrupt unterbricht die Applikation und hat jetzt die Kontrolle über den Empfangspuffer. Was wäre aber, wenn die Applikation gerade in dem Moment versucht hätte, ein Zeichen aus dem Empfangspuffer zu lesen? Die Applikation hätte die Anzahl der Zeichen im Puffer gerade dekrementiert, und der Empfangsinterrupt würde die Anzahl nun wieder inkrementieren. Beide Operationen erfolgen aber durch *Read-Modify-Write*-Zugriffe. Es wäre also nur eine Frage der Zeit, bis die beiden Zugriffe kollidieren und der Puffer inkonsistent wird. Die Lösung besteht deshalb darin, dass die Applikation vor einem Zugriff auf den Empfangspuffer zunächst den Empfangsinterrupt der UART sperrt. Nach dem Zugriff auf den Puffer wird der Interrupt gleich wieder zugelassen und kann dann seinerseits ein Zeichen in den Puffer eintragen.

```
// --- Variables ---
BUFFER rxBuffer232 = {0};
BUFFER txBuffer232 = {0};
COMMAND  pfHandler = NULL;

// --- USART2 interrupt handler ---
VOID USART2_IRQHandler()
{
    if (USART_GetITStatus(USART2, USART_IT_RXNE) == SET)
    {
        CHAR chData = USART_ReceiveData(USART2);

        if (pfHandler)
            pfHandler(&rxBuffer232, chData);
        else
            WriteBuffer(&rxBuffer232, chData);
    }
```

```
    if (USART_GetITStatus(USART2, USART_IT_TXE) == SET)
    {
        if (CountBuffer(&txBuffer232) > 0)
        {
            CHAR chData = ReadBuffer(&txBuffer232);
            USART_SendData(USART2, chData);
        }
        else
            USART_ITConfig(USART2, USART_IT_TXE, DISABLE);
    }
}

// --- Send single char to USART2 ---
VOID PutCharRS232(CHAR chChar)
{
    while (CountBuffer(&txBuffer232) > MAXBUFFER / 2);

    USART_ITConfig(USART2, USART_IT_TXE, DISABLE);
    WriteBuffer(&txBuffer232,chChar);
    USART_ITConfig(USART2, USART_IT_TXE, ENABLE);
}

// --- Get single char from USART2 ---
CHAR GetCharRS232()
{
    USART_ITConfig(USART2, USART_IT_RXNE, DISABLE);
    CHAR chData = ReadBuffer(&rxBuffer232);
    USART_ITConfig(USART2, USART_IT_RXNE, ENABLE);

    return chData;
}
```

Listing 4.20 UART-Implementierung mit Sende- und Empfangspuffer

Schauen wir uns dazu die Funktion `GetCharRS232()` an. Der erste Aufruf sperrt den Receive-Interrupt der UART. Danach ist der Zugriff auf den Puffer `rxBuffer232` sicher. Empfängt die UART in der Zeit gerade ein Zeichen, wird der Interrupt »gemerkt« – die Bezeichnung dafür ist *Pending*. Ein Pending-Interrupt wird sofort ausgeführt, wenn der Interrupt wieder freigegeben wird. Es kann also nicht passieren, dass in der Zeit ein Zeichen verloren geht.

Interrupt-Sperre beim Zugriff auf Datenpuffer

Die Verwendung von Datenpuffern dient der zeitlichen Entkopplung der Anwendung von der UART-Schnittstelle. Die Kommunikation über Sende- und Empfangspuffer muss aber synchronisiert erfolgen, weil die Puffer eine gemeinsam genutzte Ressource darstellen. Beim Schreiben in den Sendepuffer muss zuerst der Sendeinterrupt gesperrt werden und beim Lesen aus dem Empfangspuffer der Empfangsinterrupt!

Prinzipiell ist auch der Sendepfad von dieser Problematik betroffen. Es gibt hier aber noch eine Besonderheit. Während der Empfangsinterrupt praktisch immer *enabled* ist, ist der Sendeinterrupt praktisch immer *disabled*. Sobald man ein Zeichen in den Sendepuffer schreibt, muss auch der Sendeinterrupt enabled werden. Die Verriegelung und das Zulassen des Sendeinterrupts erfolgen quasi gleichzeitig mit der Funktion `PutCharRS232()`. Wenn alle Zeichen aus dem Sendepuffer versendet wurden, schaltet sich der Sendeinterrupt wieder ab – das passiert noch direkt im Interrupt-Handler der UART.

Damit haben wir nun eine ausschließlich durch Interrupts gesteuerte serielle Kommunikation mit Sende- und Empfangspuffer. Die Applikation kann jederzeit auf die Puffer zugreifen und ist darüber vom engen Zeitregime der UART entkoppelt. Bisher hatten wir bei jeder Abstraktionsschicht etwas Besonderes – was ist jetzt das Besondere bei der seriellen Kommunikation?

Wir haben bereits einen Bootloader entwickelt, und nun soll unser Breakout-Board die Möglichkeit bekommen, jederzeit ein neues Betriebssystem und später auch ein neues Skript nachladen zu können. Es muss also möglich sein, aus dem Betriebssystem heraus wieder zurück in den Bootloader zu kommen. Der einzige Weg führt dabei über ein Reset des Mikrocontrollers. Die eleganteste Lösung wäre ein Reset-Befehl über die serielle Schnittstelle. Diese Schnittstelle sollte ohnehin immer zugänglich sein, weil sie auch der Bootloader verwendet. Es gibt tatsächlich Varianten, bei denen etwa die DTR-Leitung als Reset-Signal genutzt wird. Diese Lösung ist ungünstig, weil man dann neben RxD und TxD auch immer noch eine extra Steuerleitung benötigt. Wollte man einen Download beispielsweise auch über eine Bluetooth-Verbindung realisieren, dann hätte man diese extra Leitung vielleicht nicht. Außerdem kann man mit der Steuerleitung nur ein Reset auslösen. Besser wäre eine Lösung, die mit TxD und RxD allein auskommt und zusätzlich noch weitere Optionen bietet.

Wir bauen daher in die serielle Kommunikation eine zweite Ebene ein, quasi ein eingebettetes Datenprotokoll, über das man direkt mit dem Betriebssystem kommunizieren und dort unterschiedliche Kommandos ausführen kann. Die Verwendung der seriellen Schnittstelle als solche darf dadurch jedoch nicht beeinträchtigt werden! Wie kann man so etwas realisieren?

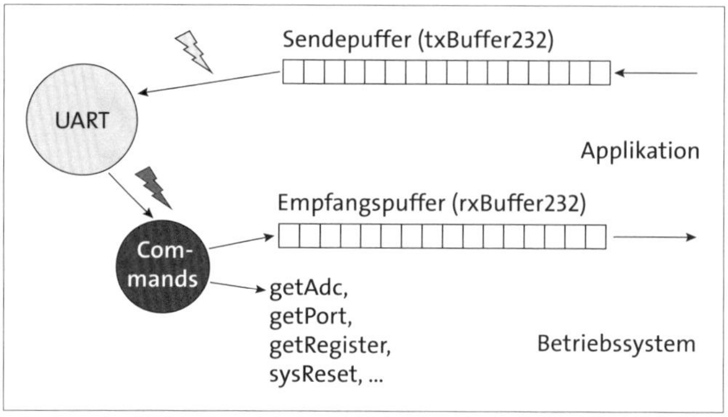

Abbildung 4.9 Implementierung eines Command-Handlers

Die Lösung für dieses Problem besteht in der Einrichtung eines *Callbacks*, der auf einen Command-Handler verweist. Ein Callback ist nichts anderes als ein Zeiger auf eine Funktion – also eine Zeigervariable, die auf den Anfang einer Funktion verweist. Immer wenn man den Zeiger *dereferenziert*, ruft man die Funktion auf. Den Callback benötigen wir, um einen konkreten Command-Handler in die UART-Empfangsroutine »einzuhängen«. Wir überschreiben damit das bestehende Verhalten der UART-Empfangsroutine. Solange dem Callback kein Command-Handler zugewiesen ist, schreibt der Empfangsinterrupt jedes Zeichen in den Empfangspuffer. Wird jedoch ein Command-Handler zugewiesen, ruft der Empfangsinterrupt für jedes Zeichen den Command-Handler auf, der dann entscheidet, was mit dem Zeichen passieren soll.

An dieser Stelle müssen wir uns zunächst Gedanken darüber machen, wie der Command-Handler funktionieren soll. Für den Anfang soll es reichen, wenn er nur das Reset-Kommando erkennen kann, denn dann funktioniert zumindest schon der Download. Das Reset-Kommando, das vor jedem Download vom PC gesendet wird, besteht aus den folgenden sechs hexadezimalen Zeichen:

01 30 81 00 61 EO

Um das Prinzip zu verstehen, wollen wir nur die ersten drei Zeichen erkennen und den Mikrocontroller daraufhin mit der Funktion `Reset()` zurücksetzen. Die folgende Funktion ist ein stark reduzierter Command-Handler. Als Parameter erhält der Handler den Empfangspuffer und das gerade empfangene Zeichen.

```
// --- Detect reset sequence ---
VOID CommandHandler(BUFFER* pBuffer, CHAR chData)
{
    static CHAR ch0 = 0, ch1 = 0;
```

```
    if (ch0 == 0x01 && ch1 == 0x30 && chData == 0x81)
        Reset();

    ch0 = ch1; ch1 = chData;
    WriteBuffer(pBuffer, chData);
}
```


Listing 4.21 Einfacher Command-Handler für die Reset-Sequenz

Der Handler entscheidet für jedes Zeichen, ob es in den Empfangspuffer geschrieben werden muss oder ob es zu einem Kommando gehört, das an das Betriebssystem geht. Die Implementierung eines kompletten Command-Handlers kann sehr umfangreich werden. In der Software zum Buch ist ein solches Beispiel implementiert. Zum Verständnis der Quellen ist es sinnvoll, zunächst noch die Abschnitte zum Multithreading und dem Treiberkonzept zu lesen. In Kapitel 7 über Übersetzer wird dann näher auf Zustandsautomaten eingegangen. Mithilfe von Zustandsautomaten lassen sich praktisch alle Datenprotokolle sehr gut decodieren.

4.3 Multithreading

Eines der wichtigsten Features eines Betriebssystems ist sicher die Fähigkeit, mehrere Aufgaben gleichzeitig ausführen zu können. Man unterscheidet dabei in *Multitasking* und *Multithreading*. Während *Threads* die kleinste eigenständig ausführbare Einheit darstellen und sich dabei gemeinsame Ressourcen wie etwa den Speicher teilen müssen, versteht man unter *Tasks* separierte Ausführungseinheiten mit eigenen Ressourcen. Ein Task kann sogar selbst wiederum mehrere Threads ausführen. Da wir auf einem Mikrocontroller entwickeln, können wir prinzipiell nur von Multithreading reden. Es bleibt aber trotzdem noch die Frage, was wir genau unter der gleichzeitigen Ausführung mehrerer Aufgaben verstehen wollen, denn klar ist, unser Mikrocontroller hat nur eine CPU. Letztlich kann also zu jedem Zeitpunkt immer nur ein Thread auf der CPU ausgeführt werden. Ist das dann nicht ein Widerspruch in sich?

4.3.1 Cooperative vs. Preemptive

Wenn also Threads tatsächlich nicht gleichzeitig ausgeführt werden können, benötigt man einen *Scheduler*, der immer den nächsten ausführbaren Thread auswählt und ihn für eine gewisse Zeit der CPU zuteilt. Der Scheduler benötigt dafür natürlich einen Algorithmus oder auch eine Prozedur, anhand deren er die Abfolge der Threads bestimmen kann. Wichtiger ist aber die Frage, ob der Scheduler dem Thread die CPU auch wieder entziehen kann. Die Antwort auf diese Frage bestimmt nämlich ein ganz wesentliches Architekturmerkmal. Kann der Scheduler den Thread nur der CPU zuweisen und ist dann auf die Mitwirkung des Threads angewiesen, nennt man das *Cooperative Scheduling*. Wenn der Scheduler jedoch zu jeder Zeit die Kontrolle behält und einen laufenden Thread auch wieder unterbrechen kann, nennt man das *Preemptive Scheduling*.

Beide Scheduling-Verfahren stehen sich gleichsam konträr gegenüber und haben ihre Vor- und Nachteile dementsprechend auch in ganz unterschiedlichen Bereichen. Man kann also nicht sagen, dass ein Verfahren prinzipiell besser wäre als das andere, obwohl die überwiegende Mehrzahl der Betriebssysteme heute *präemptiv* arbeitet.

Schauen wir uns zunächst einmal *kooperatives* Scheduling an. Ein kooperativer Thread ist vergleichbar mit einer Funktion, die vom Scheduler aufgerufen wird. Solange sich die Funktion nicht selbst beendet, so lange hat sie auch die Kontrolle über die CPU. Der Thread muss daher seine Laufzeit selbst überwachen, denn solange er die Kontrolle nicht abgibt, kann kein anderer Thread starten. Im Fehlerfall kann es sogar passieren, dass das gesamte System »einfriert«, wenn beispielsweise ein Thread in eine Endlosschleife gerät. Dem steht aber ein sehr geringer Aufwand für die Implementierung des Schedulers gegenüber. Die Implementierung erfolgt auch direkt in C und ist damit auf verschiedene Plattformen portierbar. Die Programmierung in einer kooperativen Umgebung ist etwas gewöhnungsbedürftig, aber vergleichsweise einfach, weil es kaum Synchronisationsprobleme gibt.

Bei einem präemptiven Scheduler sind die Threads vergleichbar mit Funktionen, die eine *Endlosschleife* enthalten. Falls ein Thread nicht selbst Rechenzeit abgibt, läuft er für eine bestimmte Zeit und wird dann vom Scheduler unterbrochen. Mit der nächsten Zeitscheibe wird der Thread exakt an der Stelle fortsetzen, an der er unterbrochen wurde. Diese Art des Schedulings erleichtert es, Abläufe zu programmieren, weil man weder auf die Zeit achten noch Unterbrechungen einplanen muss, um anderen Threads Rechenzeit zu geben. Allerdings erfordert die Programmierung in einer präemptiven Umgebung ein tiefes Verständnis des Schedulings sowie die konsequente Verwendung von Synchronisationsobjekten wie *Locks*, *Semaphoren*, *Mutexen* und *Queues*. Die Implementierung eines präemptiven Schedulers auf Prozessorniveau erfordert genaue Kenntnis der Architektur, ist anspruchsvoll und schließlich nicht portierbar.

Wenn man die Eigenschaften zusammenfasst, erfordert ein kooperativer Scheduler deutlich weniger Ressourcen, weil er beispielsweise nur einen Stack benötigt, ist einfacher zu implementieren und portierbar. Bei konsequenter Programmierung der kooperativen Threads gibt es kaum Nachteile. Die Vorteile eines präemptiven Schedulers sind dagegen seine kürzeren Reaktionszeiten sowie eine bessere Skalierbarkeit bei größeren

Projekten. Tasks warten zumeist an Synchronisationsobjekten und laufen weiter, sobald ein Objekt es erlaubt. Die Implementierung eines präemptiven Schedulers ist dafür aufwendiger, auch weil man zusätzlich noch die Synchronisationsobjekte benötigt.

Da wir bewusst auf einem kleinen System entwickeln und wahrscheinlich auch nicht mit einem Entwicklerteam, stellt ein kooperatives Multithreading keinen grundsätzlichen Nachteil dar. Es bleibt sogar der unschätzbare Vorteil, dass wir unser Betriebssystem auf eine andere Architektur portieren können. Diesen Vorzug werden wir übrigens in Kapitel 6, »Interpreter« bereits nutzen.

4.3.2 Betriebssystem-Threads

Wir entwickeln ein *kooperatives Multithreading*! Damit sind unsere Threads nichts anderes als Funktionen, die vom Scheduler aufgerufen werden. Wie im vorangegangenen Abschnitt beschrieben, muss sich natürlich jede Thread-Funktion rechtzeitig wieder beenden – auch, wenn sie ihre Aufgabe vielleicht noch nicht beendet hat! Das erfordert unter Umständen eine spezielle Art der Programmierung, bei der eine Funktion erst nach mehreren wiederholten Aufrufen wirklich fertig wird. Man kann das am ehesten unter Verwendung von Zustandsautomaten realisieren. Wir werden aber sehen, dass sich viele Aufgaben auch gut innerhalb eines Aufrufs erledigen lassen.

Wir benötigen zunächst eine Deklaration für einen Thread. Ein Funktionszeiger allein reicht nicht aus, weil wir zusätzlich noch einige Informationen mit aufnehmen müssen, die der Scheduler für das Timing benötigt. Die Deklaration besteht also aus einem Funktionszeiger sowie einigen Elementen, die wir in einer Struktur mit dem Namen THREAD zusammenfassen.

```
// --- Thread function ---
typedef VOID(*THREADFUNC)(); // thread function

// --- Thread structure ---
typedef struct tagThread
{
    BYTE        nSlot; // time slot
    WORD        nElapsed; // elapsed time (ms)
    WORD        nInterval; // interval time (ms)
    THREADFUNC  pfFunction; // thread function
} THREAD;
```

Listing 4.22 Struktur für einen Thread

Funktionszeiger hatten wir bereits bei der seriellen Datenübertragung als Callback verwendet. Im Grunde ist die Thread-Funktion `pfFunction` in diesem Sinn auch ein Callback, der hier vom Scheduler aufgerufen wird. Die anderen Elemente der `THREAD`-Struktur sind das Aufrufintervall des Threads `nInterval` in Millisekunden, die verstrichene Zeit seit dem letzten Aufruf des Threads `nElapsed` sowie eine Slotnummer `nSlot`, zu der wir später noch kommen. Der Scheduler hält eine Liste aller Threads im Array `arrThreadList[..]`, in das wir nun bis zu 16 Threads eintragen können. Die Anzahl ist willkürlich, aber je mehr Threads aufgerufen werden müssen, desto weniger Zeit darf jeder Thread letztlich benötigen. Aktuell haben die Threads keine Prioritäten und auch keine Flags, um etwa einen Thread in den Sleep-Zustand zu versetzen. Würde man den Scheduler um Prioritäten erweitern, könnte man die `THREAD`-Struktur dahin gehend ergänzen – sie ist quasi die zentrale Instanz, an der alle Informationen über einen Thread zusammengeführt werden. Dazu könnte man möglicherweise auch statistische Werte vorsehen, etwa die längste und die kürzeste Ausführungszeit des Threads oder Fehlercodes etc.

Wann soll unser Scheduler nun eine konkrete Thread-Funktion aufrufen? Eigentlich würde man erwarten, dass ein Thread immer nur bedarfsorientiert ausgeführt wird. Dazu müsste es jedoch eine Möglichkeit geben, wie ein Thread seinen Bedarf anmelden kann. Bei präemptivem Multithreading passiert das implizit an den Synchronisierungsobjekten. Bei kooperativem Multithreading wird es primär über eine *Zykluszeit* geregelt, die beim Start des Threads als Parameter angegeben wird. Die Zykluszeit müsste aber nicht immer konstant sein – sie könnte dem Bedarf angepasst werden. Neben der Zykluszeit wären zusätzlich auch *Events* (Ereignisse) denkbar, die zu einer zeitnahen Ausführung eines Threads führen. Das sind alles Möglichkeiten, um das kooperative Scheduling zu optimieren. Nachfolgend soll aber zunächst ein Konzept vorgestellt werden, dass sowohl einfach als auch praktikabel ist.

4.3.3 Time Slice Scheduling

Für unseren kooperativen Scheduler soll folgendes Prinzip verwendet werden: Wir definieren zunächst eine *Zeitscheibe* von beispielsweise 10 ms Dauer und teilen diese in zehn Slots ein. Damit hat jeder Slot eine Länge von genau einer Millisekunde. Selbstverständlich kann man auch andere Kombinationen wählen, also etwa eine Zeitscheibe von 10 ms Dauer, aber nur mit fünf Slots. Damit hätte dann jeder Slot eine Länge von 2 ms.

In jedem dieser Slots können ein oder mehrere Threads angeordnet werden. Zusätzlich hat jeder Thread eine Zykluszeit, beispielsweise 20 ms. Dann bekäme dieser Thread also alle 20 ms für maximal eine Millisekunde Rechenzeit. Der Vorteil der Slots besteht darin, dass es nicht zu einer *Häufung* kommen kann, wenn die Zykluszeiten nicht *teilerfremd* sind. Bei zwei Tasks T1 und T2, wobei T1 alle 10 ms und T2 alle 20 ms ausgeführt werden soll, würden alle 20 ms beide Threads laufen. Mithilfe der Slots kann man beide Threads immer getrennt voneinander laufen lassen.

Bei diesem Konzept kann jeder Thread ein Vielfaches der Zeitscheibe als Zykluszeit haben – bei einer Zeitscheibe von 10 ms wäre es also nicht möglich, 25 ms Zykluszeit zu realisieren. Deshalb müssen die Parameter, wie die Länge der Zeitscheibe und die Anzahl der Slots, variierbar sein – 10 ms Zeitscheibe mit zehn Slots ist jedoch eine Kombination, die sich bewährt hat. Außerdem ist es sehr gut möglich, einen Thread innerhalb einer Zeitscheibe auch mehrmals einzutakten. Läuft ein Thread sowohl in Slot 0 als auch noch mal in Slot 5, hat er eine Zykluszeit von 5 ms.

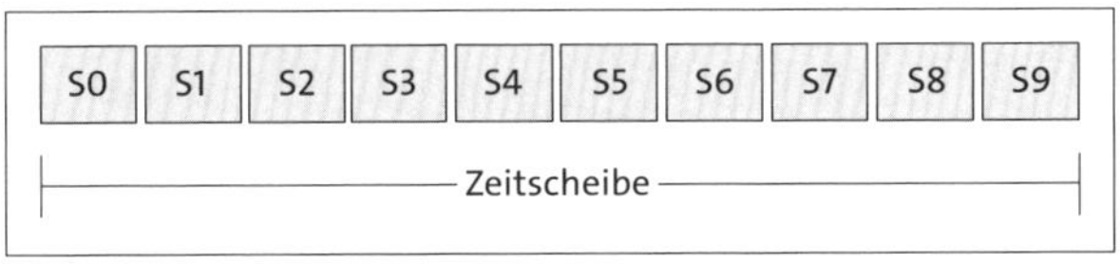

Abbildung 4.10 Slotted Time Slice Scheduler

Was ist der eigentliche Vorteil dieses Konzepts? Alle Threads können so auf die Slots verteilt werden, dass es zu keiner zeitlichen Überschreitung der Slots kommt. Manche Threads werden nur sehr kurz laufen, während andere die zur Verfügung stehende Millisekunde mitunter ausnutzen werden. Wenn es dabei zu einer Häufung käme, würde die Zeit für einen Slot überschritten. Man kann also selbst definieren, welcher Thread einen eigenen Slot bekommt und welche Threads sich einen Slot teilen können. In jedem Fall kann man so Echtzeit bei geringem Jittern garantieren.

Ein positiver Nebeneffekt dieser Art des Schedulings ist die günstige Ver-teilung der verbleibenden Rechenzeit. Dass ein Slot komplett durch einen oder mehrere Threads belegt bzw. ausgefüllt wird, sollte nur die Ausnahme sein. In der Regel wird von jedem Slot eine Restzeit übrig bleiben. Bei unserem System ist das sogar die weitaus größere Zeit der einzelnen Slots. Diese Zeit steht dann komplett der Applikation zur Verfügung, die damit gleichmäßig Rechenzeit erhält. Als Teil der Applikation wollen wir ja eine Skriptsprache auf dem Breakout-Board ausführen, die also immer dann Rechenzeit bekommt, wenn keiner der Threads ausgeführt wird.

Schauen wir uns nun an, wie der Scheduler überhaupt aufgerufen wird und wie er letztlich funktioniert. Ganz prinzipiell laufen alle Scheduler als Interrupt mit der niedrigsten Priorität. Damit unterbricht der Scheduler zwar die Applikation, aber keine anderen momentan laufenden Interrupts. Bei allen Varianten des STM32 gibt es einen extra Timer, den man genau für solche Fälle verwenden kann – den *SysTick-Timer*. Die CMSIS-Library bietet zwei Funktionen an, mit denen man den SysTick-Timer konfigurieren kann: `SysTickConfig()` und `SysTick_CLKSourceConfig()`.

In der globalen Variablen SystemCoreClock steht die Frequenz des Systemtakts – bei unserem System ist das der Wert 100.000.000 (100 MHz). Wenn man den SysTick auf 1 kHz, entsprechend also auf eine Millisekunde, einstellen möchte, muss man SystemCoreClock nur durch 1000 dividieren und den Wert dann als Parameter der Funktion SysTickConfig() übergeben. Der Parameter ist also die Anzahl der Systemtakte zwischen zwei Ticks. Die zweite Library-Funktion setzt den Systemtakt als Quelle – das ist bereits alles. Fortan wird zyklisch die Funktion SysTick_Handler() aufgerufen.

```
// --- Threads ---
#define TIMETICK     1 // systick 1ms
#define TIMESLOTS     10 // thread slots
#define MAXTHREADS     16 // total threads

// --- Init systick ---
VOID InitSysTick()
{
    SysTick_Config(TIMETICK * SystemCoreClock / 1000);
    SysTick_CLKSourceConfig(SysTick_CLKSource_HCLK);
}

// --- Systick handler ---
VOID SysTick_Handler()
{
    INT nThread = 0;

    while (nThread < nThreads) // threads
    {
        THREAD* pThread = &arrThreadList[nThread++]; // get thread

        if (pThread->pfFunction) // valid thread
        {
            pThread->nElapsed += TIMETICK; // update cycle

            if (pThread->nElapsed >= pThread->nInterval)
            {
                if (pThread->nSlot == nTimeSlot)
                {
                    pThread->pfFunction();
                    pThread->nElapsed = 0;
                }
```

```
            }
        }
    }

    nTimeSlot += 1; // next time slot

    if (nTimeSlot >= TIMESLOTS) // first slot
        nTimeSlot = 0;
}
```

Listing 4.23 SysTick-Handler für Scheduler

Sie können sich die Quellen der Funktion in der CMSIS-Library anschauen. Dort ist zu finden, dass die Priorität des SysTick-Interrupts auf 15 gesetzt wird, was der niedrigsten Priorität entspricht. Jeder andere Interrupt bekommt eine höhere Priorität zugewiesen und kann somit unseren Scheduler jederzeit unterbrechen. Aber nicht nur der Scheduler ist damit unterbrechbar, sondern auch alle Threads, die der Scheduler dann aufruft. Zum Vergleich sind in Abbildung 4.1 *Nested Interrupts* bei unterschiedlichen Prioritäten dargestellt. Dort liegt der SysTick oberhalb der `main()`-Funktion, also oberhalb unserer Applikation. Wir können uns die Threads unseres kooperativen Schedulers also wie eine Zwischenschicht zwischen Applikation und Interrupts vorstellen – sie laufen priorisiert gegenüber der Applikation, werden aber sonst von allen anderen Interrupts unterbrochen. Schauen wir uns an, wie der Scheduler arbeitet.

Der gesamte Scheduler befindet sich in der Funktion `SysTick_Handler()`, was der Vorteil unseres kooperativen Systems ist. Solange wir nur einen exakten Timer haben, der diese Funktion aufruft, können wir unser System auf jede Plattform portieren. Die Funktion des Schedulers ist sehr leicht nachvollziehbar. In einer Schleife wird für jeden zugewiesenen Thread die Zeit seit seinem letzten Aufruf gemessen. Wenn die Zeit dem Aufrufintervall entspricht und der Time-Slot dem aktuellen Slot, wird der Thread aufgerufen. Das passiert mit einer Zeile: `pThread->pfFunction()`. Das ist schon alles!

Jeder Thread wird nun zyklisch aufgerufen – quasi »aufgeweckt« – und muss zuerst entscheiden, ob »etwas zu tun ist« oder ob der Thread momentan gar keine Rechenzeit benötigt. Falls er keine Rechenzeit benötigt, muss er umgehend die Kontrolle wieder an den Scheduler zurückgeben. Nun kann man argumentieren, dass das zyklische Aufwecken der Threads unnötig sei und nur eine Verschwendung von Rechenzeit darstelle. Bei einem präemptiven System warten die Threads doch auch ohne Rechenzeitbedarf an einem Synchronisationsobjekt. Dabei darf man jedoch nicht vergessen, dass diese Objekte selbst auch Rechenzeit benötigen, um zu entscheiden, welchen Thread sie aufwecken müssen. Bei unserem kooperativen Ansatz müssen wir das nur selbst programmieren.

Wir haben jetzt einen sehr einfachen und portierbaren Scheduler – mit Vor- und auch Nachteilen. Werfen wir nun noch einen Blick auf die Vergabe der Slots.

```
// --- Time slots ---
typedef enum tagTimeSlot
{
    tsTIMING_SLOT  = 0, // dcf clock
    tsUPLINK_SLOT  = 1, // data uplink
    tsCOUNTER_SLOT1  = 2, // soft counters
    tsNETWORK_SLOT1  = 3, // network handler
    tsRESERVED_SLOT  = 4, // reserved slot
    tsDEBUGGER_SLOT  = 5, // debug protocol
    tsDISPLAY_SLOT  = 6, // display refresh
    tsCOUNTER_SLOT2  = 7, // soft counters
    tsNETWORK_SLOT2  = 8, // net handler
    tsSCHEDULER_SLOT  = 9 // scheduler
} TIMESLOT;
```

Listing 4.24 Zuordnung der Time-Slots des Schedulers

Es ist sinnvoll, den Slots Kategorien zuzuordnen. Das geschieht im Grunde durch einen Bezeichner, der für einen Slotindex steht. Damit kann man die Threads besser zuordnen. In der Enumeration oben bekommt der erste Slot beispielsweise Threads zugewiesen, die etwas mit der Zeit oder dem Timing zu tun haben. In unserem Betriebssystem wird zum Beispiel der Empfang eines DCF77-Signals unterstützt, um die interne *Real Time Clock* (RTC) zu synchronisieren. Auf die Funktion des DCF-Decoders soll hier nicht näher eingegangen werden, die Quellen sind Bestandteil des Betriebssystems und können in der Datei *clock.c* nachvollzogen werden. Der Decoder läuft in einem Thread mit dem Namen `RadioClock()`, der alle 10 ms aufgerufen wird. Beim Start des Threads wird ihm der Slot `tsTIMING_SLOT` zugewiesen. Da er nur sehr wenig Rechenzeit benötigt, könnte man weitere Threads mit ähnlichen Aufgaben diesem Slot zuweisen.

Eine Besonderheit haben die Kategorien, die sich auf zwei Slots verteilen, wie beispielsweise bei den Slots `tsCOUNTER_SLOT1` und `tsCOUNTER_SLOT2`. Manche Threads erfordern eine Zykluszeit, die kürzer ist als eine ganze Zeitscheibe mit 10 ms Dauer. In dem Fall kann man einfach zwei Threads starten, die die gleiche Thread-Funktion aufrufen, aber zwei verschiedenen Slots zugewiesen werden. Der Scheduler ruft dann zweimal pro Zeitscheibe die gleiche Thread-Funktion auf. So kann man das Timing sehr fein einstellen.

Das betrifft insbesondere das Handling der möglichen Netzwerke, wie etwa das des Modbus-Protokolls. Dafür sind die beiden Slots `tsNETWORK_SLOT1` und `tsNETWORK_SLOT2` vorgesehen. Das Modbus-Protokoll selbst belegt nur sehr wenig Rechenzeit in beiden Slots, sodass hier auch andere Protokolle ein-sortiert werden könnten. Man erreicht durch diese zwei Slots eine sehr kurze und genau definierte Antwortzeit – hier maximal 5 ms!

Die anderen Kategorien sind `tsDISPLAY_SLOT` für die Display-Treiber, `tsUPLINK_SLOT` für eine spezielle Kommunikationsverbindung (z. B. WLAN) und `tsDEBUGGER_SLOT` für das serielle Kommandoprotokoll zur Abfrage aller Ein- und Ausgänge. Eine eigene Kategorie ist für den Scheduler des Skript-Interpreters vorgesehen. Im Slot `tsSCHEDULER_SLOT` wird alle 10 ms ein weiterer präemptiver Scheduler aufgerufen, der die Task-Wechsel im Skriptprogramm organisiert. Dieser Scheduler wird in Kapitel 6 über den Interpreter beschrieben.

Letztlich ist die Einteilung und Vergabe der Slots natürlich völlig frei und richtet sich eher nach der konkreten Anwendung des Systems. Einzig die Gesamtzeiten sollten sich in einem Slot nicht häufen, und kein Slot darf insgesamt mehr als eine Millisekunde benötigen.

4.4 Grafik-Display

Unser Breakout-Board bietet über den SPI-Systembus auch die Möglichkeit, ein Grafik-Display anzusteuern. Dafür eignen sich beispielsweise die DOG-Displays (*Display-OnGlass*) der Firma Display Visions GmbH sehr gut. Die DOG-Reihe besteht aus mehreren unterschiedlich großen LCD- und OLED-Displays mit 1.7 bis 3.9 Zoll. Es sind in der Regel eher kleinere, einfarbige Displays, die aber aufgrund ihrer Anschlusspins im 2.5-mm-Raster sehr vielseitig und einfach verwendbar sind. Selbstverständlich lassen sich auch andere Displays anschließen, die über eine SPI-Schnittstelle verfügen, für die DOG-Displays mit 128 × 64 Bildpunkten (EA-DOGM128-6) ist jedoch bereits ein Treiber in den Quellen zum Betriebssystem vorhanden.

Anhand der vorliegenden Implementierung des Display-Treibers können wir uns anschauen, wie man mit den kooperativen Threads auf den SPI-Systembus zugreift, und natürlich auch, wie man solche Displays prinzipiell ansteuert.

4.4.1 Bildspeicher

Displays mit einer SPI-Schnittstelle haben immer einen eigenen Bildspeicher sowie eine eigene Refresh-Logik. Über die SPI-Schnittstelle schreibt man quasi nur erst mal die Bildinformation in den Bildspeicher des Displays. Das Display sorgt dann selbst dafür, dass die Bildpunkte auch richtig dargestellt werden. Den Aufbau des Bildspeichers der erwähnten EA-DOG-Module kann man sich folgendermaßen vorstellen.

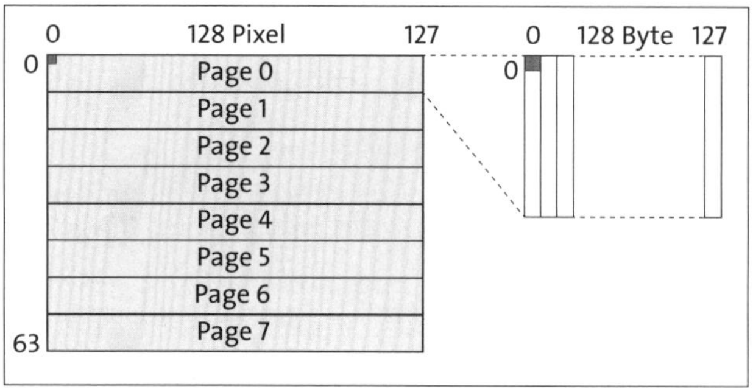

Abbildung 4.11 Bildspeicher für das LCD-Display

Der gesamte Bildinhalt ist in sogenannte *Pages* aufgeteilt. Das sind Bereiche, die zusammenhängend aktualisiert werden können und, bei einem 128 × 64-Pixel-Display, aus 128 Byte bestehen. Setzt man beispielsweise Bit 0 im ersten Datenbyte der Page 0, wird das Pixel an (0,0) gesetzt. Natürlich haben nicht alle LCD-Displays die gleiche Aufteilung des Bildspeichers. Leider gibt es da eine enorme Vielfalt, und letztlich richtet sich das nach dem konkret verbauten Display-Controller. Beim EA-DOGM128-6 ist es der ST7565R von SITRONIX.

Alle Displays mit internem Bildspeicher haben jedoch eine ähnliche Strategie, was den Zugriff auf den Bildspeicher betrifft. So ist es immer möglich, nur einen Teil des Bildes zu aktualisieren, etwa wie in unserem Bespiel eine einzelne Page oder auch nur Teile davon. Manche Displays erlauben sogar die Definition eigener Pages oder Bildbereiche (*Windows*), die dann gezielt aktualisiert werden. Letztlich ist genau dieser Zugriff die Aufgabe eines Display-Treibers. Er soll die Details des Zugriffs vor dem Betriebssystem bzw. vor der Applikation verbergen. Wenn man das geschickt umsetzt, kann man auch verschiedene Displays unterstützen, während die Applikation dabei unverändert bleibt.

4.4.2 Display-Treiber

Überlegen wir kurz, wie ein Display-Treiber überhaupt arbeiten soll. Auf der einen Seite wird es Funktionen geben, mit denen man Linien zeichnen kann und vielleicht auch Kreise – beides würde man sicher auf eine Funktion `SetPixel()` zurückführen können. Anders sieht es dagegen beim Ausgeben von Texten und Grafiken aus. Ein Herunterbrechen auf das Setzen einzelner Bildpunkte wäre in dem Fall eher uneffektiv. Dazu kommt, dass das Setzen eines einzelnen Pixels per SPI-Transfer unseren Treiber sehr langsam machen würde.

Die Lösung besteht darin, einen zweiten Bildspeicher im Mikrocontroller anzulegen, der als Eins-zu-eins-Kopie dient. Alle Funktionen arbeiten immer nur auf diesem internen Bildspeicher und sind somit sehr schnell. Sobald es irgendeine Änderung am internen Bildspeicher gibt, muss ein Thread diese Änderung möglichst effektiv auf den Bildspeicher im LCD-Display übertragen. Hier kommen uns die Pages sehr gelegen. Wir werden den Bildspeicher im Mikrocontroller ähnlich aufbauen wie im LCD-Display und dabei ebenfalls Pages definieren. Dann erfolgt ein Refresh auf das LCD-Display immer nur für die Pages, in denen es tatsächlich eine Änderung gab. Unveränderte Pages werden folglich nicht mehr zum Display übertragen.

Die Deklaration des Bildspeichers im Betriebssystem könnte folgendermaßen aussehen und würde 1 KByte im RAM benötigen.

```
// --- Display memory ---
typedef union
{
    BYTE Lcd[8][128]; // 8 pages with 128 bytes
} SCREEN;
```

Listing 4.25 Deklaration des Bildspeichers im Mikrocontroller

Grundsätzlich sollen verschiedene Displays unterstützt werden, die entweder nur eine andere Auflösung haben oder aber auch ein gänzlich anderes Layout des Bildspeichers. Würde jeder Display-Treiber seinen Bildspeicher mitbringen, würde das einen unnötig hohen Speicherbedarf bedeuten. Deshalb ist es sinnvoll, unterschiedliche Bildspeicher in einer Union zusammenzufassen. Bei nur einem Display sieht die Deklaration mit einer Union etwas ungewohnt aus.

Das bedeutet nun, dass man beim Zeichnen einer Linie alle Pages markieren muss, die man damit verändert. Das Gleiche betrifft die Ausgabe von Text oder Grafik. Immer müssen die betroffenen Pages als geändert markiert werden. Der Refresh-Thread schaut dann nur nach geänderten Pages und überträgt sie. Schauen wir uns an, wie die Implementierung dafür aussieht.

```
// --- Constants ---
#define LCD_MEM_BASE          0x40 // set memory base
#define LCD_SEL_PAGE          0xB0 // select page
#define LCD_COL_HIGH          0x10 // high col
#define LCD_COL_LOW           0x00 // low col
#define LCD_NOP               0xE3 // nop
```

```
// --- Variables ---
BYTE bPages = 0; // modified pages
BYTE nPage = 0; // current page

// --- Init sequences ---
const BYTE DOG128InitLcd[] =
{
    0x40, // start line
    0xA1, // reverse layout
    0xC0, // normal COM0..63
    0xA6, // normal display
    0xA2, // set bias 1/9
    0x2F, // booster, regulator on
    0xF8,0x00, // booster to 4x
    0x27,0x81,0x18, // set contrast (15..19)
    0xAC,0x00, // no indicator
    0xAF // display on
};

// --- Send one byte to LCD ---
VOID DOG128SendLCD(BYTE bData)
{
    AccessSPI(); // access spi

    SetGPIOPin(LCD_CS,LOW); // select
    SendSPI(bData); // send spi
    SetGPIOPin(LCD_CS,HIGH); // deselect

    ReleaseSPI(); // release spi
}

// --- Refresh display (10ms thread) ---
VOID DOG128RefreshDisplay()
{
    if (CanAccessSPI()) // access spi
    {
        BYTE i = 1 << nPage;

        if (bPages & i) // check page
        {
```

```
            bPages &= ~i; // clear flag

            SetGPIOPin(LCD_MODE, LOW); // command mode
            DOG128SendLCD(LCD_MEM_BASE + 0); // memory base
            DOG128SendLCD(LCD_SEL_PAGE + nPage); // select page
            DOG128SendLCD(LCD_COL_LOW  + 0); // col low
            DOG128SendLCD(LCD_COL_HIGH + 0); // col high
            SetGPIOPin(LCD_MODE, HIGH); // data mode

            for (i = 0; i<128; i++) // transmit page
                DOG128SendLCD(Pixels.Lcd[nPage][i]);

            SetGPIOPin(LCD_MODE, LOW); // command mode
            DOG128SendLCD(LCD_NOP); // send nop
        }

        nPage += 1; // next page
        nPage &= 7; // limit 0..7

        ReleaseSPI(); // release spi
    }
}
// --- Init display ---
VOID DOG128Init(BYTE nOption)
{
    static BOOL bDisplayThread = FALSE; // display thread not init

    BYTE nCmd;

    SetGPIOPin(LCD_CS,HIGH); // deselect
    SetGPIOPin(LCD_RES,LOW); // reset display
    Delay(50); // 50ms reset delay
    SetGPIOPin(LCD_RES,HIGH); // restart display
    Delay(50); // 50ms power-up delay
    SetGPIOPin(LCD_MODE,LOW); // set command mode

    for (nCmd = 0; nCmd < sizeof(DOG128InitLcd); nCmd++)
    {
        DOG128SendLCD(DOG128InitLcd[nCmd]); // send cmd
        Delay(1); // wait 1ms
```

```
    }

    if (!bDisplayThread) // init thread
    {
        ExecuteThread(DOG128RefreshDisplay, 10, tsDISPLAY_SLOT);
        bDisplayThread = TRUE; // thread started
    }
}
```

Listing 4.26 Display-Treiber mit Refresh-Thread

Der obige Quelltext zeigt die Initialisierung eines DOGM128-Moduls über die SPI-Schnittstelle. Im Quelltext gibt es aber mehrere Besonderheiten, die wir genauer betrachten wollen. Beginnen wir zunächst bei der Funktion `DOG128Init()`, die aus der Applikation heraus aufgerufen wird. Die Applikation ist indirekt ja unsere `main()`-Funktion oder, wenn man in Prioritäten denkt, die niedrigste Priorität. In der Init-Funktion wird das LCD-Display zunächst hardwaremäßig zurückgesetzt. Dazu wird die Leitung `LCD_RES` für 50 ms auf Low-Pegel gezogen und anschließend wieder auf High-Pegel gesetzt. Die 50 ms sind einfach eine »unendlich lange« Zeit und sollen dem Display die Möglichkeit geben, sicher in seinen Anfangszustand zu kommen. LCD-Displays sind sehr hochohmig, und schon geringste Kapazitäten entladen sich nur langsam. Wir können uns an der Stelle lange Wartezeiten erlauben, weil der Aufruf aus der Applikation heraus erfolgt – das verlängert nur die Startup-Zeit etwas.

Nach einem Reset benötigt das LCD-Display zunächst eine Initialisierung, bei der beispielsweise die Orientierung des Bildes und der Kontrast eingestellt werden. Dazu wird eine Byte-Folge aus der Tabelle `DOG128InitLcd[..]` zum LCD-Display übertragen. Die Übertragung der Bytes erfolgt immer mit dem Aufruf der Funktion `DOGSendLCD()`, die zwei Besonderheiten aufweist. Bei jedem Aufruf wird zuerst der SPI-Systembus angefordert. Theoretisch könnten ja bereits Threads laufen, die ihrerseits auf den Systembus zugreifen wollen. Durch den Aufruf von `AccessSPI()` wird das sicher verriegelt. Danach erfolgt das Senden eines Bytes über die SPI, wobei das Chip-Select-Signal des LCD-Displays auf Low-Pegel gezogen werden muss. Nach der Übertragung aller Bytes aus der Tabelle ist das LCD-Display an sich auch schon initialisiert und bereit, Daten zu übernehmen.

Nach Abschluss der Initialisierung des LCD-Displays muss schließlich noch der *Update-Thread* gestartet werden. Mit dem Aufruf von `ExecuteThread()` wird alle 10 ms die Thread-Funktion `DOG128RefreshDisplay()` aufgerufen. Die Thread-Funktion hat auch wieder zwei Besonderheiten. Zunächst muss der Thread prüfen, ob er Zugriff auf den SPI-Systembus bekommen kann. Dazu wird die Funktion `CanAccessSPI()` aufgerufen. Wenn sie mit dem Wert TRUE zurückkehrt, hat der Thread den Zugriff erhalten, und der Systembus ist für alle anderen nun gesperrt. Bevor die 128 Bytes einer Page übertragen werden können, muss das Display noch entsprechend eingestellt werden. Das passiert, indem das LCD-Display erst in den Kommandomodus versetzt wird und dann einige Register parametriert werden – etwa auch die Page, die übertragen werden soll.

Für die Übertragung der Parameter und der 128 Datenbytes der Page wird wieder die Funktion `DOG128SendLCD()` aufgerufen. Moment, die Funktion wird als Erstes versuchen, den Zugriff auf den SPI-Systembus zu erhalten, und der ist ja bereits gesperrt! In einem präemptiven System würde der Thread an der Stelle tatsächlich in einen *Deadlock* geraten, weil er versuchen würde, eine Semaphore erneut zu bekommen (siehe Quelle 10 im Literaturverzeichnis). Um das Problem zu vermeiden, müsste man anstelle einer Semaphore ein *Mutex* verwenden. In unserem kooperativen System funktioniert es – allerdings auch nur, weil die Funktionen `AccessSPI()` und `ReleaseSPI()` zählend implementiert sind – sie erweitern quasi eine Semaphore. Die genaue Implementierung der Semaphoren kann man in der Datei *sync.c* einsehen. Ein *kooperatives Scheduling*, wie es hier im Buch vorgestellt wird, hat grundsätzlich zwar weniger Probleme mit der *Thread-Synchronisation* als ein präemptives System, aber ganz ohne *Synchronisationsmechanismen* geht es nicht.

Wenn man die Übertragung einer Page einmal mit dem Oszilloskop ausmisst, dauert ein Update der 128 Bytes einer Page genau 350 µs. Da unser Update-Thread jedoch nur alle 10 ms aufgerufen wird und dabei immer nur eine Page überträgt, würde ein kompletter Refresh des Bildschirminhalts 8x10 ms dauern. Die reine Übertragungszeit davon wäre aber nur 8x350 µs. Man sieht daran, wie sich die Rechenzeit verteilt. Selbst wenn das LCD-Display kontinuierlich aktualisiert werden müsste, würde das nur 3,5 % der gesamten Rechenzeit des Systems belegen. Auf der anderen Seite sind 80 ms für ein Display-Refresh auch nicht sonderlich schnell, es reicht jedoch schon für ein langsames Scrollen einer Messkurve.

4.4.3 Grafikfunktionen

Nachdem wir nun einen Bildspeicher haben, auf den wir sehr effektiv zugreifen können, fehlt es jetzt an Funktionen, mit denen man im einfachsten Fall einen Bildpunkt setzen, aber auch Linien zeichnen kann. Später benötigen wir natürlich auch noch eine Textausgabe. Schauen wir uns aber zunächst die Funktionen zum Zeichnen an.

Grundlage aller Funktionen, die für eine Grafikausgabe benötigt werden, ist das Setzen bzw. Löschen eines Bildpunkts. Die Funktion `DOG128SetPixel()` ist glücklicherweise eine recht einfache Funktion. Schauen wir uns die Implementierung deshalb kurz an.

```
// --- Set a pixel ---
VOID DOG128SetPixel(BYTE xPos, BYTE yPos, BYTE nColor)
{
    if (xPos < 128 && yPos < 64) // clip
    {
        BYTE row = yPos / 8; // calc row
        BYTE pix = 1 << yPos % 8; // calc pixel

        if (nColor)
            Pixels.Lcd[row][xPos] |= pix; // set pixel
        else
            Pixels.Lcd[row][xPos] &= ~pix; // clear pixel

        bPages |= 1 << r; // modified page
    }
}
```

Listing 4.27 Implementierung einer SetPixel()-Funktion

Als Parameter benötigt die Funktion zunächst die Koordinaten eines Bildpunkts in Form der Werte `xPos` und `yPos`. Der *Koordinatenursprung* unseres Displays befindet sich oben links. Das ist die häufigste Variante bei Bildschirmen, obwohl sie leider nicht mit dem sonst üblichen ersten Quadranten eines *mathematischen Koordinatensystems* übereinstimmt. Das Display hat eine Auflösung von 128 × 64 Bildpunkten, weshalb der Wertebereich der Parameter von 0 bis 127 bzw. von 0 bis 63 reicht. Der dritte Parameter, `nColor`, ist in der Tat keine Farbe, sondern eher ein Wert für Setzen (!=0) bzw. Löschen (==0) des Bildpunkts.

Der Wert für `xPos` ist schon der Byte-Index innerhalb einer Page und yPos / 8 ergibt die Page. Das Setzen eines Bildpunkts erfolgt durch eine zuweisende OR-Operation, während das Löschen eines Bildpunkts mittels zuweisender AND-NOT-Operation geschieht. Das ist deshalb erforderlich, weil die kleinste Einheit, ein Byte, schon acht Bildpunkte darstellt.

Die Funktion `DOG128SetPixel()` ist nun die Grundlage für weitere Zeichenfunktionen. Denken wir zunächst einmal nur an ganz einfache Linien – also Linien, die lediglich in x- oder in y-Richtung verlaufen. Diese Linien lassen sich durch einfache FOR-Schleifen realisieren. Damit sind dann bereits Rahmen realisierbar und sogar gefüllte Bereiche.

Interessant wird es allerdings bei Linien von einer Koordinate zu einer beliebigen anderen Koordinate. Bestimmt fällt einem da das Steigungsdreieck oder die Geradengleichung $y = m \cdot x + n$ wieder ein. Diese Gleichung funktioniert jedoch nicht gut mit ganzen

Zahlen – die Linien wären bei bestimmten Winkeln nicht geschlossen. Deshalb nimmt man an der Stelle den *Bresenham*-Algorithmus. Dieser Algorithmus wurde von Jack Bresenham bereits 1962 entwickelt – allerdings wollte er damals noch nicht auf Grafik-Displays zeichnen, stattdessen wollte er einen Plotter ansteuern. Die Steuerung der Schrittmotoren für die x- und die y-Richtung kann man aber ideal auf eine Rastergrafik übertragen. In der Softwaresammlung wird der Algorithmus zum Zeichnen von Linien verwendet sowie auch für Kreise und Ellipsen.

4.4.4 Text und Zeichensätze

Für die Textausgabe wählt man einen anderen Ansatz als bei den Grafikfunktionen – man überträgt Muster. Nehmen wir zunächst als Vereinfachung an, dass eine Page genau einer Zeile entspricht. Bei einer Höhe von acht Bildpunkten legt man sich einfach alle Zeichen jeweils als eine Folge von Bytes in einer Tabelle ab. Als Metrik für die Zeichen könnte man etwa 6 × 8 Punkte nehmen. Da man zwischen den Zeichen jeweils einen Punkt Abstand lassen sollte, ergibt sich genau genommen ein 5 × 7-Font. Das ist auf einem solchen LCD-Display sehr gut lesbar. Alternativ kann man als Metrik natürlich auch 12 × 16 Punkte verwenden. Dann belegt jedes Zeichen zwei Pages.

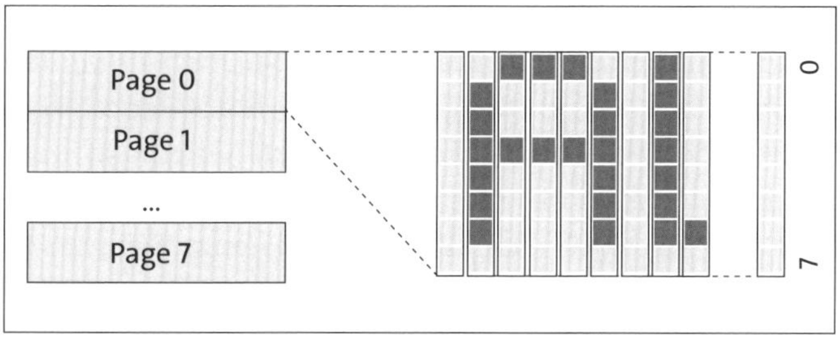

Abbildung 4.12 Zeichendarstellung in einer Page

Die Zeichen kann man sich alle auf ein Kästchenpapier malen und die jeweils sechs Bytes als hexadezimale Werte ablesen. Natürlich kann man sich auch ein kleines Programm dafür erstellen. Damit könnte man auch verschiedene Zeichensätze erstellen, wobei der Spielraum bei 5 × 7 Bildpunkten doch sehr begrenzt ist.

```
// --- Font character data ---
static const BYTE arrFont6x8[][6] =
{
    0x00, 0x7E, 0x09, 0x09, 0x09, 0x7E, // "A"
    0x00, 0x7F, 0x49, 0x49, 0x49, 0x36, // "B"
```

```
    0x00, 0x3E, 0x41, 0x41, 0x41, 0x22, // "C"
    ...

}
```

Listing 4.28 Character-Tabelle eines Zeichensatzes

Eine Funktion zur Textausgabe ruft einfach für jedes Zeichen die Funktion `DOG128PutChar()` auf, die zum entsprechenden ASCII-Zeichencode in der Font-Tabelle die sechs Datenbytes an die aktuelle Cursorposition in der aktuellen Page kopiert. Die Funktion muss allerdings auch einige Steuerzeichen wie etwa *Carriage Return* (CR) und *New Line* (NL) unterstützen. Der gesamte Quelltext dieser Funktion ist in der Softwaresammlung enthalten.

Auf dieselbe Art und Weise kann man Icons oder Bilder auf das Display zeichnen. Etwas komplexer werden die Funktionen, wenn man pixelgenau positionieren möchte.

4.5 Modbus-Protokoll

Das Modbus-Protokoll geht auf die Firma Modicon (*Modular Digital Controller*) zurück, die das Protokoll bereits Ende der 1970er-Jahre für die Vernetzung ihre *speicherprogrammierbaren Steuerungen* (SPS) verwendete. Das Protokoll ist damit eines der ältesten Busprotokolle, das in der industriellen Steuerungstechnik bis heute eingesetzt wird. Auch wenn die Bedeutung des Modbus-Protokolls an sich zurückgegangen ist, weil es bessere Möglichkeiten gibt, so kann man es dennoch, als den »kleinsten gemeinsamen Nenner« der Bussysteme bezeichnen. Praktisch alle Steuerungshersteller und damit viele ihrer Geräte unterstützen das Modbus-Protokoll.

Es gibt zwei Ausprägungen dieses Protokolls. Wenn man vom Modbus-Protokoll auf einem RS485-Bus spricht, handelt es sich um Modbus-RTU (*Remote Terminal Unit*). Die klassische Form ist dabei binär codiert, es existiert jedoch noch eine zweite Form, die ASCII-Zeichen zur Codierung verwendet. Diese Variante ist jedoch längst nicht so verbreitet. Mit dem Einzug von Ethernet in die industrielle Automatisierung wurde das Modbus-Protokoll auch auf TCP/IP portiert – in dem Fall spricht man von Modbus-TCP.

Da unser Breakout-Board eine RS485-Schnittstelle besitzt, wollen wir folglich Modbus-RTU unterstützen. Würde man an den SPI-Systembus aber einen Ethernet-Chip wie den W5500 von WIZnet anschließen, könnte man auch Modbus-TCP auf unserem Breakout-Board realisieren.

Bevor wir uns aber an die Implementierung machen und dafür auch wieder unser kooperatives Multithreading nutzen, sollen ein paar Informationen über das Protokoll zum besseren Verständnis beitragen.

4.5.1 Befehlsstruktur

Das Modbus-Protokoll ist ein klassisches *Request-Response-Protokoll*, bei dem nur der Busmaster Anforderungen (*Requests*) senden kann. Alle anderen Busteilnehmer antworten (*Response*) lediglich auf die Anforderungen, die der Busmaster zuvor an sie gerichtet hat. Dafür gibt es eine explizite Adressierung der Teilnehmer, wobei jeder Teilnehmer eine Adresse im Bereich von 1 bis 247 haben muss. Die Adresse 0 ist als *Broadcast-Adresse* vorgesehen – alle Teilnehmer am Bus empfangen also Telegramme, die an Adresse 0 gesendet werden. In dem Fall dürfen die Teilnehmer allerdings nicht antworten, weil es sonst zu Konflikten auf dem Bus kommen würde. Wegen der fehlenden Bestätigung ist der Nutzen des *Broadcast-Telegramms* jedoch gering. Die Adressen oberhalb von 247 bis zur 255 sind reservierte Adressen – es gibt also keine Teilnehmer, die diese Adressen haben.

Welche Informationen kann der Busmaster überhaupt von einem Busteilnehmer anfordern? Dazu stellt man sich am besten die ursprüngliche Nutzung des Protokolls zur Anbindung aller speicherprogrammierbaren Steuerungen einer Anlage an einen zentralen Rechner vor, der dann beispielsweise in der Leitwarte stand. In der Leitwarte wollte man alle Statusinformationen der gesamten Anlage abbilden. Dazu konnte der Leitrechner jede Steuerung adressieren und aus einem der vier nachfolgenden Adressbereiche Werte abrufen.

Indizes	Werte	Breite	Zugriff
0 bis 9999	digitale Ausgänge (*Coils*)	1 Bit	read/write
10000 bis 19999	digitale Eingänge (*Inputs*)	1 Bit	read
30000 bis 39999	analoge Eingänge (*Input-Register*)	16 Bit	read
40000 bis 49999	Werte/Parameter (*Holding-Register*)	16 Bit	read/write

Tabelle 4.2 Adressbereiche eines Modbus-Teilnehmers

Der erste Bereich umfasste die digitalen Ausgänge eines Teilnehmers, also die Relais (*Coils*). Damit hatte man direkt den Status aller geschalteten Aggregate, wie etwa Motoren, Lüfter etc. Die digitalen Eingänge zeigten den Status aller Geber an, während die analogen Eingänge Werte wie Temperaturen oder Drücke wiedergaben. Schon mit diesen drei

Adressbereichen hatte man ein recht umfassendes Abbild der Anlage. Technisch gesehen, konnte man auch Ausgänge direkt steuern, was aber nur bedingt sinnvoll ist, weil das Programm in der jeweiligen Steuerung den Ausgang dann natürlich nicht überschreiben darf.

Ein wichtiger Adressbereich sind die sogenannten *Holding-Register*. Diese Register sind quasi frei belegbar, können also applikationsspezifisch genutzt werden. Wenn beispielsweise ein analoger Eingang vorverarbeitet werden muss (z. B. Mittelwert, Filter, Skalierung), um ein korrektes Ergebnis zu erhalten, müsste diese Vorverarbeitung ja ebenso in der Leitstelle durchgeführt werden. Das wäre, bis auf eine einfache Skalierung, gar nicht machbar. Deshalb würde man den vorverarbeiteten Wert doch eher in ein Holding-Register kopieren, sodass die Leitstelle von dort gleich den korrekten Wert liest. Mit steigender Komplexität der Anlagen hat diese Art der Zuordnung daher auch an Bedeutung gewonnen – ein direkter Zugriff auf die Ein- und Ausgänge ist nur noch selten praktikabel. Deshalb könnte man die gesamte Modbus-Kommunikation auch auf die Holding-Register reduzieren, zumal es nicht vorgeschrieben ist, dass ein Busteilnehmer alle Adressbereiche unterstützen muss. Man hat bei der Implementierung des Modbus-Protokolls gewisse Freiheiten und kann als Minimalvariante einer Implementierung auch nur die Holding-Register unterstützen. Wir werden das so implementieren, dafür aber die virtuellen Ports unseres Betriebssystems in einigen Holding-Registern einblenden, sodass man darüber noch einen direkten Zugriff auf die Port-Pins hat. Andere Adressbereiche als die Holding-Register, kurz Register, werden wir dafür nicht unterstützen.

4.5.2 Zugriffsverfahren

Jedes Bussystem benötigt ein Zugriffsverfahren, über das geregelt wird, wann und unter welcher Bedingung ein Busteilnehmer auf den Bus zugreifen darf. Da das Modbus-Protokoll als reines Request-Response-Protokoll angelegt ist, bei dem auch keine Kommunikation der Busteilnehmer untereinander vorgesehen ist, darf immer nur der Busmaster als Erstes auf den Bus zugreifen. Die anderen Busteilnehmer dürfen genau einmal im Anschluss auf den Bus zugreifen, sofern sie zuvor adressiert wurden.

Eine Besonderheit weist das Modbus-RTU-Protokoll jedoch auf, die für eine korrekte Implementierung relevant ist, bei anderen insbesondere moderneren Protokollen aber so kaum noch üblich ist. Zur Synchronisation muss zwischen zwei Telegrammen immer eine Ruhepause von mindestens:

[4.5] $t_{Sync} = 3.5 \cdot \text{Zeichenzeiten}$

eingehalten werden (*Inter Frame Delay*). Ab einer Datenrate von 19.200 Baud und höher beträgt die Zeit dann noch 1.75 ms.

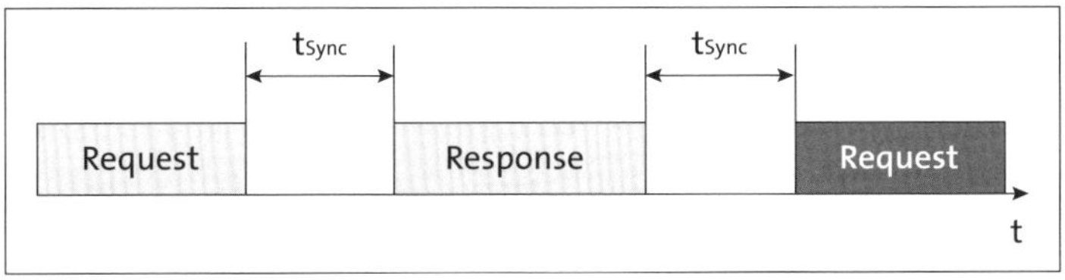

Abbildung 4.13 Synchronisationszeit t_{Sync} vor jedem Telegramm

Nach Ablauf dieser Zeit startet jeder Teilnehmer seine Empfangsroutine neu. Das nächste Zeichen, das dann auf dem Bus übertragen wird, ist das erste Zeichen eines Telegramms. Es gibt darüber hinaus noch ein zweites Kriterium, das erfüllt sein muss. Zwischen zwei Zeichen innerhalb eines Telegramms dürfen nicht mehr als 1.5 Zeichenzeiten Verzögerung auftreten. Da wir das Senden jedoch konsequent im Interrupt ausführen, müssen wir uns um diese Zeit keine Gedanken machen. Unser Sendeinterrupt tritt bereits auf, wenn das letzte Zeichen in den Sendepuffer der UART übernommen wurde – es bleibt also eine Zeichenzeit für die Bearbeitung des Interrupts. Das kann unser Mikrocontroller sicher schaffen, und die Zeichen eines Telegramms werden immer nahtlos gesendet.

Die Einhaltung der Synchronisationszeiten ist dagegen erforderlich und muss bei der Entwicklung der Software unbedingt beachtet werden. Man kann zwei Fälle unterscheiden. Die Antwort (*Response*) eines Busteilnehmers muss so lange verzögert werden, dass die Zeit t_{Sync} sicher eingehalten wird, und natürlich darf der Busmaster auch erst wieder eine Anforderung (*Request*) senden, wenn dabei t_{Sync} eingehalten wird. In der Praxis ist der zweite Fall meist unkritisch, weil man den Busmaster ohnehin auf eine feste Zykluszeit einstellt, die deutlich größer ist als die längste Antwortzeit. Problematisch kann es aber bei Gateways werden, die von Modbus-TCP auf Modbus-RTU umsetzen. Bei Modbus-TCP gibt es keine Synchronisationszeiten, außerdem ist Ethernet auch deutlich schneller als eine RS485. Ein entsprechendes Gateway muss trotzdem das korrekte Timing gegenüber den Modbus-RTU-Teilnehmern einhalten.

4.5.3 Protokollrahmen

Schauen wir uns nun an, wie die Telegramme (*Frames*) beim Modbus-RTU-Protokoll konkret aufgebaut und strukturiert sind.

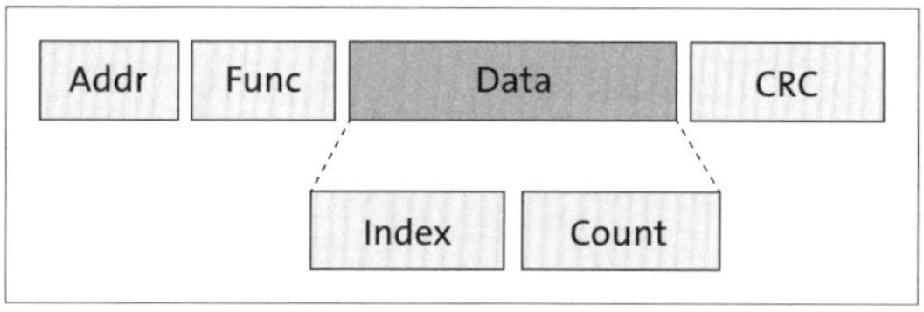

Abbildung 4.14 Aufbau eines Modbus-RTU-Frames

Request	Response
01 03 00 00 00 02 <CRC>	01 03 04 12 34 56 78 <CRC>

Tabelle 4.3 Request-Response-Beispiel bei Function Code 0x03

Das erste Byte enthält die Adresse des Busteilnehmers. Sendet der Master ein Request-Protokoll, ist das die Zieladresse, bei der Antwort (*Response*) des entsprechenden Teilnehmers ist es die Absenderadresse. Man muss ein Busprotokoll immer aus Sicht aller Teilnehmenden betrachten. Alle Teilnehmer empfangen jedes Telegramm und müssen immer sicher entscheiden können, ob sie adressiert wurden oder nicht.

Das zweite Byte nach der Adresse ist der sogenannte *Function Code* (FC). Das Modbus-Protokoll unterstützt verschiedene Funktionen, wie etwa das Lesen mehrerer Register (FC=0x03) oder das Schreiben eines einzelnen Registers (FC=0x06). Es gibt zahlreiche Funktionen mehr, aber man muss die Funktionen nicht alle implementieren. Da wir ja lediglich die Holding-Register unterstützen wollen, reichen die folgenden vier Funktionen aus.

Function	Kurzbeschreibung
0x03	Lesen mehrerer Holding-Register
0x06	Schreiben eines Holding-Registers
0x10	Schreiben mehrerer Holding-Register
0x16	Schreiben und Maskieren eines Holding-Registers

Tabelle 4.4 Function Codes einer minimalen Modbus-Implementierung

Entsprechend der Funktion werden unterschiedliche Datenbytes übertragen. Damit kommt dem Funktionscode auch eine Art Strukturdefinition für die nachfolgenden Daten zu. Bei ein und demselben Funktionscode unterscheiden sich allerdings die Daten einer Anfrage (*Request*) von denen einer Antwort (*Response*). Beispielsweise werden bei einer Anfrage mit dem Funktionscode 0x03 zwei 16-Bit-Werte in die Daten eingetragen

– einmal die Registernummer, ab der gelesen werden soll, und dann die Anzahl der zu lesenden Register. Beide Werte haben eine Breite von 16 Bit. Die Antwort auf einen Funktionscode 0x03 enthält so zunächst die Anzahl der folgenden Bytes und dann die einzelnen Werte der angefragten Register.

Insgesamt wirkt das Modbus-Protokoll stellenweise nicht schlüssig, weil etwa die Anzahl der Register einmal als »Anzahl der Register« mit einer Breite von 16 Bit und dann wiederum als »Anzahl der Bytes« mit nur 8 Bit angegeben wird. Hier muss man annehmen, dass sich das Protokoll entwickelt hat und dann den Zwängen der Kompatibilität unterlag. Aber, abgesehen von solchen kleinen Eigenheiten, ist es ein einfaches Protokoll mit einem großen Nutzen.

Abschließend wird jedes Telegramm noch um einen 16-Bit-CRC-Prüfcode zur Sicherung gegen Bitfehler während der Übertragung ergänzt. Das Generator-Polynom dafür lautet:

$$x^{16} + x^{15} + x^2 + 1 \qquad [4.6]$$

Endianness beim Modbus-Protokoll

Die Übertragung von 16-Bit-Werten, wie bei Registerindizes oder -inhalten, erfolgt beim Modbus-Protokoll im Big-Endian-Format. Zuerst wird also das High-Byte übertragen, gefolgt vom Low-Byte. Beim abschließenden CRC-Prüfcode ist die Reihenfolge umgekehrt, erst Low- dann High-Byte!

Die Berechnung des CRC-Prüfcodes für das Modbus-RTU-Protokoll erfolgt mit dem Startwert 0xFFFF über alle Bytes im Telegramm. Die beiden Bytes des CRC-Codes werden dann im Little-Endian-Format an das Telegramm angefügt.

4.5.4 Frames senden

Auch wenn es zunächst nicht so aussieht – das Senden eines Frames bei Modbus-RTU ist relativ kompliziert. Das liegt daran, dass es sich ja um eine *Halb-Duplex-Verbindung* handelt, bei der man entweder Empfangen oder Senden kann. Es muss daher eine Möglichkeit geben, die Sende- bzw. Empfangsrichtung umzuschalten. Dazu hat jeder RS485-Transceiver einen Eingang, den wir in unserer Senderoutine auf High-Pegel setzen müssen.

```
// --- Modbus send message ---
VOID ModbusSendMessage()
{
    BYTE nLen = ModbusTxMessage.nLen; // len
    WORD wCrc = CRC16(ModbusTxMessage.pBuffer, nLen); // calc crc
```

```
    ModbusTxMessage.pBuffer[nLen + 0] = wCrc & 0xFF; // set crc low
    ModbusTxMessage.pBuffer[nLen + 1] = wCrc >> 8; // set crc high

    TxEnableRS485(TRUE); // tx mode
    PutBufferRS485(ModbusTxMessage.pBuffer, nLen + 2, ModbusSendComplete);
}

// --- Modbus send complete ---
VOID ModbusSendComplete() // Definition der Callback-Funktion
{
    TxEnableRS485(FALSE); // rx mode
    ModbusRestart(); // resync
}
```

Listing 4.29 Telegramme senden mit Callback nach Abschluss

In obigem Listing ist der Vorgang gut nachzuvollziehen. Die Umschaltung auf Senden wird mittels der Funktion `TxEnableRS485()` realisiert. Der Parameter dieser Funktion ist entweder TRUE für Senden oder FALSE für Empfangen. Die eigentliche Übertragung des Frames erfolgt dann, wie bei der RS232 auch schon, konsequent im Interrupt der UART1. Es wird also zunächst auf Senden umgeschaltet, und danach wird ein komplettes Modbus-Telegramm in den Sendepuffer kopiert. Das erfolgt mit der Funktion `PutBufferRS485()`. Der UART-Interrupt sendet dann Zeichen für Zeichen auf den Bus – die Funktion `ModbusSendMessage()` ist da jedoch schon lange beendet. Damit der Modbus-Treiber später wieder auf Empfangen zurückschalten kann, registriert er mit der Übergabe des Frames in den Sendepuffer eine *Callback-Funktion* – hier `ModbusSendComplete()`. Sobald der Sendepuffer komplett übertragen ist, wird dieser Callback aufgerufen und schaltet den RS485-Transceiver wieder auf Empfangen zurück.

Wie funktioniert das im Detail? Beim Senden tritt immer ein *Transmit Buffer Empty Interrupt* (TXE) auf, wenn die UART bereit ist, ein neues Zeichen zu übernehmen. Wird dann innerhalb einer Zeichenzeit ein Zeichen in die UART geladen, geschieht das Senden in der Tat ohne jegliche Unterbrechung bzw. Verzögerung zwischen den Zeichen. Nachdem das letzte Zeichen aber aus dem Sendepuffer an die UART übertragen wurde, dauert es noch mindestens eine Zeichenzeit, bis die Übertragung auch wirklich abgeschlossen ist! Unser Callback, der dann wieder auf Empfangen umschalten soll, darf also erst aufgerufen werden, wenn das letzte Zeichen auch komplett gesendet wurde. Genau dafür bietet die UART einen weiteren Interrupt an, den *Transmission Complete Interrupt* (TC). Um den Callback mit diesem Interrupt aufrufen zu können, muss nach Übergabe des letzten Zeichens an die UART der TC-Interrupt aktiviert werden. Der Interrupt-Handler unserer RS485-Schnittstelle sieht damit folgendermaßen aus.

```
// --- USART1 interrupt handler ---
VOID USART1_IRQHandler()
{
    if (USART_GetITStatus(USART1, USART_IT_RXNE) == SET) // receive
    {
        CHAR chData = USART_ReceiveData(USART1); // read char

        if (pfProtocol) // protocol
            pfProtocol(chData);
        else // generic
            WriteBuffer(&rxBuffer485, chData);
    }

    if (USART_GetITStatus(USART1, USART_IT_TXE) == SET) // transmit
    {
        if (CountBuffer(&txBuffer485) > 0) // any chars
        {
            CHAR chData = ReadBuffer(&txBuffer485); // next char

            USART_SendData(USART1, chData); // send char
        }
        else // end of tx
        {
            USART_ITConfig(USART1, USART_IT_TXE,DISABLE); // disable TXE
            USART_ITConfig(USART1, USART_IT_TC, ENABLE); // enable TC
        }
    }

    if (USART_GetITStatus(USART1, USART_IT_TC) == SET) // complete
    {
        USART_ClearITPendingBit(USART1, USART_IT_TC); // clear flag
        USART_ITConfig(USART1, USART_IT_TC, DISABLE); // disable TC

        if (pfComplete) // callback set
        {
            pfComplete(); // call callback
            pfComplete = NULL; // reset callback
```

```
        }
    }
}
```

Listing 4.30 Interrupt-Handler für die RS485-Schnittstelle

Im Interrupt-Handler gibt es drei Fälle, die jeweils durch ein *Interrupt Pending Bit* angezeigt werden. Da die Fälle auch gleichzeitig auftreten können, muss jeder Fall geprüft werden. Den eigentlichen Empfangsinterrupt schauen wir uns im nächsten Abschnitt noch genauer an.

Für das Senden sind die beiden Flags `USART_IT_TXE` und `USART_IT_TC` von Bedeutung. Im Fall eines TXE-Interrupts wird immer ein Datenbyte aus dem Sendepuffer gelesen und an die UART weitergereicht. Die entscheidende Stelle ist jedoch der ELSE-Zweig, wenn sich kein Datenbyte mehr im Sendepuffer befindet. Dann wird der TXE-Interrupt deaktiviert und der TC-Interrupt aktiviert. Das hat zur Folge, dass eine Zeichenzeit später der TC-Interrupt ausgelöst wird. Man kann sich die UART als zwei Register vorstellen – ein Register wird aktuell übertragen, und ein Register dient noch mal als Puffer. Der TXE-Interrupt wird ausgelöst, wenn das Pufferregister in das Senderegister kopiert wird. Der TC-Interrupt wird dagegen ausgelöst, wenn das Senderegister wirklich leer ist. Dabei muss man berücksichtigen, dass manche *Interrupt Pending Bits* manuell zurückgesetzt werden müssen – so auch das Flag `USART_IT_TC`.

Damit haben wir bereits eine vollständige Sendefunktion für unsere Modbus-Implementierung. Wir könnten jetzt in unserer Applikation ein Telegramm in der Variablen `ModbusTxMessage` zusammenbauen und dann die Sendefunktion aufrufen.

Im nächsten Abschnitt wollen wir uns aber zunächst anschauen, wie wir Modbus-Telegramme korrekt empfangen können, weil der Teil einerseits sehr interessant und andererseits ja genauso wichtig ist wie das Senden.

4.5.5 Protokoll-Handler

Bei der RS232-Schnittstelle hatten wir einen Command-Handler vorgesehen, der im Datenstrom eingebettete Steuerbefehle, wie etwa das Reset-Kommando, erkennen, herausfiltern und ausführen kann. Dieses Prinzip wollen wir bei der RS485 in leicht veränderter Form erneut anwenden. Dazu definieren wir eine Callback-Funktion, die mit jedem von der UART1 empfangenen Zeichen aufgerufen wird. Diese Callback-Funktion ist quasi unser Protokoll-Handler. Im Interrupt-Handler (siehe Listing 4.30) erfolgt der

Aufruf des Protokoll-Handlers über den Funktionszeiger `pfProtocol`. Wenn der Variablen `pfProtocol` also eine Funktion zugewiesen wird, speichert die UART die Zeichen nicht mehr im Empfangspuffer, sondern übergibt sie stattdessen Zeichen für Zeichen an diese Funktion.

Wir hatten den Empfangspuffer doch eingeführt, damit andere Programmteile nicht bei jedem Zeichen reagieren müssen, und jetzt werfen wir dieses Prinzip wieder über Bord? Leider ist das ein Stück weit dem Modbus-RTU-Protokoll geschuldet. Stünden die Zeichen nämlich erst im Empfangspuffer, hätten sie keinen zeitlichen Bezug mehr zueinander. Wir könnten dann nicht erkennen, zwischen welchen Zeichen die Sync-Zeit aufgetreten war, also bei welchem Zeichen ein neues Telegramm beginnt. Moderne Protokolle verwenden deshalb auch eher Synchronisationszeichen anstelle von Timeouts zur Kennzeichnung des Beginns. Modbus stammt jedoch aus einer Zeit, da man UARTs immer direkt programmiert hat. Wir haben mit dem Protokoll-Handler eine sehr gute Möglichkeit, Zeiten zwischen zwei Zeichen zu messen.

Wenn also zwischen zwei Aufrufen unseres Protokoll-Handlers mehr als die 3.5 Zeichenzeiten oder bei höheren Datenraten mehr als 2 ms Zeitverzug liegen, beginnt ein neues Telegramm. Man muss das jedoch nicht bei jedem Aufruf der Funktion prüfen. Schauen wir uns dazu zunächst den prinzipiellen Aufbau des Protokoll-Handlers an. Das nachfolgende Listing enthält einen Auszug aus dem tatsächlichen Protokoll-Handler für Modbus-RTU. Der vollständige Quelltext ist zu umfangreich, um ihn hier abzudrucken, aber komplett in der Softwaresammlung enthalten. Für das Verständnis des Prinzips ist der Auszug dagegen sogar besser geeignet.

```
// --- Variables ---
LONG nRxSync = 0; // recv sync time
BYTE nRxState = 0; // recv protocol state
BYTE nSyncTime = 2; // sync time prior start

// --- Modbus protocol handler ---
VOID ModbusProtocolHandler(BYTE byData)
{
    switch (nRxState) // receive state
    {
        case mbADDR: // device id first
            if (SysTicks() - nRxSync > 0) // ok, frame starts
            {
                ModbusRxMessage.pBuffer[0] = byData;
```

```
                nRxState = mbCODE; // next is func code
                nRxTimeout = 0; // reset timeout
            }
            else // restart sync time
                nRxSync = SysTicks() + nSyncTime;
            break;

        case mbFUNC: // get function code

            break;

        case mbDATA: // get frame data

            break;

        case mbCRC: // get checksum

            break;
    }
}
```

Listing 4.31 Synchronisation im Protokoll-Handler

Der Protokoll-Handler ist als *Zustandsautomat* implementiert, dessen Zustand durch die Variable `nRxState` repräsentiert wird. Im Zustand `mbADDR` wartet der Automat auf das erste Zeichen eines Telegramms, in dem die Adresse des Busteilnehmers steht. Nur in diesem Zustand muss man die Synchronisationszeit prüfen. Bei jedem Aufruf des Handlers wird deshalb verglichen, ob seit dem letzten empfangenen Zeichen mindestens die Zeit `nSyncTime` verstrichen ist. Die Funktion `SysTicks()` liefert dazu stets den aktuellen Wert des System-Timers zurück. Der System-Timer zählt die Millisekunden seit dem Start und wird vom `SysTick`-Handler inkrementiert. In der Variablen `nRxSync` steht der Zeitpunkt, ab dem die Zeit `nSyncTime` verstrichen ist. Jeder Aufruf des Protokoll-Handlers vor Ablauf der Synchronisationszeit führt zu einer Neuberechnung von `nRxSync`. Wird die Zeit einmal überschritten, erfolgt ein Weiterschalten der Zustandsvariablen in den Zustand `mbCODE`. Ab dann wird die Synchronisationszeit nicht mehr geprüft, weil davon ausgegangen werden kann, dass ein Telegramm begonnen hat. Im Quelltext wird dann zusätzlich noch die maximale Zeit für ein komplettes Telegramm überwacht.

Eine Besonderheit, die man stets berücksichtigen muss, ergibt sich aus dem Wertebereich der Funktion `SysTicks()`. Die Funktion liefert einen Integer-Wert mit 32 Bit Breite zurück.

Vergleiche mit dem System-Timer

Vergleiche mit dem System-Timer dürfen nur subtraktiv ausgeführt werden, weil der Timer regelmäßig überläuft. Direkte Vergleiche könnten aufgrund des Übertrags zu sporadischem Fehlverhalten führen!

Der maximale Wert von 2147483647 wird etwa 24.8 Tage nach dem Starten des Systems erstmalig erreicht. Dabei springt der Zähler dann von 2147483647 auf -2147483648 zurück. Vergleiche mit dem System-Timer darf man daher nur subtraktiv ausführen! Ein Vergleich der Form:

```
SysTicks() - nRxSync > 0
```

funktioniert immer. Den Vergleichswert, hier die Variable `nRxSync`, errechnet man zuvor durch Addition zum aktuellen System-Timer. In dem Fall wird der Übertrag mit eingerechnet. Ein Vergleich wie `SysTicks() > nRxSync` könnte dagegen zu sporadischem Fehlverhalten führen!

Der Protokoll-Handler schaltet bei jedem Zeichen des Telegramms den Zustand entsprechend weiter. In manchen Zuständen werden auch mehrere Zeichen erwartet. Die erforderliche Logik für die Zustandswechsel kann man dem Quelltext in der Sammlung entnehmen. Wenn schließlich auch das CRC-Zeichen empfangen und das Telegramm geprüft wurde, steht es in der Variablen `ModbusRxMessage`.

4.5.6 Modbus-Thread

Die letzten beiden Abschnitte endeten jeweils damit, dass wir eine Message-Variable hatten – beim Senden war das die Variable `ModbusTxMessage`, beim Empfang war es die Variable `ModbusRxMessage`. Wenn wir also ein Modbus-Telegramm senden wollen, schreiben wir es in die `TxMessage`-Variable und rufen die Funktion `ModbusSendMessage()` auf. Ein korrekt empfangenes Telegramm steht immer in der `RxMessage`-Variablen bereit.

Nehmen wir nun an, wir wollten einen Busteilnehmer implementieren, der auf Anfragen vom Busmaster wartet und diese beantwortet. Die vom Busmaster kommenden Telegramme stehen in der Variablen `ModbusRxMessage`. Könnten wir nun gleich – noch im

Protokoll-Handler – eine Anfrage beantworten? Wir müssten dazu doch nur die Variable `ModbusTxMessage` beschreiben und das Senden starten. Obwohl das im Einzelfall sogar funktionieren würde, lautet die Antwort jedoch: Nein!

Interrupt-Handler

Interrupt-Handler müssen immer so effektiv wie möglich implementiert werden und dürfen keine potenziell blockierenden Funktionen aufrufen!

Konstruieren wir uns dazu einen Fall, der das Problem eines solchen »Kurzschlusses« zwischen zwei Interrupt-Handlern verdeutlicht. Mit dem Modbus-Protokoll wollen wir *Holding-Register*, kurz *Register*, lesen und schreiben. Man könnte nun annehmen, dass die Register einfach durch ein Array dargestellt werden und der Zugriff darauf schnell und unkritisch ist. Auf die meisten Register trifft das auch zu. Wir wollen jedoch über einige der Register im Bereich von `Regs[0]` bis `Regs[99]` auch auf Systeminformationen zugreifen, wie etwa auf unsere *virtuellen Ports*. Im Grunde erfolgt der Zugriff auf die Register deshalb immer über zwei Funktionen `RegisterIn()` bzw. `RegisterOut()`, die jeweils die Registernummer als Parameter erhalten – das heißt, wir nutzen also Funktionsaufrufe anstelle von Array-Zugriffen. Auf diese Weise können wir jede Art von Systemzugriff realisieren.

Was passiert aber, wenn wir in einer der beiden Funktionen auf den Systembus zugreifen würden? Um den Systembus zu verwenden, muss man ja zunächst eine *Semaphore* anfordern, um sicherzustellen, dass der Systembus nicht gerade von der Applikation verwendet wird. Genau da steckt das Problem! Wenn wir aus einem Interrupt-Handler eine Semaphore anfordern wollten, könnte die Semaphore momentan ja auch belegt sein. Der Interrupt-Handler dürfte aber nicht warten und müsste sich demzufolge beenden – er könnte folglich auch keine Antwort senden!

Im Übrigen darf man auch bei einem *präemptiven System* aus einem Interrupt-Handler heraus keine Semaphore anfordern. Der Interrupt könnte unzulässig lange verzögert werden, oder es kann sogar zu einem *Deadlock* kommen!

Die richtige Lösung besteht deshalb darin, für die Modbus-Kommunikation einen eigenen Thread zu starten, weil nur Threads »blockieren« können. Nun sind in unserem kooperativen System die Threads auch nur zyklische Interrupts und dürfen als solche natürlich nicht stehen bleiben. Da sie aber eine Aufgabe zyklisch wiederkehrend bearbeiten können, lässt sich ein »Blockieren« durch wiederholtes Abfragen realisieren.

Kooperative Threads dürfen nicht blockieren

Bei einem kooperativem Scheduler wird das Blockieren eines Threads an einem Synchronisationsobjekt durch wiederkehrendes Aufrufen des Synchronisationsobjekts realisiert.

Die nachfolgende Grafik soll die Funktionsweise unseres Modbus-Threads verdeutlichen. Es gibt zwei Positionen – auch Zustände –, in denen der Thread warten muss. Das ist zunächst das Warten auf eine Anfrage vom Busmaster. Eine empfangene Anfrage wird im Feld `ModbusRxMessage.nID` angezeigt, d. h., sobald `nID > 0` ist, kann der Thread aktiv werden.

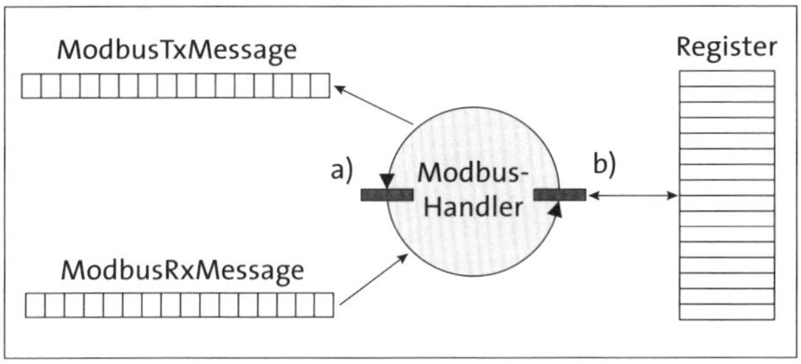

Abbildung 4.15 Modbus-Thread zur Bearbeitung von Anfragen; a) zeigt das Warten auf den Empfang einer Anfrage, b) das Warten auf einen möglichen Registerzugriff.

Ein Vorteil unseres kooperativen Systems liegt in dessen Einfachheit. Bei einem präemptiven System würde man ein *Event* verwenden, um dem Thread anzuzeigen, dass ein Telegramm empfangen wurde, in unserem System ist dagegen eine einfache *Zustandsvariable* schon ausreichend. Die Funktion ist dagegen identisch. Der Interrupt signalisiert einem wartenden Thread das Eintreten eines Ereignisses.

```
// --- Defines ---
#define FC_READ_REGS         0x03 // function codes
#define FC_WRITE_REG         0x06
#define FC_WRITE_REGS        0x10
#define FC_WRITE_MASK        0x16

// --- Modbus handle request ---
VOID ModbusRequest()
{
    if (SysTicks() - nRxSync > 0) // wait for sync time
    {
```

```
        if (CanAccessSPI()) // wait for systembus
        {
            BYTE nFunc = ModbusRxMessage.pBuffer[0];

            switch (nFunc) // select function
            {
                case FC_READ_REGS: // read registers
                    ...
                    break;

                case FC_WRITE_REG: // write register
                    ...
                    break;

                case FC_WRITE_REGS: // write registers
                    ...
                    break;

                case FC_WRITE_MASK: // mask write register
                    ...
                    break;
            }

            ...

            ModbusRxMessage.nID = 0; // request was handled
            ReleaseSPI();// release systembus
        }
    }
}

// --- Modbus handler (5ms cycle) ---
VOID ModbusHandler()
{
    if (ModbusRxMessage.nID > 0) // request received
        ModbusRequest();// handle request
    else if (nRxState != mbADDR && nRxTimeout++ > 40)
        ModbusRestart(); // restart protocol
}
```

Listing 4.32 Modbus-Thread zur Beantwortung von Anfragen

Der eigentliche Thread ist letztlich sehr übersichtlich, wenn auch hier nur als Auszug dargestellt. Der vollständige Quelltext wäre zu umfangreich, befindet sich aber komplett in der Softwaresammlung.

Die erste Bedingung prüft das Vorhandensein einer Anfrage vom Busmaster. Falls das nicht der Fall ist, prüft der Thread zusätzlich eine Timeout-Bedingung für den Empfang. Ein komplettes Telegramm muss danach innerhalb von 200 ms komplett empfangen worden sein. Würde diese Zeit überschritten, liegt ein Fehler vor, und der Thread setzt den Empfang mit einem Aufruf der Funktion `ModbusRestart()` zurück. In beiden Fällen ist der Thread aber sofort wieder beendet.

Wenn eine Anfrage (*Request*) vom Busmaster vorliegt, muss zunächst die Sendepause eingehalten werden. Wäre diese Bedingung noch nicht erfüllt, würde sich der Thread erst mal beenden (»blockieren«) und erst 5 ms später wieder diese Bedingung prüfen. Auch der nächste Schritt, der Zugriff auf den Systembus, würde zu einem weiteren 5-ms-Zyklus führen, wäre der Systembus momentan in Verwendung. Wenn alle Bedingungen erfüllt sind, wird die Anfrage schließlich beantwortet.

Messungen zeigen, dass die Antwortzeiten auf eine Anfrage vom Busmaster in der Größenordnung zwischen 5 und 10 ms liegen. Das bedeutet, dass der erste bzw. zweite Thread-Durchlauf nach Erhalt der Anfrage die Antwort bereits sendet. Damit haben wir eine Implementierung für das Modbus-Protokoll, die sehr wenig Rechenzeit beansprucht, durchweg *interruptgetrieben* arbeitet und die Möglichkeiten unseres kooperativen Multithreadings sehr gut ausnutzt.

Kapitel 5

Embedded BASIC

Auch wenn manche C für die beste Programmiersprache halten, gibt es »die beste Programmiersprache« nicht! Es gibt vielleicht eine, die am besten geeignet ist.

Bisher haben wir eine Hardware und ein dazu passendes Betriebssystem erstellt. Jetzt sollen damit auch Anwendungen programmiert werden. Warum aber nun noch eine weitere Programmiersprache, wir konnten doch bisher alle Aufgaben auch gut mit C lösen?

5.1 Ansatz

In der Regel gelten für die Betriebssystem- und für die Anwendungsentwicklung unterschiedliche Anforderungen. In der Praxis werden die Aufgaben meist auch verschiedenen Personen oder sogar verschiedenen Abteilungen zugeordnet. Während man beim Betriebssystem sehr auf exaktes Timing, hohe Effizienz und auf direkte Hardwarezugriffe Wert legt, kommt es bei der Anwendungsentwicklung doch eher auf Zuverlässigkeit, Toleranz und auf die komfortable Nutzung vorgefertigter Funktionen an. Beide Bereiche haben ganz unterschiedliche Abstraktionsniveaus. Am Beispiel etwa einer zeitgesteuerten Bewässerung benötigt man in der Applikation die Zeit und die Pumpe als Variablen, sodass man komfortabel und leicht verständlich schreiben kann: IF Time == 10:30 THEN Pump = high.

Während die Entwicklung des Betriebssystems zumeist an einem Arbeitsplatz oder im Labor unter Zuhilfenahme von Messgeräten wie Oszilloskopen oder auch einem In-System-Debugger erfolgt, entsteht die Anwendungssoftware dagegen oft vor Ort an einer Anlage. Die Applikation entsteht in kleinen Schritten, wobei jeder einzeln implementiert und getestet werden muss. Dabei sind insbesondere kurze Testzyklen wünschenswert, die Compile- und Download-Zeiten müssen daher möglichst kurz sein.

Die Lesbarkeit bzw. Verständlichkeit eines Anwendungsprogramms ist ein nicht zu vernachlässigender Aspekt. In der Praxis kann eine Anwendung über Jahre entwickelt werden, und zwischen einzelnen Entwicklungsstufen vergeht sehr viel Zeit. An einer bestehenden Applikation nach langer Zeit Änderungen vorzunehmen, gelingt nur, wenn der Quelltext verständlich ist. Das hängt natürlich in erster Linie an der Größe der Applikation sowie an der Art und Weise, wie das Programm geschrieben und dokumentiert wurde – eine klare Syntax und die Möglichkeit zur Kapselung helfen dabei jedoch ebenfalls sehr.

Nicht zuletzt sind Toleranz und eine gewisse Sicherheit, die eine Applikationssprache mit sich bringt, sehr nützlich. Bei C als Systemsprache steht dagegen die Performance an oberster Stelle, was dort natürlich richtig ist. Um aber bei dem Beispiel der zeitgesteuerten Pumpe zu bleiben – da ist die Performance zweitrangig.

Bei genauem Vergleich sieht man, dass eine Applikationssprache deutliche Vorteile gegenüber C haben kann. Das erkauft man sich in der Regel zwar mit einer geringeren Performance, die aber teilweise durch vorgefertigte Funktionalitäten kompensiert werden kann. In Summe überwiegen dann die Vorteile.

5.1.1 Skriptsprache

Die Schnittstellen, die ein Betriebssystem anbietet, etwa um einen Text über eine serielle Schnittstelle auszugeben, werden meist über sogenannte *Application Programming Interfaces* (APIs) abgebildet. Das sind zahlreiche Funktionen, die in verschiedenen Gruppen zusammengefasst werden. Am Beispiel einer seriellen Ein- und Ausgabe wären das etwa `PutStringSerial()` und `GetStringSerial()`.

Die Idee ist nun, anstelle einer klassischen API eine Skriptsprache anzubieten. Im Grunde sind die Kommandos der Skriptsprache dann nichts anderes als die Funktionsaufrufe einer API-Schnittstelle, nur eben komfortabler. Eine einfache Textausgabe sähe als API-Aufruf in C etwa folgendermaßen aus:

```
PutStringSerial("Hello World!");
```

als Skriptkommando dagegen so:

```
print "Hello World!".
```

Der wirkliche Vorteil der Skriptkommandos wird allerdings erst ersichtlich, wenn man eine etwas kompliziertere Ausgabe anschaut, wie etwa bei einer Berechnung mit Formatierung und anschließender Zeilenschaltung:

```
print "Ergebnis = ", sin(45), cr, nl
```

Dafür müsste man in C zunächst eine Textvariable deklarieren und das Ergebnis als String in diese Variable formatieren. Die Hilfsvariable könnte man dann mittels der API-

Funktion `PutStringSerial()` ausgeben. Das sind aber immerhin schon drei Zeilen und eine temporäre Variable:

```
char txt[20] = {0};

sprintf(txt, "Ergebnis = %f\r\n", sin(45));
PutStringSerial(txt);
```

Eine Sprache anstelle von API-Funktionen kann also Zwischenwerte berechnen und zudem eine beliebige Anzahl an Parametern zulassen, wofür man sonst mehrere API-Funktionen aufrufen müsste. In C gibt es zwar das Konzept der variadischen Funktionen (*Variadic Functions*) (siehe Quelle 11 im Literaturverzeichnis), die aber leider keine Typinformationen unterstützen.

Das sind jedoch längst nicht alle Vorteile, denn auch den Zugriff auf die Hardware kann man deutlich komfortabler gestalten, als das mit C-Funktionen möglich ist. Der Zugriff auf einen Port des Controllers würde beispielsweise über eine Variable erfolgen, die den Port repräsentiert – also etwa `Port0`, `Port1` etc. Einen einzelnen Pin eines Ports würde man dann über `Port0.0`, `Port0.1` etc. erreichen. Eine logische Verknüpfung mehrerer Pins wäre so mit einer leicht verständlichen Syntax möglich:

```
Port0.1 = Port1.2 or Port1.3
```

wobei hier zwei Pins gelesen und logisch verknüpft würden und das Ergebnis an Pin 1 von `Port0` ausgegeben werden würde. Mit dem Lese- und Schreibzugriff solcher Hardwarevariablen sind jeweils passende Zugriffsfunktionen im Betriebssystem verbunden – letztlich sind es also schon Funktionsaufrufe, die aber in einer geschickten Syntax verpackt werden. In der objektorientierten Programmierung nennt man solche Variablen auch *Properties*.

Der Vergleich von Library-Funktionen mit einer Skriptsprache scheint auf den ersten Blick schon etwas gewagt. Werden da nicht verschiedene Dinge miteinander verglichen? Nein, die Bezeichnung API steht grundsätzlich für eine Schnittstelle zur Programmierung von Anwendungen, und die kann klassisch in Form von Library-Aufrufen realisiert werden, aber auch in Form eines Datenprotokolls oder etwa über Gerätedateien – wie unter Linux – oder eben als Skriptsprache.

Die Nutzung einer Skriptsprache ist dabei, gerade im Zusammenhang mit einer Mikrocontroller-Hardware zur Steuerung von Abläufen, sehr naheliegend. Für eine vollwertige, sprich *Turing-vollständige* Skriptsprache braucht man allerdings noch etwas mehr – mindestens noch Variablen, Bedingungen und Verzweigungen. In den kommenden Abschnitten wollen wir alle wesentlichen Sprachelemente von Embedded BASIC kennenlernen, aber beginnen wir zunächst mit einem Gedankenexperiment.

5.1.2 Möglichkeiten

Eine Skriptsprache für unser Betriebssystem anstelle einer klassischen API eröffnet uns eine ganz neue Möglichkeit. Dabei wird die Skriptsprache gleichzeitig zur Programmierung als auch zur Konfiguration genutzt. Schauen wir dazu folgendes Beispiel an.

Angenommen, Sie wollten eine mehrkanalige Schaltuhr für die Bewässerung Ihres Gartens entwickeln, die natürlich über eine Handy-App programmierbar sein soll. Mit der App wollen Sie die Schaltzeiten komfortabel eingeben und verwalten. Jede Schaltzeit ist ein Datensatz, der aus einem oder mehreren Wochentagen, einer Einschalt- oder einer Ausschaltzeit besteht sowie aus einem zu schaltenden Kanal. Die Kommunikation zwischen Handy und der Schaltuhr soll beispielsweise über Bluetooth erfolgen. Die Hardware dafür ist denkbar einfach – unser Breakout-Board, ein Bluetooth-Modul (z. B. das HC-06 oder das HM-10) an RXD0 und RXD1 sowie ein paar Relais für die Ausgänge – fertig!

Umgang mit 230-V-Netzspannung!

Auch wenn die Schaltungstechnik recht einfach ist, der Umgang mit 230-V-Netzspannung bleibt dem Fachmann vorbehalten! Die weitverbreiteten kleinen und günstigen (meist blauen) Relais-Module sind nicht für das Schalten von Netzspannung geeignet und dürfen auf keinen Fall dafür verwendet werden. Bei Bedarf immer einen Elektriker hinzuziehen!

Überlegen Sie bitte kurz einmal, wie Sie eine derartige Schaltuhr unter Nutzung einer klassischen API-Schnittstelle und mittels Programmierung in C auf einem Mikrocontroller realisieren würden.

Klar ist sicher, dass es eine Liste aller Datensätze geben muss, die aus der Handy-App an die Schaltuhr übertragen werden muss. Die Übertragung entspricht in dem Fall einer seriellen Verbindung, wofür ein einfaches Protokoll benötigt wird. Das C-Programm iteriert dann zyklisch über alle Datensätze in dieser Liste und vergleicht sie jeweils mit der internen Uhrzeit. Dazu bedarf es noch einer Möglichkeit, die interne Uhrzeit zu stellen oder mit dem Handy zu synchronisieren. Das ist technisch alles gar nicht so kompliziert, aber es muss erst einmal programmiert werden. Außerdem ergeben sich im Verlauf der Entwicklung mit großer Wahrscheinlichkeit die folgenden Detailfragen:

- Wie werden die Datensätze gespeichert?
- Wie viele Datensätze soll das Programm vorhalten?
- Welche weiteren Optionen oder neuen Features sind denkbar?
- Wie erfolgt die Versionierung, wenn sich die Datensätze ändern?
- usw.

Im Grunde hat bestimmt jeder Programmierer, der sich mit eingebetteten Systemen und Mikrocontrollern beschäftigt, schon einmal eine vergleichbare Aufgabe bearbeitet und sieht die Lösung quasi schon vor seinem inneren Auge.

Nun stellt sich die Frage, wie man diese Anwendung unter Nutzung einer Skriptsprache anstelle der API besser realisieren könnte, und die verblüffende Antwort lautet: Das ist gar nicht nötig!

Das einzige zu erstellende Programm ist nämlich die Handy-App, die ohnehin für die Eingabe und die Speicherung der Schaltzeiten benötigt wird. Diese App generiert aus den Schaltzeiten direkt ein Skriptprogramm für unseren Mikrocontroller und überträgt das gesamte Programm mittels des Bootloaders in den Mikrocontroller – fertig!

Die Handy-App und das daraus generierte Skriptprogramm könnten im einfachsten Fall etwa so aussehen:

Abbildung 5.1 Ansicht der Handy-App für die Schaltzeiten

```
loop
    if Day == MONDAY then

        if Time ==  6:00 then Port1.0 = high
        if Time ==  7:30 then Port1.0 = low
        if Time == 21:45 then Port1.1 = high

    elseif Day == TUESDAY then

        ...

    endif
endloop
```

Listing 5.1 Auszug aus dem aus der Handy-App generierten Skriptprogramm

Nun wäre eine reine Schaltuhr wirklich nicht mehr zeitgemäß. Vielmehr würde man bei einer Beregnungsautomatik auch noch die tatsächliche Bodenfeuchte oder zumindest die aktuelle Temperatur berücksichtigen wollen. Dafür könnte man dann Regeln mit Grenzwerten definieren, die man mit in der App hinterlegen kann. Letztlich werden daraus weitere Bedingungen im generierten Skript – das Prinzip bleibt dabei unverändert. Das sollte lediglich ein einfaches Beispiel sein, um die Flexibilität einer Skriptsprache zu verdeutlichen. Die App gibt es so leider noch nicht.

Analysieren wir die Entwicklungsaufgabe aber noch etwas genauer. Es gibt hier zwei Domänen: auf der einen Seite die Erstellung einer Handy-App und auf der anderen Seite die hardwarenahe Programmierung des Mikrocontrollers. Beide Domänen erfordern spezielles Wissen, und wenige Softwareentwicklerinnen und -entwickler kennen sich auf beiden Gebieten gleichermaßen gut aus. Außerdem bedarf es einer engen Abstimmung zwischen den Gebieten, weil durch die zu übertragenden Daten eine Abhängigkeit zwischen ihnen besteht.

Durch die Skriptsprache entfällt jedoch die Entwicklung eines speziellen C-Programms für den Mikrocontroller in der Schaltuhr, und damit entfällt auch eine der beiden Domänen. Der Entwickler der Handy-App kann aus den Schaltzeiten und Regeln einen Quelltext generieren und diesen per Bluetooth übertragen. Somit wird die Skriptsprache gleichsam zu einer Art Konfigurationssprache, in der sowohl der Ablauf als auch die Zeiten definiert werden.

Wäre das nicht auch mit C möglich? Ob die Handy-App nun den Quelltext einer Skriptsprache oder den Quelltext in C erstellt, wäre sicher kein nennenswerter Unterschied.

Allerdings wäre es dann kaum möglich, das C-Programm auf dem Handy zu kompilieren, und außerdem müsste der kompilierte Binärcode anschließend noch mit dem OS auf dem Mikrocontroller gelinkt werden. In jedem Fall wird der Aufwand deutlich größer. An dieser Stelle ist die Verwendung einer interpretierten Skriptsprache merklich einfacher.

5.2 Sprache

Wodurch unterscheiden sich denn Skriptsprachen eigentlich von klassischen Programmiersprachen? Stark vereinfacht, könnte man vielleicht sagen, dass Skriptsprachen interpretativ ausgeführt werden, während andere Programmiersprachen einen Compiler verwenden. Das ist allerdings nicht ganz eindeutig, denn viele moderne Skriptsprachen kompilieren den Quelltext unmittelbar vor der Ausführung noch auf dem Zielsystem. Man kann aber schon feststellen, dass die Weitergabe eines Skriptprogramms praktisch immer in Form des Quelltexts erfolgt, wohingegen kompilierte Programme in einer ausführbaren Binärform, etwa als *Executable* (**.exe*), weitergegeben werden.

Darüber hinaus sind Skriptsprachen in der Regel syntaktisch deutlich einfacher aufgebaut und haben oft auch eine weniger strenge Typisierung. Aber auch hier gibt es Unterschiede, und eine pauschale Kategorisierung ist nicht so einfach möglich.

In gewisser Weise sind Skriptsprachen aber eher kleinere Sprachen, wobei »kleiner« hier im Sinne eines geringeren Entwicklungsaufwands zu verstehen sein soll. Die Komplexität eines C-Compilers ergibt sich nämlich nicht aus der C-Syntax, sondern aus dem Anspruch einer bestmöglichen Optimierung. Da Skriptsprachen meist nur wenig optimieren, ist deren Entwicklung deutlich einfacher.

In den nachfolgenden Abschnitten soll es nun um die Definition und um eine eingehende Beschreibung einer einfachen, aber trotzdem sehr praktikablen Skriptsprache für unser Single-Chip-System gehen. Natürlich haben alle Programmiersprachen einen treffenden Namen, und diese soll »Embedded BASIC« heißen. Die Bezeichnung ist eine Anlehnung und zugleich eine Hommage an das BASIC, das bereits 1964 von John G. Kemeny und Thomas E. Kurtz entwickelt wurde.

5.2.1 Programmiermodell

Bei Embedded BASIC handelt es sich primär um eine prozedurale Sprache. Sie unterstützt allerdings auch Grundkonzepte der Objektorientierung sowie ein einfaches Modulkonzept. Außerdem unterstützt die Sprache präemptives Multitasking. Letzteres ist gerade für Steuerungsaufgaben sehr nützlich. Schauen wir dazu folgendes Beispiel an.

```
import Target

// names
symbol Pump = Out1
symbol Heater = Out2
symbol TempSensor = AIN1

// control tasks
task TempControl, 0.1, PRIORITY_HIGH
task PumpControl, 0.5, PRIORITY_LOW

// temp control task
function TempControl()
float Temp = TempSensor * 105.0 / 10000 - 25

    if Temp < 22.5 then Heater = high
    if Temp > 23.5 then Heater = low
endfunction

// pump control task
function PumpControl()

    select Day
        case MONDAY to FRIDAY
            if Time ==  8:30 then Pump = high
            if Time ==  9:00 then Pump = low
        case else
            if Time == 10:30 then Pump = high
            if Time == 11:00 then Pump = low
     endselect
endfunction

// idle loop
loop

endloop
```

Listing 5.2 Beispiel in Embedded BASIC

Im obigen Programm werden zwei Tasks gestartet. Der erste Task hat den Namen `TempControl` und soll einen einfachen Zweipunktregler realisieren. Der zweite Task mit dem

Namen `PumpControl` soll eine Pumpe zeitabhängig ein- bzw. ausschalten. Jeder Task benötigt eine Funktion mit dem gleichen Namen wie der Task, die dann zyklisch aufgerufen wird. Die Zykluszeit wird beim Start des Tasks als zweiter Parameter nach dem Namen angegeben, d. h., die Funktion `TempControl` wird alle 100 ms aufgerufen, während `PumpControl` nur alle 500 ms aufgerufen wird. Aufgrund seiner Priorität unterbricht ein Task mit hoher Priorität einen eventuell gerade laufenden Task mit niedriger Priorität. Dieses Prinzip heißt *präemptiv* und sorgt für kurze Reaktionszeiten und damit für Echtzeitverhalten.

Immer dann, wenn kein Task ausgeführt wird, läuft der sogenannte *Idle-Task* – das sind die Anweisungen, die zwischen LOOP und ENDLOOP steht. Obwohl im obigen Beispiel der Idle-Task leer ist, eignet sich dieser Teil besonders für Kommunikations- und Überwachungsfunktionen, weil dieser Task kontinuierlich durchläuft. Der Idle-Task hat dafür auch die niedrigste Priorität und wird von allen Tasks unterbrochen.

Durch die Kombination aus bis zu 16 zyklischen Echtzeit-Tasks und einem kontinuierlichen Idle-Task stellt unsere Skriptsprache ein sehr flexibles Programmiermodell zur Verfügung, das insbesondere für die Realisierung von kleinen Steuerungsaufgaben sehr gut geeignet ist.

5.2.2 Programmstruktur

Alle Programmiersprachen erfordern, dass Programme einer prinzipiellen Strukturierung folgen. In Abschnitt 7.2 über die Syntaxanalyse wird das noch genauer erläutert werden, es ergibt sich direkt aus der Grammatik, die einer Sprache zugrunde liegt.

In unserer Skriptsprache besteht ein Programm daher aus einer Liste von Anweisungen, d. h., die Ausführung beginnt mit der Anweisung in der ersten Zeile und endet mit der Anweisung in der letzten Zeile. Das ist grundlegend anders als etwa bei einem C-Programm, das aus einer Liste von Funktionen besteht. Die Ausführung beginnt mit dem Aufruf der `main()`-Funktion und endet auch, wenn die Funktion endet. Diesen Unterschied wollen wir noch genauer betrachten, weil unsere Skriptsprache daraus wesentliche Vorteile ziehen kann.

Ein Skriptprogramm besteht aus mindestens einer Quelldatei. In der Regel werden jedoch gleich zu Beginn weitere Dateien, sogenannte Module, importiert. Im Beispiel aus Listing 5.2 wird nur das `Target`-Modul importiert – in der Praxis sind es aber meist mehrere Module. Im `Target`-Modul, das immer zuerst importiert werden sollte, werden grundlegende Deklarationen über die Zielhardware zusammengefasst. Dazu zählen Informationen wie etwa der verfügbare Speicher für Programm und Daten, aber auch schon einige Definitionen generischer Namen für Ein- und Ausgänge. Stellen Sie sich eine Importanweisung vor, als würde der gesamte Quelltext des importierten Moduls an der Stelle der Importanweisung eingefügt.

Da die Ausführung nun in der ersten Zeile beginnt, werden also zuerst die Anweisungen der importierten Module ausgeführt. Module können selbst auch wieder Module importieren, sodass immer zuerst die Anweisungen aller importierten Module ausgeführt werden. Auf diese Weise können sich Module zunächst selbst initialisieren, bevor sie dann verwendet werden. Sie können eigene Variablen und Instanzen anlegen, Funktionen aufrufen und gegebenenfalls auch schon Tasks starten. Mit den Modulen kann auch gezielt Hardware initialisiert werden. Im Vergleich dazu kann ein C-Programm zwar Module mittels der Include-Anweisung einbinden, diese Module können aber erst aus der `main()`-Funktion heraus initialisiert werden. Vereinfacht könnte man auch sagen, dass die Module in Embedded BASIC eigenständiger sind.

Die Deklarationen von Variablen müssen in dem Zusammenhang und zum besseren Verständnis auch als Anweisungen angesehen werden. Es ist guter Programmierstil, wenn Variablen direkt bei ihrer Deklaration einen Initialwert zugewiesen bekommen. Diese Zuweisung ist nur deshalb möglich, weil eine Deklaration quasi auch eine Zuweisung darstellt. Der Skript-Interpreter führt bei einer einfachen Variablendeklaration wie dieser:

```
int i = 0
```

folgende Anweisungen aus: Trage in die Variablenliste für i den Typ Integer ein, reserviere dafür 4 Byte im Speicher und initialisiere diese mit 0. Das ist auch deshalb von Bedeutung, weil die Variable `i` erst dann verwendet werden kann, wenn sie deklariert wurde. Deklarationen sollten daher zu Beginn eines jeden Moduls stehen – gleich im Anschluss an die Importanweisungen.

Das lässt sich analog auch auf Funktionen und sogar auf Klassen übertragen. Auch strukturierte Deklarationen sind so gesehen nur Anweisungen im Sinne der Programmstruktur. Während Funktionen nur einmalig mit ihrer Adresse registriert werden, generieren Klassen einen Prototyp im Speicher, der dann bei jeder Instanziierung verwendet wird.

Damit sollte eine Skriptdatei in Embedded BASIC also immer etwa folgende Struktur haben, wobei die konkrete Ausgestaltung und Reihenfolge der einzelnen Elemente weitestgehend frei wählbar bleibt.

Das Hauptmodul besitzt am Ende noch eine *Main-Loop*. Diese Main-Loop ist der *Idle-Task*, der immer dann ausgeführt wird, wenn gerade kein Echtzeit-Task läuft. Wenn die Main-Loop beendet wird, beendet sich das Programm. Möchte man die gesamte Applikation also über ein Kommando beenden und neu starten, kann die Main-Loop einfach ein Abbruchkriterium enthalten.

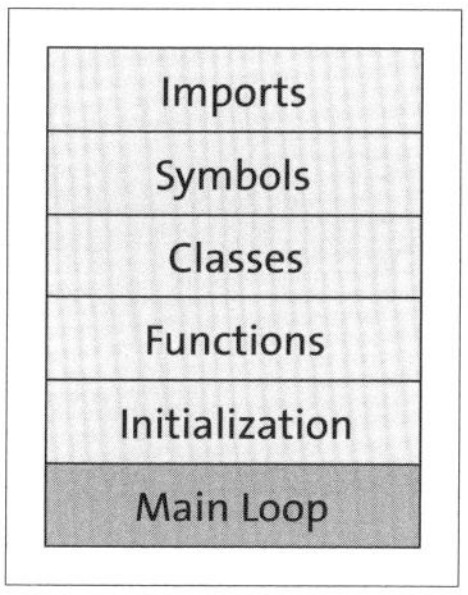

Abbildung 5.2 Grundstruktur eines Skriptmoduls

Zur Sicherheit sollte man im Idle-Task auch immer das Watchdog-Kommando aufrufen. Sollte aus irgendeinem Grund ein Task »hängen bleiben« und wird demzufolge der Idle-Task nicht mehr ausgeführt, beendet der Watchdog die Anwendung nach etwa vier Sekunden.

Obwohl die Art und Weise der Ausführung von Skripten in Embedded BASIC von der anderer, insbesondere kompilierter Programmiersprachen abweicht, ist sie doch eher intuitiver. Ab Version 9 unterstützt beispielsweise auch C# Anweisungen auf der obersten Programmebene – also ohne die Notwendigkeit einer *statischen* `main()`-Funktion. Das entspricht in etwa der Art der Programmstrukturierung, wie wir sie in unserem Skript verwenden.

5.2.3 Kontrollstrukturen

Man könnte meinen, dass es mit Blick auf die Kontrollstrukturen kaum nennenswerte Unterschiede zwischen verschiedenen Programmiersprachen gibt. Alle Programmiersprachen bieten Entscheidungen an, meist in Form einer IF-Anweisung, und sie unterstützen Schleifen, wie etwa eine WHILE- oder eine FOR-Schleife. Gibt es da wirkliche Neuerungen bei Kontrollstrukturen? Bei genauerem Hinsehen findet man schon innovative Konstrukte, an die man sich als Programmierer sehr schnell gewöhnt. Beispiele dafür sind etwa die Range-Based-Loops, wie sie in Python oder auch in C++ unterstützt werden. Besonders elegant ist die Unterstützung der Foreach-Loops in C#. Java unterstützt ein ähnliches Verhalten als Bestandteil der For-Schleife. Das sind mächtige, aber technisch leider auch kompliziert zu implementierende Kontrollstrukturen.

Kontrollstrukturen sind ein ganz wesentlicher Aspekt, und es lohnt sich, darüber genauer nachzudenken. Die am häufigsten verwendete Kontrollstruktur ist die IF-Anweisung. In Embedded BASIC kann die IF-Anweisung in verschiedenen Varianten geschrieben werden, damit die komfortabelste Schreibweise verwendet werden kann.

IF-Anweisung

Zunächst gibt es die klassische Variante, die zwischen IF und ENDIF einen Anweisungsblock bildet, der ausgeführt wird, wenn die Bedingung nach dem IF einen Wert von ungleich null ergibt. Bedingungen, in denen boolesche Ausdrücke wie etwa Vergleiche der Form `i < 10` vorkommen, werden dabei so interpretiert, dass FALSE == 0 und TRUE == 1 ergibt. Zur Auswertung von Ausdrücken kommen wir noch genauer, aber das unterscheidet unsere Skriptsprache vom ursprünglichen BASIC. Selbstverständlich gibt es auch noch eine IF-ELSE-Variante und darüber hinaus sogar eine IF-ELSEIF-Variante:

```
if i < 10 then
    <Anweisungen>
endif

if i < 10 then
    <Anweisungen>
else
    <Anweisungen>
endif

if i < 10 then
    <Anweisungen>
elseif i < 20 then
    <Anweisungen>
else
    <Anweisungen>
endif
```

Listing 5.3 If-Anweisungen mit Anweisungsblöcken

In einer IF-Anweisung können natürlich beliebig viele ELSEIF-Anweisungen nacheinander aufgelistet werden. Die Abarbeitung erfolgt dann exakt in der Reihenfolge, in der sie aufgeführt werden.

In der Praxis gibt es jedoch oft Fälle, bei denen nur einzelne Anweisungen zwischen IF und ENDIF stehen. Dafür wurde die IF-Anweisung noch um eine Kurzform ergänzt. So ist es möglich, eine oder auch mehrere Anweisungen direkt nach dem THEN in derselben Zeile zu schreiben. In dem Fall handelt es sich um eine Kurzschreibweise ohne abschließendes ENDIF.

```
if i > 10 then <Anweisungen>
if i > 10 goto <Label>
```

```
if i > 10 exit
if i > 10 return
```

Listing 5.4 Kurzformen der If-Anweisung

Darüber hinaus gibt es auch noch spezielle Kurzformen in Kombination mit anderen Anweisungen. Das sind die sogenannten bedingten Verzweigungen (*Conditional Branches*), wie IF-GOTO, IF-EXIT oder IF-RETURN. Allen Kurzformen ist jedoch gemein, dass es keinen ELSE-Zweig gibt.

SELECT-Anweisung

In der Tat könnte man bei einer IF-ELSEIF-Anweisung beliebig viele ELSEIF-Zweige angeben. Oft gibt es jedoch den Fall, dass man immer mit ein und demselben Anfangswert vergleicht. Das wäre dann einerseits unübersichtlich und andererseits auch noch uneffektiv. Für diese Fälle bietet sich die SELECT-Anweisung an. Mit ihr kann man einen Ausdruck auf verschiedene Werte oder sogar auf Wertebereiche prüfen und jeweils einen anderen Anweisungsblock durchlaufen.

```
select i
    case 1
        <Anweisungen>
    case 2, 3
        <Anweisungen>
    case 4 to 9
        <Anweisungen>
    case 10 to 13, 15 to 19
        <Anweisungen>
    case else
        <Anweisungen>
endselect
```

Listing 5.5 Select-Anweisung

In Embedded BASIC sind neben integralen, sprich ganzzahligen Werten auch rationale numerische Werte zulässig. Dabei muss man jedoch gegebenenfalls auf Rundungsfehler achten und die Vergleiche dann eher auf Bereiche als auf Einzelwerte auslegen.

Die Implementierung der SELECT-Anweisung testet den Ausdruck nach dem SELECT auf alle Werte bzw. Bereiche in der Reihenfolge, in der sie aufgeführt sind. Bei Übereinstimmung wird der zugehörige Anweisungsblock ausgeführt.

LOOP-Anweisung

Die Loop-Anweisung ist im Grunde eine Endlosschleife. Verwendung findet sie typischerweise beim Idle-Task, weil der kontinuierlich durchlaufen soll – immer nur unterbrochen durch die Echtzeit-Tasks. Eine Kombination aus der Loop-Anweisung und einem bedingten EXIT ergibt auch eine mitten- oder endgeprüfte Schleife.

```
loop
    <Anweisungen>
    if terminate exit
    <Anweisungen>
endloop
```

Listing 5.6 Loop-Anweisung, mittengeprüft

WHILE-Anweisung

Die klassische anfangsgeprüfte oder auch abweisende Schleife ist die WHILE-Schleife. Sie wird praktisch von jeder Programmiersprache in nahezu der gleichen Form unterstützt. Es gibt lediglich kleine syntaktische Unterschiede zwischen verschiedenen Sprachen. In Embedded BASIC ist die WHILE-Schleife ebenfalls fester Bestandteil.

```
while i
    <Anweisungen>
endwhile
```

Listing 5.7 While-Anweisung

FOR-Anweisung

Bei der FOR-Anweisung gibt es zwischen verschiedenen Sprachen deutliche Unterschiede. Das liegt insbesondere an der Art der Implementierung. Im Grunde gibt es immer drei Schritte, die eine FOR-Schleife ausmachen. Dazu gehören die Zuweisung des Anfangswerts, der Zählvorgang selbst und die Abbruchbedingung. In C-ähnlichen Sprachen werden diese drei Schritte jeweils separat angegeben. Dadurch ergibt sich eine sehr große Flexibilität.

In den meisten anderen Sprachen, wie auch in BASIC, ist die FOR-Schleife dagegen etwas spezifischer und intuitiver, dafür aber weniger flexibel. So werden explizit eine Zählvariable, ein Anfangs- und ein Endwert sowie optional auch noch eine Schrittweite angegeben. Wichtig ist, dass diese drei Werte gleich zu Beginn der Schleife einmalig berechnet werden. Der Zählvorgang sowie der Test auf das Abbruchkriterium erfolgen dann im Interpreter. Das macht die FOR-Schleife bei der Implementierung mit einem Interpreter zwar effektiver, man kann aber beispielsweise kein laufendes Abbruchkriterium mehr formulieren. In der Praxis ist das aber meist keine Einschränkung, und wenn es nötig ist, kann man auch auf eine der anderen Schleifen ausweichen.

So gesehen ist die FOR-Schleife in Embedded BASIC die effektivste Variante für einen Zählvorgang, und neben den üblichen integralen Zählvariablen sind hier auch Gleitkommazahlen zulässig.


```
for i = 0 to 10
    <Anweisungen>
endfor

for i = 10 to 0 step -1
    <Anweisungen>
endfor
```

Listing 5.8 For-Anweisung mit Schrittweite

Im Beispiel oben ist auch gut zu erkennen, wie man vorwärts- und rückwärtszählende Schleifen erstellen kann.

EXIT-Anweisung

Jede der bisher besprochenen Schleifen kann mittels der EXIT-Anweisung zu jedem Zeitpunkt verlassen werden. EXIT bricht jedoch immer nur die innerste Schleife ab. Sofern also mehrere geschachtelte Schleifen verlassen werden sollen, muss man in jeder Schleife EXIT aufrufen. Alternativ kann man solche geschachtelten Schleifen auch in einer Funktion aufrufen und dort mittels RETURN die Funktion wieder verlassen.

Wichtig ist, dass man nicht mit GOTO in eine Schleife hinein- oder aus einer Schleife herausspringen darf! Das ist ein typisches Problem bei Interpretern. Kompilierte Sprachen haben damit in der Regel keine Problem. Der Grund dafür liegt in der Art der Implementierung von Schleifen. Ein Interpreter legt sich für eine Schleife einen Eintrag auf dem Stack an. Dieser Eintrag wird nur wieder entfernt, wenn das Schleifenende überlaufen wird. Bei einem Sprung würde es logischerweise zu einem Stackfehler kommen. In der Praxis ist das kein großes Problem, dennoch muss man es beachten.

Derartige *Misconceptions* gibt es wohl in jeder Programmiersprache. Dabei handelt es sich um eine Art mehrdeutige Implementierung, die leicht missverständlich werden kann. So besitzen etwa die Operatoren ++ und -- in allen C-ähnlichen Sprachen ein großes Potenzial für Fehler. In Python können Tippfehler zu impliziten Variablendeklarationen und damit zu Fehlverhalten führen. In Pascal gibt es das *Dangling-Else-Problem* usw. Vielleicht machen ja kleine Fehler aber auch liebenswert, jedenfalls hat keine dieser *Misconceptions* je dazu geführt, dass eine Programmiersprache nicht mehr verwendet wurde.

GOTO-Anweisung

Obwohl der Informatiker Edsgar W. Dijkstra schon 1968 in seinem, inzwischen oft zitierten Zeitschriftenbeitrag *Go To Statement Considered Harmful* die Verwendung von GOTOs infrage stellte: »I became convinced that the go to statement should be abolished from all ›higher level‹ languages«, gibt es bis heute in fast jeder Programmiersprache noch eine GOTO-Anweisung. Es ist nicht sinnvoll, ein elementares Sprachkonstrukt pauschal abzulehnen, es ist aber sehr wohl berechtigt, über einen sinnvollen Umgang mit der GOTO-Anweisung nachzudenken. Es gibt Fälle, in denen man zwar auch ohne GOTO auskäme, die aber unter Verwendung von GOTOs eleganter gelöst werden können. In diesem Sinn ist die GOTO-Anweisung auch in Embedded BASIC enthalten.

ON-GOTO-Anweisung

Neben dem klassischen GOTO existiert in Embedded BASIC eine weitere Form – die ON-GOTO-Anweisung. Sie stellt eine einfache Variante dar, in Abhängigkeit von einem Index zu einem von mehreren Labels zu verzweigen.

```
    on i goto lab0, lab1, lab2
    goto ends

lab0:
    <Anweisungen>
     goto ends

lab1:
    <Anweisungen>
    goto ends

lab2:
    <Anweisungen>
    goto ends

ends:
```

Listing 5.9 On-Goto-Anweisung

Es handelt sich quasi um eine *Sprungtabelle*. Alle Sprungmarken müssen dabei im lokalen Scope liegen – sprich innerhalb derselben Funktion. Dann verzweigt diese Variante schneller als etwa eine SELECT-Anweisung und bietet zudem die Möglichkeit, zwischen verschiedenen Zweigen ein »Durchfallen« zu realisieren. Damit sind Mehrfachverzweigungen mitunter effektiver darstellbar. Nach Möglichkeit sollte man aber der Lesbarkeit eines Programms immer den Vorzug geben, und in der Regel ist die SELECT-Anweisung besser lesbar.

ON-CALL-Anweisung

In Analogie zur Sprungtabelle mittels ON-GOTO existiert noch eine zweite Variante, die ON-CALL-Anweisung, die man auch als *Funktionstabelle* bezeichnen könnte.

```
function foo0()
    <Anweisungen>
endfunction

function foo1()
    <Anweisungen>
endfunction

function foo2()
    <Anweisungen>
endfunction

on i call foo0, foo1, foo2
```

Listing 5.10 On-Call-Anweisung

Die Funktionen müssen im selben Scope definiert worden sein – also entweder global oder innerhalb einer Klasse. Dann ist die ON-CALL-Anweisung eine sowohl elegante als auch effektive *Dispatch-Anweisung*. Verwendung findet diese Art der Verzweigung beispielsweise beim Aufruf der zugehörigen Empfangsroutine in Abhängigkeit von einer Message-ID.

5.2.4 Literale und Symbole

Als Literale werden alle direkt eingebbaren konstanten Werte in einer Programmiersprache bezeichnet. Im einfachsten Fall sind das also die Zahlen. Es gehören aber auch einzelne Zeichen und ganze Strings dazu, sofern es sich dabei um einen zusammenhängenden Wert handelt. Jede Sprache hat ihre Besonderheiten. So werden etwa in C einzelne Zeichen in einfachen Hochkommas angegeben und String-Literale in doppelten Hochkommas. Python macht diese Unterscheidung nicht – sowohl einfache als auch doppelte Hochkommas sind für String-Literale zulässig. Darüber hinaus gibt es für Datum und Uhrzeit meist spezielle Literale, die aber nicht alle Sprachen unterstützen. In Steuerungsapplikationen spielen Zeit und Datum eine wichtige Rolle. Man denke dabei an Laufzeiten von Maschinen, an Wartungsintervalle oder auch an sehr kurze Verzögerungen im Millisekundenbereich. Sprachen, die für solche Anwendungen entworfen wurden, sollten daher Datum und Zeit geeignet unterstützen. In Embedded BASIC werden sowohl Datum als auch Zeit und natürlich auch Zeitintervalle einheitlich unterstützt. Für eine intuitive Eingabe stehen verschiedene Formate zur Verfügung, die im folgenden Beispiel aufgeführt werden.

```
const integer       =  123 // Zahlen
const negative      = -123 // integral
const floating      = -123.456 // rational
const binary        = %01010011 // dualformal
const hexadez       = $0000800F // hexadezimal

const character     = 'c' // character
const string        = "Hello World" // string

const historisch    = 1.1.2000 // Datum
const highnoon      = 11:59:59 // Uhrzeit
const delay         = 10:20.123 // 10 min, 20.123 s
const maxdelay      = 99:59:59.999 // 99 h, 59 min, 59.999 s

const homeaddr      = 127.0.0.1 // IP-Adresse

const noobj         = null // object
const bitlow        = low // state low
const bithigh       = high // state high
const enable        = true // boolean true
const disable       = false // boolean false
const escape        = esc // char code 27
const creturn       = cr // char code 13
const newline       = nl // char code 10
```

Listing 5.11 Übersicht über alle Literal-Formate

Obwohl man alle Literale auch direkt im Quelltext schreiben kann, empfiehlt es sich, dafür besser Konstanten zu deklarieren. Der Grund ist ganz klar der geringere Aufwand bei Änderungen. Mit einer Konstanten gibt es nur eine zentrale Stelle bei Änderungen – verwendet man die Literale verteilt im Quelltext, hat man mehrere Stellen zu pflegen.

Analog zu den Konstanten unterstützt Embedded BASIC auch noch Symboldefinitionen. Symbole sind quasi *Alias-Namen*, die man für Bezeichner vergeben kann. Die Idee ist die gleiche wie bei den Konstanten. Warum sollte man aber Bezeichner umdefinieren – könnte man stattdessen nicht gleich den Bezeichner ändern? Sämtliche Zugriffe auf die Hardware unseres Single-Chip-Systems erfolgen über vordefinierte Variablen wie z. B. `Port0.1`. Diese Variablen haben also bereits einen vordefinierten Namen. Wenn an `Port0.1` nun aber ein Relais angeschlossen wird, kann man einen sprechenden Alias-Namen vergeben. Dadurch wird das Programm deutlich lesbarer. Schließt man das Relais jetzt an `Port0.2` an, muss man nur den Alias-Namen einmal anpassen. Man kann mithilfe der Alias-Namen also auch ein Art *Mapping* erreichen.

In der Target-Datei, die immer zuerst importiert werden sollte, steht bereits eine Reihe von Symboldefinitionen. Sie definieren eindeutige Aliase zu den generischen Hardwarevariablen. So wird etwa aus `Port1.0` der Alias-Name `In0`. Diese Namen sind zwar immer noch allgemein, lassen aber zumindest erkennen, ob es ein Ein- oder ein Ausgang ist.

```
symbol In0          = Port1.0 // Digitaleingang 0
symbol In1          = Port1.1 // Digitaleingang 1
symbol In2          = Port1.2 // Digitaleingang 2

symbol AIn0         = Adc0 // Analogeingang 0
symbol AIn1         = Adc1 // Analogeingang 1
symbol AIn2         = Adc2 // Analogeingang 2

symbol DeviceID     = Regs[0] // Register 0
symbol StationID    = Regs[1] // Register 1
symbol LoranetID    = Regs[2] // Register 2
```

Listing 5.12 Vordefinierte Alias-Symbole

Eine Symboldefinition kann sich natürlich auch auf ein bereits definiertes Symbol beziehen – Symbole können so quasi aufeinander aufbauen. Der Compiler speichert immer den kompletten Pfad.

```
symbol Sensor  = AIn1 // Sensor
symbol Relais  = Out0 // Relais
```

```
if Sensor > 1000 then Relais = high // Verwendung
if Sensor <  750 then Relais = low
```

Listing 5.13 Verwendung von Symbolen

Das Konzept der Symbole ließe sich gegebenenfalls auch mittels Makros realisieren. Der Unterschied ist jedoch der, dass der Compiler dann nicht erkennen könnte, dass es sich um Symbolnamen handelt. Symbolnamen werden für ein späteres Debugging mit auf den Controller übertragen.

5.2.5 Variablen und Typen

Da dieses Kapitel nicht nur eine Sprachbeschreibung sein soll, sondern auch ein Vergleich verschiedener möglicher Designentscheidungen, geht es hier um die Reihenfolge von Typ, Name und Initialwert bei der Deklaration von Variablen.

In allen C-ähnlichen Programmiersprachen gilt die folgende Reihenfolge:

<Type> <Identifier> [= <Initial-Value>], ...

Diese Syntax ist intuitiv, sehr gut lesbar und eindeutig. Sie ergibt sich aus der Reihenfolge, in der die Informationen benötigt werden. Da der Typ zuerst kommt, kann danach eine Liste von Variablennamen folgen, und jede Variable kann optional auch gleich einen Initialwert erhalten.

Dagegen erfolgt die Deklaration von Variablen in vielen anderen Sprachen, maßgeblich in Pascal, aber klassisch auch in BASIC, genau umgekehrt. Dort steht der Typ erst nach der Variablenliste. Damit ist dann entweder eine Variablenliste möglich oder nur eine einzelne Variable mit Initialwert, beides zusammen geht nicht. Pascal und BASIC hatten ursprünglich keine Initialwerte. Warum setzt aber Kotlin, als moderne Sprache, wieder auf diese Syntax? Der Grund ist, dass man die expliziten Typangabe eigentlich ganz weglassen und stattdessen auf *Type-Inference* setzen möchte.

Type-Inference, zu Deutsch »Typ-Rückschluss«, bedeutet, dass eine deklarierte Variable gleich den Typ ihres Initialwerts übernimmt. Das ist ein modernes Konzept, und da eine Variable ohnehin immer initialisiert werden sollte, kann man den Typ damit auch weglassen. Eine solche Deklaration benötigt zwar ein Schlüsselwort als Einleitung der Deklaration, ist dann aber sehr elegant und komfortabel.

Ein Nachteil soll aber nicht unerwähnt bleiben. Bei einer Sprache mit mehreren gleichartigen Datentypen, wie etwa BYTE, WORD, SHORT, INT ist Type-Inference nicht in der Lage, den optimalen Typ anzunehmen. An der Stelle wäre der Programmierer dann doch wieder in der Situation, den Typ explizit angeben zu müssen.

Embedded BASIC setzt daher auf die C-Style-Deklaration, obwohl das von der klassischen BASIC-Syntax abweicht. Technisch gesehen wäre damit auch Type-Inference noch realisierbar, aktuell ist die Angabe des Typs aber immer erforderlich. Die folgenden Datentypen werden aktuell in unserer Skriptsprache unterstützt.

Typname	Wertebereich	Speichergröße
`bool`	false, true	1 Byte
`char`	0 bis 255	1 Byte
`byte`	0 bis 255	1 Byte
`word`	0 bis 65535	2 Byte
`short`	–32768 bis 32767	2 Byte
`int`	–2147483648 bis 2147483647	4 Byte
`float`	ca. sieben Stellen Genauigkeit	4 Byte
`object`	Referenztyp für alle Klassen	4 Byte

Tabelle 5.1 Übersicht über alle Basisdatentypen

Boolean-Typ

Eine Bedingung, wie sie etwa bei einer IF-Anweisung ausgewertet wird, ist dann erfüllt, wenn sie einen Wert ungleich null hat, und nicht erfüllt, wenn sie einen Wert gleich null hat. Daher kann quasi jede Variable als logischer Ausdruck verwendet werden. Dennoch ist es sinnvoll, explizit einen Typ für boolesche Werte zu haben, weil TRUE als 1 und FALSE als 0 definiert sind. Daher kann eine boolesche Variable auch nur diese beiden Werte annehmen, genau wie der Rückgabewert einer booleschen Funktion. Das stellt sicher, dass logische Verknüpfungen, wie *a* AND *b* immer korrekt ausgewertet werden.

Numerische Typen

Es gibt eine Reihe von integralen Datentypen, weil man so einerseits den verfügbaren Speicher optimal nutzen kann, indem man nur so viel Speicher verwendet, wie tatsächlich erforderlich ist, also indem etwa BYTE anstelle von WORD verwendet wird. Andererseits kann man das unterschiedliche Verhalten von *signed* und *unsigned* Variablen auch ausnutzen. Beispielsweise haben die Modbus-Register eine feste Datenbreite von 16 Bit, es ist aber nicht definiert, ob mit oder ohne Vorzeichen. Indem man den Inhalt eines Registers einer SHORT- oder einer WORD-Variablen zuweist, erreicht man automatisch eine Vorzeichenkonvertierung. Ebenso erfolgt automatisch eine Vorzeichenerweiterung (*Sign Extension*), wenn man eine SHORT-Variable einer INT-Variablen zuweist. Eine Erweiterung von WORD auf INT erfolgt dagegen immer ohne Vorzeichen.

Im Gegensatz zu vier integralen Datentypen existiert lediglich ein FLOAT-Typ. Der Grund liegt in der Limitierung durch die Hardware. Die meisten STM32-Mikrocontroller besitzen lediglich eine Hardware-FPU (*Floating-Point-Unit*) für FLOAT. Lediglich einige größere Modelle, wie z. B. der STM32F765, haben auch eine Hardwareunterstützung mit doppelter Genauigkeit. Würde man Embedded BASIC auch auf einen größeren STM32 portieren, hätte FLOAT dort auch eine doppelte Genauigkeit (ca. 15 Stellen).

String-Typen

Es gibt keinen expliziten String-Typ in Embedded BASIC. Das ist eine bewusste Designentscheidung, weil es im Wesentlichen drei Möglichkeiten gibt, Strings in einer Sprache zu unterstützen.

Die einfachste Variante sind CHAR-Arrays, wie man sie beispielsweise auch in C und C++ verwendet. Man kann im Programm je nach Bedarf lange oder weniger lange Strings deklarieren und hat dabei stets die volle Kontrolle über den genutzten Speicher. Diese Variante ist auch in unserer Skriptsprache umgesetzt. Zusammen mit vordefinierten String-Funktionen und nützlichen Besonderheiten, die Arrays in Embedded BASIC aufweisen, ergibt sich eine recht praktikable Lösung.

Die zweite Art, Strings zu unterstützen, sind die *fixed-size Strings*. Diese Variante kam zuerst mit USCD-Pascal in den 1970ern auf. Dabei kann der Anwender einen String mit einer festen maximalen Länge vordefinieren. Die tatsächliche Länge des Strings wird aber im String selbst mitgeführt – in Pascal geschieht das mithilfe eines expliziten Längen-Bytes im nullten Zeichen. Operationen wie etwa das Verbinden zweier Strings nutzen jedoch temporär Speicher auf dem Stack. Damit geht man in gewisser Weise ein Risiko ein, weil man nicht beurteilen kann, wie groß der benötigte Speicher auf dem Stack tatsächlich wird. Außerdem reduziert das Längen-Byte die maximale Länge eines Strings auf 255 Zeichen.

Die wohl eleganteste String-Implementierung, die in allen modernen Sprachen wie C# oder Java zum Einsatz kommt, sind sogenannte *immutable Strings*. »Unveränderlich« meint dabei, dass jede Änderung an einem String zu einer neuen String-Kopie führt – der Inhalt des Speichers eines Strings wird tatsächlich nie verändert. Somit führt jedoch jede String-Operation zu einer neuen Speicheranforderung auf dem Heap. Erstaunlich ist, dass die meisten BASIC-Interpreter der damaligen Homecomputer Strings bereits nach diesem Ansatz implementierten. Da der Heap aber von Zeit zu Zeit reorganisiert werden muss, ergeben sich unvorhersehbare Unterbrechungen (»Einfrieren«), die für Steuerungs- und Echtzeitanwendungen nicht tolerierbar sind.

Array-Typen

In Embedded BASIC können aktuell nur eindimensionale Arrays von allen Basistypen gebildet werden. Dazu wird bei einer Variablendeklaration einfach in eckigen Klammern die Anzahl der Felder angegeben. Arrays sind immer nullbasiert – die Array-Grenzen sind demnach 0 bis Länge – 1.

> **Array-Grenzen**
>
> Eine Besonderheit der Arrays in Embedded BASIC ist die, dass es nicht möglich ist, außerhalb der Grenzen auf ein Array zuzugreifen!

Auch wenn ein Array als Parameter an eine Funktion übergeben wird, ist es in der Funktion nicht möglich, die deklarierten Grenzen zu überschreiten. Das verhindert sicher einen der häufigsten Programmierfehler überhaupt (den *Buffer Overflow*). Jeder Zugriff wird stets auf die Grenzen des Arrays beschränkt. Ist der Index kleiner als null, wird auf Index [0] zugegriffen, ist der Index größer als Länge – 1, wird auf den Index [Länge – 1] zugegriffen. Diese Einschränkung macht ein Programm natürlich nicht automatisch komplett richtig, aber sie verhindert schwer zu findende Folgefehler.

Objekttypen

Der Datentyp `Object` ist die Basisklasse aller mittels CLASS..ENDCLASS deklarierten Klassen. Obwohl es aktuell noch keine Vererbung gibt, gibt es mit `Object` einen generischen Typ, der mit allen Objekten (Instanzen) kompatibel ist.

5.2.6 Ausdrücke und Priorität

Einfach gesagt, sind Ausdrücke nur eine Verknüpfung von Operatoren mit Werten, wobei jeder Operator eine Priorität (*Precedence*) und eine Bindung (*Associativity*) besitzt. Die Priorität legt dabei die Reihenfolge fest, in der die Operatoren eines Ausdrucks abgearbeitet werden, und die Bindung gibt Auskunft über den Bezug zur linken oder rechten Seite. Analysieren wir folgendes Beispiel:

$1 + 2 \cdot -3$

Die höchste Priorität hat das unäre Minus vor der 3, danach folgt die Multiplikation und schließlich die Addition. Das richtige Ergebnis ist also: –5. Die Bindungen der Operatoren sind: links für die Addition und für die Multiplikation, aber rechts für die Negation.

Operatoren	Priorität	Bindung
(); .; -; not; neg; new	1 (höchste)	rechts
*; /; <<; >>; mod; and	2	links
+; -; or; xor	3	links
<; <=; >; >=; <>; ==	4 (niedrigste)	links

Tabelle 5.2 Operatoren und ihre Präzedenz

In der obigen Tabelle sind alle Operatoren und ihre Prioritäten sowie Bindungen aufgeführt, die in Embedded BASIC unterstützt werden. Man beachte die geringe Zahl an Prioritätsstufen, nämlich nur vier. Vergleichen Sie das etwa mit C oder gar C++, sehen Sie, dass C schon 15 Prioritäten und C++ sogar 17 hat. Je mehr Prioritäten es gibt, desto feiner kann man die Ausdrücke formulieren, ohne explizite Klammern verwenden zu müssen.

Da wir nur vier Prioritäten haben, müssen wir folglich öfter Klammern setzen. Nehmen wir etwa folgendes Beispiel:

```
if (a < 10) or (b < 10) then ...
```

Dabei müssen die Vergleiche in Klammern stehen, weil das OR eine höhere Priorität hat als die Relationen. Ohne die Klammern wäre der Ausdruck sogar fehlerhaft. Im Abschnitt 7.2 über die Syntaxanalyse werden wir dann noch sehen, dass weniger Prioritäten den Parser etwas vereinfachen.

Wie werden logische Ausdrücke ausgewertet? Im Beispiel oben werden zwei Relationen verwendet. Beide Relationen ergeben jeweils ein boolesches Ergebnis – also entweder true = 1 oder false = 0. Die Operatoren AND und OR sind genau genommen immer bitweise Operationen – es werden also alle Bits der linken mit denen der rechten Seite verknüpft. Das ist die einfachste Art, einen logischen Ausdruck auszuwerten. Lediglich der NOT-Operator ist ein boolescher Operator, er negiert false zu true und umgekehrt. Damit man auch bitweise negieren kann, gibt es zusätzlich noch den NEG-Operator.

Insgesamt sind die Ausdrücke in Embedded BASIC leicht zu lesen (die Klammern haben auch ihre Vorzüge), und man hat alle logischen und alle bitweisen Operationen zur Verfügung. Durch die geringe Anzahl an Prioritäten ist die Ausdrucksauswertung im Interpreter etwas einfacher.

5.2.7 Funktionen und Lokalität

Jede prozedurale Sprache bietet natürlich Möglichkeiten, um Funktionen und Prozeduren zu erstellen und auch aufrufen zu können. Der Unterschied zwischen Funktionen und Prozeduren besteht lediglich im Rückgabewert, den nur Funktionen besitzen. Prozeduren dagegen geben kein direktes Ergebnis zurück. Pascal bot für Funktionen und Prozeduren sogar zwei getrennte Schlüsselwörter und damit auch zwei getrennte Deklarationen an. Es hat sich jedoch durchgesetzt, nur von Funktionen zu sprechen und bei einer Funktion ohne Ergebniswert den Rückgabetyp entweder einfach nicht anzugeben oder durch einen expliziten Void-Typ als »nicht verwendet« zu kennzeichnen.

In Embedded BASIC beginnen Funktionsdeklarationen mit dem Schlüsselwort FUNCTION und enden mit dem Schlüsselwort ENDFUNCTION. Eine einfache Funktion ohne Parameter wird demnach folgendermaßen deklariert:

```
function Simple()

endfunction
```

Listing 5.14 Deklaration einer einfachen Funktion ohne Rückgabewert

Soll eine Funktion auch ein Ergebnis liefern, muss man einen Rückgabetyp angeben und innerhalb der Funktion auch einen Wert zurückgeben. Der Rückgabewert wird mittels der RETURN-Anweisung zurückgegeben.

```
function float Sum(float a, float b)
    return a + b
endfunction
```

Listing 5.15 Deklaration einer einfachen Funktion mit Rückgabewert

Das einleitende Schlüsselwort FUNCTION ermöglicht einerseits dem Parser, eine Funktionsdeklaration zu erkennen, und andererseits macht es darüber hinaus den Rückgabetyp optional.

Als Funktionsparameter können alle Datentypen verwendet werden. Außerdem können auch Arrays als Parameter übergeben werden. Im Fall von Arrays erfolgt die Übergabe automatisch und immer per Referenz.

```
function float Average(float data[])
float sum = 0.0
int idx = 0
```

```
    while idx < len(data)
        sum = sum + data[idx]
        inc idx
    endwhile

    return sum / idx
endfunction
```

Listing 5.16 Deklaration einer einfachen Funktion mit Rückgabewert

Dabei wird intern nur ein Zeiger auf die Array-Variable an die Funktion übergeben – nicht das ganze Array. Das spart Speicherplatz auf dem Stack und ist deutlich performanter. Weil im Grunde aber ein Zeiger auf die Variable übergeben wird, stehen auch die Typinformationen wie etwa die Länge des Arrays innerhalb der Funktion zur Verfügung. Im obigen Beispiel kann so über die konkrete Länge des übergebenen Arrays iteriert werden. Mehr noch, es können alle Arrays als Parameter an diese Funktion übergeben werden, deren Basistyp FLOAT ist. Das erlaubt eine sehr flexible Programmierung.

Ein ganz wesentlicher Aspekt aller Funktionen in Embedded BASIC ist der wahlfreie Aufruf. Während in C oder Pascal immer nur Funktionen aufgerufen werden können, die zuvor bereits deklariert wurden, können in unserem Skript auch Funktionen aufgerufen werden, die erst später im Quelltext deklariert werden. Üblicherweise ist das in anderen Sprachen nur mittels einer expliziten *Forward-Deklaration* möglich. Dabei wird der Header oder auch der *Prototype* dem Compiler bekannt gemacht. Das entfällt in Embedded BASIC ganz und erlaubt so eine sehr intuitive Programmierung. Der Skript-Interpreter sucht beim Starten zunächst alle Funktionsdeklarationen im gesamten Programm, sodass er sämtliche Eintrittspunkte bereits kennt.

Forward-Deklarationen

In Embedded BASIC gibt es keine Forward-Deklarationen. Die Reihenfolge von Funktionsdeklarationen und -aufrufen ist beliebig.

Wie die technische Umsetzung der Syntaxprüfung solcher Funktionen aussieht und welcher Mehraufwand dafür erforderlich ist, wird im Kapitel 7, »Übersetzer«, über den Skript-Compiler noch genauer beschrieben.

Alle Variablen, die innerhalb einer Funktion deklariert werden, sind lokale Variablen. Sie existieren nur so lange, wie die Funktion ausgeführt wird. Die Anzahl der lokalen Variablen ist begrenzt – zusammen mit den Parametern können maximal 26 Variablen deklariert werden. Das bedeutet, wenn eine Funktion drei Parameter hat, können innerhalb der Funktion noch 23 lokale Variablen deklariert werden. Auch die Anzahl der Parameter ist auf maximal zehn begrenzt.

Bei der Deklaration lokaler Arrays gibt es eine weitere Besonderheit. Im Gegensatz zu globalen Arrays oder Arrays innerhalb von Klassen dürfen lokale Arrays eine variable Anzahl an Feldern haben, d. h., anstelle einer Konstanten kann innerhalb der eckigen Klammern eine Variable oder ein Ausdruck stehen.

Variable Array-Länge

Embedded BASIC unterstützt Arrays variabler Länge, wenn diese als lokale Variablen innerhalb einer Funktion deklariert werden.

Das ist dann sehr nützlich, wenn der lokale Speicherbedarf von den konkret übergebenen Parametern abhängig ist. Das kann insbesondere bei String-Funktionen nützlich sein oder bei der Auswertung von Datenreihen. In beiden Fällen würde man ein Array per *Referenz* an eine Funktion übergeben, und der lokale Bedarf kann von den Daten selbst abhängig sein. Folgendes Beispiel zeigt die Deklaration eines lokalen Arrays, um etwa eine temporäre Kopie der übergebenen Daten zu erstellen:

```
function LocalCopy(float data[])
float copy[len(data)]

    // make a copy of data
    insert copy, data

    ...
endfunction
```

Listing 5.17 Lokales Array mit variabler Länge

Grundsätzlich kann einem Array-Parameter einer Funktion jedes Array mit dem gleichen Basistyp zugewiesen werden. Die Länge des tatsächlich zugewiesenen Arrays kann in der Funktion mittels `len()` ermittelt werden.

5.2.8 Klassen und Instanzen

Mit zunehmender Komplexität der Anwendungen steigt auch der Wunsch nach einer besseren Kapselung. Durch das Anlegen eigener Module hat man bereits die Möglichkeit, Programmteile mit gleichem Bezug zusammenzufassen. Man kann damit sehr gut Funktionalitäten gruppieren, also etwa alle Funktionen mit Bezug zu Datum und Uhrzeit in einem Modul zusammenfassen, einen Logger oder auch alle mathematischen Funktionen etc.

Es besteht jedoch eher der Wunsch, die Struktur einer Anlage, einer Maschine oder eines Geräts im Anwendungsprogramm wiederzufinden. Das erfordert insbesondere die Möglichkeit, mehrere gleichartige Komponenten so abzubilden, dass man den Quelltext dafür nur einmal erstellen muss. Außerdem soll auch das Zusammenwirken zwischen den Komponenten modelliert werden. Beides lässt sich mit Modulen nicht erreichen.

Genau dafür bietet Embedded BASIC jedoch *Klassen* und *Objekte* an. Eine Klasse ist die Abbildung von genau einer Komponente einer Anlage, die dann einmal oder natürlich auch mehrfach vorkommen kann. Jedes einzelne Vorkommen einer konkreten Klasse ist dabei eine *Instanz* dieser Klasse. Ein *Objekt* stellt gleichsam einen Oberbegriff ohne konkreten Bezug zu einer Klasse dar – also alle *Instanzen* sind quasi auch immer *Objekte*.

Angenommen, man hätte einen zweirädrigen Roboter, dann würde eine Klasse den Roboter (`Robot`) abbilden und eine zweite Klasse ein Rad (`Wheel`). Die Klasse `Robot` hätte dann natürlich zwei Instanzen der Klasse `Wheel`.

```
import Target

// class Wheel
class Wheel

    // private member
    private int nWheel = 0

    // constructor
    function Wheel(int num)
        nWheel = num
    endfunction

    // method Forward
    function Forward()
        ...
    endfunction
endclass

// class Robot
class Robot
    // constants
    const LEFT = 0
```

```
    const RIGHT = 1

    // private instances
    private Wheel LeftWheel = new Wheel(LEFT)
    private Wheel RightWheel = new Wheel(RIGHT)

    // method Go
    function Go()
        LeftWheel.Forward()
        RightWheel.Forward()
    endfunction
endclass

// the Robot
Robot Robi = new Robot()

loop
    Robi.Go()
endloop
```

Listing 5.18 Objektorientierte Modellierung eines Roboters

Würden wir an den Roboter auch noch drei Abstandssensoren montieren, bekäme die Klasse `Robot` drei Instanzen einer entsprechenden Klasse `Sensor`. Das ließe sich so weiter fortführen – das Prinzip wird auch als *Komposition* oder *Aggregation* bezeichnet. Man fragt: »Aus welchen Teilen besteht etwas?« und modelliert diese Teile zuerst als Klassen. Anschließend setzt man sie dann in einer übergeordneten Klasse zusammen. Daraus entsteht in der Regel eine Baumstruktur – in unserem Beispiel wäre die Klasse `Robot` dann die Wurzel (*Root*) davon. Bei der *Komposition* handelt es sich um eine »untrennbare« Beziehung, während die *Aggregation* eher ein »Bausteinprinzip« beschreibt.

Der große Vorteil dieser Art der Abstraktion liegt schließlich in der einfacheren Programmierung. Im obigen Beispiel hat der Roboter eine Methode `Go()`. Die Funktionen innerhalb einer Klasse heißen übrigens *Methoden* und die Variablen *Member*. Damit sich der Roboter bewegt, muss er seine Räder drehen, was in der Implementierung der Methode `Robot.Go()` erfolgt. Die Steuerung seiner Räder übernimmt folglich der Roboter selbst, die Steuerung des Roboters wäre hier Aufgabe der Anwendung. So werden stets die Details einer Methode an die darunterliegenden Schichten delegiert – das nennt sich in der objektorientierten Programmierung ganz allgemein *Kapselung*.

Die Instanziierung einer Klasse erfolgt mit dem NEW-Operator. Der NEW-Operator reserviert auf dem Heap den benötigten Speicher, initialisiert alle *Member* der *Instanz* und ruft gegebenenfalls anschließend noch den *Konstruktor* auf. Im Ergebnis liefert NEW eine Referenz auf das komplett erzeugte und initialisierte Objekt, so als wäre NEW eine Funktion. Damit ist der NEW-Operator relativ komplex, wenn man bedenkt, dass beim Initialisieren der Felder, wie etwa bei `LeftWheel` und `RightWheel` im obigen Beispiel, der NEW-Operator auch rekursiv aufgerufen werden kann.

Wichtig ist bei der zweistufigen Initialisierung einer Instanz, dass zunächst also alle Member initialisiert und erst danach der Konstruktor aufgerufen wird, sofern überhaupt ein Konstruktor deklariert wurde. Der Konstruktor ist eine Methode mit dem gleichen Namen wie die Klasse. Er darf Parameter erhalten, jedoch keinen Rückgabewert liefern (`Wheel`). Sofern der Konstruktor nicht benötigt wird, kann er auch weggelassen werden (`Robot`).

Garbage Collector

Instanzen, die mit dem NEW-Operator erzeugt werden, bleiben während der gesamten Programmlaufzeit erhalten. Es gibt aktuell keinen Garbage Collector!

In modernen Sprachen gibt es einen automatischen *Garbage Collector* (GC), der nicht mehr referenzierten Speicher findet und wieder freigibt. Ein Garbage Collector vereinfacht die Programmierung ungemein – mehr noch, er verhindert sogar schwerwiegende Fehler. Das liegt an der Art und Weise, wie er arbeitet. Solange ein Speicherbereich irgendwo referenziert wird, wird er auch nicht freigegeben – unabhängig davon, ob er tatsächlich noch verwendet wird oder nicht. Damit toleriert ein GC in gewisser Weise sporadische Zugriffe in einen Speicherbereich, der von der Anwendung bereits nicht mehr verwendet wird. Das passiert unter Umständen in Multitasking-Applikationen.

Außerdem organisiert ein GC den Heap-Speicher regelmäßig neu, um eine zu große *Fragmentierung* zu vermeiden. Das sind Vorteile, auf die man heute bei großen Anwendungen nicht mehr verzichten kann. Allerdings hat ein GC auch seinen Preis, und der besteht in einem »unvorhersehbar langen Blockieren« des Heap-Speichers, was für Echtzeitanwendungen nicht akzeptabel ist.

Da Embedded BASIC aktuell keinen Garbage Collector besitzt, bleiben alle Instanzen im Speicher. Dennoch hat die objektorientierte Modellierung, wie wir sie am Beispiel unseres zweirädrigen Roboters durchgespielt haben, entscheidende Vorteile. Solange der Roboter also keines seiner Räder verliert, können wir ihn auch ohne einen GC sehr gut modellieren.

5.2.9 Präemptive Tasks

Im Betriebssystem haben wir ein kooperatives Multithreading realisiert – eine erweiterte Variante des *Round-Robin-Verfahrens* (*Slotted Time Slicing*). Das ermöglicht ein *deterministisches* Verhalten aller Threads mit sehr geringem Jittern. Damit konnten wir beispielsweise die maximale Antwortzeit auf eine Modbus-Anfrage recht genau vorhersagen, ebenso wie das Timing bei einem Display-Refresh. Alle Task-Wechsel sind stets exakt definiert. In Summe ergibt das ein robustes und stabiles Systemverhalten, bei dem kein Thread »verhungern« kann (*Starvation Free*). Dazu ist es jedoch erforderlich, dass sich alle Threads an ein exaktes Timing halten müssen. Kein Thread darf mehr als eine Millisekunde Rechenzeit am Stück beanspruchen – und das unter allen Umständen. Das erfordert nicht nur eine gewisse Disziplin und ein hohes Maß an Verständnis für das System, sondern mitunter auch die messtechnische Kontrolle mithilfe eines Oszilloskops.

Solche Anforderungen können wir jedoch nicht an das Anwendungsprogramm stellen. Die Argumente für eine Skriptsprache waren doch eher Komfort und Zuverlässigkeit und nicht zuletzt auch Abstraktion. Als Anwendungssprache muss sie selbstverständlich Multitasking unterstützen, aber aus den obigen Gründen muss sie sogar *präemptives Multitasking* unterstützen.

Präemptives Multitasking bedeutet, dass ein Task-Wechsel erzwungen wird, ohne dass die Tasks dazu etwas tun müssen. Damit entfällt die Notwendigkeit, dass sich die Skript-Tasks an ein strenges Timing halten müssen. Das wäre schon deshalb nicht möglich, weil ja der Idle-Task immer durchlaufen soll. Er würde also von sich aus nie die Kontrolle zurückgeben. Aber auch alle anderen Tasks im Skript werden immer dann unterbrochen, wenn ein Task mit höherer Priorität startet. Bei Echtzeitverhalten entscheidet allein die Priorität – es bekommt immer der Task mit der höchsten Priorität die Zuteilung.

In Embedded BASIC werden Tasks durch die TASK-Anweisung gestartet. Diese Anweisung erwartet drei Parameter – die Task-Funktion, die Zykluszeit und optional noch eine Priorität. Wird die Priorität nicht angegeben, wird `PRIORITY_NORMAL` angenommen. Fortan wird die Task-Funktion zyklisch immer wieder aufgerufen, sobald die eingestellte Zykluszeit abgelaufen ist. Die Zykluszeit beginnt dabei stets sofort von Neuem. Natürlich muss der Task innerhalb der Zykluszeit auch fertig werden, und je mehr Zeit er dafür benötigt, desto weniger Zeit bleibt für andere Tasks. Die eingestellte Priorität eines Tasks entscheidet, ob der Task einen anderen Task unterbrechen darf. Ist seine Priorität nämlich höher, startet er, und der zuvor gelaufene Task pausiert so lange. Bei gleicher oder niedrigerer Priorität muss der Task warten. Sobald er dann die höchste Priorität hat, wird er gestartet.

Das *Scheduling* der Skript-Tasks übernimmt ein Thread im Betriebssystem. Die genaue Implementierung dieses *Schedulers* wird später noch erklärt. An der Stelle erst mal nur so viel: Der Scheduler verwaltet eine Liste alle Tasks und sortiert diese Liste alle 10 ms entsprechend den Task-Prioritäten um – wird ein Task aktiv und hat eine hohe Priorität, verdrängt er andere Tasks in der Liste. Der Skript-Interpreter führt dann immer den Skript-Task aus, der an erster Stelle in der Liste steht. Da nur alle 10 ms die Prioritäten überprüft werden, beträgt die kleinste Zykluszeit eines Skript-Tasks 10 ms. Ein abgearbeiteter Task wird als inaktiv gekennzeichnet und ans Ende der Liste gestellt.

In der Steuerungstechnik gibt es drei Task-Arten –die *durchlaufenden Tasks*, dann die *zyklischen Tasks* und schließlich noch die *ereignisgesteuerten Tasks*. Unsere Skript-Tasks sind definitionsgemäß also zyklische Tasks, während der Idle-Task ein durchlaufender Task ist. Ereignisgesteuerte Tasks gibt es in Embedded BASIC zunächst nicht, man kann aber mit der WAIT-Anweisung auf ein Ereignis warten.

Das zyklische Verhalten der Skript-Tasks hat mehrere Vorteile. Die meisten Steuerungsaufgaben benötigen ohnehin eine exakte Zykluszeit, wie etwa ein digitaler Regler. Mit einem zyklischen Task kann man aber auch sehr einfach Abläufe abbilden, dazu muss man nur eine Zählvariable inkrementieren. Zyklische Tasks haben allerdings auch einen Nachteil, der sich daraus ergibt, dass die Task-Funktion immer innerhalb der Zykluszeit beendet werden muss. Längere Aufgaben müssen daher gegebenenfalls auf mehrere Zyklen aufgeteilt werden. Die Lösung dafür sind wieder *Zustandsautomaten*, die wir später noch genauer betrachten werden.

Die gemeinsame Nutzung von Skript-Tasks zusammen mit Klassen bzw. Objekten erlaubt sehr elegante Lösungen. Im folgenden Beispiel soll dazu ein Task in einer Klasse gekapselt werden. Die Klasse `Blinker` soll eine einfache Blink-LED realisieren.

```
import Target

// blinker class
class Blinker

    // blink led
    private int Led = 0

    // constructor
    function Blinker(int num, float cycle = 0.5)
        this.Led = num
        task BlinkTask, cycle, PRIORITY_LOW
    endfunction
```

```
    // control task (cycle time)
    private function BlinkTask()
        lock
            Leds = Leds xor (1 << this.Led)
        unlock
    endfunction
endclass

// create instances
Blinker Blink1 = new Blinker(1, 0.5)
Blinker Blink2 = new Blinker(2, 0.2)

loop

endloop
```

Listing 5.19 Blinker-Klasse mit eigenem Task

Analysieren wir dieses Beispiel einmal etwas genauer, weil es einige Besonderheiten aufweist. Zunächst besteht es aus der Deklaration der Klasse `Blinker` mit einer Member-Variablen `Led`, in der die Bitnummer der Blink-LED gespeichert wird. Die Bitnummer der Blink-LED und die Blink-Zykluszeit werden dem Konstruktor bei der Instanziierung mitgegeben. Bei mehreren Instanzen dieser Klasse sollen demnach auch mehrere LEDs blinken.

Die erste Besonderheit ist die TASK-Anweisung im Konstruktor. Das bedeutet, immer wenn mittels des NEW-Operators eine Instanz dieser Klasse erzeugt und dabei der Konstruktor aufgerufen wird, wird auch ein neuer Task gestartet. Gibt es von dieser Klasse, wie im Beispiel oben, zwei Instanzen, dann laufen auch zwei zyklische Tasks! Beide Tasks rufen zwar die gleiche Methode `BlinkTask` auf, aber jeder Aufruf erfolgt für eine andere Instanz. Ein Skript-Task unseres präemptiven Multitaskings muss also zu jeder Task-Methode auch eine Referenz auf die konkrete Instanz speichern, für die die Methode aufgerufen werden soll. Bei einem Aufruf der Task-Methode wird diese Instanz dann immer zuerst gesetzt. Das ist notwendig, wenn die TASK-Anweisung innerhalb einer Klasse aufgerufen wird.

Da Task-Funktionen keine Parameter haben dürfen und auch keinen Rückgabewert, ist die Kapselung eines Skript-Tasks in einem Objekt ein eleganter Weg, einer Task-Methode Parameter mitzugeben. Das passiert in dem Fall quasi über die *this*-Referenz auf die Instanz. Im Grunde ist die Bitnummer der Blink-LED im Beispiel oben genauso ein

Parameter. In der Task-Methode `BlinkTask` wird diese Nummer `this.Led` durch eine Bitmanipulation auf den LED-Port `Leds` übertragen. `This` ist immer die Referenz auf die eigene Instanz und wäre an der Stelle nicht erforderlich, weil der Bezeichner `Led` bereits eindeutig ist. Zur Kenntlichmachung kann man Member auch immer über `this.<Member>` erreichen.

Eine weitere Besonderheit in dem Beispiel sind die Anweisungen LOCK und UNLOCK. Die LOCK-Anweisung verhindert einen Task-Wechsel. Selbst wenn ein höher priorisierter Task danach aktiv würde, könnte er tatsächlich erst loslaufen, nachdem die UNLOCK-Anweisung ausgeführt wurde. So kann man Zugriffe mehrerer Tasks auf eine gemeinsame Ressource verhindern.

In unserem Beispiel sind alle LEDs über den logischen `Port0` (`Port0.0` - `Port0.3`) zu erreichen. Das Ein- bzw. Ausschalten einer LED erfolgt aber über einen *Read-Modify-Write*-Zugriff. Solche Zugriffe sind *nicht atomar* und könnten durch einen Task-Wechsel unterbrochen werden. Das ist zwar im Beispiel oben nicht der Fall, weil beide Tasks die gleiche Priorität haben, könnte jedoch auftreten, wenn es noch einen weiteren Task gäbe, der ebenfalls auf `Port0` zugreift.

Die Anweisungen LOCK und UNLOCK sind zählend realisiert – würde mehrfach LOCK aufgerufen, muss erst genauso oft UNLOCK aufgerufen werden, um die Sperre wieder aufzuheben. Selbstverständlich sollten LOCK und UNLOCK nur sehr begrenzt eingesetzt werden.

Mit dem Wissen können wir nun auch aktive Objekte erstellen. Damit sind Objekte gemeint, die einen eigenen zyklischen Task besitzen.

5.3 Anwendungen

Die folgenden Applikationen entstanden im Rahmen von Lehrveranstaltungen an der Fakultät Gebäudetechnik und Informatik der Fachhochschule Erfurt. Dabei wurden bewusst praktisch relevante Beispiele aus der Regelungstechnik sowie der Robotik gewählt, um einerseits eine Motivation für den Einsatz eingebetteter Systeme zu schaffen und andererseits die Tauglichkeit von zuvor theoretisch erarbeiteten Lösungswegen unter Beweis zu stellen. Die Beispiele sind erprobt und leicht nachvollziehbar. Die praktische Arbeit als Ergänzung zur Theorie war für die Studierenden immer eine willkommene Abwechslung.

5.3.1 Entwicklungstool

Alle Beispielapplikationen wurden mit dem Entwicklungstool *Codepad - Application Development Tool* erstellt, das auch im Softwarepaket zu diesem Buch enthalten ist. Es ist im Wesentlichen ein Source-Code-Editor, mit dem man Embedded-BASIC-Projekte entwickeln und über eine serielle USB-Verbindung auf das Breakout-Board übertragen kann. Die Software ist zwar nicht quelloffen, jedoch uneingeschränkt nutzbar. Das erlaubt die Installation auf mehreren Arbeitsplätzen, wie etwa in Seminarräumen oder Laboren, sowie die Nutzung auf privaten Rechnern.

Da man damit auch Betriebssystem-Updates auf unserem Breakout-Board durchführen kann, hat man gleichzeitig die Möglichkeit, parallel in C und in Embedded BASIC zu entwickeln. So kann man etwa einen neuen Display-Treiber im Betriebssystem implementieren und in Embedded BASIC gleich einen Test dafür erstellen. Daher kommt dem Tool eine zentrale Rolle zu.

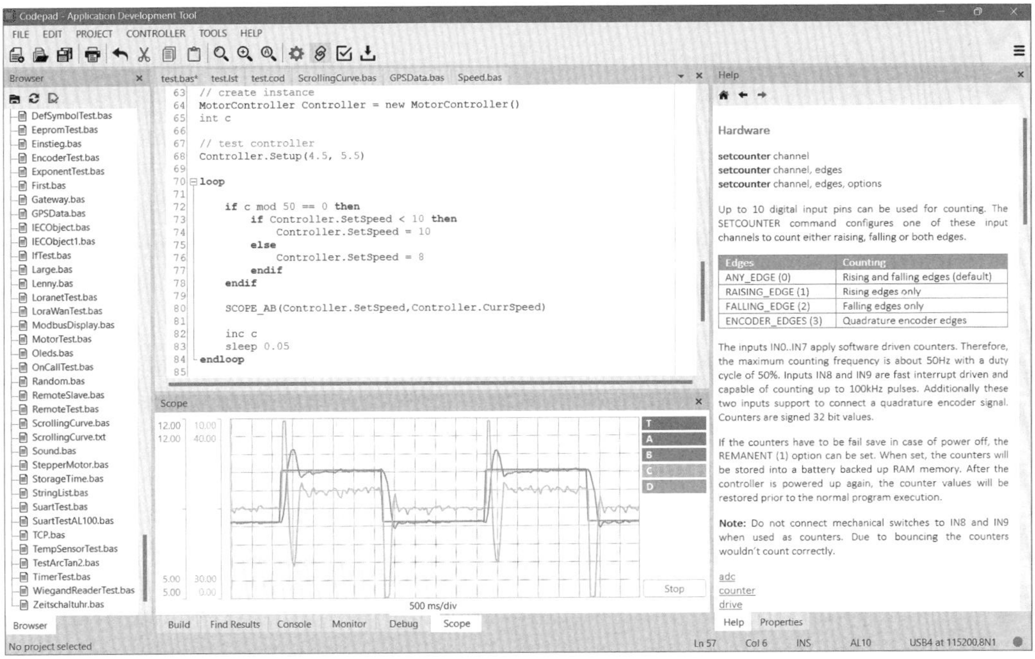

Abbildung 5.3 Codepad – Application Development Tool

Prinzipiell kann man die Skriptprogramme aber auch in einem anderen Editor erstellen, etwa mit Visual Studio Code oder einfach im Windows-Editor.

Möchten Sie einen anderen Editor verwenden, müssen Sie den Übersetzer für die Skriptprogramme *CScript.exe* über eine Kommandozeile aufrufen. Es befindet zudem ein separates Download-Tool *DownloadUtility.exe* in der Softwaresammlung, sodass man kompilierte Skripte und Betriebssysteme auf unser Controller-Board laden kann. Bis auf den Codepad-Editor liegen alle Programme zudem im Quelltext vor.

5.3.2 Drehzahlregelung

Klassische Regelungstechnik ist ein spannendes Gebiet mit einer Vielzahl an Einsatzmöglichkeiten für Mikrocontroller – praktisch sind heute alle Regler digital. Die erste Anwendung soll deshalb auch eine Drehzahlregelung für kleine Gleichstrommotoren oder auch DC-Motoren (*Direct Current*) sein.

Eine Drehzahlregelung, gerade bei einem kleinen Motor, hat einen enormen »Wow-Effekt«. Nimmt man beispielsweise einen Getriebemotor mit 12 V Nennspannung und schließt diesen an ein Labornetzteil an, kann man den Motor mit den bloßen Fingern wahrscheinlich kaum anhalten. Senkt man die Spannung aber auf 6 V ab, um den Motor langsamer laufen zu lassen, dann hat er plötzlich kaum noch Drehmoment, und man kann ihn ganz leicht anhalten. Das Drehmoment eines Gleichstrommotors ist *direkt proportional* zum Strom, der durch die Ankerwicklung fließt, und wenn man die Spannung halbiert, halbiert sich auch der Strom. Schaltet man nun jedoch einen Drehzahlregler zwischen Labornetzteil und Motor, kann man den Motor sehr langsam laufen lassen und ihn trotzdem nicht anhalten. Der Regler »hält quasi dagegen« und erhöht bei Belastung den Strom im Anker. Das funktioniert auch schon, wenn der Regler gar nicht optimal eingestellt ist, weil die zu regelnde Strecke, der Motor, sehr »gutmütig« ist. Befassen wir uns deshalb zunächst etwas mit den Grundlagen.

Der erste Schritt ist immer die Klassifikation der Regelstrecke, in unserem Fall also des Motors. Es gibt verschiedene Verfahren, eine Regelstrecke zu analysieren, das gebräuchlichste ist dabei wohl die Aufnahme der *Sprungantwort* (siehe Quelle 12 im Literaturverzeichnis). Wenn wir den Motor mit Nennspannung einschalten und den Verlauf der Drehzahl aufzeichnen, können wir sehen, dass die Drehzahl einer Exponentialfunktion folgt und einem Endwert zustrebt. Nach einer kurzen Zeit hat der Motor seine Nenndrehzahl erreicht, und danach wird sich daran nichts mehr ändern. Diese Art von Regelstrecken werden als *Strecken mit Ausgleich*, *Proportional-* oder auch *P-Strecken* bezeichnet. Wegen des exponentiellen Verlaufs der Drehzahl, der sich durch Trägheit im Anker, den Wellen und den Zahnrädern ergibt, wird die Strecke genauer auch als PT_1-Strecke klassifiziert.

Im zweiten Schritt legt man den Regler für die zuvor gefundene Strecke fest. Das Prinzip, das man dabei zugrunde legt, ist, dass der Regler zusammen mit der Strecke ein gewünschtes Gesamtverhalten realisiert.

Strecke	Regler
I	P
IT1	PD
PT1	PI
PT2	PID

Tabelle 5.3 Reglerauswahl bei gegebenem Streckenverhalten

Dieses Verhalten wird *Führungsübertragungsfunktion* genannt und ist das Gesamtverhalten bei Änderung des Sollwerts. Die obige Tabelle gibt Auskunft über sinnvolle Kombinationsmöglichkeiten.

Warum nimmt man nicht immer einen PID-Regler? Technisch betrachtet, kann man zwar immer einen PID-Regler verwenden, je nach Strecke könnte man gegebenenfalls aber einen Anteil, entweder I oder D, auf null setzen, weil er nicht benötigt wird. Ein I-Anteil im Regler bei einer *I-Strecke*, also einer Strecke *ohne Ausgleich*, könnte zu Schwingungen führen. In Tabelle 5.3 findet man Kombinationen, die alle eine PT_1-Führungsübertragungsfunktion ergeben. Man kann sich diese Kombinationen gut merken, weil sie immer genau ein I enthalten.

Danach benötigen wir für die Drehzahlregelung unseres Motors einen PI-Regler. Wir können also das folgende Gesamtbild unseres Regelkreises zeichnen.

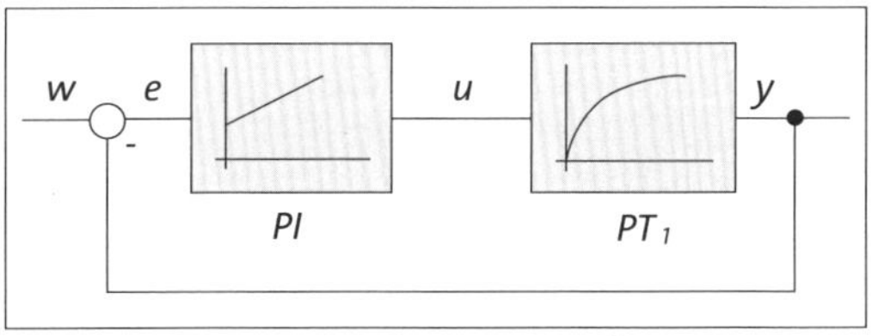

Abbildung 5.4 Blockschaltbild Regelstrecke

Die Formelzeichen haben dabei folgende Bedeutungen:

- w = Führungsgröße oder Sollwert,
- e = Regelabweichung,
- u = Stellgröße,
- y = Ausgangsgröße.

Bevor wir an die eigentliche Implementierung des Reglers gehen können, müssen wir zunächst noch den Algorithmus für einen *zeitdiskreten* PI-Regler herausarbeiten. Prinzipiell »sieht« ein Regler nur die aktuelle Regelabweichung e_k:

[5.1] $e_k = w_k - y_k$

Damit lässt sich bereits der proportionale Anteil des Reglers berechnen, indem man die aktuelle Regelabweichung e_k einfach mit dem Proportionalitätsfaktor k_p multipliziert.

Die Berechnung des integralen Anteils erfordert dagegen eine Integration von e. Wir können die Integration jedoch in eine *iterative Summation* umwandeln, wenn wir e zu äquidistanten Zeitpunkten $T_a = t_{n+1} - t_n$ abtasten. Das entspricht einer *Euler-Integration*, wobei sich der Wert für das Integral der Regelabweichung dann aus der Summe e_{sum} multipliziert mit der Abtastzeit T_a ergibt (siehe Gleichung 5.2). Wir erhalten folgende Formel für die Stellgröße u_k des Reglers, indem wir die Summe des integralen und des proportionalen Anteils bilden:

[5.2] $u_k = k_p \cdot e_k + k_i \cdot T_a \cdot e_{sum}$

mit

[5.3] $e_{sum} = e_0 + e_1 + e_2 + \ldots + e_k$

Dabei ist k immer der aktuelle Zeitpunkt, zu dem die Gleichungen berechnet werden.

Unser Regler soll in einer Klasse `MotorController` gekapselt werden und den angeschlossenen Motor über einen PWM-Ausgang ansteuern. Die aktuelle Drehzahl des Motors ermittelt der Regler aus Zählimpulsen, die von einem Encoder auf der Motorachse generiert werden. Der PWM-Ausgang sowie der Zähleingang werden zu Beginn mit den Anweisungen `SETPWM` und `SETCOUNTER` initialisiert.

Der Regleralgorithmus wird dann zyklisch mit einer konstanten Abtastzeit von 10 ms aufgerufen. Das passiert in der Task-Methode `ControlTask`. Mit der Abtastzeit wird auch gleich die Differenz der gezählten Impulse und damit ein Maß für die aktuelle Drehzahl `CurrSpeed` des Motors ermittelt. Man muss vorab ausmessen, wie viele Impulse der Encoder auf der Motorachse in einem Abtastintervall von 10 ms bei maximaler Drehzahl überhaupt ausgibt. Der hier verwendete Motor liefert maximal 20 Impulse in 10 ms – das entspricht also einer Frequenz von etwa 2 kHz. Da es nur um die Regelung an sich geht, erfolgt hier keine weitere Umrechnung in Umdrehungen pro Minute. Allerdings ist es erforderlich, die gezählten Impulse noch zu mitteln. Dazu wird ein einfacher Algorithmus verwendet, der im Grunde ein Tiefpassverhalten realisiert und so kurzzeitig auftretende Digit-Schwankungen unterdrückt.

Da die aktuelle Geschwindigkeit `CurrSpeed` und die Sollgeschwindigkeit `SetSpeed` in derselben Einheit vorliegen müssen, ergibt sich für die Sollgeschwindigkeit also ein Bereich von 0 bis 20 Impulsen/Abtastintervall (Imp/T_a). In der Praxis sollte man diese Größen natürlich in relevanteren Einheiten, wie zum Beispiel Umdrehung pro Minute (U/min), angeben.

Im Folgenden ist nun das komplette Programm mit der Klasse `MotorControl` und dem beschriebenen Regleralgorithmus dargestellt. Da die Regelung in einem eigenen Task ausgeführt wird, bleibt der Idle-Task frei, um etwa Messwerte aufzuzeichnen und diese grafisch darzustellen. So lässt sich die Wirkung des Reglers sehr gut anhand der Grafik in Abbildung 5.6 nachvollziehen.

```
import Target
import Diagnostic.Develop

// setup hardware
setpwm CHANNEL_0, FREQUENCY_8kHz
setcounter CHANNEL_8, ANY_EDGE

// motor controller
class MotorController

    // speed
    public float SetSpeed = 0.0
    public float CurrSpeed = 0.0

    // parameters
    private float Kp = 1.0
    private float Ki = 0.0
    private float Ta = 0.01

    // temporary values
    private float uk = 0.0
    private float ek = 0.0
    private float esum = 0.0
    private int   counter = 0

    // constructor
    function MotorController()
        task ControlTask, Ta, PRIORITY_HIGH
    endfunction
```

```
    // setup parameters
    function Setup(float p, float i)
        lock
            Kp = p
            Ki = i
        unlock
    endfunction

    // control task (10ms cycle)
    private function ControlTask()

        // speed (low pass filter)
        CurrSpeed = (CurrSpeed * 29 + Counter8 - counter) / 30
        counter   = Counter8

        // ek (Gleichung 5.1)
        ek = SetSpeed - CurrSpeed

        // esum (Gleichung 5.3)
        esum = esum + ek

        // algorithm (Gleichung 5.2)
        uk = Kp * ek + Ki * Ta * esum

        // limit output 0..10
        if uk > 9.9 then uk = 9.9
        if uk < 0.0 then uk = 0.0

        // output as pwm 0..9999
        Pwm0 = round(uk * 1000)
    endfunction
endclass

// create instance
MotorController Controller = new MotorController()
int Cycle = 0

// setup controller
Controller.Setup(4.5, 5.5)
```

```
// idle task
loop
    // send speed, setspeed and pwm value to Codepad-Scope
    SCOPE_ABC(Controller.SetSpeed, Controller.CurrSpeed, Pwm0 / 1000)

    // alternate SetSpeed
    if Cycle mod 50 == 0 then
        if Controller.SetSpeed < 10 then
            Controller.SetSpeed = 10
        else
            Controller.SetSpeed = 8
        endif
    endif

    inc Cycle
    sleep 0.05
endloop
```

Listing 5.20 Digitaler zeitdiskreter PI-Regler

Der Idle-Task wechselt zyklisch den Sollwert `SetSpeed`, um eine Reaktion des Reglers zu provozieren. Bei den gewählten Reglerparametern k_p = 4.5 und k_i = 5.5 kommt es zu einem leichten Überschwingen, dann folgt aber relativ schnell die Einstellung des Istwerts auf den Sollwert. Durch Variieren der Parameter kann man die Grenzfälle austesten und gegebenenfalls Faustformeln, wie die nach Ziegler und Nichols, experimentell eruieren.

Der praktische Aufbau einer solchen Regelstrecke ist sehr einfach, da alle mechanischen Komponenten bereits im Getriebemotor verbaut sind. Man benötigt lediglich einen Transistor als Leistungsschalter für das PWM-Signal. Da der hier verwendete Motor nur eine Stromaufnahme von etwa 100 mA hat, reicht dafür sogar ein Miniplast-Transistor (BC548A) aus.

Der Encoder auf der Motorachse besteht aus zwei Hallsensoren, die von einem Magneten initiiert werden. Die Versorgungsspannung des Encoders ist unkritisch und kann direkt aus dem 3.3-V-Spannungsregler unseres Breakout-Boards erfolgen. Das Board selbst versorgt man mit den 5 V aus einem USB-UART-Adapter, wie in Abbildung 5.5 zu sehen. Lediglich für den Motor muss man wegen der 10 bis 12 V Betriebsspannung am besten ein Labornetzteil verwenden. Zur Sicherheit kann man da die Strombegrenzung auf 200 mA einstellen.

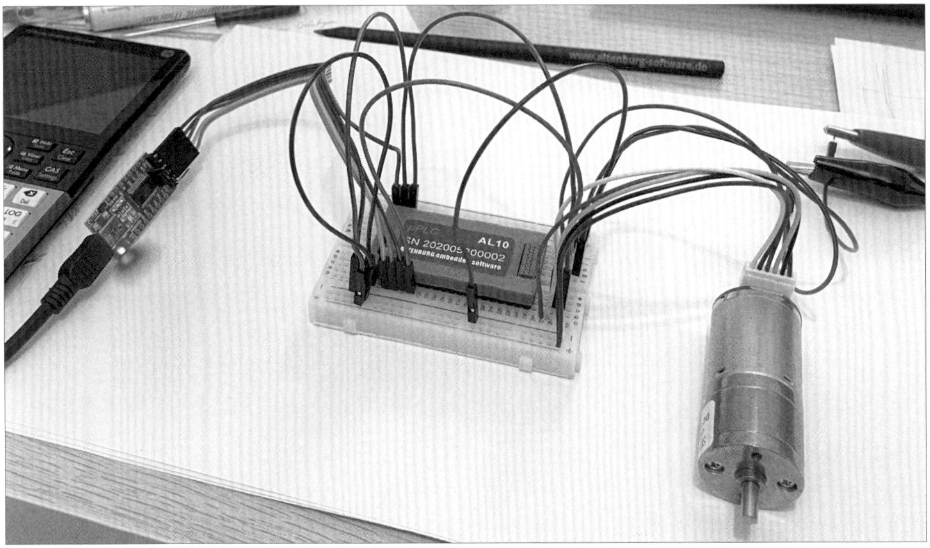

Abbildung 5.5 Versuchsaufbau Drehzahlregelung, Aufbau auf dem Labortisch

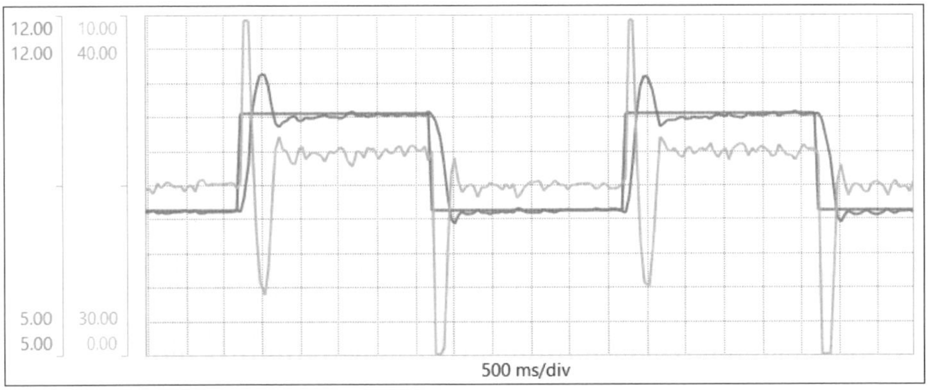

Abbildung 5.6 Regelverhalten beim Versuchsaufbau (Codepad Scope), dargestellt werden Führungsgröße *w* [Imp/T_a], Ausgangswert *y* [Imp/T_a] und Pwm-Wert.

Das Verhalten der Reglung kann man dann am einfachsten mithilfe des in der Entwicklungssoftware *Codepad – Application Development Tool* integrierten Software-Oszilloskops beobachten. Damit lassen sich bis zu vier Kanäle gleichzeitig darstellen und für eine Protokollierung dann auch speichern.

Neben der hier beschriebenen Drehzahlregelung sind viele weitere Versuche der Regelungstechnik realisierbar. Dazu gehören Temperaturregelungen oder auch komplexere Strecken wie Pendel.

5.3.3 Roboterplattformen

Die Robotik ist in gewisser Weise eine Plattform für Technologien, Konzepte und natürlich für Algorithmen. Dabei ergeben sich vielfältige Verknüpfungen zwischen unterschiedlichen Fachbereichen, wie etwa der Sensortechnik, der Elektronik oder der Informatik. Für eingebettete Systeme sind mobile Roboter daher wie geschaffen – salopp könnte man auch sagen, dass die Robotik die »Spielwiese« für eingebettete Systeme ist.

Ein besonders interessantes Gebiet stellen dabei die mobilen Roboter dar, (siehe Quelle 13 im Literaturverzeichnis). Auch wenn es inzwischen laufende und sogar autonom fliegende Systeme (siehe Quelle 14) gibt, ist die bei Weitem größte Zahl, insbesondere der praktisch relevanten Roboter, immer noch radgetrieben. Dabei hat sich eine Kategorie besonders etabliert – mobile Roboter mit *Differenzialantrieb*.

Es gibt konstruktiv sehr unterschiedliche Varianten, allen gemein ist jedoch, dass sie über zwei getrennte Antriebe verfügen, wobei die Lenkung dann durch Variation der Geschwindigkeiten beider Antriebe erfolgt. Dabei müssen nicht zwangsläufig immer nur zwei Räder verwendet werden, auch vier-, sechs- oder achträdrige Fahrzeuge können differenziell angetrieben werden. Letztlich werden alle Fahrzeuge mit Raupenketten ebenfalls differenziell gelenkt. Aus ökonomischer wie auch aus experimenteller Sicht sind die zweirädrigen Roboter aber am interessantesten.

Abbildung 5.7 Experimentelle Roboterplattform in der Lehre, »Holzbrettchen« offen, Motoren mit Encoder und Sensoren

Abbildung 5.8 Experimentelle Roboterplattformen in der Lehre, Motoren mit Encoder, Kamera, LCD-Display und Sensoren

In den obigen Abbildungen sind verschiedene Eigenentwicklungen dargestellt, die nur der Verdeutlichung dienen sollen. Es gibt zudem unzählige Bausätze und vorkonfigurierte Antriebe mit Motor, Getriebe und Rad. Daraus lassen sich mit einem 3-D-Drucker wunderbar kleine Roboter entwickeln. Obwohl natürlich sehr interessant und kreativ, soll die mechanische Sicht hier nicht im Vordergrund stehen.

Für viele Versuche oder Aufgaben, die man mit solchen kleinen mobilen Robotern durchführen bzw. die man damit lösen kann, wird immer eine spezielle Funktionalität benötigt – ein Beobachter (*Observer*). Mit Beobachter ist in diesem Zusammenhang das Mitführen einer *Odometrie* gemeint. Zu jedem Zeitpunkt soll unser mobiler Roboter seine aktuelle Position und Orientierung kennen. Wir gehen dabei von einer Bewegung in der Ebene aus – also in R^2. Das gelingt nur, wenn der Roboter kontinuierlich alle Änderungen seines Zustands $Z = \{x_R,\ y_R, \varphi_R\}$ mitrechnet.

Wir reduzieren unseren Roboter zunächst auf die beiden Räder und einen zentralen Punkt, der in der Mitte zwischen den Rädern liegt, und betrachten die Bewegung nur für diesen Punkt. Die Drehung der Räder wird, wie auch schon bei der Drehzahlregelung, über Encoder an jedem Rad ermittelt. Deshalb gibt es auch wieder zwei Möglichkeiten: Entweder misst man die Wegstrecken tatsächlich in den zurückgelegten Impulsen, oder man rechnet die Impulse erst in eine Standardeinheit wie Millimeter oder Meter um. Da die Umrechnung aktuell jedoch keine neuen Erkenntnisse bringt, rechnen wir einfach in Impulsen.

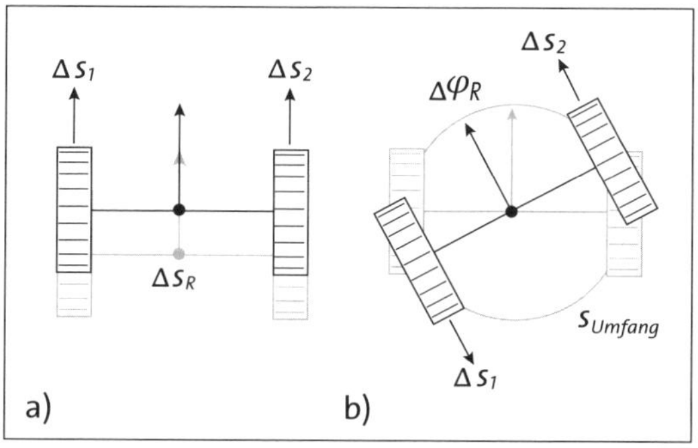

Abbildung 5.9 Iterative Berechnungen der Odometrie; a) bei Positionsänderung Δ sR und b) bei Winkeländerung Δ φ R

Betrachten wir zunächst Beispiel a) in Abbildung 5.9. Wenn beide Räder die gleiche Strecke zurückgelegt haben, hat sich auch der Referenzpunkt in der Mitte um genau diese Strecke bewegt. Sind die beiden Strecken unterschiedlich, hat sich der Referenzpunkt um den Mittelwert bewegt. Wir können daher folgende Gleichung aufstellen:

$$\Delta s_R = (\Delta s_1 + \Delta s_2)/2 \quad [5.4]$$

und damit die aktuelle Position $\{x_R, y_R\}$ ausgehend von der letzten bekannten Position $\{x_O, y_O\}$ ermitteln:

$$x_R = x_0 + \cos(\varphi_0) \cdot \Delta s_R \quad [5.5]$$

$$y_R = y_0 + \sin(\varphi_0) \cdot \Delta s_R$$

Die beiden Gleichungen in Gleichung 5.5 bedeuten, dass der Referenzpunkt des Roboters ausgehend von der letzten bekannten Position $\{x_O, y_O\}$ mit der letzten bekannten Orientierung φ_0 die Strecke Δs_R zurückgelegt hat. Das nennt sich Koppelnavigation (*Dead Reckoning*), weil sich die neue Position immer aus der letzten bekannten Position ergibt.

Anschließend müssen wir noch die neue Orientierung bestimmen und schauen dazu Beispiel b) in Abbildung 5.9 an. Drehen sich die Räder entgegengesetzt, dann dreht der Roboter auf der Stelle, und die Winkeländerung ist groß. Sind dagegen beide Strecken gleich und in derselben Richtung, ist die Winkeländerung gleich null. Daher muss hier die Differenz der Strecken gebildet werden:

$$\varphi_R = \varphi_0 + (\Delta s_2 - \Delta s_1) \cdot \pi / s_{Umfang} \quad [5.6]$$

Gleichung 5.6 bedeutet, dass bei einer Drehung des Roboters um 180° beide Räder zusammen den Umfang s_{Umfang} zurückgelegt haben. Umgekehrt kann man auch sagen: Wenn jedes Rad den halben Umfang abgefahren ist, dann hat sich der Roboter um 180° bzw. um π gedreht. Die Anzahl der Impulse s_{Umfang}, die ein Encoder auf einem kompletten Umfang generiert, muss man experimentell ermitteln. Sie hängt vom Durchmesser der Räder, vom Abstand der Räder zueinander und vom konkreten Encoder ab.

Damit haben wir den kompletten Status $\{x_R, y_R, \varphi_R\}$ des Roboters neu berechnet. Die Rechnung erfolgt zyklisch, das heißt, dass etwa alle 50 bis 100 ms einmal der Zustand neu ermittelt werden muss. Die genaue Zykluszeit resultiert aus der Fahrgeschwindigkeit des Roboters. Bei einem langsamen Roboter kann man die Zykluszeit gegebenenfalls auch größer wählen. Nachfolgend nun der komplette Programmcode für die Klasse `Observer` als eigenständiges Modul.

```
import Target
import Common.Maths

// --- Init hardware ---
setcounter CHANNEL_8, RAISING_EDGE
setcounter CHANNEL_9, RAISING_EDGE

// --- Observer class ---
class Observer

    // consts
    const FULL_TURN = 2000

    // symbols
    symbol LeftEncoder = counter8
    symbol RightEncoder = counter9

    // properties
    public float XPos = 0
    public float YPos = 0
    public float Angle = 0

    // temporaries
    private float Phi = 0.0
    private float Perimeter = 1.0
```

```
    private int   LastEncoder1 = 0
    private int   LastEncoder2 = 0

    // constructor
    function Observer(float perim = FULL_TURN)

        // set perimeter
        if perim > Perimeter then
            Perimeter = perim
        endif

        // start odometry task
        task Odometry, 0.050, PRIORITY_LOW
    endfunction

    // calc robot position (50ms cycle)
    private function Odometry()
    int ds1 = LeftEncoder - LastEncoder1
    int ds2 = RightEncoder - LastEncoder2

        // keep last encoders
        LastEncoder1 = LeftEncoder
        LastEncoder2 = RightEncoder

        // robot steps (Gleichung 5.4)
        float dsr = (ds1 + ds2) / 2.0

        // position (Gleichung 5.5)
        XPos = XPos + dsr * cos(phi)
        YPos = YPos + dsr * sin(phi)

        // calc angle (Gleichung 5.6)
        Phi = Phi + (ds2 - ds1) * pi / Perimeter

        // angle in degrees
        Angle = deg(Phi)
    endfunction
endclass
```

Listing 5.21 Beobachter als Modul mit einer Klasse

Die Implementierung des Beobachters als Klasse `Observer` in einem separaten Modul macht die Verwendung sehr einfach. Durch das Einbinden des Moduls in eine Roboterapplikation werden bereits die Zähleingänge für die Rad-Encoder initialisiert – das erfolgt ganz zu Beginn durch die beiden SETCOUNTER-Anweisungen. Wird im Programm eine Instanz von `Observer` deklariert, startet automatisch der Odometrie-Task, der dann ständig die aktuelle Position des Roboters mitrechnet.

Eine erste Anwendung für unseren Beobachter wäre etwa das gesteuerte Fahren des Roboters zu einem Zielpunkt. Dazu würde man ein weiteres Modul mit einer Klasse `Controller` erstellen, die einen P-Regler für den Winkel des Roboters in Richtung des Zielpunkts implementiert. Die Klasse `Controller` kann direkt die beiden Motoren über zwei PWM-Signale in ihrer Drehzahl steuern. Bei einer Winkelabweichung muss nur ein Motor etwas langsamer und der andere etwas schneller laufen, bis die Winkelabweichung korrigiert ist. Eine derartige Strecke hat reines I-Verhalten, wofür ein P-Regler ausreichend ist. Zur Unterstützung bei der Berechnung der Winkeldifferenz bietet sich die Funktion `atan2(dy,dx)` an, die im Modul *Common.Maths* in Embedded BASIC vordefiniert ist. Diese Funktion implementiert den Arkustangens in allen vier Quadranten. Es reicht also, die Differenzen der x- und y-Koordinaten zwischen dem Zielpunkt und der aktuellen Position des Roboters zu ermitteln, und man erhält einen Zielwinkel aus der `atan2()`-Funktion. Die Differenz zwischen Zielwinkel und Fahrwinkel ist dann die Regelabweichung für den P-Regler.

Ohne die komplette Lösung als Quelltext anzubieten, sähe das Steuerprogramm für unseren Roboter strukturell folgendermaßen aus. Sowohl der Beobachter `Observer` als auch der Fahrtregler `Controller` wären in separaten Programmmodulen implementiert. Beide Module müssen in der Roboterapplikation importiert werden. Das Importieren initialisiert bereits die Hardware – also die Zähleingänge bzw. die PWM-Ausgänge. Durch die Instanziierung von `Observer` und `Controller` werden zwei Tasks gestartet, die die eigentliche Funktion realisieren. Eine Besonderheit dürfte an der Stelle die Verbindung (*Association*) der beiden Instanzen sein. Die Klasse `Controller` erwartet einen `Observer`, weil sie den natürlich für die Regelung benötigt. In der Robotik wird dieses Prinzip daher auch *Observer-Controller-Pattern* genannt.

```
import Target
import Observer
import Controller

// create observer and controller
Observer observe = new Observer(2370.0)
Controller control = new Controller(observe)
```

```
// Idle-Task
loop

endloop
```

Listing 5.22 Implementierung des Observer-Controller-Patterns

Der Idle-Task kann dann einfach die Zielposition an den Controller übergeben und die gefahrene Strecke mitschreiben – die beiden Tasks übernehmen die Steuerung.

5.3.4 NUCLEOs als Hardware

ST-Microelectronics bietet eine Vielzahl unterschiedlicher Evaluation-Boards an, um den Einstieg in die Programmierung sowie den Hardwareentwurf mit dem STM32 zu erleichtern. Eine besonders beliebte Reihe stellen dabei die sogenannten NUCLEO-Boards dar. Diese Boards gibt es exemplarisch für alle Varianten, ob es nun die Low-Power-, die Main-Stream- oder sogar die Wireless-Varianten sind. Man findet praktisch zu jedem Mikrocontroller ein adäquates NUCLEO-Board, mit dem man starten kann.

Wir verwenden in diesem Buch beispielsweise den STM32F412RET6 mit 512 kB FLASH und 256 kB RAM. Genau diesen Typ gibt es nicht als NUCLEO-Board. Man kann stattdessen aber das NUCLEO-F411 verwenden, das mit dem STM32F411RET6 bestückt ist. Diese beiden Mikrocontroller sind faktisch identisch, der STM32F412 bietet zusätzlich noch einen CAN-Controller, den der F411 nicht hat. Alle wesentlichen Schnittstellen, die Speicherausstattung, die wichtigsten Timer und die zulässige Taktfrequenz sind aber identisch. Auf dem NUCLEO-Board wird auch ein 8-MHz-Quarz als externer Takt verwendet, sodass unsere Software sogar *binärkompatibel* ist. Die USB-Schnittstelle der NUCLEO-Boards unterstützt zudem eine virtuelle serielle Schnittstelle (VCOM), die direkt an die Pins PA2 und PA3 geht – also an die UART, die wir bei unserer Hardware auch für den Bootloader verwenden.

Wir können also unseren Bootloader auf das NUCLEO-F411 laden und haben ein Evaluation-Board, das bis auf den Formfaktor weitestgehend unserem Breakout-Board entspricht. Alle digitalen und analogen Pins sind leicht mit Jumper-Kabeln zu verbinden, sodass man auch in Kombination mit einem Steckbrettchen arbeiten kann.

Der bereits kompilierte Bootloader (*BootLoader.bin* aus dem Ordner *Release*) wird einfach per Drag-and-drop auf das Symbol des NUCLEO-Boards im Windows-Explorer gezogen. Ein zusätzlicher Programmieradapter wird nicht benötigt, weil die NUCLEO-Boards einen STLink-Adapter onboard haben. Die USB-Verbindung ermöglicht gleichzeitig eine Programmier- und eine serielle Schnittstelle.

Anschließend kann man mit dem Programm *CodepadIDE* das Betriebssystem laden und schließlich eine Applikation in Embedded BASIC. Diese Variante ist die einfachste Möglichkeit, die Software hier aus dem Buch zu erproben und anzuwenden. Man kann etwa einfach eine LED an einen Ausgangspin anschließen und dann per Skript ein- und ausschalten.

Die CodepadIDE verfügt zudem über eine Dokumentation sowie über eine Kontexthilfe zu Schlüsselwörtern direkt aus dem Quelltext heraus. Damit kann man sich unsere Skriptsprache Embedded BASIC ebenfalls leicht erschließen.

Kapitel 6
Interpreter

Ob Homecomputer, das Internet oder sogar die Mondlandung, ohne Interpreter wäre das alles so nicht möglich gewesen und trotzdem ...

Interpreter sind doch nur eins – langsam! In der Tat sind Interpreter eine Art Vermittlungsschicht zwischen Programm und Prozessor und benötigen dafür selbst etwas Rechenzeit. Allerdings haftet dem Wort »Interpreter« auch eine Art historischer Makel an. Während der Hochzeit der Heimcomputer in den 1980ern und Anfang der 1990er-Jahre hatte jeder Computer einen eingebauten BASIC-Interpreter. Alle waren in der Tat recht langsam, und es gab unzählige Zeitschriftenartikel mit Tipps und Tricks dazu, wie man noch das letzte Quäntchen Performance aus seinem Programm herausholen konnte. Was davon gleichsam in kollektiver Erinnerung geblieben ist: »Interpreter sind langsam!« Dabei vergisst man jedoch die damaligen 8-Bit-Prozessoren, wie der häufig verwendete MOS6502, mit gerade einmal 1 MHz Taktfrequenz.

Inzwischen gibt es bei Interpretern eine Vielzahl von deutlich performanteren Varianten als damals, und die Hardware ist natürlich viel schneller geworden. Eine Reduktion auf die »schlechte Performance« wird den Vorteilen eines Interpreters einfach nicht mehr gerecht.

Für einen Interpreter ist das Programm, das er ausführt, wie ein Parameter. Das heißt, das Programm enthält keine Binärcodes, die auf dem Prozessor ausgeführt werden. Damit hat ein Interpreter stets die Kontrolle. Alle genutzten Ressourcen der Plattform, wie etwa der Speicher, Hardwareschnittstellen, Dateien oder Netzwerkverbindungen, gehören dem Interpreter und können von ihm zur Laufzeit immer überprüft werden. Das interpretierte Programm läuft gleichsam in einer virtualisierten Umgebung. Neben dem Sicherheitsaspekt, der sich daraus ergibt, ist das auch ein Vorteil, wenn das Programm über ein Netzwerk geladen werden muss. Meist ist ein interpretiertes Programm viel kürzer als ein vergleichbares kompiliertes Programm, und es besteht auch nicht die Notwendigkeit, es in irgendeiner Form im Ziel zu linken.

Ein Interpreter hat prinzipiell alle Informationen über das ausgeführte Programm. Das bietet eine große Flexibilität, weil beispielsweise alle Variablen mit Typ und gegebenenfalls auch mit ihrem Namen bekannt sind. Moderne Sprachen wie Java und C# bieten zu diesem Zweck eine sogenannte *Reflection* an – quasi eine Möglichkeit, in eine laufende Applikation »von der Seite« hineinzuschauen. Bei einem Interpreter ist so eine Schnittstelle grundsätzlich vorhanden – es ist der Interpreter selbst.

Schließlich soll noch ein Vorteil genannt werden, der sogar Einfluss auf die Art der Programmierung hat. Wenn beispielsweise ein Programm einen Befehl zum Speichern von Variablen anbietet, könnte der etwa so aussehen:

```
store MyVar
```

Der Befehl hat alle Informationen über die Variable und kann selbst ein Array oder ein Objekt typrichtig speichern. Würde man den Befehl in C schreiben, müsste man das etwa so tun:

```
Store(&MyVar, sizeof(MyVar));
```

Dennoch hätte die Funktion `Store()` keine Typinformationen. Der Unterschied zwischen den beiden Zeilen ist kurz gesagt der, dass der Interpreter einen Zeiger »auf die Variable« übergibt, während in C nur ein Zeiger »auf den Speicher der Variablen« möglich ist – es gehen also alle Metainformationen verloren.

6.1 Laufzeitsystem

Unter einem *Laufzeitsystem* versteht man alle Funktionen und Dienste im weitesten Sinn, die ein Betriebssystem oder eine Hardware zur Verfügung stellen muss, um ein Programm auszuführen. Die Arbeit eines Laufzeitsystems beginnt dabei mit dem Laden des Programms und endet erst, wenn das Programm wieder aus dem Speicher entfernt wurde. Einem Laufzeitsystem kommt daher eine recht große Bedeutung zu.

Unser Laufzeitsystem hat die Aufgabe, Embedded-BASIC-Skripte zu laden und auszuführen. Dazu wollen wir uns in diesem Kapitel den Aufbau und die Funktion des Interpreters genau anschauen. Interpreter ist jedoch nicht gleich Interpreter – es gibt enorme Unterschiede, die wir zunächst etwas genauer betrachten und vergleichen wollen.

Was man unter einem Interpreter versteht, ist ein Programm, das einen Quelltext exakt so ausführt, wie er erstellt wurde. Ein guter Quelltext sollte jedoch auch Kommentare enthalten und vor allem übersichtlich strukturiert sein. Das Überlesen von Kommentaren und Leerzeilen würde einen Interpreter allerdings merklich ausbremsen. Daher führt praktisch kein Interpreter einen Quelltext eins zu eins aus.

6.1.1 Token-Interpreter

Die klassische Variante eines Interpreters ist daher ein *Token*-Interpreter. Der eingegebene Quelltext wird in einem Extraschritt, etwa beim Laden des Programms, einmal analysiert und in gewisser Weise dabei auch komprimiert. So werden beispielsweise Kommentare und Leerzeichen konsequent entfernt, und jedes Schlüsselwort wird durch ein spezielles Token ersetzt. Tokens sind dabei meist 1-Byte-Befehle, um die Interpretation zu beschleunigen.

6.1.2 Syntax-Tree-Interpreter

Wenn ohnehin eine Vorverarbeitung des Quelltexts stattfindet, kann man gleich noch etwas mehr machen. So kann man etwa die Struktur des Programms analysieren und daraus einen abstrakten Syntaxbaum (*Abstract Syntax Tree*) erstellen. Den Syntaxbaum erhält dann der Interpreter als Eingabe. Das hat den Vorteil, dass der Interpreter geschachtelte Anweisungsblöcke wie etwa bei einer IF-ELSE-Anweisung wesentlich effektiver ausführen kann.

6.1.3 Abstrakter Bytecode-Interpreter

Noch einen Schritt weiter geht man bei einem *Bytecode*-Interpreter. Hier emuliert der Interpreter einen virtuellen Prozessor, genauer gesagt eine *abstrakte Maschine*. In der Regel gibt es keinen echten Prozessor, an den sich der Interpreter dabei hält, man legt stattdessen meist eine *abstrakte Stackmaschine* zugrunde. Die Bytecodes sind dabei die Befehle dieser abstrakten Maschine. Das erfordert allerdings bereits einen aufwendigen Compiler, der den Quelltext in eine Folge dieser Bytecodes übersetzen kann.

Die Performance eines Bytecode-Interpreters ist recht gut, allerdings ist der Aufwand nicht zu unterschätzen. Dabei ist der eigentliche Interpreter, die abstrakte Maschine, zwar noch recht überschaubar, aber der benötigte Bytecode-Compiler erfordert schon einen hohen Aufwand.

Letztlich fiel die Wahl für den Skript-Interpreter in diesem Buch auf einen klassischen *Token-Interpreter*. Wir werden aber sehen, dass man auch da einige Überlegungen anstellen kann, um diese Art von Interpreter effektiver zu gestalten. Da das Laufzeitsystem auf einem Mikrocontroller ausgeführt werden muss, sollte so viel wie möglich vorab auf dem Entwicklungsrechner geprüft werden. Der Interpreter kann davon ausgehen, dass ein geladenes Programm auch wirklich korrekt ist.

6.1.4 Token-Code

Für die Darstellung von Quelltexten sind ASCII-Zeichen grundsätzlich ausreichend. Das bedeutet allerdings, dass immer nur 7 Bits eines Zeichens tatsächlich genutzt werden. Es bleiben demnach 128 mögliche Codes faktisch ungenutzt. Diese Codes im Bereich von 80h bis FFh werden bei einem *Token-Code* zur kompakteren Darstellung der Schlüsselwörter verwendet. Betrachten wir dazu ein Beispiel.

Die Programmzeile:

```
PRINT "Hello World"
```

hat die folgende hexadezimale ASCII-Darstellung:

```
50 52 49 4E 54 20 22 48 65 6C 6C 6F 20 57 6F 72 6C 64 22.
```

Da alle Zeichen dem ASCII-Zeichensatz entsprechen, ist kein Zeichencode größer als 7Fh, also bei keinem Zeichen ist das höchstwertige Bit gesetzt. Ersetzt man nun die `PRINT`-Anweisung durch das Token A9h, verkürzt sich die Zeile zu folgender Darstellung:

```
A9 22 48 65 6C 6C 6F 20 57 6F 72 6C 64 00.
```

Das Leerzeichen (20h) nach der `PRINT`-Anweisung wurde entfernt, weil es nur der Formatierung dient. Der Text »Hello World« bleibt dagegen unverändert, weil es sich um eine String-Konstante handelt. Lediglich das abschließende Anführungszeichen (22h) wurde zu einer Null geändert, weil alle Strings in unserem Skriptprogramm nullterminiert sein sollen. In Summe benötigt allein diese Programmzeile damit schon fünf Bytes weniger Speicherplatz als im Quelltext.

Der geringere Speicherbedarf ist natürlich sehr positiv, der eigentliche Vorteil ist jedoch eine höhere Performance des Interpreters. Schließlich muss ja nur ein Zeichen gelesen werden, um die `PRINT`-Anweisung zu erkennen. Wie eine optimale Implementierung eines Interpreters aussieht, schauen wir uns noch genau an. Es ist aber leicht vorstellbar, dass das Token A9h zum Aufruf einer `Print()`-Funktion führt, der die Adresse der String-Konstanten übergeben wird. Müsste man dazu das ganze Wort `PRINT` einlesen, wäre die Implementierung in jedem Fall langsamer.

Token-Code hat noch einen weiteren Vorteil. Alle Tokens lassen sich leicht wieder in ihre Schlüsselwörter zurückwandeln. Aktuell unterstützt Embedded BASIC zwar noch kein Zurücklesen des Programmcodes, aber eine Rückwandlung in einen lesbaren Quelltext wäre dann leicht möglich.

Wer hat's erfunden? Leider ist es schwer, heute noch nachzuvollziehen, wer Token-Codes zuerst verwendet hat, aber bereits Ende der 1960er-Jahre hatte die Firma Hewlett-

Packard (HP) ein *Time-Shared BASIC* (TS-BASIC) (siehe Quelle 17 im Literaturverzeichnis) auf ihrem HP2000, einem 16-Bit-Minicomputer-System, das die Anweisungen als Tokens speicherte. Auch das von Bill Gates und Paul Allen 1975 entwickelte Altair BASIC verwendete Token-Code. Altair BASIC wurde zum ersten Produkt von Microsoft und war der direkte Vorläufer von Microsoft BASIC. Letztlich wurden alle späteren BASIC-Varianten, wie etwa Commodore BASIC und Applesoft BASIC, dadurch beeinflusst. Im Laufe der Weiterentwicklung verschiedener Versionen reichten die 128 möglichen Tokens gar nicht mehr aus. Beim Commodore BASIC wurden daher ab Version 7.0 (z. B. auf dem Commodore C128) auch 2-Byte-Tokens verwendet, die aus einem einleitenden Token (FEh) bestanden und von einem zweiten Zeichen gefolgt wurden. Eine komplette Liste aller Tokens, die in Embedded BASIC definiert sind, befindet sich im Anhang.

Nun sind die Schlüsselwörter aber noch recht einfach, weil sie alle a priori bekannt sind. Die frühen BASIC-Interpreter hatten ohnehin meist nur einen Zeileneditor – man konnte also genau eine Zeile komplett eingeben, und mit der [↵]-Taste wurde die Zeile dann in das Programm übernommen. In dem Moment wurden auch gleich alle Schlüsselwörter durch Tokens ersetzt. Was passierte aber mit den Variablennamen, und warum sind die überhaupt ein Problem?

Ändern wir die Programmzeile von eben folgendermaßen ab:

```
PRINT "Wert = ", Value
```

wird `PRINT` zu A9h, der String bleibt unverändert, bekommt nur eine Null am Ende, und die Variable `Value` bliebe wohl auch unverändert. Das bedeutet jedoch, dass sich der Interpreter dann eine Liste aller Variablen anlegen muss und bei jedem Zugriff auf eine der Variablen diese Liste durchsuchen muss. Wie würde man diese Suche effizient implementieren?

Die beste Variante wäre sicher eine Art *Hashing*. Man berechnet aus dem Variablennamen einen *Hashwert*, sucht zu diesem Hashwert den passenden Einstiegspunkt und iteriert danach alle Einträge in der Liste, bis man schließlich `Value` gefunden hat. Durch das Hashing wird die Suche im Idealfall sehr effektiv, bei größeren Programmen mit vielen Variablennamen wären aber wahrscheinlich immer noch einige String-Vergleiche notwendig. Hat man das tatsächlich auch in den 1980ern schon so gemacht?

Einige BASIC-Implementierungen, wie HP-BASIC oder Commodore BASIC, haben die Variablennamen konsequent auf *zwei* Zeichen reduziert. Entweder waren gar keine längeren Namen zulässig, oder es waren, falls doch, nur die ersten beiden Zeichen für die Suche relevant. Das bedeutete aber wiederum, dass `ValueX` und `ValueY` genau eine Variable waren. Microsoft hatte mit GW-BASIC die Grenze für die Länge von Variablennamen schon auf 40 relevante Zeichen hochgesetzt und noch längere Namen zugelassen. Letztlich lief es aber immer auf eine Suche in einer *Symboltabelle* hinaus und, da man für Variablennamen kaum eine *perfekte* Hash-Funktion finden wird, auch immer auf String-Vergleiche! Hashing war zu der Zeit nicht Standard, weshalb man davon ausgehen muss, dass es meist nur eine einfache Liste aller Variablennamen gab und bei einem Zugriff auf eine Variable diese Liste von Beginn an durchsucht wurde. Damit dauerte ein Variablenzugriff bei einem Programm mit vielen Variablen statistisch länger als bei einem kleinen Programm mit wenigen Variablen. Geht das nicht besser?

Man schätzt die zeitliche Komplexität eines Algorithmus über die sogenannten *Komplexitätsklassen* (*O-Notationen*) ab (siehe Quelle 16 im Literaturverzeichnis). Eine lineare Suche in einer Liste hat die Komplexität $O(n)$, was bedeutet, die Suche dauert bei doppelt so vielen Einträgen auch doppelt so lange. Durch Hashing kann man die Komplexität auf $O(1+n/m)$ reduzieren. Das bedeutet, dass die Zeit für eine Suche zwar immer noch von der Anzahl n aller Einträge abhängt und linear damit steigt, je mehr Einstiegspunkte m die Hash-Tabelle jedoch besitzt, desto geringer wird der Anstieg. Das Ziel muss jedoch sein, dass ein Zugriff immer gleich lang dauert, egal wie lang die Liste wird. Das entspricht der Notation $O(1)$ und wäre etwa bei einem Array-Zugriff erfüllt. Eine Suche mit einer perfekten Hash-Funktion, also einer Hash-Funktion, die mit $m >> n$ *kollisionsfrei* wäre, hätte ebenfalls die Komplexität $O(1)$. Perfekte Hash-Funktionen führen aber in der Regel zu einer übermäßigen Spreizung des Hash-Werts und damit zu einem großen Speicherbedarf für die Hash-Tabelle.

Die Lösung in Embedded BASIC sieht daher folgendermaßen aus: Alle Variablen werden klassisch durch Bezeichner abgebildet, wobei aber *explizit codierte Bezeichner* verwendet werden. Nehmen wir an, es gäbe nur zwei globale Variablen, dann wären das die Bezeichner *aa* und *ab*. Da es in Embedded BASIC aber auch lokale Sichtbarkeitsbereiche (*Scopes*) gibt, muss es verschiedene Klassen solcher Bezeichner geben. Innerhalb einer Funktion wären das für lokale Variablen dann etwa die Bezeichner: *a* bis *z*. Es gibt also ein Codierschema für alle Variablen, anhand dessen der Interpreter einerseits den Index einer Variablen in der Symboltabelle effektiv ermitteln kann und andererseits auch gleich den korrekten Sichtbarkeitsbereich. Die folgenden Varianten sind aktuell vorgesehen:

Schema	Wertebereich	Symbole
a bis z	0 bis 25	Parameter und lokale Variablen
aa bis zz	0 bis 675	globale Variablen
a0 bis z9	0 bis 259	Member-Variablen

Tabelle 6.1 Codierschemata für Symbole im Token-Code

Schema	Wertebereich	Symbole
A0 bis Z9	0 bis 259	Typnamen für Klassen
AA bis ZZ	0 bis 675	Funktionen und Methoden

Tabelle 6.1 Codierschemata für Symbole im Token-Code (Forts.)

Schauen wir uns damit noch einmal die Programmzeile mit der Wertausgabe von vorhin an. Jetzt wird aus der Zeile

```
PRINT "Wert = ", Value
```

der folgende Token-Code:

```
A9 22 57 65 72 74 20 3D 20 00 2C 61 61
```

Die Variable `Value` wurde hier als globale Variable durch die Codierung *aa* (61h 61h) ersetzt. Wird nun die Variable `Value` verwendet, stellt der Interpreter zunächst fest, dass es sich um eine globale Variable handelt. Das ergibt sich in dem Fall aus den beiden Kleinbuchstaben, die die Variable codieren. Damit berechnet sich der Hash-Wert für globale Variablen zu:

Hashwert = (Zeichen1 – 97) · 26 + Zeichen2 – 97

also ergibt sich konkret für die Variable *aa* der Wert:

Hashwert = ('*a*' – 97) · 26 + '*a*' – 97 = 0.

Für die Zeichen *a bis z* wird jeweils der ASCII-Code eingesetzt, der für das kleine *a* = 61*h* = 97*d* ist. Die Variable *ab* hätte dann den Wert 1, *ac* = 2 usw. bis schließlich *zz* = 675. Bedingt durch die explizite Codierung ergibt sich hier tatsächlich eine *perfekte minimale Hash-Funktion*, und das Ergebnis ist der Index in der Symboltabelle. Für die anderen Codierschemata gibt es ebenfalls passende Hash-Funktionen, die der Interpreter immer gleich beim Einlesen einer Variablen berechnen kann. Damit erfolgen alle Variablenzugriffe in Embedded BASIC ohne die für Interpreter sonst übliche Suche. Das ist eine enorme Optimierung! Man muss allerdings berücksichtigen, dass durch die Sichtbarkeitsbereiche durchaus auch wieder komplexe Zugriffe entstehen, die Zeit und damit Performance kosten.

Damit diese Optimierung aber überhaupt möglich wird, muss man alle Vorkommen einer Variablen ersetzen, und das geht nur, wenn man das Programm einmal komplett analysiert. Dieser Schritt wird im Abschnitt 7.2 über Syntax-Analyse weiter unten noch genau beschrieben, aber dazu soll dann auch der Entwicklungsrechner verwendet werden. Auf einem Zielsystem mit begrenztem Speicher wäre dieser Schritt in der Tat recht schwierig.

Es gäbe noch weitere Optionen, den Token-Code effizienter zu gestalten. So könnte man beispielsweise die Darstellung von Gleitkommazahlen optimieren. Anstelle der ASCII-Darstellung einer Zahl, wie etwa 3.1415927, könnte man auch ein Token gefolgt von dem 32-Bit-Binärwert einsetzen. Im Gegensatz zu einem String, der an jeder beliebigen Adresse im Speicher beginnen kann, muss ein Binärwert an einer ausgerichteten Adresse stehen. Außerdem würde man auch ein konkretes Zahlenformat festschreiben und damit plattformspezifisch werden. Das sollte weitestgehend vermieden werden.

Damit haben wir jetzt einen Token-Code mit folgenden Vorteilen:

- plattformunabhängigem Code,
- deutlich geringerem Speicherbedarf,
- er ist einfacher und effektiver interpretierbar, und
- ein Rücklesen ist möglich (ohne die Originalnamen).

6.1.5 Codeformat

Mit dem Token-Code aus dem letzten Abschnitt haben wir eine sehr kompakte Darstellung für unser Skript definiert, aber genau genommen haben wir bisher immer nur eine Zeile betrachtet. Wie werden die einzelnen Zeilen nun zu einem Skriptcode zusammengesetzt?

Im einfachsten Fall würde man eine Endekennung wie etwa das ASCII-Zeichen für einen Zeilenumbruch (*Line Feed*) LF = 0Ah an jede Zeile anfügen und die Zeilen dann nahtlos aneinanderfügen. In BASIC gilt das Zeilenende gleichzeitig als Ende einer Anweisung, weshalb im Token-Code auch eine explizite Endekennung notwendig ist. Darüber hinaus soll jede Zeile aber noch einen Header mit einem fortlaufenden Index erhalten. Dieser Index wird bei Sprüngen oder Verzweigungen als Ziel angegeben und kann später für einen Debugger als Zeilenreferenz dienen. Die Header aller Zeilen bilden zudem eine verkettete Liste. Da man keine Zeiger speichern kann, wird die Verkettung über ein Link-Byte gebildet. Die folgende Darstellung verdeutlicht das Prinzip.

Der eigentliche Token-Code wird vorn vom Header und am Ende vom Zeilenumbruch eingerahmt. Der Header beginnt mit einer 16-Bit-Integer-Zahl, dem Zeilenindex, im vorzeichenlosen *Big-Endian-Format*. Das höherwertige Byte steht also zuerst, gefolgt vom niederwertigen Byte. Nach dem Index folgt das Link-Byte – ebenfalls binär. Dieses Byte gibt die Länge des Token-Codes plus zwei Bytes an. Damit »zeigt« das Link-Byte immer auf den nachfolgenden Header-Anfang. Auf diese Art und Weise ergibt sich eine verkettete Liste, deren Elemente Token-Code-Zeilen sind.

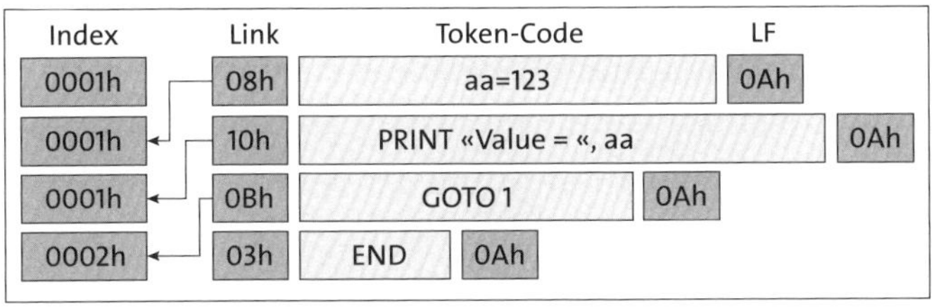

Abbildung 6.1 Zeilenformat eines Programms

Da das Link-Byte nur über eine Länge von maximal 255 Zeichen hinweg referenzieren kann, könnte es gegebenenfalls zu Problemen mit besonders langen Zeilen kommen. Eine normale Programmzeile übersteigt zwar selten eine derartige Länge, allerdings kann der Embedded-BASIC-Compiler mehrere Zeilen zu einer langen Zeile zusammenfassen! Deshalb ist es erforderlich, dass solche Zeilen möglich sind. Steht daher vor dem LF noch das Zeichen \, bedeutet das, dass die Zeile sich auch noch über die nächste Codezeile erstreckt.

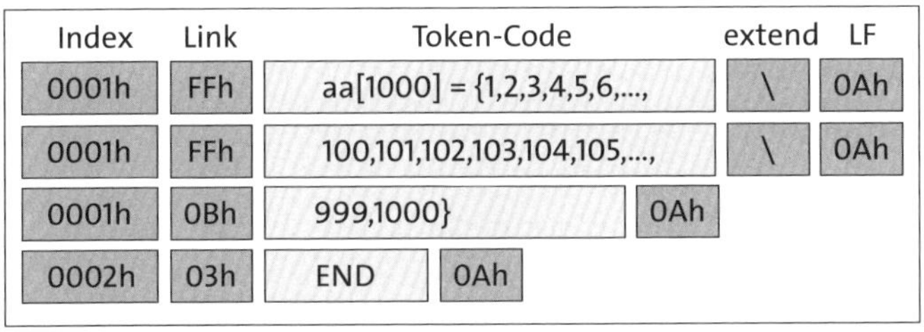

Abbildung 6.2 Zeilenformat bei überlangen Zeilen

Das kann beliebig oft wiederholt werden. Dabei bleibt der Index für jede verkettete Zeile gleich – es ist ja auch immer noch dieselbe Zeile.

Ein Beispiel für solche langen Zeilen ist die Initialisierung eines Arrays. Im Quelltext würde man eine lange Liste von Werten stets umbrechen und auf mehrere Zeilen aufteilen. Da es aber nur eine Anweisung darstellt, fügt der Compiler sie dann wieder zusammen und erstellt so unter Umständen eine sehr lange Token-Code-Zeile.

Die Limitierung des Link-Bytes ist damit komplett aufgehoben. Es bleibt die Limitierung des Wertebereichs für den Zeilenindex. Der Index wird zwar vorzeichenlos interpretiert und reicht daher von 1 bis 65535, aber mehr Token-Zeilen sind damit in der Tat nicht möglich. In der Praxis schafft man es jedoch mit einem Skript kaum, an diese Grenze heranzukommen.

6.1.6 Speicherlayout

Das Skriptprogramm liegt im FLASH-Speicher unseres Mikrocontrollers und beginnt an der Adresse 0x80200000. Diese Adresse ist der Anfang eines 128-kB-Segments, das sich unmittelbar an das Betriebssystem anschließt. Dieses Segment ist nur für das Skriptprogramm reserviert. Damit kann das Programm natürlich auch nicht größer als 128 kB werden, aber das ist sehr viel für ein komprimiertes Skript. Der Bootloader kopiert eine Intel-Hex-Datei mit dem Skriptprogramm immer in dieses Skriptsegment, ohne dabei andere Segmente zu verändern. Das bedeutet umgekehrt auch, dass man das Betriebssystem aktualisieren kann, ohne dabei die Applikation zu löschen. Beide Teile liegen also in separaten Segmenten.

Wie sieht nun aber die Speicheraufteilung im RAM aus? Zunächst kann man überlegen, welche Art von Daten es überhaupt gibt. Da wären zuerst die globalen und die lokalen Variablen, dann natürlich die Objekte, und mit den lokalen Daten stellt sich auch noch die Frage nach einem Stack für Unterprogramme. Für alles muss es eine passende Struktur geben, und die wollen wir jetzt entwickeln.

Für die Funktionen sowie für die Variablen gibt es jeweils ein vordeklariertes Array. Bei den Einträgen in der Funktionsliste `arrFunctions[..]` handelt es sich lediglich um Zeiger auf die Anfangsadressen der Funktionen im Skript. Der erste Eintrag zeigt auf die Adresse der Funktion `AA()`, der zweite auf `AB()` etc. Diese Adressliste wird unmittelbar vor dem Start des Programms einmal initialisiert, indem in einem Durchlauf alle Funktionsdeklarationen im Token-Code gesucht werden. Wird dann später im Programm eine Funktion aufgerufen, z. B. `AA()`, kann der Programm-Counter direkt auf diese Funktion gesetzt werden.

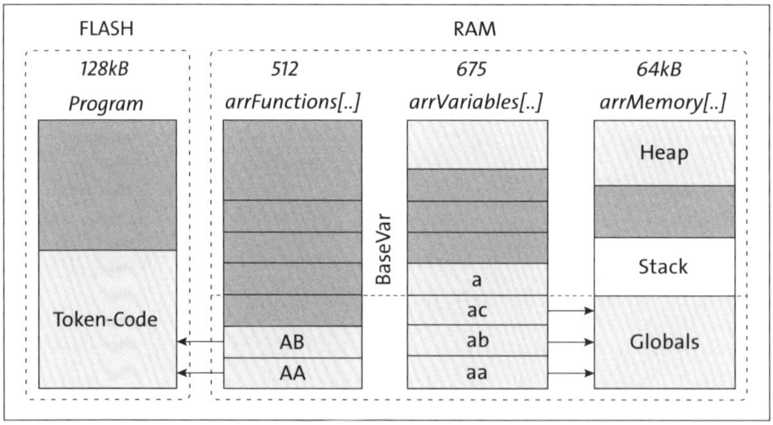

Abbildung 6.3 Speicher für Funktionen und Variablen

Etwas komplizierter ist es dagegen bei den Variablen. Hier besteht jeder Eintrag in der Variablenliste `arrVariables[..]` aus einer Struktur mit den folgenden Feldern.

```
// --- Type ---
typedef BYTE TYPE; // type

// --- Variables ---
typedef struct tagVar
{
   TYPE    nType; // var type
   UINT16  nSize; // array size
   MEMORY* pData; // memory addr
} VAR;
```

Listing 6.1 Struktur für einen Variableneintrag

Der Typ `TYPE` ist im Grunde eine Aufzählung aller Datentypen, die Embedded BASIC unterstützt. Aufgrund der plattformspezifischen Darstellung von Enumerationen wurde hier jedoch explizit der Typ `BYTE` verwendet. Das Feld `nType` ist also eine Kennung dafür, welchen Typ die Variable hat. Das Feld `nSize` kennzeichnet die Länge einer Array-Variablen bzw. ist für skalare Variablen null, und das Feld `pData` referenziert den für diese Variable allokierten Speicher. Die Variablenliste belegt also mit 675 · 8 Byte = 5400 Bytes etwas mehr als 5 kB! Aus diesem Grund wurde auch die Array-Länge auf UINT16, also maximal 65.535 Felder, limitiert. Damit sind für einen Eintrag in `arrVariables[..]` nur genau 8 Byte nötig. Im Grunde sind damit alle 675 Variablen a priori deklariert, jedoch wird zu Beginn keiner Variablen Speicher zugewiesen. Erst bei einer Deklaration erfolgt die Zuweisung und gegebenenfalls auch die Initialisierung des Speichers für eine Variable. Dabei wird der Speicher kontinuierlich von niedrigen zu höheren Adressen vergeben. Wird etwa ein Integer-Array mit 512 Feldern deklariert, zeigt `pData` auf einen 512 · 4 Byte großen Speicherbereich, `nType` hat den Wert `tyINT32`, und `nSize` ist 512.

Ausrichtung von Variablen im Speicher (Alinierung)

Bei der Allokation des Speichers für eine Variable muss der Typ der Variablen berücksichtigt werden! Eine Byte-Variable kann an jeder Adresse liegen, eine Word-Variable nur an geraden Adressen, und alle 4-Byte-Variablen müssen an einer 4-Byte-Adresse beginnen!

Da so ziemlich alle Prozessoren, insbesondere RISC-Prozessoren, nur auf ausgerichtete Daten zugreifen können, ist es erforderlich, die Anfangsadresse einer Variablen passend zu ihrem Typ festzulegen. In einem C-Programm übernimmt das der Linker, und man kommt mit dem Problem gar nicht in Berührung. Da wir an der Stelle den Speicher jedoch selbst zuteilen, müssen wir uns mit der Problematik befassen.

```
// --- Align up ---
INT AlignUp(TYPE nType, INT nSize)
{
    switch (nType) // align type
    {
        case tyWORD:
        case tyINT16:
            return (nSize + 1) & ~1; // align word

        case tyINT32:
        case tyFLOAT:
        case tyCLASS:
            return (nSize + 3) & ~3; // align dword
    }

    return nSize;
}
// --- Allocate memory ---
VOID* AllocMem(TYPE nType, INT nSize)
{
    nMemSize = AlignUp(nType, nMemSize); // align

    if (nHeapSize + nMemSize + nSize < MAXMEMORY) // validate
    {
        MEMORY* pMemAddr = &arrMemory[nMemSize]; // get address

        while (nSize--) // clear memory
            arrMemory[nMemSize++] = 0; // new size

        return pMemAddr;
    }
    else // out of memory
        Exception(OUT_OF_MEMORY);

    return NULL;
}
```

Listing 6.2 Speicherallokation für eine Variable

Der gesamte Speicher für Variablen ist als ein BYTE-Array `arrMemory[..]` mit einer Größe von 64 kB vordefiniert. Die bereits zugeordnete Speichergröße in diesem Array steht dann in der Variablen `nMemSize`. Zu Beginn ist die Variable null, und mit jeder Speicherzuweisung wird sie inkrementiert.

Alignment sicherstellen

Da der Speicher für alle Variablen als BYTE-Array `arrMemory[..]` deklariert ist, muss man sicherstellen, dass es an einer 4-Byte-Adresse liegt! Ein einfacher Trick ist, davor eine 4-Byte-Variable zu deklarieren. Wenn man stattdessen einen Heap verwendet und den Speicher darüber reserviert, ist er immer auf 4-Byte ausgerichtet.

Wird nun beispielsweise die erste Variable `aa` mit dem Typ `BYTE` deklariert, zeigt `pData` der Variablen genau auf das erste Byte in `arrMemory[..]`, und in `nMemSize` stünde eine 1. Wird danach die Variable `ab` mit dem Typ `WORD` deklariert, muss `nMemSize` zunächst noch um 1 erhöht werden, und erst dann darf die Adresse `&arrMemory[nMemSize]` der Variablen `ab` zugewiesen werden. Dieser Vorgang wird *Alinierung* genannt und ist für moderne Prozessoren unerlässlich. In Listing 6.2 übernimmt das die Funktion `AlignUp()`, indem sie abhängig vom Typ der nächsten Variablen `nMemSize` entsprechend erhöht. Die Funktion `AllocMem()` übernimmt die gesamte Speicherallokation für eine neue Variable und liefert einen VOID-Pointer auf den passend ausgerichteten und bereits genullten Speicher zurück. Das Füllen des allokierten Speichers mit null kostet etwas Zeit. Es hat sich in der Praxis aber als sehr sinnvoll erwiesen, weil jede Variable damit zu Beginn ihren Null-Wert hat – man muss sie so gesehen also nicht explizit mit null initialisieren.

6.1.7 Lokale Variablen

Die wesentliche Eigenschaft lokaler Variablen ist die, dass sie nur so lange existieren, wie die Funktion, in der sie deklariert sind, gerade ausgeführt wird. Um lokale Variablen in einer Sprache zu implementieren, benötigt man klassischerweise einen Stack. Dabei ist es egal, ob es sich um eine interpretierte oder um eine kompilierte Sprache handelt.

In der Art der Implementierung unterscheiden sich die lokalen und die globalen Variablen nicht. Bei jeder Variablendeklaration wird der nächste Eintrag in der Variablenliste `arrVariables[..]` initialisiert und dafür auch neuer Speicher allokiert. Für die lokalen Variablen gilt das genauso, lediglich die Zählung des Indexes in `arrVariables[..]` ist anders. Bei globalen Variablen handelt es sich um eine *absolute Indizierung*, während es sich bei den lokalen Variablen um eine *relative Indizierung* handelt. Wenn es beispielsweise drei globale Variablen gibt, dann sind das `aa`, `ab` und `ac`. Die Variablen belegen die

Indizes [0], [1] und [2] in der Variablenliste. Wird nun eine Funktion aufgerufen und deklariert lokale Variablen, sind das immer a, b, c usw. Der Eintrag für a ist in dem Fall dann aber an Index [3] der Variablen. Das ergibt sich aus der Zahl der bisher verwendeten Einträge in der Variablenliste, die in nVarBase mitgeführt wird, plus dem Index für a. Der tatsächliche Index ist für lokale Variablen also immer die Summe aus nVarBase+nVar, und bei jedem Funktionsaufruf wird nVarBase auf dem Call-Stack gesichert. Wenn dann eine Funktion endet, wird der letzte Eintrag von nVarBase wiederhergestellt, und somit sind die letzten lokalen Variablen wieder die aktuellen lokalen Variablen. Der belegte Speicher in arrMemory[..], also die Variable nMemSize, wird ebenso im Call-Stack gesichert. Das bedeutet, dass bei einem Rücksprung aus einer Funktion darin allokierter Speicher gleich wieder freigegeben wird.

Betrachten wir also den Call-Stack unseres Interpreters genauer. Jeder Funktionsaufruf sichert den aktuellen Zustand des Interpreters in einer Call-Struktur, damit er nach dem Rücksprung aus der Funktion wiederhergestellt werden kann. Zum Zustand des Interpreters gehören einige Informationen, die nichts mit den lokalen Variablen zu tun haben. Wir besprechen an der Stelle aber einfach alle Felder der Struktur.

Das Feld pPC sichert bei einem Funktionsaufruf den aktuelle Programmzähler, der in der globalen Variablen pPC gehalten wird. Wenn die Funktion dann endet, reicht ein Zurückkopieren von pPC, und das Programm geht an der Stelle nach dem Aufruf weiter.

```
// --- Call entry ---
typedef struct tagCall
{
    OBJECT* pTP; // this pointer
    CODE*   pPC; // return address
    BYTE    nFor; // for stack index
    BYTE    nLoop; // loop stack index
    BYTE    nDevice; // current used device
    UINT    nVarBase; // previous variable base
    UINT    nMemSize; // previous used memory size
} CALL;
```

Listing 6.3 Struktur für einen Call-Eintrag

Ebenso verhält es sich mit dem This-Pointer pTP, der auf die aktuelle Instanz zeigt. Bei einem Funktionsaufruf kann es zu einem Wechsel in eine andere Instanz kommen, sodass man die aktuelle Instanz vorher sichern muss. Unerwartet sind eventuell die Einträge nFor und nLoop. Aber auch für die Schleifen gibt es eine Art Index, der die Verschachtelungstiefe angibt. Wenn man eine Funktion mit RETURN verlässt, während das

Programm gerade eine Schleife ausgeführt hat, würde der falsche Index »hängen bleiben«. Deshalb wird für die einfachen Schleifen WHILE und LOOP eine Liste geführt und speziell für FOR-Schleifen eine zweite Liste. Daher gibt es diese beiden Werte in der *Call*-Struktur. Das Feld `nDevice` ist der aktuelle Ausgabekanal oder auch die aktuelle Datei. Auch hier besteht die Notwendigkeit, den aktuellen Kanal nach einem Rücksprung wiederherzustellen. Letztlich gibt es noch die beiden Felder `nVarBase` und `nMemSize`, in denen tatsächlich die Basisadresse der Variablen bzw. die gerade belegte Speichergröße gesichert werden. Alle diese Informationen müssen bei einem Funktionsaufruf in die Call-Struktur eingetragen und beim Rücksprung wiederhergestellt werden. Das sind insgesamt sieben Zuweisungen bei jedem Funktionsaufruf und noch mal sieben bei einem Rücksprung. Es ist so, dass auch eine kompilierte Sprache eine ähnliche Struktur verwendet, den sogenannten *Stack-Frame*. Im Grunde ist die Call-Struktur hier genau das Pendant. Die Liste aller Call-Strukturen ist dann quasi der *Call-Stack*, und der hat im Interpreter den Namen `arrCalls[..]`.

Hier vielleicht noch ein paar Gedanken zur Implementierung von Stacks. Ein Stack hat im Wesentlichen die zwei Operationen *Push* und *Pop*. Mit Push wird etwas auf dem Stack abgelegt und mit *Pop* wieder vom Stack genommen. Man kann einen Stack recht effektiv auf ein Array zurückführen und Push und Pop als *post-increment* bzw. *pre-decrement* des aktuellen Indexes implementieren. Gerade wenn die Einträge im Stack aus Strukturen bestehen, ist der Zugriff so sehr effektiv. Schauen wir uns an, wie die Implementierung im Interpreter konkret aussieht.

```
// --- Call a function ---
VOID Call(VALUE* pResult,OBJECT* pObject,WORD nFunc)
{
    VALUE* pParams = &arrParams[nParams]; // first param
    BYTE   nParTop = nParams; // param top

    if (*pPC == '(') // '('
    {
        Skip(); // skip '('

        if (*pPC != ')') // ')'
        {
            do // param list
            {
                Lex();
                Param(&arrParams[nParams++]); // eval param
            }
```

```
            while (enSym == symCOMMA); // ','
        }
        else // skip ')'
            Skip();
    }

    if (nCalls < MAXCALLS) // call level
    {
        CALL* pCall = &arrCalls[nCalls++]; // get call
        BYTE  nPars = nParams - nParTop; // params

        pCall->pPC = pPC; // keep pc
        pCall->pTP = pTP; // keep tp
        pCall->nFor = nFor; // keep for
        pCall->nLoop = nLoop; // keep loop
        pCall->nDevice = nDevice; // keep device
        pCall->nVarBase = nVarBase; // keep varbase
        pCall->nMemSize = nMemSize; // keep varsize

        nVarBase = nVarTop; // set new base
        pPC = arrFunctions[nFunc - 1]; // set new pc addr
        pTP = pObject; // set new this ptr

        ExecFunction(pResult, pParams, nPars); // exec function
        nParams = nParTop; // kill params
        Lex();
    }
    else // too many calls
        Exception(TOO_MANY_CALLS);
}

// --- EndFunction ---
VOID EndFunction()
{
    if (nCalls > 0) // pending call
    {
        CALL* pCall = &arrCalls[--nCalls]; // get previous call

        pPC = pCall->pPC; // reset addr pc
        pTP = pCall->pTP; // reset this ptr
```

```
        nFor = pCall->nFor; // reset for stack
        nLoop = pCall->nLoop; // reset loop stack
        nDevice = pCall->nDevice; // reset current device

        nVarTop = nVarBase; // reset var top
        nVarBase = pCall->nVarBase; // restore var base
        nMemSize = pCall->nMemSize; // restore memory size
    }
}
```


Listing 6.4 Implementierung des Call-Stacks

Die Funktion `Call()` wird aufgerufen, wenn im Programm ein Funktionsaufruf ausgeführt werden soll – also etwa bei `AA(1, 2)`. Die Übergabe der Parameter schauen wir gleich noch genauer an. Die eigentliche Ausführung der Funktion `AA()` erfolgt dann mittels `ExecFunction()`, aber unmittelbar davor wird der Status des Interpreters auf dem Call-Stack gesichert. Die Push-Operation passiert in dieser Zeile:

```
CALL* pCall = &arrCalls[nCalls++];
```

Die Variable `nCalls` enthält dabei immer die aktuelle Stacktiefe, also die Anzahl der anhängigen Funktionsaufrufe, und verweist damit auf die nächste freie Struktur im Call-Stack. Die Adresse dieser Struktur wird in die lokale Variable `pCall` übernommen, und anschließend wird `nCalls` inkrementiert. Das ist die eigentliche Implementierung der Push-Operation. Anschließend müssen natürlich noch die Statusvariablen in der Call-Struktur kopiert werden. Der Zugriff auf die Strukturelemente über den Zeiger `pCall` wird sehr effektiv übersetzt, weil die meisten modernen Prozessoren – natürlich auch ein STM32 – dafür spezielle Befehle haben.

Die optimale Implementierung der Funktion `ExecFunction()` besprechen wir noch, weil diese Funktion die sogenannte *Inner-Loop* des Interpreters enthält und es dafür eine sehr effiziente Lösung gibt.

6.1.8 Parameterübergabe

Bestimmt haben Sie schon einmal von einer »Parameterübergabe über den Stack« gehört oder gelesen. Davon spricht man, wenn die Werte, die einer Funktion als Parameter übergeben werden, der Reihe nach auf dem Prozessorstack abgelegt werden und dann der Aufruf an die Funktion erfolgt, die ihrerseits die Parameter wieder vom Stack nimmt. Dieses Prinzip ist ideal, weil die Parameter selbst mitunter auch erst durch einen oder mehrere Funktionsaufrufe entstehen, wie beispielsweise bei `Summe(1, Summe(2, 3))`. In dem Fall werden die Parameter von links beginnend auf dem *Parameterstack* abgelegt: 1, 2, 3. Dann wird die Funktion `Summe()` das erste Mal aufgerufen und legt anstelle der letzten beiden Werte eine 5 auf den Parameterstack. Schließlich wird `Summe()` das zweite Mal aufgerufen und findet die beiden Werte 1 und 5 auf dem Stack vor. Auf diese Weise lassen sich komplexe Ausdrücke mit Funktionen elegant auflösen, solange der Parameterstack nur ausreichend groß ist.

Vergleicht man die Lösung mit dem Parameterstack einmal mit dem, was ein C-Compiler tatsächlich übersetzt, stellt man allerdings fest, dass der Compiler die Parameter oft gar nicht auf den Stack legt, stattdessen stehen sie scheinbar zufällig bereits in den Registern, in denen die Funktion sie auch erwartet. Das liegt einerseits an den sogenannten Aufrufkonventionen (*Calling Conventions*), die unter anderem festlegen, in welchen CPU-Registern die ersten Parameter einer Funktion übergeben werden. Es liegt aber auch daran, dass ein C-Compiler genau das optimiert, denn eine passende Zuordnung von Zwischenwerten an die Register vermeidet unnötige Speicherbewegungen. Für einen Interpreter ist das jedoch keine Option.

Die Implementierung des Parameterstacks erfolgt analog zu der des Call-Stacks, die wir schon besprochen haben. Auch hier handelt es sich wieder um ein Array bestehend aus Strukturen – in dem Fall Strukturen vom Datentyp VALUE.

```
// --- Value ---
typedef struct tagValue
{
    TYPE         nType; // type
    union // value
    {
        VAR*     pVar; // reference
        LONG     lValue; // long value
        FLOAT    fValue; // float value
        STRING*  pString; // string value
    };
} VALUE;
```

Listing 6.5 VALUE-Struktur für Funktionsparameter

Dieser Datentyp taucht im gesamten Quelltext des Interpreters sehr häufig auf und repräsentiert einen Wert oder eine Referenz. Es handelt sich um einen generischen Wert, daher hat die Struktur als ersten Eintrag auch eine Typkennung, wie sie schon bei den Variablen verwendet wurde. In Abhängigkeit dieses Typs gibt es dann jeweils ein entsprechendes Feld für den Wert. Für alle integralen Typen gibt es das Feld `lValue` und für

Gleitkommazahlen das Feld `fValue`. Außerdem gibt es noch zwei weitere Felder `pVar` und `pString`, die eine Referenz auf eine Variable bzw. auf eine String-Konstante beinhalten können. Alle Felder mit Ausnahme des Typ-Felds sind als Union ausgeführt und liegen damit am gleichen Offset innerhalb der Struktur. Die Struktur belegt also nur 8 Bytes im Speicher – 1 Byte für den Typ, 4 Bytes für den Wert und 3 Bytes Alinierung.

Wertparameter

Der einfachste Fall der Parameterübergabe sind die Wertparameter. In Embedded BASIC sind das automatisch alle skalaren Typen – also Integral- und Gleitkommazahlen sowie boolesche Werte und Zeichen. Diese Werte können direkt in der VALUE-Struktur abgebildet werden. Beispielsweise hat der Funktionsaufruf:

```
foo('a', 1, 3.14, true)
```

die nachfolgenden vier Einträge auf dem Parameterstack zur Folge:

{ tyBOOL, 1 }

{ tyFLOAT, 3.14 }

{ tyINT32, 1 }

{ tyCHAR, 97 }.

Der jeweilige Typ des aktuellen Parameters wird im Typ-Feld der VALUE-Struktur eingetragen. Das würde auch bei Ausdrücken so passieren, wobei sich der Typ eines Ausdrucks aus den verwendeten Operanden und Operationen ergibt. Somit werden also sowohl die Typen als auch die Werte aller Wertparameter an eine Funktion übergeben. In der Funktion wird dann jeder Parameter als lokale Variable angelegt – der erste Parameter ist `a`, der zweite `b` usw. Die lokalen Variablen schließen sich daran an, wobei die erste lokale Variable hier `e` wäre. Die Anzahl der Parameter plus die der lokalen Variablen können aufgrund der Codierung also nicht größer als 26 werden.

Referenzparameter

Was, wenn man nun ein ganzes Array als Parameter an eine Funktion übergeben möchte? In dem Fall ergeben einzelne Wertparameter sicher keinen Sinn. Arrays können in Embedded BASIC daher per Referenz an eine Funktion übergeben werden, genau genommen können sie nur per Referenz übergeben werden. Bei einer Referenz arbeitet die Funktion dann immer auf dem Speicherbereich der referenzierten Variablen. Um das zu ermöglichen, kann die VALUE-Struktur auch eine Variablenreferenz abbilden. Das Typ-Feld erhält in dem Fall den Eintrag `tyVARPTR`, und das Feld `pVar` zeigt auf die Deklaration in der Variablenliste `arrVariables[..]`. Der Eintrag in VALUE wird also zu einer Indirektion und referenziert eine Variable. Damit stehen alle Informationen der Variablen, wie etwa die Länge des referenzierten Arrays und dessen Adresse, in `arrMemory[..]` zur Verfügung und werden auch der Funktion übergeben:

{ tyVARPTR, &aa }.

Wenn die Funktion aus dem übergebenen Parameter eine lokale Variable deklariert, werden die Information an diese übertragen. Die Adresse im Speicher wird jedoch nicht neu allokiert, sondern es wird die Adresse der referenzierten Variablen übernommen.

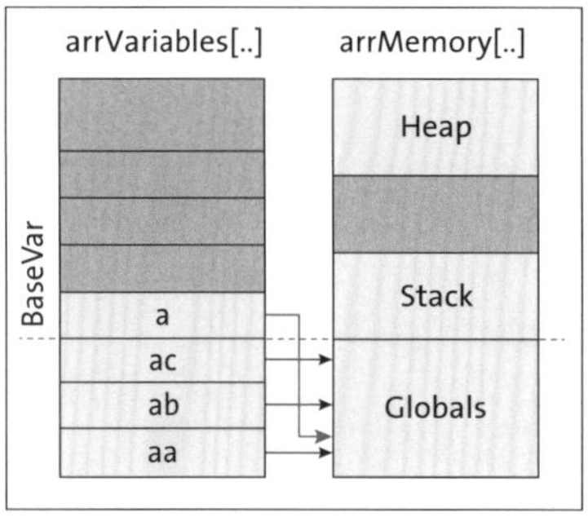

Abbildung 6.4 Parameter referenziert globalen Speicher.

Eine Referenz kann ebenso auf eine globale wie auf eine lokale Variable verweisen. Auch der Fall, dass eine Referenz an mehrere geschachtelte Funktionsaufrufe »durchgereicht« wird, ist damit abgedeckt. Betrachten wir abschließend aber noch einen Sonderfall.

Konstante Referenzparameter

Viele Programmiersprachen unterscheiden zwischen einer Referenz auf Variablen, wie wir sie bisher besprochen haben, und einer Referenz auf Konstanten. In Embedded BASIC gibt es diese Unterscheidung nicht. Was passiert aber, wenn wir eine String-Konstante per Referenz an eine Funktion übergeben? Die Funktion kann nicht unterscheiden, wohin eine Referenz tatsächlich zeigt, und der Versuch, auf eine String-Konstante zu schreiben, würde schlicht fehlschlagen. Wenn eine Funktion ein CHAR-Array erwartet, darf man allerdings auch eine String-Konstante angeben. Aus diesem Grund werden Referenzen auf String-Konstanten intern etwas anders behandelt. In der VALUE-Struktur des Parameters steht in dem Fall Folgendes:

{ tySTRING, &<Const-String> }.

Mit `&<Const-String>` ist die Adresse des Strings im Token-Code gemeint. Wenn die aufgerufene Funktion den Parameter als lokale Variable anlegt, wird in der Tat Speicher allokiert, und die String-Konstante wird in den allokierten Speicher umkopiert. Im Gegensatz zu einer Referenz auf eine Variable wird dann also nicht mit der übergebenen Adresse weitergearbeitet. Ab diesem Zeitpunkt handelt es sich quasi wieder um eine Variablenreferenz.

Insgesamt sind für den Parameterstack 256 Einträge vom Typ VALUE im Array `arrParams[..]` reserviert. Eine Funktion kann maximal zehn Parameter haben, was aber eher nicht empfehlenswert ist. Natürlich können Funktionen auch *rekursiv* aufgerufen werden, aber einerseits ist das für Steuerungsapplikationen nicht so relevant, und andererseits muss man auch bei rekursiven Aufrufen immer ein Abbruchkriterium vorsehen. Mit dieser Größe des Parameterstacks kann man in der Praxis auch große Applikationen sicher erstellen.

6.1.9 Prototypen für Klassen

Grundsätzlich gibt es nicht *die* objektorientierte Programmierung, sondern es gibt viele verschiedene Ausprägungen von Objektorientierung. Natürlich gibt es übergreifende Merkmale, wie etwa *Kapselung* oder *Vererbung*, aber diese Merkmale schreiben keine konkrete Implementierung vor. Es bleibt daher relativ viel Spielraum für die Realisierung einer eigenen objektorientierten Sprache. Schauen wir uns nun an, wie Klassen und Objekte in Embedded BASIC implementiert werden.

Das ausführbare Programm enthält neben den Funktions- und Variablendeklarationen auch alle Klassendeklarationen in Form von Token-Code. Man kann den Token-Code eines übersetzten Programms auch einsehen, was an der Stelle vielleicht hilfreich ist. Dazu öffnet man das List-File, das beim Übersetzen immer mit ausgegeben wird. Für eine bessere Lesbarkeit werden darin alle Tokens wieder durch ihre Schlüsselwörter bzw. Symbole ersetzt. Alle Symbole in Großbuchstaben belegen im Token-Code also nur ein Byte. Alle anderen Zeichen außer den Leerzeichen erscheinen unverändert. Die Leerzeichen werden automatisch eingefügt und stehen so nicht im Token-Code. Nachfolgend ist das List-File des Drehzahlreglers aus Abschnitt 5.3.1, »Entwicklungstool«, abgebildet. Zum Vergleich können Sie auch Listing 5.20 heranziehen.

```
Line   Label   Address   Code
----------------------------


[C:\Users\uwe\Codepad\Workspace\Modules\Target\AL10.bas]
 135:   L1      $0000    SETCLOCK 1

[C:\Users\uwe\Codepad\Workspace\Modules\Diagnostic\Develop.bas]
  10:   L2      $0006    CHAR aa
```

```
[C:\Users\uwe\Codepad\Workspace\Projects\Buch\Drehzahlregler.bas]
   6:  L3    $000D   SETPWM 0,3
   7:  L4    $0015   SETCOUNTER 8,0
  10:  L5    $001D   CLASS A0
  13:  L6    $0024     FLOAT a1=0.0
  14:  L7    $002F     FLOAT a2=0.0
  17:  L8    $003A     FLOAT a3=1.0
  18:  L9    $0045     FLOAT a4=0.0
  19:  L10   $0050     FLOAT a5=0.01
  22:  L11   $005C     FLOAT a6=0.0
  23:  L12   $0067     FLOAT a7=0.0
  24:  L13   $0072     FLOAT a8=0.0
  25:  L14   $007D     INT a9=0
  28:  L15   $0086     FUNCTION AA()
  29:  L16   $008F       TASK AC,a5,10
  30:  L17   $009C     ENDFUNCTION
  33:  L18   $00A1     FUNCTION AB(FLOAT a,FLOAT b)
  34:  L19   $00AF       INT0
  35:  L20   $00B5       a3=a
  36:  L21   $00BD       a4=b
  37:  L22   $00C5       INT1
  38:  L23   $00CB     ENDFUNCTION
  41:  L24   $00D0     FUNCTION AC()
  44:  L25   $00D9       a2=(a2*29+COUNTER8-a9)/30
  45:  L26   $00F0       a9=COUNTER8
  48:  L27   $00F9       a7=a1-a2
  51:  L28   $0105       a8=a8+a7
  54:  L29   $0111       a6=a3*a7+a4*a5*a8
  57:  L30   $0126       IF a6>9.9:a6=9.9
  58:  L31   $0138       IF a6<0.0:a6=0.0
  61:  L32   $014A       PWM0=ROUND(a6*1000)
  62:  L33   $015B     ENDFUNCTION
  63:  L34   $0160   ENDCLASS
  66:  L35   $0165   A0 ab=NEW A0.AA()
  67:  L36   $0176   INT ac=0
  70:  L37   $017F   ab.AB(4.5,5.5)
  72:  L38   $0191   LOOP
  73:  L39   $0196   PRINT #0,ESC,"A",ab.a1,CR,"B",ab.a2,CR, "C",PWM0/
1000,CR,NL
  75:  L40   $01C7   IF ac%50==0 THEN
```

```
76:    L41    $01D5    IF ab.a1<10 THEN
77:    L42    $01E3    ab.a1=10
78:    L43    $01EF    ELSE
79:    L44    $01F4    ab.a1=8
80:    L45    $01FF    ENDIF
81:    L46    $0204    ENDIF
83:    L47    $0209    INC ac
84:    L48    $0210    SLEEP 0.05
85:    L49    $0219    ENDLOOP
```


Listing 6.6 Token-Code mit Klassendeklaration

Die Spalte `Line` gibt die Zeilennummern im Quelltext an – die Quelldateien stehen in eckigen Klammern immer einmalig davor. Die Spalte `Label` zeigt den fortlaufende Index der Zeilen im Token-Code an, während die Spalte `Address` die tatsächliche Byte-Adresse im Token-Code wiedergibt. Man kann so auch Rückschlüsse auf die Länge einer Token-Zeile ziehen. Schließlich ist zu jeder Zeile die Rückübersetzung der Tokens zu erkennen. Man kann sehr gut die codierten Variablennamen sehen und natürlich auch die Struktur, weil Funktionen und Klassen zusätzlich eingerückt dargestellt werden. In dem List-File hier wurde die Klassendeklaration zudem durch Fettung hervorgehoben, damit man gut erkennen kann, welche Informationen zu einer Klasse verfügbar sind.

Da die Beschreibung der Klassen im Programm als Token-Code vorliegt, wäre jede Instanziierung eines Objekts eine sehr zeitaufwendige Operation. Wenn der Interpreter auf das Schlüsselwort CLASS trifft, erzeugt er deshalb für die Klassendeklaration zunächst einen *Prototyp* auf dem *Heap* und speichert eine Referenz darauf im Array `arrClasses[..]`. Als Prototypen bezeichnet man in der Softwareentwicklung Datenstrukturen, die als eine Art »Blaupause« fungieren und die Erstellung der eigentlich benötigten Datenstruktur vereinfachen.

Schauen wir uns zunächst an, welche Informationen der Prototyp vorhalten muss. Für die Instanziierung eines Objekts ist zuerst wichtig, wie viel Speicher das Objekt belegt. Der Speicher wird bei der Instanziierung als Erstes allokiert. Danach werden dann alle Member initialisiert, also sind auch Informationen über deren Typ, deren Offset innerhalb der Instanz und gegebenenfalls auch deren Initialcode erforderlich. Das sind die minimal erforderlichen Informationen. Die Methoden einer Klasse müssen wir zunächst nicht im Prototyp hinterlegen. Da es in Embedded BASIC noch keine Möglichkeit zur Vererbung von Klassen gibt, besteht auch nicht die Möglichkeit, *virtuelle Methoden* zu definieren. Würde man diese hinzufügen wollen, dann müssten die virtuellen Methoden zusätzlich in eine *VMT-Table* (*Virtual Method Table*) eingetragen werden, denn das Überschreiben von virtuellen Methoden bedeutet – bildlich gesprochen – auch das

Überschreiben der Einträge in der VMT-Table. Für den Moment sollen jedoch einfache Klassen ausreichen.

Damit haben wir eine recht überschaubare Struktur für unseren Prototyp. Im Grunde ist es ein kleiner CLASS-Header, der den Typ der Klasse, die Größe einer Instanz sowie die Anzahl der Member umfasst. Danach schließt sich eine Tabelle mit den Einträgen aller FIELD-Member an.

```
// --- Class ---
typedef struct tagClass
{
    TYPE    nType; // class type
    UINT    nSize; // class size
    UINT    nFields; // class fields
    FIELD   arrFields[]; // class fields[]
} CLASS;

// --- Field ---
typedef struct tagField
{
    TYPE    nType; // field type
    UINT    nSize; // field length
    UINT    nOffs; // field offset
    CODE*   pCode; // field init code
} FIELD;
```

Listing 6.7 Datenstrukturen für den Prototyp einer Klasse

Die Erstellung dieser Struktur im Heap-Speicher ist etwas komplizierter, als man zunächst vermuten könnte. Da der Interpreter die Anzahl der Felder ja erst kennt, wenn er die komplette Deklaration der Klasse gesehen hat, muss die Datenstruktur im Speicher mit jedem neuen Member dynamisch vergrößert werden.

In C kann man deshalb innerhalb einer Struktur ein Array definieren, dessen Länge man offen lässt – also nicht spezifiziert. Dieses Array, hier `arrFields[..]`, muss allerdings das letzte Element in der Struktur sein. Wenn man nun Speicher für die Struktur allokiert, muss man selbst ausrechnen, wie groß der Speicher für *n* Array-Elemente sein muss. Mit jedem weiteren Array-Element *reallokiert* man den Speicher dann auf dem Heap neu. Dabei werden alle bestehenden Einträge übernommen – nur der neue Eintrag muss initialisiert werden. Im Grunde ist das der Weg, wie man in C ein *dynamisches Array* erstellen kann. Die Anzahl der Einträge, die in dem Array stehen, führt man im Feld `nFields` der CLASS-Struktur kontinuierlich mit. Schlussendlich hat man eine komplette Liste aller Member der Klasse. Jeder Eintrag in der Liste `arrFields[..]` ist dann wiederum eine Struktur mit allen erforderlichen Informationen des zugehörigen Members.

Die Verwaltung eines Heap-Speichers ist an sich schon eine Herausforderung und bräuchte mindestens ein ganzes Kapitel zur Erläuterung. Allerdings können wir das Thema bei unserem Interpreter sehr stark vereinfachen. Da wir unsere Datenstrukturen im Heap aktuell nicht wieder freigeben, sondern immer nur Stück für Stück neuen Speicher allokieren, lässt sich der Heap auf einen Zähler `nHeapSize` reduzieren. Der Heap ist insofern auch kein extra Speicherbereich, er befindet sich einfach am oberen Ende des für den Interpreter reservierten 64-kB-Speicherblocks `arrMemory[..]`.

Es gibt im Interpreter zwei Funktionen, die den Heap verwalten – das sind `AllocHeap()` und `ReallocHeap()`. Beide Funktionen sind Bestandteil des Interpreters, also nicht des Betriebssystems, wie man eigentlich meinen sollte. Damit ist die Implementierung des Interpreters nicht an das Vorhandensein von `malloc()` und `free()`, also nicht an einen System-Heap gebunden. Sollte ein Heap vorhanden sein, kann man diese beiden Funktionen dahin gehend umlenken.

```
// --- Allocate heap ---
VOID* AllocHeap(INT nSize)
{
    nSize = (nSize + 3) & ~3; // align up

    if (nHeapSize + nMemSize + nSize < MAXMEMORY) // validate
    {
        nHeapSize += nSize; // new heap size

        return &arrMemory[MAXMEMORY - nHeapSize]; // next free addr
    }
    else // out of memory
        Exception(OUT_OF_HEAP);

    return NULL;
}

// --- Reallocate heap ---
VOID* ReallocHeap(VOID* pFrom, INT nOldSize, INT nNewSize)
{
    INT nAllocSize = nNewSize - nOldSize; // calc difference
    DATA* pNewAddr = AllocHeap(nAllocSize); // allocate memory
```

```
    if (pNewAddr) // valid address
    {
        memmov(pNewAddr, pFrom, nOldSize); // copy previous
        memclr(pNewAddr + nOldSize, nAllocSize); // clear extra
    }

    return pNewAddr; // return new
}
```

Listing 6.8 Interpreter-Funktionen für Heap-Allokation

Unser Prototyp für die Klasse A0, dem Drehzahlregler aus Listing 6.6, sieht nun folgendermaßen aus.

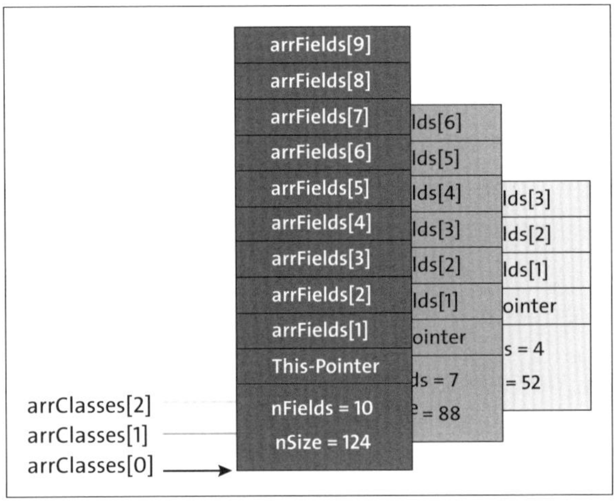

Abbildung 6.5 Klassenprototypen im Heap-Speicher

Gäbe es noch weitere Klassen im Token-Code, also A1, A2 etc., gäbe es entsprechend weitere Prototypen. Die Prototypen der Klassen werden alle im Array arrClasses[..] referenziert. Dort hat die Klasse A0 den Index 0, A1 den Index 1 usw. Insgesamt sind, bedingt durch die Codierung der Klassennamen, maximal 260 Klassen möglich, was mehr als genug sein sollte. Daher hat das Array arrClasses[..] aktuell maximal 128 Einträge. Das Bild soll zudem verdeutlichen, dass die Prototypen ganz unterschiedlich groß ausfallen können und an beliebigen Adressen im Heap liegen.

Analysieren wir die Inhalte unseres Prototyps noch einmal genauer. Ganz zu Beginn steht der Typ nType der Klasse. Das ist im Grunde der Index in der Liste aller deklarierten Klassen arrClasses[..]. Wie wir im nächsten Abschnitt noch sehen werden, bekommt jedes Objekt eine Referenz auf seinen Prototyp. Über diese Verbindung ist es dann immer möglich, den konkreten Typ eines Objekts zu ermitteln. Daran schließt sich die Größe des Objekts `nSize` an, das von diesem Prototyp erstellt wurde. Diese Information wird vom NEW-Operator benötigt, um den erforderlichen Speicher zu allokieren. Die Anzahl der Felder `nFields` ist der nächste Eintrag. Das erste Feld ist immer für den This-Pointer einer Instanz vorgesehen. Daher gibt es genau ein Feld mehr, als eigentlich Member in der Klasse deklariert wurden. Das sind die Informationen, die die Klasse selbst betreffen.

Schließlich folgen dann die deklarierten Member der Klasse, jeweils als eine FIELD-Struktur. Darin sind der Typ `nType` des Members, die Array-Größe `nSize` und der Offset `nOffs` im Speicherabbild der Instanzen abgelegt. Zusätzlich enthält jede FIELD-Struktur noch einen Zeiger auf den oder die Initialwerte im Token-Code. Diese Informationen werden alle vom NEW-Operator benötigt, um die Instanz zu initialisieren und den Membern Anfangswerte zuzuweisen.

Die Funktion eines Parsers wird noch ausführlich in Kapitel 7, »Übersetzer«, behandelt. Zum Verständnis hier vorab nur so viel: Unser Parser im Interpreter liest immer ein Token mit der Funktion `Lex()`. Das Token steht dann in einer globalen Variablen mit dem Namen `enSym`. Dabei handelt es sich um eine Enumeration. Wie bereits angedeutet, gibt es zu jedem Schlüsselwort immer eine passende C-Funktion im Interpreter. Das betrifft ebenso PRINT sowie auch alle Schleifen und natürlich auch eine Klassendeklaration. Das heißt, beim Erkennen des Tokens CLASS wird die nachfolgende Funktion aufgerufen.

```
// --- Class <class> ---
VOID Class()
{
    CLASS* pClass = AllocHeap(sizeof(CLASS) + sizeof(FIELD));
    BOOL bExit = FALSE; // exit flag

    Lex(); // class id
    pClass->nType = nClass; // keep type
    pClass->nSize = sizeof(CLASS*); // begin size
    pClass->nFields = 1; // first field

    Lex();
    while (!bExit) // members...
    {
        UINT nOldSize = pClass->nFields * sizeof(FIELD) + sizeof(CLASS);
        UINT nNewSize = nOldSize + sizeof(FIELD);
        TYPE nType;
```

```
FIELD* pField;

Lex();
switch (enSym)
{
    case typBOOL: // type
    case typCHAR:
    case typBYTE:
    case typWORD:
    case typINT16:
    case typINT32:
    case typFLOAT:
        nType = enSym - typBOOL + 1;
        break;

    case symTYPE: // class..
        nType = tyCLASS;
        break;

    case symFUNCTION: // function..
        SkipFunction();
        Lex();
        continue;

    case symENDCLASS: // ..endclass
        bExit = TRUE;
        Lex();
        continue;
}

pClass = ReallocHeap(pClass, nOldSize, nNewSize);
pField = &pClass->arrFields[pClass->nFields++];

Lex();
pClass->nSize = AlignUp(nType, pClass->nSize);
pField->nOffs = pClass->nSize; // field index
pField->nType = nType; // field type

Lex();
if (enSym == symLBRAK) // '['<index>
```

```
        {
            VALUE Value;

            Lex();
            Expr(&Value); // expression

            Lex();// ']'
            pField->nSize = Value.lValue;
            pClass->nSize += pField->nSize * TypeSize[nType];
        }
        else // scalar
            pClass->nSize += TypeSize[nType];

        if (enSym == symASSIGN) // '='<init code>
        {
            pField->pCode = pPC; // keep init code
            SkipLine(); // skip the code
        }
    }

    pClass->nSize += pClass->nFields * sizeof(VAR) + sizeof(OBJECT*);
    arrClasses[pClass->nType] = pClass; // assign entry
}
```

Listing 6.9 Parser für CLASS-Prototypen

Diese Funktion baut die beschriebene Struktur für den Prototyp einer Klasse im Heap auf. Um die Funktion nachvollziehen zu können, ist es sicher hilfreich, den Token-Code aus Listing 6.6 zu vergleichen. Die Funktion erstellt zu diesem Token-Code den Prototyp aus Abbildung 6.5.

6.1.10 Instanziieren von Objekten

Wie werden aus den Prototypen nun Instanzen generiert? In Listing 6.6 findet sich dazu folgende Zeile im Token-Code:

```
A0 ab=NEW A0.AA()
```

Diese Zeile erstellt eine Instanz der Klasse `A0`, weil der NEW-Operator mit diesem Klassentyp aufgerufen wird. Außerdem ruft der NEW-Operator anschließend gleich noch den Konstruktor AA() der Klasse A0 auf, und schließlich wird die neue Instanz der globalen Variablen ab zugewiesen, die auch vom Typ A0 ist.

Gehen wir das einmal der Reihenfolge nach durch. Der NEW-Operator erwartet einen Klassentyp als Parameter. Das ist die Stelle, an der der Prototyp benötigt wird, denn der Klassentyp A0 ist in dem Moment lediglich ein Index in das Array arrClasses[..]. Damit kann der NEW-Operator den Prototyp im Heap referenzieren und erhält einen Zeiger auf die CLASS-Struktur.

Speicher allokieren

Der erste Schritt, den der NEW-Operator gehen muss, ist die Allokation des erforderlichen Speichers auf dem Heap. Die Größe des Speichers für die konkrete Instanz steht in der CLASS-Struktur – damit ist lediglich ein Aufruf von AllocHeap() erforderlich. Die Instanz stellt sich dann im Speicher durch folgende OBJECT-Struktur dar.

```
// --- Object ---
typedef struct tagObject
{
    CLASS*  pClass; // object type
    VAR     arrFields[]; // object fields[]
} OBJECT;
```

Listing 6.10 OBJECT-Struktur

Der erste Eintrag in dieser Struktur ist ein Zeiger auf die CLASS-Struktur – also den Prototyp. Dieser Zeiger ermöglicht es, später den Klassentyp einer Instanz zu ermitteln. Der zweite Eintrag ist dann schon die Liste der Member-Variablen. Da bei der Allokation der Speicher immer genullt wird, sind sowohl der Zeiger als auch die Liste zu Beginn uninitialisiert. Die Zuweisung des Zeigers pClass auf die CLASS-Struktur ist einfach, weil der NEW-Operator diese Referenz ohnehin bereits hat.

Member-Liste initialisieren

Der zweite Schritt erscheint vielleicht etwas überraschend. Für die globalen Variablen existiert eine vordefinierte Liste arrVariables[..], für die lokalen Variablen ist es im Grunde die gleiche Liste, nur mit dem Offset nVarBase entsprechend der aktuell ausgeführten Funktion. Damit die Zugriffe auf Variablen und auf Member immer gleich erfolgen, benötigt jedes Objekt seinerseits eine solche Liste. Diese Liste ist das Array arrFields[..] in der OBJECT-Struktur. Die Deklaration eines offenen Arrays innerhalb einer Struktur hatten wir ja bereits bei der CLASS-Struktur. Das Prinzip ist hier wieder das gleiche, jetzt ist der Speicher aber schon komplett allokiert. Wir müssen die VAR-Felder jedoch noch initialisieren.

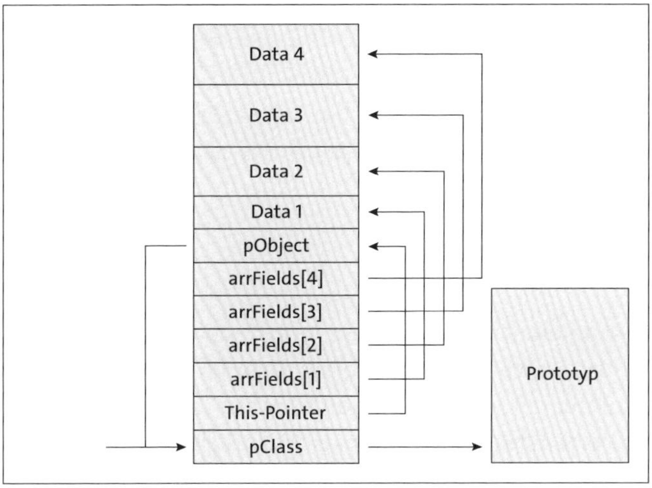

Abbildung 6.6 Memory-Layout eines Objekts

Schauen wir uns dazu die obige Abbildung genauer an. Jeder Eintrag im Array `arrFields [..]` ist eine VAR-Struktur – besitzt also einen Typ sowie einen Zeiger auf einen Speicherbereich. Der Speicher für alle Member der Instanz schließt sich direkt an die Member-Liste an. Der genaue Offset eines jeden Members darin wurde bereits bei der Erstellung des Prototyps berechnet. Dabei wurde auch die Ausrichtung (Alinierung) der Daten berücksichtigt. Die tatsächliche Adresse eines Members in der Instanz ergibt sich jetzt also aus der Anfangsadresse der Instanz plus dem Offset des Members aus dem Prototyp.

Zur Initialisierung eines Members gehört dann noch die Zuweisung seines Initialwerts, sofern für den Member ein Initialwert deklariert wurde. Ohne einen Initialwert hat der Member automatisch seinen Null-Wert, weshalb explizite Initialisierungen mit null so gesehen unnötig sind. Die Adresse des Initialisierungscodes findet sich für jeden Member im Prototyp. Im Grunde ruft der NEW-Operator an der Stelle wieder den Interpreter auf, was zu einem rekursiven Aufruf von NEW führen kann.

Ein Sonderfall bei der Initialisierung stellt der *This-Pointer* auf die Instanz dar. *This* ist immer die Referenz auf die eigene Instanz und ist auch immer der erste Eintrag in der Member-Liste einer jeden Instanz. Dieser Eintrag wird somit als Erstes initialisiert, sodass *This* bereits bei die Initialisierung weiterer Member der Instanz verwendet werden kann. Der Eintrag in der Member-Liste verweist allerdings in den Datenbereich, und dort steht erst der Zeiger mit der Adresse des Objekts. Das wirkt redundant – könnte die

Adresse nicht gleich in der VAR-Struktur des Members eingetragen werden? Die This-Referenz muss exakt so funktionieren wie jede andere Objektreferenz auch, und alle Objekte sind nur skalare Variablen mit einem 32-Bit-Zeiger im Datenbereich.

Klassen sind Verweistypen

Embedded BASIC unterstützt keine nativen Zeigertypen. Dafür sind alle Klassen jedoch Verweistypen, d. h., alle Objektinstanzen sind intern nur Zeiger. Die Objektorientierung ist damit quasi eine Abstraktion für Zeigertypen.

Konstruktor aufrufen

Der letzte Schritt zur Initialisierung einer Instanz ist der Aufruf der Konstruktormethode, sofern ein Konstruktor deklariert wurde. Da der Konstruktor im Grunde auch nur eine Methode ist und der This-Pointer der Instanz ja schon existiert, kann die Methode einfach aufgerufen werden. Der Vorteil des Konstruktors ist natürlich die Möglichkeit, auch Parameter zu erhalten. So kann ein Konstruktor beispielsweise eine Referenz auf eine Instanz erhalten. Auf dem Weg lassen sich sehr effektiv Assoziationen aufbauen.

Nachfolgend ist der Quellcode für den NEW-Operator aufgeführt. Die einzelnen Schritte sind daran gut nachvollziehbar.

```
// --- New <class> ---
VOID New(VALUE* pValue)
{
    CLASS* pClass = arrClasses[nClass]; // get class

    if (pClass) // valid class
    {
        OBJECT* pObject = AllocHeap(pClass->nSize); // allocate heap...
        UINT nTable = pClass->nFields * sizeof(VAR) + sizeof(INT);

        if (pObject) // valid object
        {
            MEMORY* pData = (MEMORY*)pObject + nTable;
            OBJECT* pThis = pTP; // keep this
            CODE* pCode = pPC; // keep pc
            UINT nField = 0; // fields

            pObject->pClass = pClass; // class...
```

```
if (nField < pClass->nFields) // this...
{
    VAR* pThis = &pObject->arrFields[nField++];

    *(OBJECT**)pData = pObject;

    pThis->nType = tyCLASS;
    pThis->pData = pData;
}

while (nField < pClass->nFields) // fields...
{
    FIELD* pField = &pClass->arrFields[nField];
    VAR* pVar = &pObject->arrFields[nField++];

    pVar->nType = pField->nType; // field...
    pVar->nSize = pField->nSize;
    pVar->pData = pField->nOffs + pData;

    if (pField->pCode) // init...
    {
        pPC = pField->pCode; // set code
        pTP = pObject; // set object

        Lex();
        AssignVar(pVar->nType, pVar->pData, pVar->nSize);
    }
}

pTP = pThis; // reset this
pPC = pCode; // reset pc

Lex();
if (enSym == symDOT) // .ctor(...)
{
    Lex();
    Call(NULL,pObject,nFunction); // constructor
}
else // '()'
{
```

```
                Skip();
                Lex(); // ')'
            }

            pValue->lValue = (LONG)pObject; // return object
            pValue->nType = tyINT32; // pointer type
        }
        else // low memory
            Exception(OUT_OF_HEAP);
    }
    else // invalid
        Exception(INVALID_CLASS);
}
```

Listing 6.11 Implementierung des NEW-Operators

Im Skript liefert der NEW-Operator eine Referenz auf die gerade erzeugte Instanz zurück. In obigem Listing hat die Funktion `New()` jedoch den Typ VOID als Rückgabe und bekommt stattdessen einen Zeiger auf den Rückgabewert als Parameter übergeben. Wir werden uns mit der Verarbeitung von Ausdrücken im Interpreter noch näher befassen, der Grund dafür liegt aber eher bei C selbst. In C kann man natürlich auch strukturierte Rückgabewerte deklarieren, wie gut deren Übersetzung ist, hängt jedoch vom Compiler ab. Ein strukturierter Rückgabetyp wie hier die VALUE-Struktur könnte mitunter auch kopiert werden – die obige Variante ist dagegen immer eindeutig und effizient.

6.1.11 Auflösen von Variablenbezügen

In den vorherigen Abschnitten ging es um die Darstellung von Klassen und Objekten mittels passender Datenstrukturen im Interpreter. Die Verwendung dieser Strukturen soll Inhalt dieses Abschnitts sein. Dabei stehen zunächst Variablenzugriffe im Mittelpunkt. Damit sind noch nicht Ausdrücke im mathematischen Sinn gemeint, denen wir uns erst später widmen werden, sondern eher Konstrukte, die sich aus Array- und Objektzugriffen zusammensetzen lassen. Im Token-Code sehen solche Zugriffe etwa folgendermaßen aus:

```
b[c]
a.a1[c]
aa[c].BC().
```

Es ist gut zu erkennen, dass es sich dabei um durchaus komplexe Zugriffe auf eine oder auch auf mehrere Variablen handelt, deren Bedeutung man so jedoch kaum interpretieren kann. In der obersten Zeile könnte die Variable b ein lokal deklariertes Array sein und c eine lokale Variable, die als Index verwendet wird. Die unterste Zeile könnte etwa der Zugriff auf ein globales Array aus Objekten einer Klasse sein, in der es offenbar eine Methode BC() gibt. Durch die Codierung der Variablennamen erhält man schon einen Hinweis auf den Sichtbarkeitsbereich, in dem die jeweilige Variable deklariert wurde – auflösen kann man diese Zugriffe aber nur, wenn man die konkreten Informationen zu den Variablen hat.

Eine Gemeinsamkeit haben die komplexen Variablenzugriffe – die letztlich gesuchte Adresse im Speicher hat keine explizite Deklaration mehr. Schauen wir dazu noch einmal die Zeile b[c] an. Die Array-Variable b[..] hat eine Deklaration, in der wir die Adresse des Arrays finden können, und auch für c gibt es sicher eine lokal deklarierte Variable, deren Wert wir auslesen können. Die resultierende Adresse des Variablenzugriffs b[c] muss man hingegen erst berechnen. Für den Array-Zugriff lautet die Berechnungsvorschrift:

Address = Array.pData + Index · TypeSize[Array.nType]

Das bedeutet, dass wir eine Art temporäre Struktur benötigen, mit deren Hilfe wir einen zusammengesetzten Variablenzugriff Schritt für Schritt auflösen und die konkrete Speicheradresse berechnen können. Neben der Speicheradresse sind dann aber noch weitere Informationen wichtig, so etwa der resultierende Typ oder die Array-Länge. Daher besitzt die Struktur folgende Felder.

```
// --- Item---
typedef struct tagItem
{
    TYPE  nType; // item type
    UINT  nSize; // item size
    VAR*  pVar; // item var

    union // any address
    {
        MEMORY* pData; // memory address
        STRING* pString; // string address
        OBJECT* pObject; // object address
    };
} ITEM;
```

Listing 6.12 ITEM-Struktur für Variablenzugriffe

Die ITEM-Struktur wird im Interpreter immer dann verwendet, wenn im Token-Code eine Variable erkannt wird. Das ist zwar konsequent, erscheint aber auch etwas übertrieben, wenn man bedenkt, dass viele Zugriffe statistisch nur aus einfachen lokalen Variablen bestehen. Da wäre ein Zugriff gänzlich ohne Berechnung möglich – die Adresse oder der Wert ließe sich sofort ermitteln. Das verdeutlicht im Grunde das Problem eines *Infix*-Token-Code-Interpreters. Es gibt kaum die Möglichkeit, Sonderfälle zu unterscheiden und gezielt zu optimieren. Trotzdem erreicht man beim Verhältnis von Aufwand und Effizienz ein sehr gutes Resultat.

```
// --- <var>|<field>[..]|. ---
VOID Var(ITEM* pItem)
{
    VAR* pVar;

    if (enSym == symVAR) // <var>
        pVar = &arrVariables[nVar];
    else // <field>
        pVar = &pTP->arrFields[nField];

    while (TRUE) // subscript
    {
        pItem->pVar = pVar; // copy var
        pItem->nSize = pVar->nSize;
        pItem->pData = pVar->pData;
        pItem->nType = pVar->nType;

        Lex();
        if (enSym == symLBRAK) // [<index>]
        {
            VALUE Index;

            Lex(); // '['
            Expr(&Index); // <index>

            if (Index.nType == tyFLOAT) // cast float
                Index.lValue = (LONG)Index.fValue;
                                                // limit range
            if (Index.lValue >= pItem->nSize)
                Index.lValue = pItem->nSize - 1;
            else if (Index.lValue < 0)
                Index.lValue = 0;
```

```
            Lex(); // ']'
            pItem->nSize = 0;
            pItem->pData += TypeSize[pItem->nType] * Index.lValue;
        }

        if (enSym == symDOT) // .<field>
        {
            OBJECT* pObject = *(OBJECT**)pItem->pData;

            if (pObject) // valid instance
            {
                Lex();
                if (enSym == symFUNC) // .<function>()
                {
                    pItem->pObject = pObject;
                    break;
                }
                                                  // .<field>
                pVar = &pObject->arrFields[nField];
            }
            else
                Exception(INVALID_OBJECT);
        }
        else
            break;
    }
}
```

Listing 6.13 Funktion zum Auflösen von Variablenzugriffen

Die Funktion `Var()` initialisiert bei einem Variablenzugriff die übergebene ITEM-Struktur und berechnet darin die Adresse, an der im Speicher dann der Zugriff erfolgen soll. Dazu wird zu Beginn unterschieden, ob es sich um eine globale respektive lokale Variable handelt, die über die Liste `arrVariables[..]` erreichbar ist, oder ob auf einen Member zugegriffen werden soll – also über `pTP->arrFields[..]`. Bei einem Member-Zugriff wird ausgehend von der aktuellen Instanz, die in der globalen Variablen `pTP` gehalten wird, auf das entsprechende Feld in der OBJECT-Struktur zugegriffen. Hier zeigt sich noch einmal, warum wir innerhalb einer Instanz die Member in einer VAR-Liste vorhalten – der Zugriff ist so praktisch identisch mit globalen und lokalen Variablen.

Danach kann sich entweder ein Array-Zugriff [<Index>] anschließen, oder es folgt ein Zugriff auf einen weiteren Member .<Member>. Da in unserem Skript Arrays von Objekten möglich sind, gibt es auch den Fall eines Array- und eines Member-Zugriffs unmittelbar nacheinander [<Index>].<Member>. Alternativ kann die Var()-Funktion ebenfalls mit dem Ergebnis zurückkehren, dass eine Methode gefunden wurde. In dem Fall wird der Methodenaufruf nicht mehr in Var() ausgeführt – stattdessen wird die Instanz pObject in der ITEM-Struktur hinterlegt und die Funktion Var() mit return verlassen.

Eine Besonderheit, die Embedded BASIC besitzt, ist der besondere Schutz von Array-Grenzen. Es ist nicht möglich, außerhalb des gültigen Bereichs auf ein Array zuzugreifen. Das ist einer der am häufigsten vorkommenden Fehler überhaupt und führt oft zu kritischen Folgefehlern, die zudem noch schwer zu finden sind. Die Lösung dafür ist in der Var()-Funktion zu finden. Bei einem Array-Zugriff wird der berechnete Ausdruck in Index stets mit den Grenzen des Arrays verglichen – ein zu großer Index wird auf den letzten gültigen Index reduziert, und ein Index, der kleiner als Null ist, wird auf null korrigiert. Das Programm wird dadurch natürlich nicht richtig, aber das Fehlverhalten kann dem Array zugeordnet und so eher erkannt werden.

Schauen wir uns schließlich noch an, wie die Var()-Funktion verwendet wird. Es gibt dazu zahlreiche Stellen im Interpreter, aber die einfache Zuweisung ist am verständlichsten.

```
// --- Assign <lvalue> = <expr> ---
VOID Assign()
{
    ITEM Item;

    Var(&Item); // <var>

    if (enSym == symASSIGN) // '='
    {
        Lex(); // "abc"|{1,2,3}|<expr>
        AssignVar(Item.nType,Item.pData,Item.nSize);
    }
    else // <func>
        Call(NULL,Item.pObject,nFunction); // call function
}
```

Listing 6.14 Zuweisung an eine Variable

Die Funktion `Assign()` wird aufgerufen, wenn eine Variable auf der linken Seite, also als LValue erkannt wird. Mit *LValue* bezeichnet man in Programmiersprachen die linke Seite einer Zuweisung. Technisch gesehen muss es aber gar keine komplette Zuweisung sein – ein LValue kann mitunter auch allein stehen. Das Pendant ist dann ein *RValue*, was einem beliebigen Ausdruck rechts von der Zuweisung entspricht.

Mithilfe der `Var()`-Funktion wird zuerst die ITEM-Struktur initialisiert – im Ergebnis steht darin der Typ, die Speicheradresse und gegebenenfalls auch die Array-Länge einer Variablen, auf die zugegriffen werden soll. Folgt auf die Variable ein Zuweisungsoperator, wird die Funktion `AssignVar()` aufgerufen, die die Informationen aus `Item` übernimmt und das Ergebnis eines Ausdrucks dorthin schreibt. Folgt kein Zuweisungsoperator, kann es sich nur noch um einen Methodenaufruf handeln. Dann steht in der ITEM-Struktur die Adresse der Objektinstanz, für die die Methode `nFunction` aufgerufen werden soll.

Derartige Annahmen sind nur deshalb zulässig, weil der hier beschriebene Interpreter immer von einem korrekten Programm ausgehen kann. In Kapitel 7, »Übersetzer«, geht es konkret um die dafür erforderliche Syntaxprüfung. Nur in Fällen, in denen der Interpreter einen Zustand erkennt, der sich einer Syntaxprüfung entzieht, wie etwa einen logischen Fehler, wird ein kontrollierter Neustart ausgeführt. Die Funktion `Exception()` gibt dann eine Fehlernummer und die aktuelle Adresse aus und startet den Controller anschließend neu. Müsste der Interpreter dagegen fehlertolerant arbeiten, wären die einzelnen Funktionen deutlich aufwendiger und damit auch langsamer.

6.1.12 Arithmetische Ausdrücke

Die Auswertung von *Infix*-Ausdrücken gilt gemeinhin als die Königsdisziplin eines Interpreters. Aufgrund der bisherigen Vorarbeiten zu den Variablen – und sofern man es dann erst einmal gesehen und verstanden hat – relativiert sich diese Meinung sicher etwas. Auf der anderen Seite gibt es tatsächlich Details, die einem als Programmierer oder Programmiererin auch Kopfzerbrechen bereiten können. In diesem Abschnitt soll es jedoch um eine sehr pragmatische Herangehensweise gehen. Was sind also Infix-Ausdrücke? Ein simples Beispiel wäre:

$a + b \cdot c$

Der Begriff *infix* bedeutet dabei, dass die Operatoren zwischen den Operanden stehen – also genau so, wie man es auch erwarten würde. Das Pendant zu *infix* ist *postfix*, wobei derselbe Ausdruck dann so aussieht:

$a\ b\ c \cdot +$

Das scheint zunächst nicht unbedingt besser zu sein, aber wer sich etwas für die Geschichte von Taschenrechnern interessiert, der sollte sich an der Stelle den ersten Taschenrechner der Firma Hewlett-Packard aus dem Jahr 1972 anschauen – den HP35. Dieser Taschenrechner setzte bei der Eingabe konsequent auf die *Postfix-Notation*. Das System ist auch unter dem Namen *Umgekehrte Polnische Notation* (UPN) bzw. *Reverse Polish Notation* (RPN) bekannt. Die Taschenrechner der damaligen Zeit hatten noch keine Vorrangautomatik und meist auch keine Klammerebenen – 1+2·3 hätte daher 9 ergeben und nicht 7. Der HP35 hatte auch keine Vorrangautomatik, aber durch die umgekehrte Eingabe war das Ergebnis trotzdem korrekt.

Kurz erklärt, stellt die *Postfix-Notation* einen Stapel (*Stack*) nach, auf dem die Operanden zuerst abgelegt werden. Es werden dann immer nur die obersten beiden Operanden für eine Operation verwendet. Das Ergebnis der Operation wird gleich wieder auf den Stapel gelegt. Die Darstellung bleibt so klammerfrei und ermöglicht die Auswertung von Ausdrücken, bei denen die Operatoren unterschiedliche Prioritäten besitzen. Wenn wir dies als Vorbild nehmen, heißt das, dass wir für unsere Ausdrucksauswertung offenbar einen Stapel benötigen. Die Frage ist jetzt nur: Wie kommen die Operanden auf den Stapel, und müssen wir immer alle Operanden eines Ausdrucks erst auf den Stapel legen?

Dazu schauen wir uns die folgende Grafik etwas genauer an. Sie zeigt den Ausdruck von eben als Baumstruktur, wobei die Operanden die Blätter sind und die Operatoren die Knoten, und jeder Operator besitzt eine linke und eine rechte Seite.

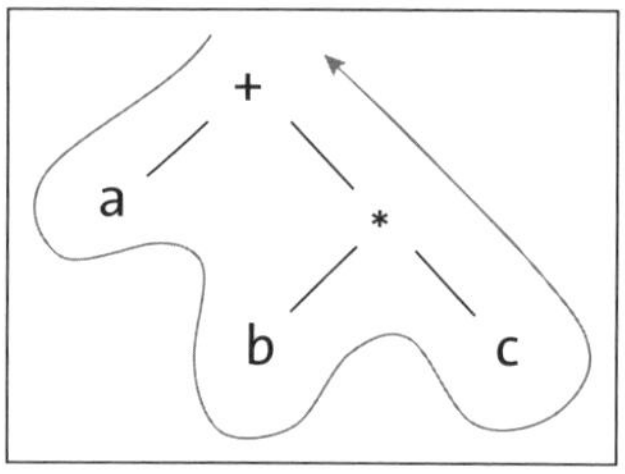

Abbildung 6.7 Baumansicht eines Ausdrucks

Durchläuft man den Ausdruck gedanklich einmal von links nach rechts und zurück, beschreibt man im Grunde die Außenlinie. Immer wenn die Linie beide Seiten eines Operators umlaufen hat, kann man die Operation ausführen. In dem Moment hat man nämlich die beiden Operanden vollständig eingelesen. Damit ergibt sich gleichsam auch das Stapelverhalten der Auswertung – für die Addition muss die Multiplikation auf der rechten Seite erst umlaufen werden, weil sie eine höhere Priorität besitzt. Jedes Umlaufen einer Operation resultiert in einer neuen Stapelebene. Operatoren gleicher Priorität muss man allerdings nicht umlaufen – es wäre zwar nicht falsch, würde aber zu unnötigen Stapelebenen führen. Stattdessen führt man Operatoren gleicher Priorität einfach iterativ aus.

Nachfolgend ist ein Auszug des Quelltexts dargestellt, der im Interpreter die Auswertung von arithmetischen und bedingten Ausdrücken übernimmt. Der Quelltext ist deutlich größer, aber das sind die relevanten Passagen, die für das Verständnis entscheidend sind.


```
// --- Factor ---
VOID Factor(VALUE* pValue)
{
    switch (enSym)
    {
        case symVAR: // <var>
        case symFIELD: // <field>

            break;

        case symSUB: // '-'<factor>
            Lex();
            Factor(pValue);
            UnaryOp(symSUB,pValue);
            break;

        case symLPAR: // '('<condition>')'
            Lex();
            Cond(pValue);
            Lex();
            break;
    }
}

// --- Term ---
VOID Term(VALUE* pValue)
{
    Factor(pValue);

    while (enSym == symMUL || enSym == symDIV ||
           enSym == symMOD || enSym == symAND ||
           enSym == symSHL || enSym == symSHR)
    {
```

```
        SYMBOL enOp = enSym;
        VALUE  Value;

        Lex();
        Factor(&Value);
        BinaryOp(enOp,pValue,&Value);
    }
}

// --- Expression ---
VOID Expr(VALUE* pValue)
{
    Term(pValue);

    while (enSym == symADD || enSym == symSUB ||
           enSym == symXOR || enSym == symOR)
    {
        SYMBOL enOp = enSym;
        VALUE  Value;

        Lex();
        Term(&Value);
        BinaryOp(enOp,pValue,&Value);
    }
}

// --- Condition ---
VOID Cond(VALUE* pValue)
{
    Expr(pValue);

    if (enSym == symEQU || enSym == symNEQ ||
        enSym == symLST || enSym == symLEQ ||
        enSym == symGRT || enSym == symGEQ)
    {
        SYMBOL enOp = enSym;
        VALUE  Value;

        Lex();
        Expr(&Value);
```

```
        BinaryOp(enOp,pValue,&Value);

        pValue->nType = tyINT32; // make int32
    }
}
```

Listing 6.15 Auswertung von Ausdrücken und Bedingungen

Einstiegspunkt für arithmetische Ausdrücke ist die Funktion `Expr()`, die einen Zeiger auf eine VALUE-Struktur erwartet. In dieser Struktur wird dann das Ergebnis des Ausdrucks zurückgegeben.

In `Expr()` werden nur die Addition, die Subtraktion sowie die beiden logischen Operationen OR und XOR berechnet. Der Ablauf ist dabei wie folgt: Zuerst wird die linke Seite berechnet, was mit der Funktion `Term()` passiert. Die Funktion erhält dazu die gleiche VALUE-Struktur, die auch `Expr()` schon als Parameter übernommen hat. Folgt auf den Term dann +, -, | oder ^, wird auch die rechte Seite mit einem Aufruf von `Term()` berechnet. Für die rechte Seite des Operators wird jedoch eine neue lokale VALUE-Struktur verwendet – gleichsam liegen damit die linke und die rechte Seite vorerst auf dem Stapel. Als Stapel wird in dem Fall einfach der CPU-Stack des Controllers verwendet. Bildlich gesprochen, umläuft die Funktion `Term()` eine mögliche Multiplikation oder Division – also einen der höher priorisierten Operatoren. Wenn der Aufruf von `Term()` wieder zurückkehrt, sind die linke und die rechte Seite in `Expr()` berechnet und werden mit einem Aufruf von `BinaryOp()` verknüpft. Das Ergebnis steht dann wieder in der linken VALUE-Struktur, sodass die rechte Seite vom Stack entfernt werden kann. Dieser Vorgang wiederholt sich so lange, wie weitere Additionen oder Subtraktionen folgen. Es liegen also nicht pauschal alle Operanden auf dem Stack. Da wir aber den Stack des Controllers verwenden, besteht prinzipiell ein gewisses Risiko, mit einem komplizierten Ausdruck auch einen Stack-Overflow zu provozieren!

Schauen wir uns noch die Funktion `Factor()` etwas genauer an. Sie weist zwei Besonderheiten auf. Das Standardverhalten dieser Funktion ist das Ermitteln eines Variablenwerts oder einer Konstanten. Dieser Teil wird in dem Auszug nur angedeutet. Findet die Funktion allerdings ein negatives Vorzeichen –, wie etwa bei $a + -b$, muss `Faktor()` sich selbst rekursiv aufrufen und das Ergebnis anschließend negieren. Findet die Funktion dagegen eine öffnende Klammer, dann ruft sie die Funktion `Cond()` rekursiv auf. Diese Funktion ermittelt das Resultat einer Vergleichsoperation und liefert entsprechend einen booleschen Wert { 0, 1 } zurück. Da in `Cond()` wiederum `Expr()` aufgerufen wird, hat man die Möglichkeit, Klammerebenen zu bilden und optional darin auch gleich noch Vergleiche durchzuführen, wie z. B. bei return $(a<b)$.

Die Berechnung der Ausdrücke erfolgt letztlich mit den beiden Funktionen `UnaryOp()` und `BinaryOp()`, wobei die erste Funktion die einstelligen Operatoren, wie etwa eine Negation, übernimmt und die zweite Funktion alle zweistelligen Operatoren. Für jeden Operator wird darin die entsprechende Implementierung in C ausgeführt. Damit sind diese Funktionen recht einfach.

Einen Fall gilt es bei der Berechnung arithmetischer Ausdrücke allerdings noch zu berücksichtigen. Es kann vorkommen, dass in einem Teilausdruck ein integraler und ein rationaler Typ gleichzeitig verwendet werden. In dem Fall muss man die Typen zunächst konvertieren. Das betrifft grundsätzlich immer nur die beiden Seiten eines einzelnen Operators, allerdings setzen sich Konvertierungen mit jeder weiteren Operation nach obenhin fort.

Die VALUE-Struktur enthält eine Typkennung, und sofern die Typen der linken und der rechten Seite eines Operators verschieden sind, muss man zunächst eine *Cast-Operation* für eine Seite durchführen. Dazu gibt es die Funktion `Cast()`, die direkt aus `BinaryOp()` aufgerufen wird. Diese Funktion konvertiert die VALUE-Strukturen und liefert den resultierenden Typ, also den größeren der beiden Typen zurück.

```
// --- Binary cast ---
TYPE Cast(VALUE* pLeft, VALUE* pRight)
{
    if (pLeft->nType != pRight->nType) // different
    {
        if (pLeft->nType == tyFLOAT) // cast right
        {
            pRight->fValue = (FLOAT)pRight->lValue;
            pRight->nType = tyFLOAT;

            return tyFLOAT;
        }

        if (pRight->nType == tyFLOAT) // cast left
        {
            pLeft->fValue = (FLOAT)pLeft->lValue;
            pLeft->nType = tyFLOAT;

            return tyFLOAT;
        }

    return tyINT32;
```

```
    }

    return pLeft->nType; // common type
}
```

Listing 6.16 Cast-Operation bei unterschiedlichen Typen

Die Funktion prüft zunächst, ob die beiden Typen verschieden sind. Sind sie das, wird geprüft, ob eine der beiden Seiten in einen FLOAT-Typ konvertiert werden muss – gegebenenfalls wird das gemacht, und der resultierende Typ ist dann FLOAT. Wenn es sich um verschiedene Ganzzahltypen handelt, werden die Typen aktuell nicht konvertiert, es wird lediglich als resultierender Typ INT32 zurückgegeben. Bei unterschiedlichen Ganzzahltypen müsste man zwar auch eine Konvertierung vornehmen, es wird dann aber ohnehin immer mit INT32 gerechnet, und bei gemischten Ausdrücken, wie etwa einer Addition von CHAR und INT, ist der Ergebnistyp sowieso der Typ der linken Seite.

6.1.13 Bitweise und logische Ausdrücke

Unter booleschen oder auch logischen Ausdrücken versteht man Ausdrücke, die Kombinationen der Operatoren NOT, AND, OR und XOR enthalten. Es macht vielleicht nicht den Anschein, aber wir werden sehen, dass diese Ausdrücke komplizierter sind als die arithmetischen Ausdrücke. In unserer Skriptsprache ist eine vergleichsweise einfache, aber sehr praktikable Variante für boolesche Ausdrücke implementiert.

Worin besteht denn überhaupt das Problem? Es gibt verschiedene Varianten, boolesche Werte in einer Sprache abzubilden, und abhängig davon benötigt man für die booleschen Operatoren eine passende Implementierung. Da eine Programmiersprache zudem auch bitweise Operatoren anbieten muss, kommt es zu einer *Überladung*, und es entstehen Mehrdeutigkeiten. Vergleichen wir zunächst einige Implementierungen.

In allen C-ähnlichen Sprachen gibt es separate Operatoren für *bitweise* und für *logische* Ausdrücke. Damit kann man explizit angeben, welche Operation man konkret ausführen möchte. So gilt für den Ausdruck 1 & 2 = 0, während für 1 && 2 = 1 gilt. Die erste ODER-Verknüpfung wird bitweise ausgeführt, während die zweite logisch interpretiert wird. Da es keinen booleschen Datentyp in C gibt, gelten in dieser Sprache alle Werte, die ungleich null sind, als TRUE.

In Pascal gibt es die Operatoren NOT, AND und OR dagegen nur einmal, und die damit verwendeten Datentypen entscheiden darüber, welche Operation konkret ausgeführt wird. Bei Verwendung mit ganzzahligen Datentypen werden bitweise Operationen ausgeführt, bei Verwendung mit booleschen Typen werden dagegen die logischen Operationen ausgeführt. Deshalb musste Pascal gegenüber C auch einen booleschen Datentyp bekommen, der TRUE als 1 und FALSE als 0 darstellt.

Klassisch gibt es auch in BASIC die Operatoren NOT, AND und OR nur einmal, sie werden aber konsequent bitweise ausgeführt. Die ersten BASIC-Varianten hatten auch keinen booleschen Datentyp, und deshalb galten in Bedingungen alle Werte, die ungleich null waren, ebenfalls als TRUE. Das ist auch jetzt noch in Visual BASIC so, obwohl es da natürlich einen booleschen Datentyp gibt. Da auch der NOT-Operator bitweise ausgeführt wird, ist der numerische Wert für TRUE = –1! Die bitweise Negation einer Null setzt alle Bits, und es ergibt sich eine negative Zahl (*Zweierkomplement*). Diese Darstellung ist allerdings unglücklich, weil man den numerischen Wert von TRUE so nur noch bedingt verwenden kann.

In Embedded BASIC werden die booleschen Werte FALSE und TRUE sinnvollerweise als 0 und 1 dargestellt. Es gibt zudem den Datentyp BOOL, der im Speicher zwar ein Byte belegt, davon aber konsequent nur das niederwertigste Bit verwendet. Darüber hinaus gelten an den Stellen, an denen eine Bedingung erwartet wird, alle Werte ungleich null als TRUE. Diese Variante erlaubt es, dass man die bitweisen Operatoren AND, OR und XOR auch sicher in booleschen Ausdrücken verwenden kann. Was ist aber mit dem NOT-Operator? Der NOT-Operator negiert einen booleschen Wert – daher wird alles ungleich null zu null und die Null wird zur Eins. Damit benötigt man jedoch noch einen expliziten Operator, um bitweises Negieren durchführen zu können – das ist in Embedded BASIC der NEG-Operator.

Damit haben die Operatoren kein überladenes Verhalten mehr, wie etwa in Pascal, und es gibt sie nicht alle doppelt, wie in C. Die Implementierung ist zudem recht einfach. Schauen wir uns an, an welchen Stellen Erweiterungen an der Ausdrucksauswertung vorgenommen werden müssen.

```
// --- Factor ---
VOID Factor(VALUE* pValue)
{
    switch (enSym)
    {
        case symVAR: // <var>
        case symFIELD: // <field>

            break;

        case symSUB: // '-' <factor>
            Lex();
```

```
            Factor(pValue);
            UnaryOp(symSUB,pValue);
            break;

        case symNEG: // '~' bitwise NEG
            Lex();
            Factor(pValue);
            UnaryOp(symNEG,pValue);
            return;

        case symNOT: // '!' logical NOT
            Lex();
            Factor(pValue);
            UnaryOp(symNOT,pValue);
            return;

        case symLPAR: // '('<condition>')'
            Lex();
            Cond(pValue);
            Lex();
            break;
    }
}
```

Listing 6.17 Implementierung der Operatoren NOT und NEG

Die bitweisen Operatoren AND, OR und XOR waren bereits in den Funktionen `Expr()` und `Term()` implementiert. Dabei hat AND auch eine höhere Priorität als OR und XOR, was der üblichen Priorisierung entspricht. Da diese Operatoren immer bitweise arbeiten, bedarf es daran keiner Änderung. In der Funktion `Factor()` müssen dafür noch die beiden Operatoren NOT und NEG implementiert werden – dies erfolgt analog zur arithmetischen Negation, also dem negativen Vorzeichen. Im Token-Code haben auch die Operatoren eine 1-Byte-Darstellung, in dem Fall entspricht das Zeichen ~ dem NEG und ! dem NOT.

Die bereits angesprochenen Funktionen `UnaryOp()` und `BinaryOp()` sehen nun komplett mit allen Operationen folgendermaßen aus.

```
// --- Unary operations ---
VOID UnaryOp(SYMBOL enOp,VALUE* pValue)
{
```

```
    if (pValue->nType == tyFLOAT) // op <float>
    {
        switch (enOp)
        {
            case symSUB: pValue->fValue = -pValue->fValue; break;
        }
    }
    else // op <int>
    {
        switch (enOp)
        {
            case symSUB: pValue->lValue = -pValue->lValue; break;
            case symNEG: pValue->lValue = ~pValue->lValue; break;
            case symNOT: pValue->lValue = !pValue->lValue; break;
        }
    }
}

// --- Binary operations ---
VOID BinaryOp(SYMBOL enOp,VALUE* pLeft,VALUE* pRight)
{
    if (Cast(pLeft,pRight) == tyFLOAT) // cast
    {
        switch (enOp) // <float> op <float>
        {
            case symADD: pLeft->fValue += pRight->fValue; break;
            case symSUB: pLeft->fValue -= pRight->fValue; break;
            case symMUL: pLeft->fValue *= pRight->fValue; break;
            case symDIV: if (pRight->fValue != 0.0F)
                             pLeft->fValue /= pRight->fValue;
                         else
                             pLeft->fValue = 0.0F;
                         break;

            case symEQU: pLeft->lValue = pLeft->fValue == pRight->fValue; br
            case symNEQ: pLeft->lValue = pLeft->fValue != pRight->fValue; br
            case symLST: pLeft->lValue = pLeft->fValue <  pRight->fValue; br
            case symLEQ: pLeft->lValue = pLeft->fValue <= pRight->fValue; br
            case symGRT: pLeft->lValue = pLeft->fValue >  pRight->fValue; br
            case symGEQ: pLeft->lValue = pLeft->fValue >= pRight->fValue; br
```

```
        }
    }
    else
    {
        switch (enOp) // <int> op <int>
        {
            case symADD: pLeft->lValue += pRight->lValue; break;
            case symSUB: pLeft->lValue -= pRight->lValue; break;
            case symMUL: pLeft->lValue *= pRight->lValue; break;
            case symMOD: if (pRight->lValue != 0)
                             pLeft->lValue %= pRight->lValue;
                         else
                             pLeft->lValue = 0;
                         break;
            case symDIV: if (pRight->lValue != 0)
                             pLeft->lValue /= pRight->lValue;
                         else
                             pLeft->lValue = 0;
                         break;

            case symAND: pLeft->lValue &= pRight->lValue; break;
            case symOR : pLeft->lValue |= pRight->lValue; break;
            case symXOR: pLeft->lValue ^= pRight->lValue; break;
            case symSHL: pLeft->lValue<<= pRight->lValue; break;
            case symSHR: pLeft->lValue>>= pRight->lValue; break;

            case symEQU: pLeft->lValue = pLeft->lValue == pRight->lValue; br
            case symNEQ: pLeft->lValue = pLeft->lValue != pRight->lValue; br
            case symLST: pLeft->lValue = pLeft->lValue <  pRight->lValue; br
            case symLEQ: pLeft->lValue = pLeft->lValue <= pRight->lValue; br
            case symGRT: pLeft->lValue = pLeft->lValue >  pRight->lValue; br
            case symGEQ: pLeft->lValue = pLeft->lValue >= pRight->lValue; br
        }
    }
}
```

Listing 6.18 Implementierung unärer und binärer Operationen

Deutlich zu erkennen sind stets die Zuweisungen des Ergebnisses zur linken Seite – die rechte Seite wird ja anschließend vom Stack entfernt.

Außerdem müssen noch die Fälle, in denen es zu einem Fehler kommen kann, abgefangen werden. Das betrifft insbesondere die Division durch null. Diese wird in dem Fall so behandelt, dass als Ergebnis null gesetzt wird! Mathematisch ist das natürlich nicht richtig, und es wäre ebenso gut möglich, das Programm mit einem Fehlercode zu beenden. Ein Beenden der Applikation wäre jedoch nur gerechtfertigt, wenn es sich um einen Programmfehler handeln würde. Gerade eine Division durch null kann aber auch die Folge eines ungültigen Sensorwerts oder einer falschen Eingabe sein.

6.1.14 Anweisungen und Sprünge

Unsere Skriptsprache wäre nicht *Turing-vollständig*, wenn sie nicht auch eine Möglichkeit für Verzweigungen anbieten würde. Genauer gesagt, bedarf es sowohl bedingter als auch unbedingter Verzweigungen.

Die klassische unbedingte Verzweigung ist ein Sprung zu einer Marke, wofür es in unserem Skript die GOTO-Anweisung gibt

```
GOTO <Label>.
```

Diese Anweisung wird vom Skript-Compiler so übersetzt, dass nach dem GOTO-Token (91h) eine Zahl im ASCII-Format steht – im nachfolgenden Listing also die 15. Die Schreibweise `L15` im List-File soll dabei lediglich kennzeichnen, dass es sich um ein Label handelt. Das L steht nicht im Token-Code.

```
25:   L12    $007A   LOOP
27:   L13    $007F   GOTO L15
29:   L14    $0086   PRINT "wird übersprungen"
32:   L15    $009E   PRINT "wird angesprungen",CR,NL
34:   L16    $00BA   SLEEP 1
35:   L17    $00C0   ENDLOOP
```

Listing 6.19 Token-Code mit unbedingter Verzweigung

Das bedeutet, die Zahl 15 muss zunächst vom Scanner eingelesen werden. Anschließend wird dann die Zeile im Token-Code mit dem passenden Label gesucht. Schauen wir uns dazu einmal die Suche im Detail an.

```
// --- Goto <label> ---
VOID Goto()
{
    Lex(); // get label
    Branch(lValue); // branch to label
}
```

```
// --- Branch to label ---
VOID Branch(WORD nLabel)
{
    UINT nLine;

    while (*pPC++ != NL); // skip to end of line
    nLine = *pPC * 256 + *(pPC + 1); // get next line index

    if (nLine > nLabel) // restart the search
    {
        pPC = pProg + 2; // from beginning
        nLine = 1; // first line
    }
    else // continue search
        pPC += 2; // skip line num

    while (nLine < nLabel) // iterate lines
    {
        pPC  += *pPC; // skip the line
        nLine = *pPC * 256 + *(pPC + 1); // calc number
        pPC  += 2; // skip number
    }

    pPC += 1; // skip length
}
```

Listing 6.20 GOTO-Anweisung mit Suche nach Label

Für die GOTO-Anweisung gibt es natürlich eine zugehörige Funktion `Goto()`, die mit dem Aufruf von `Lex()` die Nummer des Labels einliest, zu dem anschließend verzweigt werden soll. Die Label-Nummer steht in der globalen Variablen `lValue`. Die Suche selbst erfolgt in der Funktion `Branch()`. Es gibt verschiedene Stellen im Interpreter, die eine Verzweigung ausführen können, deshalb gibt es dafür extra diese Funktion. Neben der GOTO-Anweisung führen auch die Anweisungen IF … GOTO, ON … GOTO sowie WAIT und FIND optional eine Verzweigung mittels `Branch()` aus.

Da die Zeilen des Token-Codes eine einfach verkettete Liste bilden, gibt es nur die Möglichkeit, diese Liste in aufsteigender Reihenfolge zu durchsuchen. Es wäre jedoch sehr uneffektiv, wenn man die Liste immer von Beginn an durchsuchen würde. Deshalb wird der Programmzähler `pPC` zunächst hinter das Ende (NL) der aktuellen Zeile gesetzt, und dort wird der Zeilenindex der nächsten Zeile ermittelt. Der Zeilenindex ist eine vorzeichenlose 2-Byte-Integer-Zahl im Binärformat (siehe Abbildung 6.1). Die beiden Bytes müssen aber zwingend einzeln eingelesen werden, weil sie nicht ausgerichtet im Speicher stehen. Aus dem Zeilenindex ergeben sich dann drei mögliche Fälle:

1. Die aktuelle Zeile ist kleiner als die gesuchte Zeile.
2. Die aktuelle Zeile ist größer als die gesuchte Zeile.
3. Die aktuelle Zeile ist bereits die gesuchte Zeile.

In Fall 1 wird die Suche ab der aktuellen Zeile nun zeilenweise fortgesetzt. Die Zeilen sind über das Längen-Byte miteinander verlinkt – die Suche geht also sehr schnell. In Fall 2 muss der Programmzähler leider auf den Anfang des Programms zurückgesetzt werden. Die Suche erfolgt dann von der ersten Zeile an aufsteigend. Nur in Fall 3 wäre keine weitere Suche erforderlich, aber das ist der unwahrscheinliche Fall. In der überwiegenden Mehrzahl aller Fälle, wird es sich um Fall 1 handeln. Das ist auch der Fall, der am schnellsten zum Ziel führt, weil das gesuchte Label innerhalb des aktuellen Scopes liegen muss, d. h. etwa innerhalb der aktuellen Funktion.

Wie sieht es nun aber mit bedingten Verzweigungen aus? Kombinieren wir dazu einfach einmal eine IF- mit einer GOTO-Anweisung:

```
IF <Bedingung> GOTO <Label>.
```

Obwohl das mit hoher Wahrscheinlichkeit die Anweisungsfolge war, die BASIC für immer den Ruf einer »Spaghetticode-Programmierung« eingebracht hat, ist diese Kombination in unserer Skriptsprache natürlich trotzdem möglich – ebenso wie in C und in anderen Sprachen auch. Um es ganz klar zu sagen, Spaghetticode ist die Folge fehlender Softwarearchitektur und hat nie etwas mit der Wahl der Programmiersprache zu tun. Natürlich soll das jetzt keine Aufforderung werden, genau so zu programmieren, aber im Grunde haben wir damit bereits eine Turing-vollständige Sprache. Mehr bräuchte es nicht, und dennoch würde kein Programmierer heute mehr auf Kontrollstrukturen verzichten wollen.

Es stellt sich daher die Frage, wie ein Interpreter bedingte Anweisungen und Anweisungsblöcke ausführen kann. Fangen wir dazu mit dem IF ... GOTO an, weil es das Prinzip ganz gut verdeutlicht. Wie für alle anderen Anweisungen gibt es auch für die IF-Anweisung eine passende C-Funktion `If()`. Nach dem IF folgt immer eine Bedingung, also können wir unsere Ausdrucksauswertung aufrufen und erhalten einen Wert von null für FALSE oder ungleich null für TRUE zurück. Bei TRUE wird der nachfolgende Sprung ausgeführt, wohingegen er sonst überlesen werden muss. Die einfachste Implementierung für `If()` sähe demnach folgendermaßen aus:

```
// --- If <condition> goto <label> ---
VOID If()
{
    VALUE Value;

    Lex();
    Cond(&Value); // condition

    if (Value.lValue) // none zero
        Goto(); // goto command
    else
        SkipCmd(); // skip goto command
}
```

Listing 6.21 Implementierung der IF ... GOTO-Anweisung

Die Funktion `SkipCmd()` überliest einen Befehl, setzt den Programmzähler also auf das Zeichen hinter dem nächsten Doppelpunkt oder alternativ auf den Anfang der nächsten Zeile. Damit handelt es sich bei der Funktion um eine Art Suchfunktion, die nach einem Doppelpunkt (:) oder nach einer Zeilenschaltung (NL) stoppt.

```
// --- Skip to symbol ---
VOID SkipTo()
{
    while (TRUE)
    {
        if (*pPC < tokIF) // any symbol
        {
            switch (*pPC) // select
            {
                case '"': // '"'
                    while (*pPC++); // skip string
                    continue;

                case '\\': // '\'
                    pPC += 5; // skip EOL
                    continue;

                case ':': // ':'
                    enSym = symCOLON; // set colon
                    pPC += 1; // skip colon
```

```
                    return;

                case NL: // NL
                    enSym = symEOL; // set EOL
                    pPC += 4; // next line
                    return;
                }
            }
            else if (*pPC <= tokEND) // any keyword
            {
                enSym = (SYMBOL)(symIF + (*pPC++ & 0x7F));
                return;
            }

            pPC += 1; // skip char
        }
}

// --- Skip command ---
VOID SkipCmd()
{
    while (enSym != symCOLON && enSym != symEOL) // end of command
        SkipTo(); // skip symbols
}

// --- Skip line ---
VOID SkipLine()
{
    while (enSym != symEOL) // end of line
        SkipTo(); // skip symbols
}
```

Listing 6.22 Überlesen von Codesegmenten

Neben dem Überlesen einer einzelnen Anweisung mit `SkipCmd()` gibt es noch das Überlesen einer ganzen Zeile mit `SkipLine()`. Letzteres wird bei einer IF-Anweisung im Zeilenmodus benötigt. Im Gegensatz zu einer einzelnen GOTO-Anweisung kann man eine Reihe von Anweisungen bedingt ausführen. Die Anweisungen müssen dabei, getrennt durch einen Doppelpunkt, in einer Zeile stehen, z. B. `IF a<b THEN c=0 : GOTO done`.

Natürlich kann eine IF-Anweisung auch verwendet werden, um einen ganzen Anweisungsblock bedingt auszuführen. Das ist unerlässlich und unterscheidet die frühen, einfachen BASIC-Varianten von den heute üblichen strukturierten Sprachen. Beim Blockmodus der IF-Anweisung gilt das gleiche Prinzip wie bereits bei der bedingten Sprunganweisung oder dem Zeilenmodus. Allerdings kommt eine neue Schwierigkeit hinzu. IF-Anweisungen können auch geschachtelt vorkommen. Schauen wir das folgende Token-Code-Listing dazu an.

```
12:   L4    $0015     INT a=0,b=1,c=2
14:   L5    $0025     IF a<b THEN                  0
16:   L6    $002E       IF b<c THEN               +1
17:   L7    $0037         PRINT "a<b und b<c",CR,NL
18:   L8    $004D       ENDIF                     -1
20:   L9    $0052     ELSE                        =0
22:   L10   $0057       IF b>c THEN               +1
24:   L11   $0060       ELSE
26:   L12   $0065       ENDIF                     -1
28:   L13   $006A     ENDIF                       =0
```

Listing 6.23 Geschachtelte IF-Anweisungen

Im obigen Token-Code ist die erste Bedingung `a<b` erfüllt, daher wird der Block nach dem THEN bis zum ELSE ausgeführt. Der Interpreter kann bei einer erfüllten Bedingung einfach fortfahren. Erst wenn er auf das ELSE trifft, muss der Rest bis zum ENDIF überlesen werden. Wäre die erste Bedingung dagegen nicht erfüllt, müsste der Interpreter alles bis zum ELSE-Zweig überlesen. In der Tat muss es also zum Schlüsselwort ELSE eine entsprechende Funktion `Else()` geben, obwohl ELSE gar keine eigene Anweisung darstellt.

In jedem Fall muss das Überlesen jedoch zählend erfolgen! Trifft man beim Überlesen auf ein THEN, inkrementiert man einen Zähler, und bei einem ENDIF dekrementiert man ihn wieder. Damit findet man stets das passende ELSE bzw. ENDIF, weil der Zähler dann wieder null sein muss. Schauen wir uns die überarbeitete `If()`-Funktion sowie die zugehörige `Else()`-Funktion an.

```
// --- If <cond> then ---
VOID If()
{
    VALUE Value;

    Lex();
    Cond(&Value); // <condition>
```

```
switch (enSym)
{
    case symTHEN: // block mode
        if (!Value.lValue)
        {
            BOOL bExit = FALSE;
            BYTE nLevel = 0;

            while (!bExit) // skip to ELSE|ENDIF
            {
                SkipTo(); // skip all tokens

                switch (enSym)
                {
                    case symTHEN: // nested block
                        nLevel++;
                        break;
                    case symELSE: // ELSE
                        bExit = nLevel == 0;
                        break;
                    case symENDIF: // ENDIF
                        bExit = nLevel-- == 0;
                        break;
                }
            }
        }
        return;

    case symCOLON: // line mode
        if (!Value.lValue)
            SkipLine(); // skip line
        return;

    case symGOTO: // IF <cond> GOTO..
        if (!Value.lValue)
        {
            SkipCmd(); // skip cmd
            return;
        }
        Goto();// GOTO <label>
```

```
            return;
        }
    }

// --- Else ---
VOID Else()
{
    BOOL bExit = FALSE;
    BYTE nLevel = 0;

    while (!bExit) // skip to ENDIF
    {
        SkipTo(); // skip tokens

        switch (enSym)
        {
            case symTHEN: // nested block
                nLevel++;
                break;
            case symENDIF: // ENDIF
                bExit = nLevel-- == 0;
                break;
        }
    }
}
```

Listing 6.24 Implementierung der IF-ELSE-ENDIF-Anweisung

Der Aufruf von `SkipTo()` hat die Aufgabe, den Token-Code möglichst effektiv zu überlesen und nur bei Tokens mit Relevanz für die Programmstruktur anzuhalten. Die Tokens sind dazu sortiert – die ersten Tokens von `tokIF` bis `tokEND` beinhalten alle Schlüsselwörter, etwa IF ... THEN ... ELSE ... ENDIF. Alle anderen Tokens werden von der Funktion überlesen.

Neben der Implementierung für IF-ELSE-ENDIF finden sich im Quelltext des Interpreters auch noch die Funktionen für SELECT-CASE-ENDSELECT. Das Prinzip ist jedoch wieder identisch, die Implementierung ist nur etwas umfangreicher.

Für einen Programmierer, der stets die effektivste Implementierung möchte, sind Suchalgorithmen grundsätzlich eine Herausforderung. Da gibt es natürlich Optimierungspotenzial – und ja, das ist nur der aktuelle Stand. Allerdings bleibt dabei auch zu berücksichtigen, dass die Darstellung des Token-Codes schon nahe am Quelltext bleiben soll. Einerseits ist so ein Rücklesen des Programms leichter möglich, und andererseits soll der Token-Code auch ohne spezielle Tools automatisch generierbar sein. Mögliche Anwendungen bestehen unter anderem darin, den Token-Code gegebenenfalls als Zwischensprache bzw. zur Konfiguration zu nutzen, und deshalb soll er mit begrenztem Aufwand aus einer beliebigen App heraus erstellbar sein.

6.1.15 Ausführen von Schleifen

Mit dem Wissen um die Ausführung von strukturierten Anweisungen, wie etwa der IF-Anweisung, wollen wir uns nun um die Implementierung von Schleifen kümmern. Bei den Schleifen gibt es eine Gemeinsamkeit, die wir als Vorteil nutzen können, um die Interpretation zu optimieren. Alle Schleifen benötigen eine Rücksprungadresse, d. h., jeder Schleifendurchlauf beginnt stets an derselben Adresse im Token-Code, und diese Adresse können wir beim Eintritt in die Schleife sichern.

Die einfachste Schleife, die Embedded BASIC bietet, ist die Endlosschleife mittels LOOP und ENDLOOP. Im Interpreter besteht deren Implementierung auch nur aus zwei sehr einfachen Funktionen, `Loop()` und `EndLoop()`. Man kann daran aber sehr gut das Prinzip erkennen, das auch bei den anderen Schleifen wieder angewandt wird.

```
// --- Loop ---
VOID Loop()
{
    if (nLoop < MAXLOOPS) // check
    {
        Lex(); // go into
        arrLoops[nLoop++] = pPC; // loop here
    }
    else // too many
        Exception(TOO_MANY_LOOPS);
}

// --- EndLoop ---
VOID EndLoop()
{
    if (nLoop) // pending
        pPC = arrLoops[nLoop - 1]; // loop back
```

```
    else // illegal endloop
        Exception(ILLEGAL_ENDLOOP);
}
```

Listing 6.25 Implementierung der LOOP-Schleife

Das Prinzip besteht darin, für den Schleifenanfang sowie für das Schleifenende jeweils eine Funktion zu erstellen und beim Eintritt in die Schleife den Inhalt des Programmzählers zu speichern. Wenn die Schleife dann bis zum Ende durchgelaufen ist, wird der Programmzähler einfach wieder zurück auf den Anfang gesetzt. Diese Prinzip kann man dann für bedingte Schleifen sowie für zählende Schleifen erweitern. Was passiert aber, wenn man mehrere Schleifen ineinander verschachtelt?

Für verschachtelte Schleifen benötigt man einen Stack, weil man mit jeder neuen Schleife eine weitere Rücksprungadresse speichern muss. Dafür reicht jedoch ein Array aus, auf das mit einem Index zugegriffen wird. Der Index wird mit jeder neuen Schleife hochgezählt. Wenn die Schleife beendet wird, muss der Index natürlich auch wieder verringert werden. Das würde zu einem Problem, wenn man eine Schleife mit einem Sprung verließe. Der Index würde dann »hängen bleiben«. Es ist daher nicht erlaubt, in Schleifen hinein- oder aus ihnen herauszuspringen. Ein vorzeitiges Beenden von Schleifen ist dagegen mittels EXIT gut möglich. Dazu später noch mehr.

Schauen wir uns zunächst an, wie sich die Implementierung der Schleifenfunktionen ändert, wenn man eine bedingte Schleife wie etwa WHILE-ENDWHILE realisieren möchte.

```
// --- While <cond> ---
VOID While()
{
    VALUE Value;
    CODE* pLoop = pPC; // loop

    Lex();
    Cond(&Value); // cond

    if (!Value.lValue) // false
    {
        BOOL bExit  = FALSE;
        BYTE nLevel = 0;

        while (!bExit) // skip to ENDWHILE
        {
```

```
            SkipTo(); // skip tokens

            switch (enSym)
            {
                case symWHILE: // nested loop
                    nLevel++;
                    break;
                case symENDWHILE: // ENDWHILE
                    bExit = nLevel-- == 0;
                    break;
            }
        }
        return;
    }

    if (nLoop < MAXLOOPS) // check depth
        arrLoops[nLoop++] = pLoop; // keep loop
    else // too many
        Exception(TOO_MANY_LOOPS);
}

// --- EndWhile ---
VOID EndWhile()
{
    if (nLoop) // pending
    {
        VALUE Value;
        CODE* pExit = pPC; // exit here

        pPC = arrLoops[nLoop - 1]; // loop back

        Lex();
        Cond(&Value); // check cond

        if (!Value.lValue) // false
        {
            pPC = pExit; // endwhile
            nLoop -= 1; // dec depth
            Lex(); // skip endwhile
        }
```

```
    }
    else // illegal endwhile
        Exception(ILLEGAL_ENDWHILE);
}
```

Listing 6.26 Implementierung der WHILE-Schleife

Die WHILE-Schleife erwartet als anfangsgeprüfte Schleife eine Bedingung nach dem Schlüsselwort WHILE. Dadurch gibt es natürlich den Fall, dass die Schleife gar nicht erst durchlaufen wird, sondern gleich zum Ende verzweigt. Diesen Fall muss man logischerweise in der `While()`-Funktion behandeln. Analog zur Implementierung der IF-Anweisung muss bei einer unerfüllten Bedingung die Schleife einmal komplett überlesen werden. Das muss auch hier wieder zählend erfolgen!

Ein interessantes Detail findet sich in der Funktion `EndWhile()`. Um eine möglichst effektive Implementierung zu erreichen, prüft man die Schleifenbedingung immer am Ende eines Durchlaufs, und wenn die Bedingung nicht mehr erfüllt ist, verlässt man die Schleife. Diese Art der Implementierung vermeidet es, wieder an den Anfang zu springen, nur um dann die Schleife zu überlesen.

Analog zur WHILE-Schleife wird auch die FOR-Schleife implementiert. Die FOR-Schleife ist insofern etwas komplexer, als zu Beginn der Anfangswert, die Schrittweite und der Endwert ermittelt werden müssen. Da das aber im Wesentlichen durch mehrere Aufrufe von `Expr()` realisiert wird, bringt die Implementierung hier keine neuen Details. Auch die FOR-Schleife testet immer bei Erreichen des Schleifenendes die Abbruchbedingung.

Die meisten Programmiersprachen bieten die Möglichkeit, Schleifen auch vorzeitig zu beenden. Dazu gibt es in der Regel eine explizite Anweisung, obwohl man das – beispielsweise in C – auch mit einer GOTO-Anweisung erreichen könnte. Die explizite Anweisung benötigt aber keine Sprungmarke und bezieht sich immer auf die direkt umgebende Schleife. Damit vermeidet man Fehler, die sonst bei Programmänderungen leicht entstehen könnten.

Die Implementierung einer solchen EXIT-Anweisung ist mit dem bisherigen Wissen nun leicht möglich. Im Grunde wird der restliche Schleifenrumpf bis zum Schleifenende überlesen. Auch hier muss wieder zählend überlesen werden, denn es gibt die Möglichkeit geschachtelter Schleifen.

```
// --- Exit ---
VOID Exit()
{
    BOOL bExit = FALSE;
```

```
    BYTE nLevel = 0;

    while (!bExit) // skip to END..
    {
        SkipTo();

        switch (enSym)
        {
            case symFOR: // FOR (nested)
            case symLOOP: // LOOP (nested)
            case symWHILE: // WHILE (nested)
                nLevel++;
                break;

            case symENDFOR: // ENDFOR
                if (bExit = nLevel-- == 0) nFor--;
                break;
            case symENDLOOP: // ENDLOOP
            case symENDWHILE: // ENDWHILE
                if (bExit = nLevel-- == 0) nLoop--;
                break;
        }
    }

    Lex();
}
```

Listing 6.27 Implementierung der EXIT-Anweisung

Am Ende muss der Schleifenindex verringert werden – die Schleife wird quasi vom Stack genommen. Das ist deshalb möglich, weil man nur die innerste Schleife verlassen kann, und dazu gehört immer der oberste Eintrag im Stack. Da die FOR-Schleife mehr Informationen benötigt, hat sie einen eigenen Stack, aber das ist leicht zu unterscheiden, weil man am Ende auf ein explizites Schlüsselwort trifft.

Schleifen bereiten also keine übermäßigen Schwierigkeiten bezüglich ihrer Implementierung. Durch das Speichern der Rücksprungadresse sowie das Prüfen der Abbruchbedingung am Ende der Schleife sind sie letztlich auch recht effektiv.

6.1.16 Interpreter-Schleife

Mit den Klassen, den Variablen, den Ausdrücken und zuletzt den strukturierten Anweisungen sowie den Schleifen haben wir jetzt alles zusammen, was unser Interpreter braucht. Einen Teil haben wir aber bisher noch außenvor gelassen.

Immer war die Rede davon, dass es zu jedem Schlüsselwort, wie etwa einem IF, auch eine passende C-Funktion gibt, hier also `If()`, und klar war dabei ebenfalls, dass diese Funktion irgendwie aufgerufen wird. Allerdings wurde der Teil – man könnte da auch von einem *Dispatcher* sprechen – noch nicht erklärt. Im Grunde ist das aber ein sehr wichtiger Teil des Interpreters, weil davon auch die erreichbare Performance abhängt. Wie gelingt es am effektivsten, zu einem IF im Token-Code die zugehörige `If()`-Funktion im Interpreter aufzurufen? Das dürfte doch nicht so schwer sein ...

Durch die Reduktion des Quellcodes auf einen 1-Byte-Token-Code haben wir dafür bereits einen entscheidenden Schritt getan. Im Grunde läuft es also auf eine Zuordnung von Funktionen zu Tokens hinaus. Dafür gibt es in C zwei gute Möglichkeiten:

1. Auswahl mittels SWITCH-Anweisung oder
2. eine Tabelle mit Funktionszeigern.

Der Nachteil der Funktionstabelle besteht darin, dass alle Funktionen die gleiche Parametersignatur haben müssen. Manche der Funktionen benötigen aber Parameter, während die meisten anderen keine Parameter erwarten. Das ist der ungünstige Fall, weil man so keine einheitliche Signatur schaffen kann. Man müsste die Parameter über globale Variablen übergeben, was nicht dem Konzept von Parametern entspricht. Damit bleibt zunächst nur die Lösung mittels SWITCH-Anweisung.

```
// --- Exec function ---
VOID ExecFunction(VALUE* pResult,VALUE arrParams[],BYTE nParams)
{
    while (TRUE)
    {
        Lex();

        switch (enSym)
        {
            case symVAR: // VAR
            case symFIELD: // FIELD
                Assign();
                break;
```

```
    case symIF: // IF
        If();
        break;
    case symELSE: // ELSE
        Else();
        break;
    case symENDIF: // ENDIF
        break;

    case symLOOP: // LOOP
        Loop();
        break;
    case symENDLOOP: // ENDLOOP
        EndLoop();
        break;

    case symWHILE: // WHILE
        While();
        break;
    case symENDWHILE: // ENDWHILE
        EndWhile();
        break;

case symGOTO: // GOTO
        Goto();
        break;
    case symEXIT: // EXIT
        Exit();
        break;

    case symFUNC: // FUNC
        Call(NULL,pTP,nFunction);
        break;
    case symRETURN: // RETURN
        Return(pResult);
        return;
    case symFUNCTION: // FUNCTION
        Function(pResult,arrParams,nParams);
        break;
```

```
            case symENDFUNCTION: // ENDFUNCTION
                EndFunction();
                return;

            case symEND: // END
                End();
                return;
        }

        if (pPending) // task pending
            ExecTask(); // execute task
    }
}
```

Listing 6.28 Inner-Loop des Interpreters (Auszug)

Man könnte meinen, dass nun, bedingt durch die umgebende SWITCH-Anweisung, zuerst ein Sprung zum entsprechenden CASE-Zweig erfolgt und von da aus dann ein Unterprogramm aufgerufen wird. Bei eingeschalteter Optimierung (O2 oder O3) ist das jedoch nicht der Fall! Stattdessen übersetzt ein moderner C-Compiler (z. B. GCC) dieses Konstrukt sehr effektiv. Das liegt daran, dass im Grunde jede Funktion potenziell als Inline-Funktion betrachtet wird und der Compiler daher versucht, den Funktionsrumpf direkt in den CASE-Zweig einzubauen – ohne eine Call-Instruktion. Bei Funktionen, die nur einmal aufgerufen werden und innerhalb derselben Datei implementiert sind, klappt das auch sehr sicher. Damit wird die Funktion `ExecFunction()` erstaunlich umfangreich. Daraus ergeben sich dann aber auch wieder Möglichkeiten. So kann der Optimierer gleiche Teile der Funktionsrümpfe gemeinsam verwenden, Register können gemeinsam verwendet werden etc. Die Lösung, die syntaktisch zunächst umständlicher erschien, entpuppt sich schließlich sogar als ideal.

Damit haben wir jetzt einen kompletten Token-Code-Interpreter erstellt. Die Quellen verraten noch mehr Details und sind auch noch deutlich umfangreicher. So findet sich darin beispielsweise auch die Implementierung einer SELECT-CASE-Anweisung.

Als Überleitung zum Task-Scheduling des Interpreters sei noch auf eine Zeile ganz am Ende von `ExecFunction()` hingewiesen. Nach jedem Durchlauf der Interpreter-Loop wird geprüft, ob ein Task Rechenzeit beansprucht. In dem Fall verweist der Zeiger `pPending` auf den betreffenden Task. Der Interpreter kann dann mittels `ExecTask()` zu diesem Task wechselt. Im nächsten Abschnitt geht es darum, wie der nächste Task überhaupt ermittelt wird.

6.2 Multitasking

Das Thema *Task-Scheduling* in Betriebssystemen wird sowohl in der Literatur als auch in der Lehre an Hochschulen und Universitäten umfassend behandelt. Als Programmiererin oder Programmierer kommt man an dem Thema ohnehin nicht mehr vorbei, und dennoch kommt man eher selten in die Situation, einen eigene Scheduler zu entwickeln. Geht das überhaupt?

Natürlich muss man sich zunächst fragen, was genau man umsetzen möchte, denn eine solche Aufgabe kann auch komplex werden. Man benötigt ein tiefes Verständnis der Architektur und der Arbeitsweise eines Prozessors oder eines Mikrocontrollers, wenn man tatsächlich einen Kontextwechsel auf Hardwareniveau realisieren möchte. Dagegen ist ein Scheduling für eine interpretierte Sprache einfacher zu bewerkstelligen und zudem auch noch plattformunabhängig. Daher wollen wir das in den folgenden Abschnitten angehen.

6.2.1 Skript-Tasks

Zunächst benötigen wir die Definition eines Tasks in unserer Skriptsprache. Da wir es grundsätzlich mit zyklischen Tasks zu tun haben, benötigen wir pro Task eine Funktion, die *zeitsynchron* aufgerufen wird. Dazu gehören dann die Zykluszeit `nCycle` sowie die seit dem letzten Aufruf der Task-Funktion bereits verstrichene Zeit `nElapsed` und natürlich eine Priorität `nPriority`. Alles das können wir in der folgenden Struktur zusammenfassen.

```
// --- Tasks ---
typedef struct tagTask
{
    BYTE    nError; // last error

    BYTE    nPriority; // task priority
    WORD    nFunction; // task function
    VOID*   pInstance; // this instance

    LONG    nCycle; // cycle time
    LONG    nElapsed; // elapsed time

    struct tagTask* pNext; // next task
} TASK;
```

Listing 6.29 Struktur für einen Skript-Task

Neben den bereits genannten Feldern gibt es in der Struktur noch weitere Elemente, wie etwa einen Error-Code `nError` oder am Ende einen Zeiger auf eine verlinkte TASK-Struktur. Aber gehen wir der Reihenfolge nach vor.

Funktion

Das Element `nFunction` ist nichts anderes als der Index der Task-Funktion im Array `arrFunctions[..]`. Damit ist das also kein Zeiger, sondern lediglich ein numerischer 16-Bit-Wert. Dagegen ist `pInstance` tatsächlich ein Zeiger, und zwar auf das konkrete Objekt, für das der Task ausgeführt wird. Einen konkreten Anwendungsfall hatten wir dafür bereits im Regler-Beispiel in Abschnitt 5.3, »Anwendungen«. Verschiedene Instanzen einer Klasse können jeweils einen eigenen Task ausführen.

Timing

Das Timing eines Tasks wird mittels der Zykluszeit `nCycle` definiert, die bei der Definition eines Tasks im Skript angegeben wird. Dieses Feld bleibt konstant. Um den Task zyklisch aufzurufen, benötigt man einen Zähler für die verstrichene Zeit – das Element `nElapsed`.

Priorität

Besondere Bedeutung hat das Feld `nPriority`, das die Priorität des Tasks festschreibt. Dieser Wert wird ebenfalls bei der Definition eines Tasks im Skript mitgegeben. Es gibt zwar vordefinierte Werte für verschiedene Task-Prioritäten – so hat die `PRIORITY_NORMAL` etwa den Wert 5 –, aber letztlich bedeutet jeder höhere Wert auch eine höhere Priorität. Die Auswirkung dieses Strukturelements werden wir noch sehen. Wichtig ist jedoch, dass in einem Echtzeitsystem ausschließlich die Priorität entscheidet, welcher Task aktuell bearbeitet wird. Sobald es einen Task mit einer höheren Priorität gibt, der ausgeführt werden soll, muss dieser Task auch umgehend zugeteilt werden.

Es kommt jedoch ebenfalls vor, dass ein Task mit niedriger Priorität gerade eine Operation ausführen muss, die nicht unterbrochen werden darf. In dem Fall kann der Task einen LOCK ausführen. Falls in dem Moment ein höher priorisierter Task ausgeführt werden soll, bleibt der vorerst in einer Warteschlange, bis der LOCK wieder aufgehoben wird. Mittels LOCK kann ein Task also temporär die höchste Priorität erhalten, was aber mit einem möglichen *Jittern* bei anderen Tasks verbunden ist. Andere Mechanismen zur Task-Synchronisation, etwa *Semaphoren*, gibt es in unserer Skriptsprache aktuell nicht.

Fehlercode

Das Element `nError` ist im Grunde nur ein Zwischenspeicher für den zuletzt aufgetretenen Fehlercode. Manche Anweisungen, wie etwa Dateioperationen, setzen einen globalen Fehlercode, falls die Operation nicht korrekt ausgeführt werden konnte. Diesen Fehlercode sollte man natürlich abfragen. Findet vor der Abfrage jedoch gerade noch ein Task-Wechsel statt und der Task setzt einen anderen Fehlercode oder null, wäre nach Beendigung des Tasks der eigentliche Fehlercode verloren. Daher wird der Fehlercode immer pro Task gespeichert – jeder Task hat demnach seinen eigenen Fehlercode.

Schauen wir uns nun an, wofür das Element `pNext` in der TASK-Struktur verwendet wird. Dieses Element ist für die Reihenfolge von Bedeutung, in der die aktiven Tasks letztlich abgearbeitet werden.

6.2.2 Präemptiver Scheduler

Die wesentliche Aufgabe eines Schedulers besteht darin, die aktiven Tasks in eine Abfolge zu bringen, sodass sich das gewünschte Task-Wechsel-Verhalten ergibt. Dazu bekommt der Scheduler eine Liste aller Tasks und erstellt daraus eine Warteschlange (*Pending List*).

Im Betriebssystem gibt es dazu einen extra Thread, der alle 10 ms gestartet wird. Dieser Thread führt den Scheduler für die Skript-Tasks aus. Dabei gehört der Scheduler zwar eher zur Sprache als zum Betriebssystem, dennoch benötigt er für seine Funktion einen eigenen System-Thread. Das ist auch für eine Portierung relevant, wie etwa beim PC-Emulator, der ebenfalls in der Softwaresammlung zum Buch enthalten ist.

Bei einem regelmäßigen Prozess besteht schnell die Gefahr, dass man einer einzelnen Aufgabe zu viel Rechenzeit zuteilt. Der Scheduler kommt immerhin alle 10 ms dran und würde, wenn er jeweils nur 100 µs benötigt, schon 1 % der gesamten Rechenzeit auf sich ziehen! Damit stellt sich prinzipiell die Frage, welchen Vorteil man mit einer komplexeren Zuteilungsstrategie erreicht, wenn diese für sich dann mehr Rechenzeit benötigt. Unser Scheduler soll aber präemptives prioritätsgesteuertes Scheduling realisieren und muss zudem wirklich effizient arbeiten! Wie können wir das erreichen?

Alle Skript-Tasks werden in einem Array namens `arrTasks[..]` gehalten. Das Array ist statisch deklariert und erlaubt aktuell maximal 16 Tasks. Mit jeder TASK-Anweisung im Skript wird ein Eintrag in dem Array belegt. Allerdings wird beim Beenden eines Tasks der Platz auch wieder frei. Damit kann das Array folglich auch »lückenhaft« besetzt sein. Der Scheduling-Algorithmus iteriert also über das gesamte Array und zählt die verstrichene Zeit für jeden Task hoch, prüft, ob der Task dadurch aktiv wird, und sortiert alle aktiven Tasks mit einem Insertion-Sort-Algorithmus in einer Pending-Liste.

Aufgaben des Skript-Schedulers

Der Scheduler iteriert über alle Felder des Arrays `arrTasks[..]` und führt folgende drei Aufgaben für jeden definierten Task aus:

1. Verstrichene Zeit für den Task erhöhen.
2. Überprüfen, ob der Task aktiv werden muss.
3. Einsortieren eines aktiven Tasks in die Pending-Liste.

Die Liste kann unterschiedlich lang werden, aber maximal können alle 16 Tasks in der Liste stehen. Deshalb ist es nicht nötig, eine separate Liste anzulegen. Stattdessen liefert das Array selbst den Speicher für die Liste – lediglich der `pNext`-Eintrag wird in jedem aktiven Task so gesetzt, dass er auf den nächsten aktiven Task mit einer niedrigeren Priorität verweist.

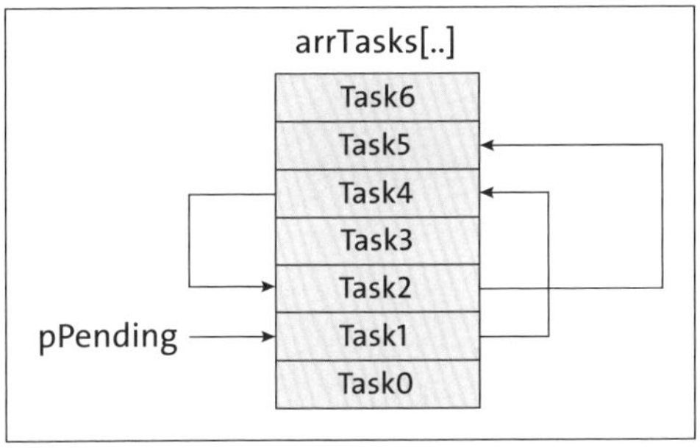

Abbildung 6.8 Pending-Liste im Scheduler

Der Task mit der höchsten Priorität bildet dann den Anfang, und auf den verweist schließlich der globale Zeiger `pPending`. Sobald `pPending` zugewiesen ist, gibt es für den Interpreter einen Task, der ausgeführt werden muss.

In der Abbildung 6.8 sind die fett gedruckten Tasks im Array momentan aktiv, d. h., sie müssen nacheinander dem Interpreter zugeteilt werden. Der erste Task ist in dem Fall *Task1*, danach folgt *Task4* usw., bis schließlich *Task5* abgearbeitet ist. Die verkettete Liste (*Pending List*), auf die `pPending` zeigt, entsteht durch den nachfolgenden Algorithmus.

```
// --- Scheduler ---
VOID Scheduler()
{
    INT nTask = 0;

    while (nTask < MAXTASKS) // iterate tasks
    {
```

```
        TASK* pTask = &arrTasks[nTask++]; // get next task

        if (pTask->nFunction) // task defined
        {
            pTask->nElapsed += TASKING_CYCLE; // elapsed time

            if (pTask->nElapsed >= pTask->nCycle) // time elapsed
            {
                if (pPending && pPending->nPriority >= pTask->nPriority)
                {
                    TASK* pThis = pPending; // current in list
                    TASK* pNext = pPending->pNext; // next in list

                    while (pNext && pNext->nPriority >= pTask->nPriority)
                    {
                        pThis = pNext;
                        pNext = pNext->pNext;
                    }

                    pThis->pNext = pTask; // insert task
                    pTask->pNext = pNext; // link to next
                }
                else // insert as first
                {
                    pTask->pNext = pPending; // set successor
                    pPending = pTask; // set pending
                }
            }
        }
    }
}
```

Listing 6.30 Scheduler für Skript-Tasks

Zum besseren Verständnis des Algorithmus kann man sich vielleicht ein Beispiel konstruieren. Man beginnt mit nur einem aktiven Task, dann auch mit mehreren Tasks, und spielt die Funktion händisch durch.

Da der Scheduler von einem System-Tasks aufgerufen wird, unterbricht er den Interpreter an einer beliebigen Stelle! Das ist anfangs vielleicht etwas schwer vorstellbar, wenn man aber in einer Multitasking-Umgebung programmiert, sind solche Fälle die Regel. In unserem Betriebssystem hat der Interpreter die niedrigste Priorität – er läuft ja quasi im Idle-Task des Systems. Damit ist sichergestellt, dass der Scheduler immer komplett durchläuft und die Liste immer fertigstellen kann. Umgekehrt müssen jedoch alle Manipulationen an der Task-Liste, die der Interpreter vornimmt, geschützt werden! Schauen wir uns dazu die Funktion `CreateTask()` an, die einen neuen Skript-Task anlegt.

```
// --- Create task ---
TASK* CreateTask(VOID* pInstance,INT nFunction,INT nCycle,INT nPriority)
{
    TASK* pTask = NewTask(); // new task

    if (pTask) // free task
    {
        LockSysTick(); // lock scheduler

        pTask->nCycle = nCycle; // init task
        pTask->pInstance = pInstance;
        pTask->nFunction = nFunction;
        pTask->nPriority = nPriority + 1; // 1..16

        pTask->pNext = NULL; // reset
        pTask->nError = 0;
        pTask->nElapsed = 0;

        UnlockSysTick(); // unlock
    }

    return pTask;
}
```

Listing 6.31 Erstellen eines neuen Skript-Tasks

Diese Funktion wird aufgerufen, wenn die TASK-Anweisung im Skript ausgeführt wird. Sie initialisiert einen neuen Eintrag im Array, `arrTasks[..]`. Der nächstfreie Eintrag wird zunächst mit `NewTask()` gesucht und, wenn vorhanden, mit der Task-Funktion, der Instanz und der Zykluszeit initialisiert. Die beiden Aufrufe von `LockSysTick()` bzw. `UnlockSysTick()` sperren für die Zeit der Initialisierung den Betriebssystem-Scheduler und verhindern damit, dass der Task-Scheduler aufgerufen werden kann. Wenn der neue Task dann vollständig initialisiert ist, kann der Scheduler ihn ab dem nächsten Aufruf mit berücksichtigen.

Dieses »doppelte« Multitasking mit einem *kooperativen Betriebssystem* und dem gerade besprochenen *präemptiven Skript-Scheduler* ist vielleicht nicht einfach zu verstehen, jedoch ergibt sich dadurch ein sehr stabiles System. Die beiden Welten, Betriebssystem und Anwendung, bleiben streng voneinander getrennt. Man kann den Skript-Interpreter so auch auf eine andere Plattform portieren, die bereits über ein Betriebssystem verfügt (z. B. auf einen Windows-PC), und das Verhalten der Skriptapplikation bleibt exakt gleich.

Wie hoch ist nun aber der Zeitbedarf für unseren Scheduler, bezogen auf das Gesamtsystem? Die Funktion `Scheduler()` wird alle 10 ms aufgerufen. Mittels Oszilloskop lässt sich die Zeit, die diese Funktion auf unserem STM32F412 bei 100 MHz benötigt, exakt ermitteln. Sie liegt im Bereich zwischen 3 und 8 µs und benötigt damit weniger als 0.1 % der gesamten Rechenzeit. Das ist gut, wenn man bedenkt, dass unser Skript dadurch präemptive zyklische Tasks unterstützt.

6.2.3 Task-Wechsel und Ausführung

Der Scheduler legt nur die Reihenfolge fest, in der die Tasks vom Skript-Interpreter abgearbeitet werden sollen. Die Frage ist jedoch, wie überhaupt ein Task-Wechsel durchgeführt wird.

Im Grunde gibt es in allen Multitasking-Systemen eine Zweiteilung in einen *Scheduler* und einen *Dispatcher*. Dabei hat der Dispatcher die Aufgabe, den nächsten Task einzustellen, den der Scheduler zuvor geplant hat. Bei einem präemptiven Multitasking erfolgt das in der Regel durch einen Interrupt, der einen *Kontextwechsel* durchführt, indem alle Prozessorregister aus einem neuen *Task-Kontrollblock* geladen werden. Da wir einen Skript-Interpreter haben, können wir auf den Interrupt verzichten. Stattdessen muss der Interpreter regelmäßig prüfen, ob es eine Zuweisung an den Zeiger `pPending` gab.

In der *Inner-Loop* des Interpreters in der Funktion `ExecFunction()` gibt es die folgende Abfrage (siehe dazu Listing 6.28):

```
if (pPending) // task pending
    ExecTask(); // execute task
```

Diese Abfrage wird demnach bei jedem Schleifendurchlauf, also nach jeder Skriptanweisung, ausgeführt. Sofern der Zeiger `pPending` einen Task referenziert, wird dieser Task mit der Funktion `ExecTask()` gestartet. Ein derart wiederholtes Abfragen einer Bedingung nennt man auch *Polling*. Der Test des Zeigers erfordert zwar immer nur drei Assembler-Befehle, aber dies ist natürlich trotzdem zeitraubend. Wäre da ein Interrupt nicht doch besser? Die explizite Abfrage hat gegenüber einem Interrupt allerdings einen Vorteil, den man nicht unterschätzen sollte. Ein Task-Wechsel erfolgt so nämlich nur, nachdem eine laufende Skriptanweisung beendet wurde. Einfache Zuweisungen und Ausdrücke, wie etwa Bedingungen mit mehreren Variablen, werden demnach nicht unterbrochen. Gerade die Unterbrechung von Ausdrücken kann in einer Multitasking-Umgebung zu sporadischen und schwer erkennbaren Fehlern, den sogenannten *Race Conditions*, führen. Es bleibt aber zu berücksichtigen, dass Ausdrücke, die Funktionsaufrufe enthalten, trotzdem noch durch einen Task-Wechsel unterbrochen werden können. Letztlich muss man also mehrere Anweisungen, die atomar ausgeführt werden müssen, auch im Skriptprogramm immer mit einer LOCK-Anweisung absichern.

Schauen wir uns aber an, wie die Tasks nacheinander zugeteilt werden. Dazu wird am Anfang der Pending-Liste ein Task entnommen. Die Liste wird dadurch einen Eintrag kürzer. Der Vorgang muss wieder mit den beiden Funktionen `LockSysTick()` und `UnlockSysTick()` abgesichert werden, weil sonst zeitgleich auch der Scheduler die Liste bearbeiten könnte. Der globale Zeiger `pPending` wird auf den folgenden Task gesetzt bzw. auf null, wenn kein weiterer Task mehr folgt. Den Vorgang kann man sehr gut anhand der nachfolgenden Funktion `PendingTask()` nachvollziehen.

```
// --- Pending task ---
TASK* PendingTask(BYTE nPriority)
{
    if (pPending && pPending->nPriority > nPriority)
    {
        TASK* pTask;

        LockSysTick(); // lock scheduler

        pTask = pPending; // pending task
        pTask->nElapsed = 0; // reset time cycle
        pPending = pTask->pNext; // next pending task

        UnlockSysTick(); // unlock scheduler

        return pTask;
    }

    return NULL; // no pending task
}
```

Listing 6.32 Nächsten Task aus Pending-Liste nehmen

Als Parameter wird der Funktion die aktuelle Task-Priorität übergeben. Damit kann die Funktion prüfen, ob der nächste Task überhaupt eine höhere Priorität besitzt und ausgeführt werden muss. Falls nicht, liefert die Funktion einen Null-Zeiger zurück, und der vorderste Task bleibt in der Pending-Liste.

Bei einer höheren Task-Priorität ist der Rückgabewert der Funktion dann ein Zeiger auf den von der Pending-Liste abgekoppelte Task. Die verstrichene Zeit wird auch gleich auf null gesetzt, sodass der Scheduler die Zeit wieder hochzählen kann.

```
// --- Exec task ---
VOID ExecTask()
{
    if (nTaskLocked == 0) // not locked
    {
        TASK* pExec = PendingTask(nPriority); // get new task

        if (pExec) // exec new task
        {
            CALL* pCall     = &arrCalls[nCalls++]; // allocate new call
            TASK* pTask     = pCurrentTask; // keep current task
            BOOL  bSelect   = bSelecting; // keep selecting
            BYTE  nPrio     = nPriority; // keep priority
            BYTE  nErr      = nError; // keep error
            VALUE Select    = Selector; // keep selector
            SYMBOL enSymbol = enSym; // keep symbol

            pCall->pPC      = pPC; // keep pc
            pCall->pTP      = pTP; // keep tp
            pCall->nFor     = nFor; // keep for
            pCall->nLoop    = nLoop; // keep loop
            pCall->nDevice  = nDevice; // keep device
            pCall->nVarBase = nVarBase; // keep varbase
            pCall->nMemSize = nMemSize; // keep varsize

            nVarBase        = nVarTop; // set varbase
            bSelecting      = FALSE; // clear select
            pCurrentTask    = pExec; // set curr task

            nPriority       = pExec->nPriority; // set priority
            nError          = pExec->nError; // set error
            pTP             = pExec->pInstance; // set object
```

```
            pPC = arrFunctions[pExec->nFunction-1]; // set function
            ExecFunction(NULL, NULL, 0); // execute function

            pExec->nError    = nError; // keep task error
            pCurrentTask     = pTask; // restore curr task
            bSelecting       = bSelect; // restore selecting
            nPriority        = nPrio; // restore priority
            Selector         = Select; // restore selector
            nError           = nErr; // restore error
            enSym            = enSymbol; // restore sym
        }
    }
}
```

Listing 6.33 Task-Wechsel und Aufruf einer Task-Funktion

Letztlich erfolgt der Task-Wechsel dann mit der Funktion `ExecTask()`. Wenn diese Funktion aufgerufen wird, befindet sich der Interpreter allerdings an einer beliebigen Stelle im Programm. Deshalb ist es unumgänglich, zunächst alle Zustandsvariablen zu sichern. Dazu zählen natürlich der *Programm-Counter* `pPC` und der aktuelle *This-Pointer* `pTP`, aber es sind einige Variablen mehr, an die man zunächst vielleicht gar nicht denken würde. Es müssen alle Schleifenindizes gesichert werden sowie der aktuelle Fehlercode und schließlich sogar das zuletzt erkannte Token, das der Scanner eingelesen hatte.

Alle diese Informationen werden in lokalen Variablen der Funktion `ExecTask()` gespeichert – es wird also wieder der Call-Stack des Mikrocontrollers als Zwischenspeicher verwendet. Das ist deshalb möglich, weil es sich bei den Skript-Tasks um zyklische Tasks handelt. Ein positiver Nebeneffekt der zyklischen Tasks ist ihr günstiges Stackverhalten – man benötigt lediglich einen Stack für alle Tasks!

Da die Task-Wechsel somit jedoch recht speicherintensive Operationen sind und wir den CPU-Stack ohnehin bereits bei der Interpretation der Ausdrücke genutzt hatten, muss der Stack des Mikrocontrollers möglichst groß definiert werden. Im Linker-Skript des C-Compilers wird der Stack aktuell auf 10 kB festgelegt (`_Min_Stack_Size = 0x2800`). Da der verwendete STM32F412RET6 mit seinen 256 kB RAM über ausreichend Speicher verfügt, kann man den Stack gegebenenfalls auch noch vergrößern.

Damit haben wir ein anspruchsvolles Kapitel zum Thema Multitasking abgeschlossen und können die eingangs gestellte Frage, ob man so etwas überhaupt selbst programmieren kann, im Grunde positiv beantworten. Es ist aber sicher auch klar geworden, dass es in der Richtung noch viel Luft nach oben gibt. Das Kapitel soll aber als Motivation verstanden werden, sich mit dem Thema weiter zu befassen. Im Rahmen unserer Skriptsprache stellen die zyklischen Tasks einen sehr guten Kompromiss dar. Echte Parallelität zu erreichen, wäre noch mal merklich schwieriger und ist auf der anderen Seite auch gar nicht notwendig.

6.3 Hardwarezugriff

Bisher haben wir den Interpreter als solches betrachtet und gesehen, wie Variablen im Speicher organisiert bzw. Funktionen und Tasks implementiert werden. Was uns jetzt noch fehlt, ist ein komfortabler Zugriff auf die Hardware. Dabei ist Hardware jedoch nicht gleich Hardware. Auch wenn wir nur einen Mikrocontroller betrachten, so gibt es inzwischen doch zahllose Möglichkeiten, Aktoren und Sensoren anzuschließen. Deshalb wollen wir zunächst unterschiedliche Kategorien herausarbeiten, die wir unterstützen wollen.

Natürlich muss unser Skript auf die Pins des Mikrocontrollers zugreifen können, primär auf die digitalen, aber natürlich auch auf die analogen Ein- und Ausgänge. Die Hardware kann man in diesen Fällen direkt ansprechen – dafür bedarf es nur einer passenden Darstellung im Programm. Allerdings wollen wir softwareseitig auch Gruppen von Pins, sprich Ports, unterstützen. Bei allen Mikrocontrollern werden mehrere Pins zu einem Port zusammengefasst. Bei 8-Bit-Mikrocontrollern hat ein Port meist 8 Pins, bei den 16-Bit-Controllern und auch bei unserem STM32 hat ein Port bis zu 16 Pins. In der Praxis haben viele der Pins aber noch Sonderfunktionen, wie z. B. bei einer UART oder einer SPI-Schnittstelle. Deshalb ist es eher selten, dass man einen kompletten 16-Bit-Port als Einheit nutzt. Ein Port in der Software soll deshalb auch eher eine logische Gruppierung darstellen als eine Eins-zu-eins-Abbildung der tatsächlichen Ports. Bei den analogen Eingängen gibt es zwar hardwareseitig auch eine Gruppierung, weil ein Analogwandler immer gleich mehrere Kanäle besitzt, das hilft aber eher dabei, die Konfiguration zu vereinfachen. Die Eingänge selbst nutzt man meist separat. Anders als bei den digitalen Pins wäre hier in der Software also keine Gruppierung nötig.

Wie können wir die seriellen Schnittstellen unseres Breakout-Boards in der Software abbilden? Eine interessante Variante, Schnittstellen zu abstrahieren, stellen die sogenannten Gerätedateien dar. Vereinfacht gesagt, schreibt man dazu alle Daten, die man über eine serielle Schnittstelle senden möchte, einfach in eine zugehörige Datei, und alle Daten, die man über die Schnittstelle empfangen hat, kann man dann auch aus der Datei auslesen. Das funktioniert, weil eine einfache UART-Schnittstelle primär kein Protokoll verwendet, sondern einfach alle Datenbytes »nahtlos« als Datenstrom (*Data Stream*) sendet bzw. empfängt, und das entspricht exakt dem Verhalten einer sequenziellen

Datei. Damit können wir die ohnehin benötigten Dateioperationen auch für die seriellen Schnittstellen verwenden.

Es bleiben allerdings noch die Schnittstellen, die einzelne Pakete mit einem definierten Format senden bzw. empfangen, wie etwa unsere Modbus-Schnittstelle oder ein ebenfalls möglicher CAN-Bus. Im Gegensatz zu den Dateien, die gut geeignet sind, um Streams abzubilden, benötigt man hier also Telegramme oder auch Pakete (*Data Frames*). Deshalb ist es sinnvoll, dafür generische Anweisungen anzubieten, die als Parameter das zu verwendende Protokoll erhalten. Solche Anweisungen wollen wir auch unterstützen.

Damit haben wir die folgenden drei abstrakten Kategorien, die wir in unserem Skript unterstützen wollen:

- direkte Hardwarezugriffe,
- Geräte- bzw. Dateioperationen sowie
- Senden und Empfangen von Datenpaketen.

6.3.1 Property-Variablen

In der Regel bieten alle prozeduralen Sprachen, wie beispielsweise C, für den Zugriff auf die Hardware spezifische API-Funktionen an. Diese Variante ist zwar universell, aber oft nicht besonders gut lesbar. Üblicherweise sind das dann Zugriffsfunktionen wie etwa `GetGPIOPin()` oder `SetGPIOPin()`. Verwendet man mehrere solcher Aufrufe in einem Ausdruck, würde das so aussehen: `SetGPIOPin(Pin1, GetGPIOPin(Pin2) or GetGPIOPin(Pin3))`. Man verliert durch die vielen Klammern sehr schnell den Überblick, und wirklich komfortabel sind die Funktionen auch nicht.

In der Automatisierungstechnik nutzt man einen komplett anderen Ansatz, der darin besteht, dass man mit einem Prozessabbild der Hardware arbeitet. Sämtliche Ein- und Ausgänge werden zyklisch in den Speicher kopiert (*Memory Mapped I/O*). Im Anwendungsprogramm kann man dann Variablen unterschiedlicher Typen an Adressen in diesem Prozessabbild deklarieren und darüber auf einzelne Ein- und Ausgänge zugreifen oder auch gleich auf ganze Gruppen – je nach Typ der Variablen. Das ist zwar sehr flexibel, allerdings erfordert es ein synchronisiertes Speicherabbild sowie die vorherige Deklaration von Variablen.

Bei einer objektorientierten Sprache würde man dagegen eher vordefinierte Objekte mit verschiedenen Eigenschaften (*Properties*) erwarten, auf die man passend zugreifen kann. Um bei den Port-Pins zu bleiben, würde man schreiben wollen: `Outputs.Pin1 = Inputs.Pin2 or Inputs.Pin3`. Alternativ könnte es noch weitere Eigenschaften wie etwa

Inputs.Pins geben, sodass man auch gleich auf mehrere Pins zugreifen kann. Syntaktisch verwendet man also Variablen anstelle von Funktionsaufrufen, was die Lesbarkeit deutlich erhöht. Es besteht auch nicht die Notwendigkeit, ein Prozessabbild zu synchronisieren oder erst lokalisierte Variablen zu deklarieren, und trotzdem kann man mit verschiedenen Datentypen arbeiten.

Properties werden grundsätzlich durch zwei Funktionen realisiert, einen *Getter* und einen *Setter*. Bei ReadOnly-Properties gibt es dann halt nur einen *Getter*. Das bedeutet, dass bei einem lesenden Zugriff auf das Property die Getter-Funktion aufgerufen wird und bei einem schreibenden Zugriff die Setter-Funktion. Im Gegensatz zu sonstigen Variablen, die nur den Inhalt einer Speicheradresse ändern, können Properties also auch direkt Anweisungen ausführen. Im Grunde stellen Properties also die ideale Verbindung der beiden zuerst beschriebenen Varianten dar.

Jeder direkte Hardwarezugriff soll in unserer Skriptsprache deshalb über Property-Variablen erfolgen, wobei diese a priori vordefiniert sein sollen. Die Frage ist, wie wir solche Variablen implementieren können, weil Embedded BASIC selbst noch keine Properties unterstützt.

Im unserem Interpreter gibt es genau eine Stelle, an der alle Variablen gelesen werden, und eine zweite Stelle, an der sie geschrieben werden. Das passiert bei einem lesenden Zugriff in der Funktion Factor() und bei einer Zuweisung in der Funktion ExecFunction(). An diesen beiden Stellen können wir die Property-Variablen einfügen. Schauen wir uns dazu an, wie die Funktion Factor() erweitert werden muss, damit wir dort einen lesenden Port-Zugriff ausführen können.

```
// --- Factor ---
VOID Factor(VALUE* pValue)
{
    switch (enSym)
    {
        case symVAR: // <var>
        case symFIELD: // <field>

            break;

        case varPORT: // PORTn.b
            {
                BYTE nPort = Digit(*pPC); // 0..9
                WORD wMask = 0xFFFF; // mask port

                Lex();
```

```
                if (enSym == symDOT) // '.'
                {
                    Lex(); // 0..15
                    wMask = 1 << (BYTE)lValue; // mask pin

                    pValue->lValue = PortIn(nPort, wMask) != 0;
                    pValue->nType = tyINT32;
                    Lex();
                }
                else // <port>
                {
                    pValue->lValue = PortIn(nPort, wMask);
                    pValue->nType = tyINT32;
                }
            }
            break;
    }
}
```


Listing 6.34 Lesezugriff auf Port-Property

Ein Port-Zugriff kann in Embedded BASIC mit einer von zwei möglichen Schreibweisen erfolgen – einmal als gesamter Port: `PORT0` bis `PORT9` und alternativ als ein einzelner Pin: `PORT0.0` bis `PORT0.15`. Der Unterschied besteht in der Konkretisierung der Port-Variablen durch eine Pin-Nummer. Als Port-Nummern sind die Ziffern 0 bis 9 zulässig und als Pin-Nummern die Zahlen 0 bis 15. Technisch gesehen wären sowohl mehr Ports als auch mehr Pins pro Port denkbar. Die Beschränkung ist zunächst willkürlich, aber auch praktikabel. Damit wären immerhin bis zu 160 digitale Ein- bzw. Ausgänge realisierbar.

Da die Ports logische Gruppen darstellen, kann `Port1` beispielsweise gleich alle zehn Eingänge und `Port2` alle sechs Ausgänge unseres Breakout-Boards umfassen – und das, obwohl die Ein- und Ausgänge hardwaremäßig tatsächlich über ganz unterschiedliche Pins herausgeführt werden (siehe Schaltplan in Anhang A). Dazu werden die Zugriffe auf die logischen Ports über die beiden Funktionen `PortIn()` und `PortOut()` abstrahiert.

```
// --- Read a virtual port ---
WORD PortIn(BYTE nPort, WORD wMask)
{
    WORD wPort = 0;

    if (nPort == INPUTS)
```

```
    {
        if (wMask & PIN0) wPort |= GetGPIOPin(IN0) << 0;
        if (wMask & PIN1) wPort |= GetGPIOPin(IN1) << 1;
        if (wMask & PIN2) wPort |= GetGPIOPin(IN2) << 2;
        if (wMask & PIN3) wPort |= GetGPIOPin(IN3) << 3;
        if (wMask & PIN4) wPort |= GetGPIOPin(IN4) << 4;
        if (wMask & PIN5) wPort |= GetGPIOPin(IN5) << 5;
        if (wMask & PIN6) wPort |= GetGPIOPin(IN6) << 6;
        if (wMask & PIN7) wPort |= GetGPIOPin(IN7) << 7;
        if (wMask & PIN8) wPort |= GetGPIOPin(IN8) << 8;
        if (wMask & PIN9) wPort |= GetGPIOPin(IN9) << 9;
    }

    return wPort;
}

// --- Set virtual port pins ---
VOID PortOut(BYTE nPort, WORD wClear, WORD wSet)
{
    if (nPort == OUTPUTS)
    {
        if (wClear & PIN0) SetGPIOPin(OUT0,wSet & PIN0);
        if (wClear & PIN1) SetGPIOPin(OUT1,wSet & PIN1);
        if (wClear & PIN2) SetGPIOPin(OUT2,wSet & PIN2);
        if (wClear & PIN3) SetGPIOPin(OUT3,wSet & PIN3);
        if (wClear & PIN4) SetGPIOPin(OUT4,wSet & PIN4);
        if (wClear & PIN5) SetGPIOPin(OUT5,wSet & PIN5);
    }
}
```

Listing 6.35 PortIn und PortOut für virtuelle Port-Zugriffe

Beide Funktionen erwarten eine Port-Nummer sowie ein bzw. zwei 16 Bit breite Masken. Die Masken erlauben es, mehrere Pins mit einem Zugriff zu lesen bzw. zu schreiben.

Dasselbe Prinzip wird genauso für Analogkanäle, für PWM-Signale und beispielsweise auch für die Echtzeituhr (RTC) verwendet. Für jede Hardware gibt es eine passend vordefinierte Variable, und alle diese Property-Variablen nutzen immer zugehörige In- und Out-Funktionen, z. B. `AnalogIn()` und `PwmIn()`. Damit lässt sich der eigentliche Interpreter sehr gut von der Hardware entkoppeln bzw. ist so auch portierbar.

Eine Besonderheit findet sich bei der Implementierung des Arrays für die Modbus-Register `Regs[..]`. Eigentlich wäre dafür keine Property-Variable erforderlich, weil über Modbus nur Werte ausgetauscht werden. Die Register sind aber dennoch als Property-Array implementiert, weil über die ersten 100 Register auch alle Systemvariablen erreichbar sind. So kann man etwa über einen Registerzugriff direkt auf die Ports schreibend bzw. lesend zugreifen. Das funktioniert aus dem Skriptprogramm heraus und ebenso remote über ein Modbus-Telegramm. Deshalb wurden die beiden Funktionen `PortIn()` und `PortOut()` gleich so implementiert, dass sie mehrere Pins lesen bzw. schreiben können.

6.3.2 Geräte und Verbindungen

Die einfachste Variante, Geräte als Dateien zu verwalten, besteht sicher darin, ihnen jeweils einen eindeutigen Namen oder einfach eine Nummer (*File-ID*) zuzuordnen. Darüber können die Geräte jederzeit identifiziert werden. So erhalten alle vordefinierten Geräte in unserem Interpreter fix die File-IDs #0 bis #9 – damit sind also maximal zehn Geräte möglich. Dazu zählen natürlich die seriellen UART-Schnittstellen, aber auch eine Tastatur und unser Grafik-Display gelten als Geräte. Jedes der vordefinierten Geräte muss im Betriebssystem durch einen Treiber unterstützt werden. Dazu kommen wir noch, aber es ist sicher vorstellbar, dass eine serielle Verbindung mehr mit einer Datei gemein hat als etwa ein Display. Dem Treiber kommt daher die Aufgabe zu, eine Umsetzung der Daten vorzunehmen.

In BASIC wurden klassisch Anweisungen für die Dateioperationen verwendet, also Befehle wie OPEN, CLOSE, INPUT und PRINT. Diese Anweisungen wurden auch noch bis Visual BASIC 6 (VB6) genau so unterstützt. Erst mit der Vereinheitlichung der .NET-Sprachen wurden die Anweisungen dann schließlich durch Methoden abgelöst. Allen Dateioperationen wird die File-ID als erster Parameter übergeben. In der Regel war die File-ID dabei sogar als optionaler Parameter angelegt, sodass man diesen weglassen konnte, falls es ein Standard-Device gab. Das erklärt auch die Syntax mit dem Doppelkreuz (#ID) vor der File-ID – der Parser kann daran eine File-ID erkennen.

Dieses Prinzip soll auch in Embedded BASIC verwendet werden. So kann man etwa bei der PRINT-Anweisung die File-ID einer seriellen Schnittstelle, #0 bis #2, angeben, wobei automatisch die erste serielle Schnittstelle (#0) als Standard-Device angenommen werden würde. Eine serielle Schnittstelle muss immer vorhanden sein, weil darüber auch ein Programm-Update erfolgen soll. Analog kann die Device-ID bei allen anderen Dateioperationen angegeben werden:

- OPEN öffnet eine Datei oder temporäre Verbindung
- CLOSE schließt eine Datei oder Verbindung
- PRINT schreibt textuell in eine Datei
- INPUT liest textuell aus einer Datei
- WRITE schreibt binär in eine Datei
- READ liest binär aus einer Datei
- FLUSH löscht alle Datenpuffer.

Konsequenterweise muss man Geräte, die a priori vorhanden sind, nicht erst öffnen bzw. kann sie auch nicht schließen.

Mit OPEN können nur lokale Dateien oder temporäre Verbindungen geöffnet werden. Unter einer temporären Verbindung kann man sich etwa eine TCP-Verbindung zu einem Server vorstellen. Als Dateiname würde man dafür eine URL (*Uniform Resource Locator*) angeben. Für alle Verbindungen, wie auch für die lokalen Dateien, müssen allerdings explizite File-IDs ab #10 aufwärts vergeben werden. Die Vergabe expliziter IDs für Dateien und Verbindungen erscheint zunächst etwas unpraktisch. Bei Steuerungsapplikationen, die eventuell eine Log-Datei oder vielleicht noch eine Messwertdatei verwalten sollen und dazu gelegentlich eine Verbindung zu einem Server aufbauen müssen, wirkt sich die explizite Vergabe jedoch kaum nachteilig aus.

Wie werden die Geräte aber nun softwareseitig realisiert? Im Interpreter werden zunächst alle Ausgaben so weit heruntergebrochen, dass schließlich immer nur einzelne Zeichen ausgegeben werden. Das Gleiche gilt für die Eingabe – auch dabei werden immer nur einzelne Zeichen gelesen. Damit ist es prinzipiell ausreichend, dass es zwei Funktionen `StdIn()` und `StdOut()` gibt, über die sämtliche Ein- und Ausgaben abgewickelt werden. Dazu ist noch eine globale Variable `nDevice` erforderlich, mit der das aktuelle Gerät, die Datei oder die Verbindung ausgewählt wird. Diese Variable wird direkt mit der bei der Dateioperation angegebenen File-ID beschrieben. Da wir uns in einer Multitasking-Umgebung befinden, muss die Device-Variable bei einem Task-Wechsel zudem immer mit gesichert werden.

Über diese einfache Schnittstelle kann unser Interpreter nun mit den Treibern der verschiedenen Geräte kommunizieren. Die Treiber sind Teil unseres Betriebssystems und bieten alle die gleiche Schnittstelle.

```
// --- Get char from stdin ---
CHAR StdIn()
{
    switch (nDevice)
```

```
    {
        case LCD: // lcd
            return 0;
        case COM: // com
            return GetCharCOM();
        case RS232: // serial
            return GetCharRS232();
        case RS485: // network
            return GetCharRS485();

        default: // file system
            return GetCharFile(nDevice - FILE0);
    }
}

// --- Send char to stdout ---
VOID StdOut(CHAR chChar)
{
    switch (nDevice)
    {
        case LCD: // lcd
            PutCharLCD(chChar);
            return;
        case COM: // com
            PutCharCOM(chChar);
            return;
        case RS232: // serial
            PutCharRS232(chChar);
            return;
        case RS485: // network
            PutCharRS485(chChar);
            return;

        default: // file system
            PutCharFile(nDevice - FILE0, chChar);
            return;
    }
}
```

Listing 6.36 StdIn() und StdOut() für Gerätezugriffe

Exemplarisch würde also die Anweisung `PRINT #LCD, 1+1, CR, NL` zuerst die Variable `nDevice` auf `#LCD` setzen und dann den Ausdruck `1+1` berechnen. Das Ergebnis wird im ASCII-Code (32h) als Parameter an `StdOut()` übergeben. Die aufgerufene Treiberfunktion `PutCharLCD()` generiert das Bitmuster für »2« und überträgt es in den Bildspeicher. Anschließend wird `StdOut()` noch zweimal aufgerufen – einmal mit `CR` (0Dh) und dann mit `NL` (0Ah). Die Steuerzeichen teilen dem Grafiktreiber nur mit, dass die aktuelle Zeichenposition auf den Anfang der nächsten Zeile gesetzt werden soll.

Dieselbe Anweisung ohne Angabe von `#LCD` würde das ASCII-Zeichen dann an die erste serielle Schnittstelle übergeben, also an das Standard-Device. Die Variable `nDevice` wäre also auf RS232 gesetzt, wenn `StdOut()` aufgerufen wird. Der Zeichencode würde also mit `PutCharRS232()` in den Sendepuffer der seriellen Schnittstelle übertragen.

Dieser Ablauf ist für das Verständnis insofern wichtig, weil alle weiteren Aufrufe, die innerhalb eines Treibers noch erfolgen, immer noch im Kontext des Interpreters laufen. Das heißt, solange ein Treiberaufruf dauert, so lange bleibt der Interpreter blockiert! Deshalb muss ein Treiberaufruf immer vom tatsächlichen Hardwarezugriff, der möglicherweise ja »sehr lange« dauern kann, entkoppelt werden. Das passiert beim LCD-Display etwa durch den Bildspeicher, bei einer seriellen Schnittstelle durch den Sendepuffer und bei einem Dateizugriff über den Schreibpuffer. Der eigentliche Display-Refresh oder das Senden eines Zeichens an die UART erfolgt dann im Kontext eines Betriebssystem-Threads!

Da unser Betriebssystem quasi eine monolithische Architektur aufweist, erfordert jede Änderung eines Treibers gleich ein Update des gesamten Betriebssystems. Für Mikrocontroller-Anwendungen ist das aktuell Stand der Technik. Es wäre schon denkbar, für die Treiber ein eigenes FLASH-Segment zu reservieren, der Aufwand steht jedoch nicht im Verhältnis zum Nutzen.

6.3.3 Protokolle und Messages

In Ergänzung zu den Geräten, Dateien und Verbindungen, die alle *zeichen-orientiert* arbeiten, gibt es auch noch Protokolle. Ein Protokoll zeichnet sich zumeist dadurch aus, dass es *blockorientiert* arbeitet. Es werden also immer zusammenhängende Telegramme (*Frames*) übertragen. Die Frage ist nun, wie man Telegramme softwareseitig abstrahieren kann und warum wir dafür nicht einfach einen weiteren Gerätetreiber schreiben.

Die klassische Abstraktion, die man für ein Telegramm in der Software verwendet, ist ein Puffer. Meist wird der Puffer selbst wieder durch ein Array mit entsprechender Länge dargestellt, in das man alle Zeichen oder Datenbytes eines Telegramms einträgt. Dieses

Array wird dann als Ganzes, also als Datenframe, übertragen. So betrachtet, wäre es natürlich möglich, einen Puffer auch über eines unserer Geräte, z. B. die RS485, zu versenden. Der Nachteil dieser Variante wäre jedoch der, dass die Aufgabe, den Puffer korrekt zu beschreiben, ganz bei der Applikation liegen würde. Mitunter sind Telegramme recht komplex strukturiert, sie enthalten eine Länge, eine Prüfsumme, z. B. ein CRC-Zeichen, und erfordern unter Umständen auch eine spezielle Ausrichtung im *Big-* oder *Little-Endian-Format*. Eleganter wäre es deshalb, wenn man einfach das Protokoll sowie die Nutzdaten angibt, den Aufbau der Telegramme aber in eine Protokollschicht im Betriebssystem auslagern könnte.

Mit diesem Ziel unterstützt Embedded BASIC zwei generische Anweisungen, die Telegramme verschiedener Protokolle senden bzw. empfangen können. Das sind zum Senden die SEND- und zum Empfangen die RECV-Anweisung. Die Nutzdaten werden dabei jeweils in Form einer Variablenliste übergeben, die von der SEND-Anweisung in einen Sendepuffer übertragen bzw. von der RECV-Anweisung aus einem Empfangspuffer ausgelesen werden. Die beiden Anweisungen nutzen dabei die Eigenschaft des Interpreters aus, dass er alle Informationen über sämtliche Variablen zur Verfügung hat – insbesondere die Länge und den deklarierten Typ.

Betrachten wir dazu beispielhaft, wie eine Modbus-Abfrage für das Register 100 des Busteilnehmers mit der Nummer 2 in unserem Skript aussehen würde.

```
byte func = 3
word count = 1
word regnum = 100

send #MODBUS,2,func,regnum,count
```

Die SEND-Anweisung bekommt zunächst das Protokoll und die Nummer des Busteilnehmers in den ersten beiden Parametern übergeben. Die nachfolgenden drei Parameter werden als Variablen übergeben und bezeichnen den Funktionscode (3), die Registernummer (100) sowie die Anzahl der zu lesenden Register (1). Bei diesen Parametern sind keine Konstanten zulässig, stattdessen werden die Variablen exakt mit ihrem deklarierten Typ in den Sendepuffer übernommen. Modbus-Telegramme werden im Big-Endian-Format übertragen. Da das Protokoll aber bereits feststeht, können auch die WORD-Variablen korrekt (*MSB first*) formatiert werden. Die Konstruktion des Datenframes, das Anfügen der CRC-Prüfsumme sowie das eigentliche Senden übernimmt die Protokollschicht im Betriebssystem.

Das allgemeine Format der SEND-Anweisung lautet:

```
SEND [#<Protokoll-ID>,] <Kennung>, <Variablenliste>
```

Die Angabe einer <Protokoll-ID> ist optional; sollte kein Protokoll angegeben werden, wird Modbus-RTU angenommen. Das Modbus-RTU-Protokoll ist sozusagen der kleinste gemeinsame Nenner in der Steuerungstechnik. Praktisch unterstützen es alle SPS, und auch viele Sensoren oder Zusatzmodule verwenden dieses Protokoll. Wie bei der File-ID bei den Dateioperationen wird auch hier die Protokoll-ID mit einem Doppelkreuz (#) eingeleitet.

Eine besondere Bedeutung kommt dem Parameter <Kennung> zu. Dabei handelt es sich um einen Integer-Wert, dessen Wertebereich vom verwendeten Protokoll abhängt. Beim Modbus-Protokoll bezeichnet der Parameter <Kennung> die Adresse des angesprochenen Busteilnehmers und hat damit einen Wertebereich von 1 bis 254. Bei einem CAN-basierten Protokoll, wie etwa dem J1939, entspricht die Kennung der Message-ID und ist folglich 29 Bit breit. Im Grunde dient die Kennung also der Adressierung.

Die nachfolgende Liste von Variablen wird typrichtig und entsprechend der erforderlichen Ausrichtung in den Sendepuffer übernommen – bei Modbus ist das das Big-Endian-Format, während es etwa bei J1939 das Little-Endian-Format ist.

In der Regel wird die SEND-Anweisung immer innerhalb einer Funktion oder einer Methode verwendet. Die Funktion wird damit deutlich einfacher und lesbarer, weil man kaum Details des Protokolls berücksichtigen muss.

Wie funktioniert nun aber der Empfang einer Nachricht? Den Empfang übernimmt die RECV-Anweisung, die im Prinzip eine Umkehrung der SEND-Anweisung darstellt. Die allgemeine Form der RECV-Anweisung sieht folgendermaßen aus:

```
RECV [#<Protokoll-ID>,] <Variablenliste>
```

Im Gegensatz zu SEND gibt es bei RECV aber nun keine Kennung mehr, sondern nur noch das Protokoll und die Liste der Empfangsvariablen. Die Variablen werden wieder typrichtig und entsprechend ihrer Länge (z. B. bei einem Array) aus einem Empfangspuffer ausgelesen. Die Frage ist aber, woher man weiß, dass ein Telegramm für das spezielle Protokoll empfangen wurde.

Hier kommt die spezielle Property-Variable `msg0` hinzu, die die Kennung eines empfangenen Modbus-Telegramms enthält. Wurde beispielsweise die Anfrage aus dem Beispiel oben beantwortet, enthält die Property-Variable `msg0` die Kennung des Absenders – die Teilnehmernummer. Die komplette Anfrage mit dem Empfang der Antwort würde dann im Skriptprogramm etwa so aussehen:

```
byte func   = 3
byte size   = 0
word count  = 1
```

```
        word value  = 0
        word regnum = 100

        // send request
        send #MODBUS,2,func,regnum,count

        // await response
        wait msg0 == 2,0.5,skip

        // receive response
        recv #MODBUS,func,size,value
skip:
```


Beim Modbus-Protokoll handelt es sich immer um eine Abfolge aus Request- und Response-Telegrammen. In dem Fall wird man gegebenenfalls auf eine Antwort mit der WAIT-Anweisung warten. WAIT prüft für eine einstellbare Zeit, ob eine Bedingung erfüllt ist, und setzt die Ausführung dann unmittelbar fort. Höher priorisierte Tasks können während der Wartezeit natürlich ausgeführt werden.

Wenn allerdings nicht abzusehen ist, wann eine Nachricht empfangen wird, kann man nicht darauf warten. In dem Fall muss man die MSG-Variable zyklisch abfragen und eine entsprechende Verarbeitung der Telegramme vornehmen.

Datenkonsistenz beim Empfangen

Mit der RECV-Anweisung werden die Telegramme immer konsistent aus dem Empfangspuffer ausgelesen, d. h., alle Variablen im Skript werden von RECV atomar beschrieben.

Die Anweisungen SEND und RECV haben eine weitere wichtige Eigenschaft. Sie können selbst nicht durch einen Task-Wechsel unterbrochen werden. Wenn RECV beispielsweise mehrere globale Variablen aus einem Empfangspuffer liest und aktualisiert, erfolgt das immer konsistent. Es kann kein anderer Skript-Task ausgeführt werden, bis nicht alle Variablen ihren neuen Wert haben. Das Gleiche trifft auch auf SEND zu, obwohl der Fall möglicherweise nicht so kritisch ist.

6.4 Emulation am PC

Nachdem wir im bisherigen Verlauf dieses Kapitels einen kompletten Interpreter für Token-Code erstellt haben, könnte der Eindruck entstanden sein, dass die Entwicklung eines solchen Programms einfach ist. Sicher ist es mit einem gewissen Maß an Verständnis nicht übermäßig kompliziert, dennoch kann man sagen, dass es manche Details in sich haben. Bis also ein erstes Skriptprogramm richtig ausgeführt wird, muss man einige Fehler finden und beheben. Wie kann man sich dabei die Arbeit etwas vereinfachen?

Bereits 1975 nutzten Bill Gates und Paul Allen für die Entwicklung ihres Altair-BASIC einen INTEL-8080-Emulator, der damals auf einem PDP-10 lief. Angeblich hatten sie zu der Zeit schlicht noch keinen eigenen Altair-Computer. Was spräche jedoch dagegen, den Interpreter auch heute noch parallel auf einem PC zu entwickeln statt nur auf dem STM32F4?

Natürlich wollen wir nicht versuchen, einen Emulator für den STM32F4 zu entwickeln, aber das ist auch gar nicht erforderlich. Der Interpreter ist in C geschrieben, und es sollte doch möglich sein, denselben Code auch auf einem PC auszuführen. Ganz so einfach ist es leider nicht, es lohnt sich aber, diesen Weg dennoch zu gehen.

Die Entwicklung einer Applikation für den STM32F4 mittels Eclipse-IDE, konkret der CubeIDE, ist sehr komfortabel. Man kann den C-Code schrittweise ausführen und den Speicherinhalt sowie sogar die Register des STM32 anzeigen. Wenn man bedenkt, dass es sich dabei um Remote-Debugging über USB handelt, kann man nur beeindruckt sein. Solange man also eine *monolithische* Applikation erstellt, diese auf den Chip lädt und anschließend debuggt, so lange ist die Eclipse-IDE perfekt. Schwierig wird die Entwicklung allerdings dann, wenn man den Bootloader mit dem Betriebssystem gemeinsam verwenden und anschließend auch noch unser Skript nachladen möchte. Dann funktioniert das Debuggen des C-Codes aktuell nicht mehr, und man muss sich auf Trace-Ausgaben verlassen, liebevoll auch als »Leuchtspur-Debugging« bezeichnet.

Den hardwarenahen Teil, also alles, was mit Timern, PWM-Signalen, der SPI oder dem EEPROM zu tun hat, können wir nicht auf dem PC emulieren. Dafür bietet sich aber die Eclipse-IDE an, und dafür ist sie perfekt. Wenn wir jedoch den gesamten algorithmischen Teil, quasi die Skript-Runtime, auf dem PC mit Visual Studio entwickeln könnten, wäre das wirklich eine Erleichterung. Genau mit dem Ziel wollen wir einen Emulator für Embedded BASIC entwickeln. Die Emulation des C-Codes auf dem PC bringt neben den besseren Debug-Möglichkeiten aber noch weitere Vorteile, die man gar nicht auf den ersten Blick sieht.

Ganz vorn zu nennen ist dabei sicher die bessere Qualität des Quellcodes. Letztlich wird das Programm ja von zwei verschiedenen Compilern, zwei IDEs und damit verbunden auch von zwei unterschiedlichen Code-Analyzern übersetzt. Wesentliches Element ist dabei ein identischer Quellcode, weil sich nur dann ein Vorteil ergibt. Es kann sicher an manchen Stellen nötig sein, durch bedingte Übersetzung plattformspezifische Anpassungen vorzunehmen, die wesentlichen Teile müssen aber identisch bleiben.

Um einen gemeinsam genutzten Quelltext auf zwei Plattformen überhaupt zu ermöglichen, muss es Schnittstellen im Quelltext geben, die man für die Emulation auftrennen kann. Nehmen wir dazu das Beispiel der Property-Variablen für die Port-Zugriffe. Wir müssen nur die beiden Funktionsaufrufe `PortIn()` und `PortOut()` auf dem PC leer implementieren, und die Hardware ist abgetrennt. Insgesamt sind das zwar einige Funktionen mehr, wie z. B. auch `StdIn()` und `StdOut()`, aber es gibt immer Schnittstellenfunktionen. Um bei den Schnittstellen zu bleiben, können wir während der Emulation darüber auch gezielt Grenzwerte oder Fehlerzustände simulieren.

Sofern es irgendwann im Betrieb zu einem Fehler kommt, den man nicht gleich zuordnen kann, wird der Fehler zuerst im Emulator reproduziert. Man reduziert damit die Menge der Fehlerquellen und schränkt die Suche schneller ein. Findet man den Fehler, baut man einen gezielten Test dafür. Der Emulator bleibt insofern also ein ständiger Begleiter und muss auch immer mitgepflegt werden – sein Wert steigt damit aber sogar mit der Zeit.

Schließlich kann der Emulator sogar bei der Anwendungsentwicklung nützlich sein, indem er etwa auch ein LCD-Display emuliert.

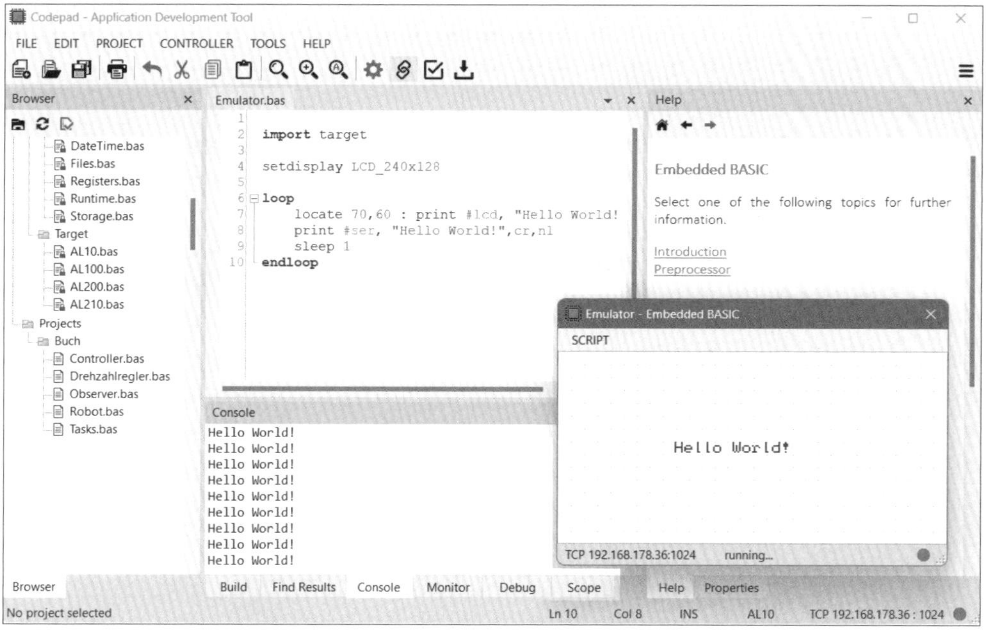

Abbildung 6.9 Emulator für Embedded BASIC

Damit sind dann vielfältigste Tests möglich, ohne dass man überhaupt eine Hardware besitzen muss.

6.4.1 Interpreter als C-DLL

Unser Emulator soll eine Windows-Forms-Anwendung sein, braucht also mindestens ein Fenster. Das Fenster soll auch gleich das emulierte LCD-Display zeigen und natürlich eine Möglichkeit bieten, ein kompiliertes Embedded-BASIC-Programm zu laden. Am besten soll es dazu auch noch einen TCP-Server beinhalten, der die Aufgabe unseres Bootloaders übernimmt, sodass man eine neue Applikation direkt aus der Codepad-IDE heraus laden kann. Das sind jetzt allerdings schon einige Anforderungen, über die man erst einmal nachdenken muss. Bisher haben wir gerade einen C-Quelltext für den Interpreter – wie können wir denn daraus eine vollständige Windows-Forms-Anwendung generieren?

Wir zerlegen die Aufgabe dazu am besten in zwei Teile – einen Teil, der die Windows-Applikation betrifft, und einen Teil, der den C-Quelltext unseres Interpreters aufrufbar macht:

- Für die Windows-Applikation mit den Wünschen nach einem TCP-Server und einer LCD-Emulation erstellen wir eine C#-Applikation, und
- den C-Quelltext unseres Interpreters kapseln wir in einer C-DLL, die wir dann in der Windows-Applikation einbinden.

Damit können wir die Vorteile beider Welten optimal nutzen, denn es wäre heute kaum noch vorstellbar, in C eine Windows-Applikation zu erstellen. Wir werden später noch weitere Vorteile sehen, die sich aus der Kombination von C# mit unserer C-DLL ergeben. Hier aber zunächst eine Darstellung der beiden Komponenten mit ihren Schnittstellen.

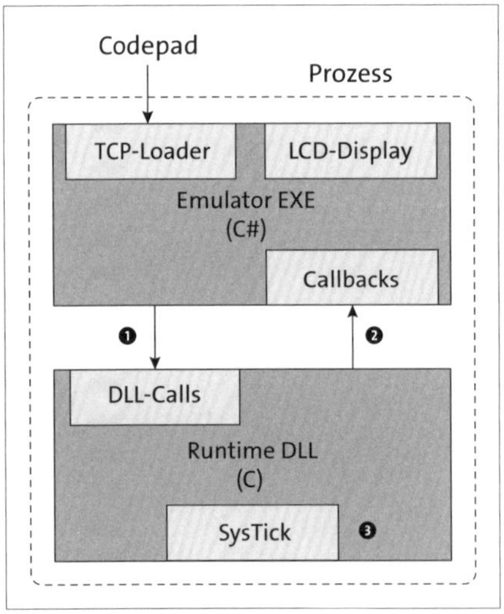

Abbildung 6.10 Softwarearchitektur des Emulators

Beginnen wir in der Abbildung zunächst ganz oben. Für die Implementierung eines TCP-Servers in C# findet man sehr viele Beispiele im Internet. Das .NET Framework bietet dafür bereits die Klasse `TcpListener` an, auf deren Grundlage man leicht einen TCP-Server erstellen kann. Basierend auf einem TCP-Server kann man dann den in Abbildung 6.10 dargestellten TCP-Loader erstellen. Der komplette Quelltext befindet sich in der Softwaresammlung zu diesem Buch. Letztlich ermöglicht es diese Klasse, dass man eine Intel-Hex-Datei via TCP-Protokoll auf den Emulator überträgt. Damit kann man das Codepad-Entwicklungstool auch zusammen mit dem Emulator verwenden.

Auch das virtuelle LCD-Display ist eine einfache C#-Klasse, die von der .NET-Klasse `Control` abgeleitet wurde. Die Klasse `LcdDisplay` stellt lediglich ein Array von Bildpunkten grafisch dar. Die Bildpunkte kommen über einen Callback, den wir uns gleich noch näher anschauen werden, aus der Runtime-DLL. Es wäre hier leicht möglich, ein anderes Display zu emulieren, auch Farben wären sehr einfach realisierbar. Zum jetzigen Zeitpunkt soll die Klasse aber nur das Display emulieren, das wir auch an unser Breakout-Board anschließen können.

Die wichtigste und bestimmt auch interessanteste Klasse im Emulator ist sicher die `Runtime`-Klasse. Hierbei handelt es sich um einen Wrapper, dessen Funktion und Aufbau wir uns noch genauer anschauen wollen. Die Klasse bildet die gesamte Funktionalität der Runtime-DLL, also des Interpreters, in C# ab.

Aufrufen von DLL-Funktionen (1)

Beginnen wir zunächst mit den Funktionsaufrufen, die die DLL exportiert. Die DLL ist in C geschrieben, die Funktionen sollen aber von einer Wrapper-Klasse aufgerufen werden, die in C# erstellt wird. Das geht erstaunlich einfach, wenn man die nachfolgenden Deklarationen nutzt.

```
// runtime wrapper class
public partial class Runtime
{
    // C# imported DLL functions
    [DllImport("Runtime.dll", CallingConvention = CallingConvention.Cdecl)]
    private static extern Int32 InitRuntime(IntPtr device_handler);

    [DllImport("Runtime.dll", CallingConvention = CallingConvention.Cdecl)]
    private static extern Int32 LoadApplication(Byte[] code, Int32 size);

    [DllImport("Runtime.dll", CallingConvention = CallingConvention.Cdecl)]
    private static extern Int32 StartApplication();
```

```
    [DllImport("Runtime.dll", CallingConvention = CallingConvention.Cdecl)]
    private static extern Int32 ResetApplication();

    [DllImport("Runtime.dll", CallingConvention = CallingConvention.Cdecl)]
    private static extern Int32 TerminateRuntime();

}

// C exported DLL functions
DLL_EXPORT INT InitRuntime(DEVICE_HANDLER pfHandler);
DLL_EXPORT INT LoadApplication(BYTE* pCode, INT nSize);
DLL_EXPORT INT StartApplication();
DLL_EXPORT INT ResetApplication();
DLL_EXPORT INT TerminateRuntime();
```

Listing 6.37 Deklarationen in C# für Aufrufe in die C-DLL sowie die zugehörigen Exportdeklarationen in C

In der Runtime-Klasse werden also statische Methoden deklariert, die denselben Namen haben wie die von der DLL exportierten Funktionen. Außerdem werden jeder Deklaration Attribute zugeordnet. Darüber wird dem C#-Compiler mitgeteilt, wie die Funktion in der DLL aufzurufen ist.

Zunächst ist das immer der Name der DLL, *Runtime.dll*. Da die Emulator-EXE und die DLL im selben Verzeichnis liegen sollen, ist hier kein Pfad erforderlich. Für das Debugging des Emulators in Visual Studio muss die DLL nach jedem Build in das Verzeichnis des Emulators kopiert werden (*Post-Build-Event*).

Das zweite Attribut spezifiziert die Aufrufkonventionen. Das ist insbesondere bei DLL-Aufrufen aus unterschiedlichen Sprachen erforderlich. Der Aufrufer kann ja sonst nicht wissen, wie die Parameter auf den Stack gelegt bzw. davon wieder entfernt werden. Welche Konvention man letztlich verwendet, spielt an der Stelle kaum eine Rolle – generell ist `Cdecl` oder alternativ noch `StdCall` eine gute Wahl. Es muss nur in der DLL und im Attribut die gleiche Konvention verwendet werden, und da unsere DLL mit einem C-Compiler übersetzt wird, ist `Cdecl` zunächst Standard.

Darüber hinaus gäbe es noch weitere Attribute, z. B. wenn eine DLL-Funktion einen String erwartet. Da C# immer WideChar-Strings (16 Bit pro Zeichen) verwendet, muss man also definieren, wie ein String konvertiert werden soll. Für eine C-DLL wäre das dann etwa ein Ansi-String. Da unsere DLL aber keine Funktionen exportiert, die einen String erwarten, ist das zunächst nicht relevant.

Wichtig sind schließlich noch die Parameter bzw. der jeweilige Return-Typ einer DLL-Funktion. C# unterstützt wesentlich komplexere Aufrufparameter als C, dafür aber beispielsweise keine Pointer! Immer dann, wenn in C ein Pointer als Parameter erwartet wird – ganz gleich welcher konkrete Pointer-Typ –, muss man in C# den Typ `IntPtr` verwenden. Dieser Typ entspricht in C einem Void-Pointer, also einem generischen oder »ungetypten« Pointer. Allerdings unterstützt die *PInvoke-Interop-Schicht*, die für die Konvertierung der Parameter in C# zuständig ist, auch spezielle Fälle. So wird etwa ein BYTE-Array in C# zu einem Pointer auf Byte konvertiert, wie bei der Funktion `LoadApplication()` zu sehen ist.

Callback-Aufrufe aus der DLL (2)

Etwas komplizierter sind dagegen die Callbacks, die aus der C-DLL heraus im Emulator aufgerufen werden. Dazu muss man sich die Unterschiede zwischen C und C# etwas verdeutlichen. In C ist ein Callback ein Funktionszeiger, der die Adresse einer normalen Funktion enthält. Sobald man den Funktionszeiger dereferenziert, wird unmittelbar die Funktion aufgerufen, auf die der Zeiger verweist. Für einen Callback benötigt man also lediglich einen Zeiger.

In C# sieht die Sache dagegen etwas anders aus, weil es dort Methoden gibt. Um eine Methode aufzurufen, benötigt man zwar auch die Adresse der Methode, aber zusätzlich noch die Objektinstanz, für die die Methode aufgerufen werden soll. Damit braucht man im Grunde also zwei Zeiger! Das Sprachelement, mit dem in C# Callbacks ausgeführt werden können, heißt *Delegate*. Delegates sind in der Tat jedoch Klassen (*Sealed Classes*) eines konkreten Methodentyps. Instanzen von Delegates können eine oder auch mehrere Methoden in verschiedenen Objekten referenzieren. Wird eine solche Delegate-Instanz nun aufgerufen, ruft sie alle Methoden auf, die aktuell von ihr referenziert werden.

Damit unsere C-DLL nun einen Callback in C# auslösen kann, benötigt sie folglich einen »C-tauglichen« Einsprungpunkt in die Delegate-Instanz. Genau den kann die *PInvoke-Interop-Schicht* bereitstellen, und wir können ihn als einen einfachen C-Funktionszeiger in die C-DLL hineingeben.

```
// runtime wrapper class
public partial class Runtime
{
    // callback delegate type
    [UnmanagedFunctionPointer(CallingConvention.Cdecl)]
    private delegate int DeviceCallback(int device, string text);
```

```
    // callback delegate instance
    private readonly DeviceCallback DeviceOutputFunc = null;

    // constructor of Runtime class
    public Runtime()
    {
        DeviceOutputFunc = new DeviceCallback(DeviceOutput);
        InitRuntime(Marshal.GetFunctionPointerForDelegate(
                    DeviceOutputFunc));
    }

    // runtime device callback method
    private int DeviceOutput(int device, string text)
    {
        return 0;
    }
}
```

Listing 6.38 Runtime-Klasse mit C#-Callback aus der C-DLL

Schauen wir uns die Klasse `Runtime` beginnend beim Konstruktor an. Mit dem new-Operator wird eine Instanz der Delegate-Klasse `DeviceCallback` erstellt. Dem Konstruktor von `DeviceCallback` wird gleich die Methode mitgegeben, die die Instanz aufrufen soll. Die Methode `DeviceOutput` ist dabei unsere Callback-Funktion. Der Aufruf von `GetFunctionPointerForDelegate` erstellt für die Delegate-Instanz einen einfachen Funktionszeiger, der unmittelbar dem Aufruf `InitRuntime` mitgegeben wird. Damit wird quasi ein Funktionszeiger in die C-DLL übergeben, der dort in der globalen Variablen `pfDeviceCallback`, einem Zeiger auf eine Funktion, gespeichert wird.

```
// callback handler
typedef INT(*DEVICE_HANDLER)(INT nDevice, STRING* pszMessage);

// callback function
DEVICE_HANDLER pfDeviceCallback = NULL;

// set callback function
VOID SetDeviceCallback(DEVICE_HANDLER pHandler)
{
    pfDeviceCallback = pfHandler;
}
```

```
// do the callback into c#
VOID DoDeviceCallback(INT nDevice, STRING* pszMessage)
{
    if (pfDeviceCallback)
        pfDeviceCallback(nDevice, pszMessage);
}
```

Listing 6.39 Aufruf des Callback-Handlers in der Runtime-DLL

Beim Dereferenzieren des Funktionszeigers `pfDeviceCallback` innerhalb der C-DLL wird dann unsere Funktion `DeviceOutput` im managed Code von C# aufgerufen. Die beiden Parameter `nDevice` und `pszMessage` werden zuvor passend konvertiert – insbesondere der Message-String wird von einem Zeiger auf einen ANSI-String in einen C#-WideChar-String umgewandelt.

Das ist sicher nicht ganz einfach zu verstehen, aber nach einer Weile ergibt sich ein Bild, und vielleicht ist das dann sogar ein wenig inspirierend. Auf jeden Fall haben wir damit nun eine Schnittstelle in die DLL hinein sowie auch aus der DLL heraus. Beim schrittweisen Ausführen des Emulators können wir mit einem Schritt in die C-DLL hinein debuggen und bei einem Callback auch wieder direkt in den C#-Code zurückkehren. Das erleichtert die Fehlersuche ungemein, es hilft aber auch, ein besseres Verständnis von der Arbeitsweise des Interpreters zu bekommen.

SysTicks in der DLL (3)

Einen Aspekt der Runtime-DLL müssen wir allerdings noch betrachten. Dabei geht es um die Emulation des SysTick-Timers, den wir im STM32 verwendet haben. Wir haben das gesamte Multithreading in unserem Betriebssystem auf diesem speziellen Timer aufgebaut, den in der Tat jeder STM32 besitzt! Der SysTick-Timer kann beispielsweise auf 1 ms eingestellt werden, und schon hat man einen exakten zyklischen Interrupt. Da es in Windows jedoch keinen derartigen Timer gibt, brauchen wir einen Workaround dafür. Man könnte meinen, dass wir einfach `Sleep(1)` aufrufen könnten, aber das funktioniert in der Tat in Windows nicht! Windows ist leider kein Echtzeitbetriebssystem – es hat eben andere Vorzüge.

Wie realisiert man dann aber einen Takt mit einer Periodendauer von 1 ms, wenn man keinen passenden Timer dafür hat? Um es genau zu sagen, Windows hat schon Möglichkeiten, hochauflösende Timer im Millisekundenbereich zu schaffen, aber eigentlich kann unsere Runtime-DLL Windows nicht verwenden. Windows zu verwenden, würde bedeuten, die Header-Datei *<windows.h>* in unsere DLL einzubinden. Leider kollidieren aber zu viele unserer Bezeichner mit Deklarationen in dieser Datei – C unterstützt eben keine Namespaces.

Es gibt einen einfachen, wenn auch nicht gerade effizienten Weg, unseren SysTick-Timer dennoch zu emulieren. Für die Anwendungsfälle, die wir realisieren wollen, wie das Debugging oder später auch Tests, ist diese Lösung jedoch völlig ausreichend. Man startet einen Thread, der kontinuierlich die Millisekunden mittels `clock()` abfragt, und bei jeder Änderung ruft man die Funktion `SysTickHandler()` auf. Diese Funktion entspricht dem Interrupt-Handler im STM32. Damit andere Threads allerdings auch noch Rechenzeit erhalten, muss man in dem Fall kontinuierlich die Windows-Funktion `Sleep(0)` aufrufen. Diese eine Windows-Funktion kann man aus der *Kernel32.dll* importieren.

Diese Lösung funktioniert recht gut. Um es aber noch mal zu betonen: Dieser Millisekunden-»Interrupt« ist nicht zu vergleichen mit dem, was wir auf unserem STM32 haben. Beim Mikrocontroller kann man den Timer mit dem Oszilloskop nachmessen – er stimmt! Bei Windows kann man das Timing bestenfalls statistisch nachprüfen – es kommt etwa hin. Wir bekommen dafür aber andere Vorteile! Die Quellen für diese Lösungsvariante sind komplett in der Softwaresammlung verfügbar. Wenn man den Emulator startet, werden im Task-Manager etwa 11 % CPU-Zeit ausgewiesen (Win11, i7, 16 GB), die unser Emulator dann belegt.

Eine DLL ist jedoch per se keine Klasse, weshalb man sich die richtige Verwendung der `Runtime`-Klasse vor Augen führen muss. Der Emulator darf nur eine Instanz der `Runtime`-Klasse erzeugen, also ein sogenanntes *Singleton-Objekt*. Es ist allerdings möglich, mehrere Emulatoren zu starten, wobei dann jeder Emulator eine Instanz der Runtime-DLL in seinen Prozess lädt.

6.4.2 Unit-Tests für den Interpreter

Im letzten Abschnitt haben wir den Quelltext unseres Interpreters in einer C-DLL verpackt, die wir nun in beliebige C#-Applikationen einbinden können. Bisher war das nur unser Emulator, mit dem wir Embedded-BASIC-Programme auf einem PC ausführen und debuggen können. Man kann sich damit aber noch coolere Applikationen vorstellen. Wie wäre es etwa damit, den Emulator zu einem virtuellen Roboter zu erweitern, der, gesteuert von einem Embedded-BASIC-Skript, auf dem Bildschirm herumfährt? Alternativ kann man den Roboter auch auf einer virtuellen Hindernisstrecke testen. Die Hindernisse zeichnet man während der Fahrt per Maus ein oder verschiebt sie und testet dabei live, ob das Steuerprogramm des Roboters mit dynamischen Umgebungen klarkommt.

Der ursprüngliche Ansatz für die Entwicklung der C-DLL bestand jedoch darin, die besseren Debug-Möglichkeiten auf dem PC zu nutzen. In diesem Sinn ergibt sich nun eine weitere Möglichkeit, Fehler frühzeitig zu erkennen – gemeint sind Unit-Tests. Unit-Tests sind im Grunde Modultests, also Tests bestimmter Elemente eines Programms. Das können einzelne Funktionen sein, aber auch Funktionalitäten, die aus mehreren Funktionen bestehen. Der wesentliche Vorteil der Unit-Tests ist ihre unmittelbare Einbindung in den Softwareentwicklungsprozess. Ein wenig ist es wie beim Klettern – nach jedem Vorstieg setzt man zunächst einen Anker, der bei einem potenziellen Fehltritt als Sicherheit dient und einen Absturz verhindert. Zum Glück ist das Leben eines Programmierers nicht ganz so gefährlich, aber das Risiko, mit einer neuerlichen Änderung bereits bestehende und getestete Funktionen versehentlich wieder zu beschädigen, steigt mit zunehmender Komplexität. Gerade Unit-Tests bieten in solchen Fällen einen gewissen Schutz und zeigen fehlerhaftes Verhalten frühzeitig an.

Deshalb ist es sinnvoll, parallel zu unserem Interpreter diverse Tests zu entwickeln und diese regelmäßig auszuführen. Natürlich könnte man das auch mit einer umfangreichen Skriptapplikation testen, aber Visual Studio bietet bereits ein sehr komfortables Framework für Unit-Tests an. Mit dessen Hilfe wollen wir jetzt Tests erstellen, und zwar unter direkter Verwendung der bereits erstellten Runtime-DLL.

Die erste Idee könnte sein, der Reihe nach alle zu testenden Funktionen aus der DLL herauszuführen und einzeln aufzurufen. Das müssen wir glücklicherweise jedoch nicht tun! Vielmehr haben wir bereits alle Funktionen im Zugriff – wir können ja ein beliebiges Skriptprogramm in die DLL laden und ausführen. Auf diesem Weg können wir nun alles testen, beginnend bei einfachen Tests – etwa: `PRINT 1+1` – bis hin zu Schleifen und Funktionen. An dieser Stelle verwenden wir auch schon die Builder-Klasse, die uns zu einem Skript den Token-Code liefert. Diese Klasse werden wir erst in Kapitel 7 über Übersetzer erstellen und vollumfänglich einsetzen, aber als Blackbox können wir sie jetzt schon nutzen.

Tests werden in Form von Testklassen mit einer beliebigen Zahl von Testmethoden erstellt. Das Visual Studio Framework erkennt anhand der Attribute `[TestClass]` sowie `[TestMethod]`, welche Tests auszuführen sind. Wir erstellen solche Testmethoden nun immer nach dem gleichen Prinzip – zunächst wird ein Skriptschnipsel vom Builder kompiliert, und der erstellte Token-Code wird anschließend in die Runtime-DLL geladen. Die Ausführung dauert in der Regel nur wenige Millisekunden – also warten wir ca. 100 ms und prüfen dann, ob die Ausgabe der Erwartung entspricht.

Test sollten immer kurz und prägnant sein, genau einen Test-Case prüfen und nicht aufeinander aufbauen. Betrachten wir dazu die erste Testmethode `Test_Add` im nachfolgenden Listing. Hier wird der zugegeben sehr simple Fall einer Addition von zwei ganzzahligen Konstanten geprüft. Was aber so simpel daherkommt, testet in der Tat zahlreiche Funktionen sowohl im Builder als auch im Interpreter. Wir erreichen bereits eine verblüffend hohe Testabdeckung. Dieses Prinzip lässt sich sehr flexibel ausbauen. Die zweite Testmethode, `Test_While`, prüft beispielsweise schon eine einfache WHILE-Schleife. Das sind nur zwei exemplarische Methoden, derartige Tests leben von ihrer Anzahl – viele einfache Tests, die immer einen leicht veränderten Fokus haben.

```
[TestClass]
public class RuntimeTests
{
    // runtime instance
    private readonly Runtime Runtime = new Runtime();

    // builder instance
    private readonly Builder Builder = new Builder();

    // test addition
    [TestMethod]
    public void Test_Add()
    {
        Bytecode tokens = Builder.Build("print 1+1");

        Runtime.Load(tokens);
        Runtime.Run();

        Thread.Sleep(100);
        Assert.IsTrue(runtime.Output == "2");
    }

    // test while loop
    [TestMethod]
    public void Test_While()
    {
        Bytecode tokens = Builder.Build("int i=0       \n" +
                                        "while i<5     \n" +
                                        "  print i     \n" +
                                        "  inc i       \n" +
                                        "endwhile");
        Runtime.Load(tokens);
```

```
        Runtime.Run();
        Thread.Sleep(100);
        Assert.IsTrue(Runtime.Output == "01234");
    }
}
```

Listing 6.40 Testklasse mit zwei Testmethoden

Wenn man nun im Laufe der Entwicklung versehentlich einmal einen Fehler einbaut, kommt es hoffentlich bei einem oder mehreren Tests zu einer Auswirkung. Aus dem sich dann ergebenden Fehlerbild kann man schnell auf die Fehlerstelle schließen. Dazu kommt, dass die Tests ja zeitnah ausgeführt werden und man so noch einen Bezug zu den letzten Änderungen hat.

Einen sehr guten Überblick gibt einem der *Test Explorer*. Damit können Sie Tests in Gruppen organisieren, einzelne Tests gezielt ausführen und gegebenenfalls auch gleich debuggen.

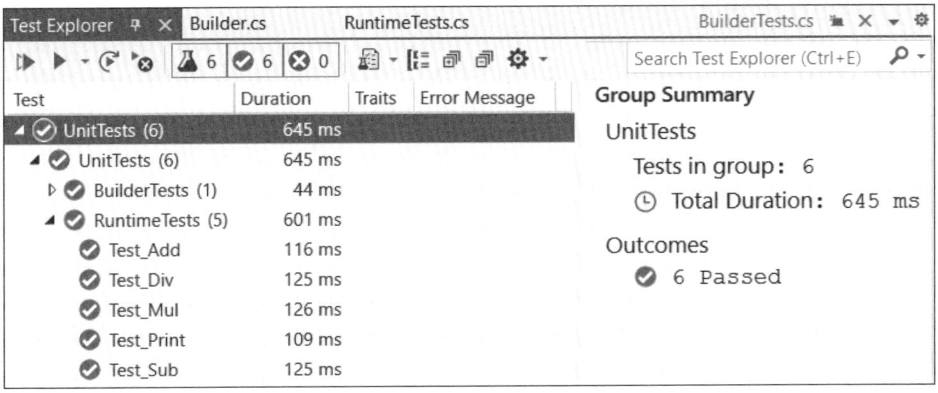

Abbildung 6.11 Test Explorer mit den Testergebnissen

Liefert nun ein Test nicht das gewünschte Ergebnis, kann man den Test im Debug-Modus ausführen. Weil wir sowohl in den Builder als auch in die Runtime-DLL direkt hineinspringen können, kommt man definitiv an der Fehlerursache vorbei. Wenn man den Fehler nicht beim ersten Versuch erkennt, kann man den Test immer und immer wieder debuggen. Auch deshalb sollten es immer nur kurze Tests sein. Diese *Granularität* bei der Fehlersuche macht Unit-Tests besonders wertvoll. Tritt der Fehler erst in einer größeren Skriptapplikation auf, kostet allein das Eingrenzen schon sehr viel Zeit, und meist muss man die Applikation dazu erst instrumentieren und wiederholt starten.

Mit der Portierung der Quellen unseres Interpreters in Form einer C-DLL haben wir viele Möglichkeiten dazugewonnen, die vielleicht zu Beginn gar nicht so offensichtlich waren. Der zusätzliche Aufwand ist schon deshalb gerechtfertigt, weil man so das C#-Testframework von Visual Studio nutzen kann. Allerdings können wir auf diesem Weg nur den Interpreter an sich testen. Alles, was hardwarespezifisch ist, kann damit leider nicht getestet werden.

Kapitel 7
Übersetzer

Die Entwicklung eines Compilers ist wie das Aufschütten von Sand – wenn man hoch hinaus will, geht das nur mit einer breiten Basis.

Wie bereits bei der Konzeption von Embedded BASIC besprochen, soll der Quelltext vor einer Übertragung auf den Mikrocontroller geprüft werden. Es ist in der Tat viel angenehmer und einfacher, einen Interpreter zu erstellen, wenn man davon ausgehen kann, dass das Programm, das er ausführen soll, fehlerfrei ist. Um das zu erreichen, müssen wir uns etwas mit dem Thema Compilerbau befassen. Sie werden sehen, dass das zwar ein komplexes Thema ist, man aber durchaus sehr gute Ergebnisse mit vergleichsweise geringem Aufwand erreichen kann. Der Aufwand für einen Compiler wächst dann stark an, wenn man im Vorfeld Optimierungen durchführen will. Es gibt auch einige Sprachfeatures, die durchaus kompliziert zu übersetzen sind. Dazu zählen beispielsweise die booleschen Ausdrücke. Wir werden dafür eine Variante wählen, die wenig Schwierigkeiten bereitet. Auch sonst werden wir immer den einfachsten Weg wählen. Wer nach dem kleinen Ausflug in die Thematik mehr wissen möchte, dem seien die beiden Bücher »Grundlagen und Techniken des Compilerbaus« von Niklaus Wirth (siehe Quelle 19 im Literaturverzeichnis) sowie »Compilerbau« von Uwe Meyer (Quelle 21) empfohlen.

7.1 Lexikalische Analyse

Die Sprachwissenschaft, die Linguistik, befasst sich mit den Grundlagen menschlicher Sprache. Im Vergleich dazu sind alle Computersprachen sehr einfach. Auch wenn es schon früh Versuche gab, natürlich »klingende« Programmiersprachen zu entwickeln – was sich im Wesentlichen auf die Wahl der Schlüsselwörter beschränkte –, sind in der Hinsicht bis heute kaum nennenswerte Fortschritte zu erkennen. Dennoch sind sich die Informatik und die Linguistik im Bereich der Programmiersprachen von jeher sehr nahe. Man findet im Kontext der praktischen Informatik zahlreiche Begriffe wie Lexeme, lexikalische Analyse, Syntax und Grammatik, die aus der Linguistik übernommen wurden. Teilweise kamen wichtige Beiträge zur Informatik von Linguisten, wie beispielsweise die Hierarchie der Grammatiken von Noam Chomsky.

In diesem Abschnitt stehen die Grundbestandteile einer Programmiersprache, die Lexeme, Tokens und Literale, im Vordergrund. Technisch gesehen, ist das die Schicht, die direkt mit dem Quelltext operiert. Alle weiteren Schichten sind davon dann gänzlich losgelöst und operieren nur auf Datenstrukturen. Oft wird lexikalische Analyse auch mit String-Verarbeitung gleichgesetzt, was nicht ganz richtig ist. Letztlich benutzen wir hier natürlich Strings als Datentyp für Zeichenketten, abstrahieren aber sehr schnell von Zeichenfolgen auf numerische Darstellungen. Man kann sogar sagen, dass wir String-Verarbeitung eher meiden. Umgekehrt haben die nachfolgenden Konzepte auch bei Algorithmen wie beispielsweise Suchfunktionen in Zeichenketten und darüber hinaus sogar bei der Übertragung von Datenprotokollen ihre Bedeutung.

7.1.1 Endliche Automaten

Jeder Programmierer wird früher oder später mit *Zustandsautomaten* zu tun haben, und je früher, desto besser. In der Tat spielen *Automaten* schon seit Beginn der Informatik eine wichtige Rolle, und nicht nur dort. Mittels Automaten lassen sich sogar elektronische Schaltungen modellieren, sogenannte Schaltwerke (*Sequencial Circuits*).

Bevor es die ersten Mikrocontroller gab, baute man bereits mit einem Speicher und einigen D-Flip-Flops programmierbare Steuerungen. Im Speicher wurde eine Tabelle abgelegt, und mit jedem Takt an den D-Flip-Flops wurde der nächste Zustand in Form einer neuen Speicheradresse eingestellt. Das Datenwort des Speichers bildete den aktuellen Zustand sowie die benötigten Ausgangssignale, und die D-Flip-Flops bildeten dann aus dem aktuellen Zustand und den Eingangssignalen eine neue Adresse im Speicher, den Folgezustand. Das Ergebnis war in dem Fall ein generischer *Moore-Automat*, mit dem man beispielsweise eine Ampel steuern konnte oder vielleicht auch einen Fahrstuhl. In jedem Fall war der konkrete Ablauf durch den Speicher programmierbar, und das ganz ohne Prozessor!

Im Grunde ist ein endlicher Zustandsautomat (*Finite State Machine*) also ein zeitdiskretes Modell einer Maschine. Was kann uns aber ein solches Modell bei der lexikalischen Analyse des Quelltexts helfen? Das Programm, das die lexikalische Analyse durchführen soll, hat den Namen *Scanner* und soll nach folgendem Prinzip arbeiten. Auf einem gedachten Band stehen die einzelnen Zeichen des Quelltexts. Das Band wird Zeichen für Zeichen am Lesekopf des Scanners vorbeigezogen, und wenn er dabei ein Literal, einen Bezeichner oder einen Operator erkannt hat – also immer wenn er ein Element der Sprache komplett gelesen hat –, wird das Band angehalten. Die Ausgabe des Scanners ist dann ein numerischer Wert, der das erkannte Element (*Token*) klassifiziert. Zusätzlich sollen weitere Eigenschaften des Tokens, die der Scanner beim Lesen gesammelt hat, abrufbar sein. Bei einem gefundenen Bezeichner wäre das der Name des Bezeichners, bei einem numerischen Wert wäre es der Zahlenwert, bei einem String der Text etc.

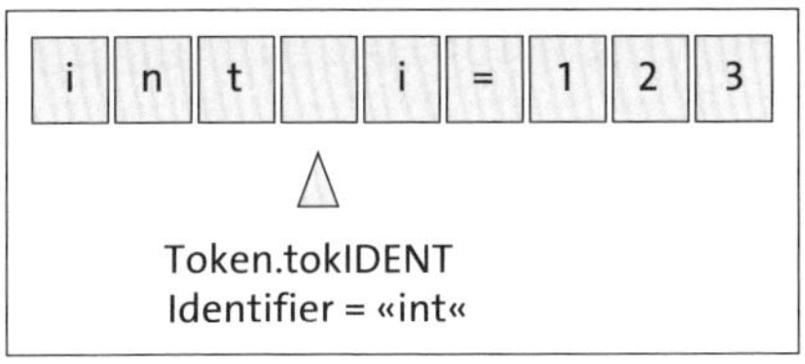

Abbildung 7.1 Modell des Scanners

So gesehen ist der Scanner eine Art Erkennungsmaschine, die gestartet wird, einige Zeichen auf dem Band liest und dann mit einem Ergebnis wieder anhält. Dieser Vorgang wird so lange wiederholt, bis alle Tokens vom Band gelesen wurden. Es muss immer ein Token geben, und falls der Scanner das Ende des Eingabebands erreicht, stoppt er mit einem *End-Of-Text*-Token.

Damit haben wir zunächst ein Modell dazu, wie der Scanner arbeiten wird. Wir benötigen aber noch ein Modell für die Erkennung der einzelnen *Token-Klassen*. An der Stelle kommen nun die endlichen Automaten ins Spiel. Vom Lesekopf werden nacheinander einzelne Zeichen gelesen. Wir definieren einen Zustandsautomaten, der mit jedem dieser Zeichen seinen Zustand so lange ändert, bis er in einen Endzustand *E* gelangt, der dann für eine erkannte Token-Klasse steht.

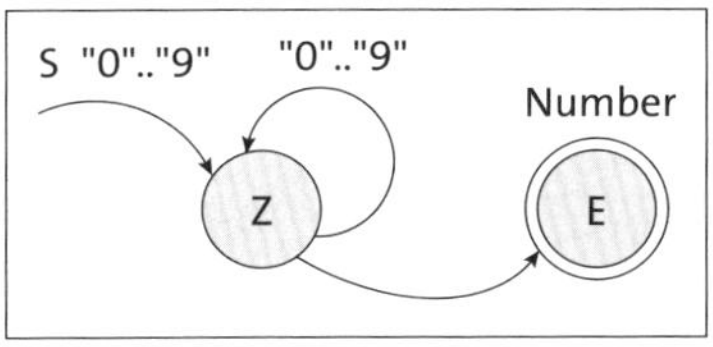

Abbildung 7.2 Zustandsautomat für Zahlen

Ausgehend von einem Startzustand *S* wechselt der Automat in den Zustand *Z*, sobald eine Ziffer erkannt wird. Solange weitere Ziffern folgen, bleibt der Zustand *Z* bestehen. Wird jedoch ein anderes Zeichen eingelesen, wechselt der Automat nach *E* und hält an.

Nach diesem Prinzip definieren wir nun für jede Token-Klasse einen weiteren Automaten – einen für Bezeichner, einen für Strings etc. Bildlich gesprochen, werden dann alle Automaten über den Startzustand miteinander verbunden – es ergibt sich quasi ein großer Automat mit mehreren Endzuständen. Wichtig ist, dass es jeweils einen eindeutigen Übergang von *S* in den passenden Automaten gibt, anderenfalls wäre es kein *deterministischer endlicher Automat* (DEA).

Neben den Zeichen, die ein Literal der Sprache ergeben, gibt es auch Zeichen, die nur von einem Editor verwendet werden, um eine Formatierung des Textes zu ermöglichen. Dazu gehören beispielsweise der Wagenrücklauf (*Carriage Return* = 0Dh), die Zeilenschaltung (*Line Feed* = 0Ah) und die Tabulatoren (*Tabulator* = 08h). Der Scanner soll diese Zeichen zunächst einfach überlesen. Dazu gibt es auch einen Automaten, der alle Zeichen mit einem ASCII-Code kleiner oder gleich dem Leerzeichen (*Space* = 30h) überliest und endet, wenn ein Zeichen mit einem ASCII-Code größer als 30h erkannt wird.

In der Praxis wird man am Ende des Eingabebands noch ein zusätzliches Leerzeichen vorsehen. Das vereinfacht das Einlesen, weil der Lesekopf nach dem letzten erkannten Token noch auf dem Band anhalten kann. Ohne das zusätzliche Leerzeichen könnte es zu einem Lesefehler beim letzten Token kommen.

7.1.2 Entwicklung des Scanners

Die Token-Klassen, die der Scanner erkennen soll, fassen wir in einer Enumeration zusammen. Für das Stück Quelltext auf dem Eingabeband in Abbildung 7.1 würden wir demnach folgende Enumeration erstellen:

```
// token classes
public enum Token
{
    tokINT, // type int
    tokEQU, // assign
    tokIDENT, // ident
    tokNUMBER, // num
    tokENDOFTEXT, // end
}
```

Listing 7.1 Enumeration für Token-Klassen

In der Praxis enthält diese Enumeration sehr viele Einträge. Die hohe Zahl ergibt sich, weil alle Schlüsselwörter der Sprache, z. B. FUNCTION und ENDFUNCTION unserer Skriptsprache, jeweils einen eigenen Wert bekommen. Es ist nicht ratsam, eine Klasse Keywords zu definieren und darin alle Keywords zusammenzufassen. Das betrifft genauso die Operatoren – jeder Operator bekommt seinen eigenen Eintrag in der Enumeration. Letztlich sind es alles nur Zahlen, und davon gibt es bekanntlich genügend, aber das vereinfacht die nachfolgende Syntaxanalyse ungemein.

An die Stelle des Startzustands unseres Scanners tritt jetzt eine Methode mit dem Namen `GetToken()`. Wird diese Methode aufgerufen, beginnt der Scanner damit, das nächste

Token zu erkennen. Wenn das Token erkannt wurde, kehrt die Methode zurück. Die gefundene Token-Klasse steht dann in einem Member des Scanners mit dem Namen `CurrToken` (*Current Token*).

```
// get next token
public Token GetToken()
{
    try
    {
        SkipBlanks(); // skip whitespaces

        if (IsIdent()) // _, a..z, A..Z
        {
            GetIdent(); // ident state machine
            GetKeyword(); // check for keyword
        }
        else if (IsDigit()) // 0..9
        {
            GetNumber(); // number state machine
        }
        else if (IsChar('=')) // =
        {
            CurrToken = Token.tokEQU; // set assign token
        }
    }
    catch (Exception) // end of text
    {
        CurrToken = Token.tokEOL;
    }

    return CurrToken;
}
```

Listing 7.2 Die Scanner-Methode GetToken()

Schauen wir uns die Methode genauer an. Der erste Schritt ist das Überlesen der sogenannten *Whitespaces* – also aller Zeichen, deren ASCII-Code kleiner oder gleich dem Code eines Leerzeichens ist. Das erfolgt mit der Methode `SkipBlanks()`.

Der Lesekopf steht danach auf dem nächsten gültigen Zeichen. Nehmen wir an, das wäre das »i« von »int«. Die Methode `IsIdent()` prüft nun, ob es sich um den Anfang eines Bezeichners handelt. Bezeichner bestehen aus Buchstaben, Ziffern und dem Unterstrich – beginnen dürfen sie aber nur mit Buchstaben oder dem Unterstrich. Das ist in dem Fall erfüllt, die Methode `GetIdent()` wird aufgerufen und führt den Automaten zur Erkennung von Bezeichnern aus. Die darin aufgerufene Methode `IsIdentifier()` prüft, ob das gelesene Zeichen zu einem Bezeichner passt – also alle Buchstaben, der Unterstrich und nun auch die Ziffern.

```
// get an identifier
private void GetIdent()
{
    CurrToken = Token.tokIDENT;
    CurrIdent = String.Empty;

    while (IsIdentifier())
    {
        CurrIdent += CurrChar;
        GetChar();
    }

    PutChar();
}
```

Listing 7.3 Die Scanner-Methode GetIdent()

Solange die Zeichen zum Bezeichner gehören, werden sie an den Namen des Bezeichners angefügt – das Ergebnis steht in `CurrIdent` (*Current Identifier*).

Jeder Aufruf von `GetChar()` führt immer auch zum Weiterschieben des Eingabebands auf das nächste Zeichen, sogar in dem Fall, da das gelesene Zeichen nicht mehr zum Bezeichner gehört. Um den letzte Schritt dann wieder rückgängig zu machen, wird mit `PutChar()` das Band eine Position zurück-geschoben.

In der Praxis hat es sich sehr bewährt, wiederkehrende Abfragen in sogenannte `Is`-Methoden auszulagern, wie im Beispiel oben bei `IsIdent()` und `IsIdentifier()`. Diese Methoden können und sollen sich auch gegenseitig aufrufen. Letztlich muss natürlich jeder Entwickler seinen persönlichen Stil finden, aber um die zusätzlichen Methodenaufrufe sollte man sich keine Sorgen machen – die sind Sache eines Optimierers. Prinzipiell ist es besser, ein Programm verständlich zu schreiben als vermeintlich gut kompilierbar.

Da Bezeichner ja auch Schlüsselwörter sein können, wird nach jedem erkannten Bezeichner geprüft, ob es sich gegebenenfalls um ein Schlüsselwort handelt. Wenn dem so ist, ändert die Methode `GetKeyword()` lediglich die Token-Klasse auf das erkannte Schlüsselwort.

Betrachten wir nun noch die Methode `GetNumber()`. Alle Erkennungsautomaten führen neben der Token-Klasse auch gleich noch die passende Eigenschaft mit. Beim Einlesen einer Zahl ist das der Zahlenwert. Die Berechnung erfolgt iterativ mit jeder erkannten Ziffer, und das Ergebnis steht schließlich in `CurrInt` (*Current Integer*).

```
// get decimal number
private void GetNumber()
{
    CurrToken = Token.tokNUM;
    CurrInt = 0;

    while (IsDigit())
    {
        CurrInt = CurrInt * 10 + CurrChar - '0';
        GetChar();
    }

    PutChar();
}
```

Listing 7.4 Die Scanner-Methode GetNumber()

Wird schließlich das Ende des Eingabebands erreicht, weil alle Zeichen eingelesen wurden oder weil eventuell ein Fehler im Quelltext vorlag, wird vom Scanner eine Exception ausgelöst. Diese Exception führt zur Ausgabe des End-Of-Text-Tokens.

7.1.3 Zeilen- und Blockkommentare

Jede Programmiersprache unterstützt Kommentare in mindestens einer von zwei Varianten: Es gibt Zeilen- und es gibt als Blockkommentare. Die Erweiterung des Scanners, sodass er in der Lage ist, Kommentare zu erkennen, ist recht einfach. Auch ein Kommentar startet mit einem Zeichen, das als Bedingung verwendet werden kann, um vom Startzustand zum entsprechenden Automaten zu gelangen. Übliche Zeilenkommentare beginnen mit zwei Schrägstrichen // (C-Variante). Bei dieser Variante muss zunächst das Folgezeichen geprüft werden, da nur ein Schrägstrich das Divisionszeichen wäre. Im Fall des Kommentarbeginns werden dann alle nachfolgenden Zeichen bis zum LF (*Line Feed*) überlesen. Wenn der Automat für Kommentare endet, wird einfach die Methode `GetToken()` nochmals, d. h. *rekursiv*, aufgerufen.

Blockkommentare wie beispielsweise /*..*/ funktionieren identisch, solange es keine Schachtelung gibt. Für den Fall, dass eine Sprache geschachtelte Blockkommentare unterstützt, wird nach dem Beginn kein Automat gestartet, sondern es wird Token für Token überlesen. Das Endezeichen des Blockkommentars, */, stellt quasi ein internes Token dar, das das Überlesen beendet. So entsteht automatisch eine Schachtelung, weil jeder neue Blockanfang zu einer neuen Rekursion führt. Genau genommen sind geschachtelte Kommentare nicht mehr mit einem endlichen Automaten erkennbar, da eine unbekannte Anzahl von Zuständen erforderlich wäre. Die Lösung mittels Rekursion oder alternativ mit einem Zähler erweitert den endlichen Automaten zu einem *Kellerautomaten*.

Inzwischen unterstützen viele Editoren jedoch das Auskommentieren von mehreren Zeilen durch Einfügen von Zeilenkommentaren. Die Bedeutung von Blockkommentaren hat damit stark abgenommen. Umgekehrt hat sich damit aber auch der doppelte Schrägstrich // als Kommentar fest etabliert.

7.1.4 Semikolon und Line Continuation

In allen C-Sprachen wie auch in Java wird das Semikolon als Ende-Kennung für eine Anweisung verwendet. Natürlich muss es für das Semikolon deshalb auch ein Token geben, und die Syntaxprüfung wird explizit danach schauen.

Dagegen stellen die Semikolons in Pascal-ähnlichen Sprachen keine Endekennung dar – dort sind sie sogar eher eine Art Fortsetzungszeichen. In Pascal steht das Semikolon am Ende einer Anweisung dafür, dass eine weitere Anweisung folgt. Man darf Semikolons in Pascal daher vor dem Schlüsselwort END weglassen, da dann ja keine weitere Anweisung mehr kommen wird. Setzt man es dennoch vor einem END, folgt quasi noch eine leere Anweisung. Vor dem Schlüsselwort ELSE darf jedoch kein Semikolon stehen, weil das als Syntaxfehler angesehen wird.

Insgesamt ist das Semikolon in C daher wohl klarer und leichter verständlich. Dennoch finden Programmiererinnen und Programmierer, die beispielsweise von Visual BASIC zu C wechseln, das Semikolon eher umständlich und vergessen es anfangs auch häufig. Neuere Sprachen versuchen daher, ohne Semikolons auszukommen. BASIC betrachtet von Beginn an das Zeilenende als Abschluss einer Anweisung. Für den Scanner bedeutet das, dass er ein *End-Of-Line*-Token für das Steuerzeichen LF (*Line Feed*) ausgeben muss. Damit wären jedoch keine mehrzeiligen Anweisungen mehr möglich.

In BASIC wurde deshalb der Unterstrich (_) als Zeilenfortsetzungszeichen definiert. Dieses Zeichen, wenn es als letztes in einer Zeile steht, verbindet diese Zeile mit der nachfolgenden. Damit waren dann zumindest mehrzeilige Anweisungen möglich. Zusätzlich gibt es noch den Doppelpunkt (:), der wiederum mehrere Anweisungen in einer Zeile separiert. Letztlich erscheint diese Lösung auch nicht besonders komfortabel, und der Unterstrich kollidiert zudem mit einem Bezeichneranfang.

Visual BASIC unterstützt daher auch noch eine implizite Verknüpfung von Zeilen. Bei bestimmten Zeichen und Operatoren am Ende einer Zeile sowie bei geöffneten Klammerebenen werden aufeinanderfolgende Zeilen implizit aneinandergefügt. Als eine der jüngsten Sprachen verfolgt auch Kotlin dieses Konzept, lässt Semikolons aber optional als Abschlusszeichen zu.

Für unsere Skriptsprache soll auch eine intelligente Lösung implementiert werden – Semikolons als Ende-Kennung einer Anweisung soll es nicht geben und auch kein explizites Zeilenfortsetzungszeichen. Zeilen, die auf einen Operator enden, erzeugen daher kein *End-Of-Line-Token*, sondern werden automatisch mit der nächsten Zeile verbunden. Das soll jedoch auch über Kommentar- und Leerzeilen hinweg funktionieren, sodass man eine größere Flexibilität bei der Formatierung hat und dennoch ganz ohne Semikolons auskommt.

Das sieht dann beispielsweise so aus:

```
if (Battery.Capacity < 50) and // and operator am Ende
   (Robot.Velocity == 100) then // Zeilen werden verbunden

    print #LCD,"Langsamer fahren",cr,nl, // Komma am Ende verbindet
               "oder bald nachladen." // ebenfalls beide Zeilen
endif
```

Listing 7.5 Kein End-Of-Line nach Operator oder Komma

Diese *smarten* Zeilenwechsel, wie sie Visual BASIC hat und wie wir sie auch für unsere Skriptsprache implementieren wollen, setzen direkt auf dem Scanner auf.

Es gibt prinzipiell zwei mögliche Lösungsvarianten:

- Das End-Of-Line-Token wird unterdrückt, wenn unmittelbar davor ein Operator erkannt wurde.
- Ein *Präprozessor* verbindet die Zeilen vor der Übersetzung, sodass es gar keinen Zeilenwechsel mehr gibt.

Die erste Variante benötigt eine Historie für die erkannten Tokens. Es reicht sicher eine zusätzliche Variable `LastToken`, die immer das zuletzt erkannte Token enthält. Die Lösung mittels Präprozessor ist insofern universeller, weil ein Präprozessor gleich noch weitere Möglichkeiten bietet, wie beispielsweise Makros, Includes und bedingte Übersetzung.

7.1.5 Implementierung eines Präprozessors

Grundsätzlich stellt sich natürlich die Frage, ob ein Präprozessor heute überhaupt noch zeitgemäß ist. Eine fundierte Antwort ist allerdings nicht so einfach zu geben. Während C ohne seinen Präprozessor gar nicht auskommen würde, nimmt die Eindeutigkeit der Antworten bei C++ über C# bis hin zu Java ab. C# verfügt noch über einen Präprozessor, um beispielsweise verschiedene Versionen eines Quelltexts pflegen zu können, wohingegen Java auf einen Präprozessor ganz verzichtet. Mit den Möglichkeiten der Objektorientierung, wie z. B. den *Interfaces* oder der *Polymorphie*, hat man auch alternative Wege, um eine Versionierung im Quelltext zu erreichen. Auf der anderen Seite sind Direktiven wie #IFDEF ... #ENDIF so gebräuchlich und so einfach in der Anwendung, dass man durchaus mit einer Frage antworten kann: Warum nicht?

Es gibt zwei Einsatzmöglichkeiten, für die ein Präprozessor wie geschaffen ist:

- Textumschaltungen mit #IF, #IFDEF, #IFNDEF, #ELSE, #ENDIF
- Makroersetzungen wie _FILE_, _LINE_, _DATE_ ...

Insbesondere mit dem C-Präprozessor sind einige Dinge mehr möglich, beispielsweise das Einbinden von Dateien und natürlich auch das Programmieren mit Makros. Die Makros erlauben es sogar, eine eigene Makrosprache in C zu erstellen und dann damit zu programmieren. Die Makroprogrammierung hat allerdings auch ihre Nachteile, insbesondere beim Debugging, und Include-Dateien sind inzwischen nicht mehr Stand der Technik und werden in allen modernen Sprachen durch Module ersetzt. Dennoch haben auch Include-Dateien ihre Berechtigung, weil man sie quasi als umfangreiche Makros ansehen kann.

Ein Präprozessor setzt auf dem Scanner auf, arbeitet aber grundsätzlich anders als dieser. Der Scanner sieht ein langes Band mit den Zeichen des Quelltexts, ein Präprozessor sieht dagegen eine Liste von Zeilen.

Quelltexte wurden schon immer zeilenweise editiert. Das fing bereits in den 1960er-Jahren mit den Lochkarten an. Eine Lochkarte bildete eine Zeile mit 80 Zeichen ab. Vielleicht fragen Sie sich jetzt, ob die 80 Zeichen auf den frühen Bildschirmen und die Lochkarten etwas gemeinsam haben. Ja, und es gibt noch mehr Gemeinsamkeiten, die überraschend sind. Ein Stapel Lochkarten hieß *Batch*, und Begriffe, die wir heute noch verwenden, sind beispielsweise Batchverarbeitung und Stapelverarbeitung (*Batch Process*). Damit sind Shell-Skripte gemeint. Die Welt der Computer ist echt klein!

Um bei den Lochkarten zu bleiben – man musste sie exakt beschriften. Auf jeder Karte stand, zu welchem Programm (*Job*) sie gehört, welche Zeile sie darstellt, und ganz oben stand auch noch mal der Text in lesbarer Form. Diese Analogie ist ganz passend, weil ein Präprozessor quasi Karten aus einem Stapel herausnehmen oder auch andere Karten einfügen kann. Ein einfacher String als Quelltextzeile ist daher nicht mehr ausreichend, weil man nicht mehr wüsste, woher diese Zeile stammt. Gesetzt den Fall, der Quelltext enthielte Fehler, dann müsste man diese mit Dateiname und Zeile ausgeben. Wir benötigen also zu jeder Zeile zusätzlich den Dateinamen und die Nummer der Zeile in der Datei.

Wir definieren daher zunächst zwei Klassen: eine für eine Quelltextzeile mit dem Namen `Line` und eine Klasse für eine Datei mit dem Namen `Module`. Sinnvollerweise ist die Klasse `Module` eine Liste von Zeilen:

```
// source line
public class Line : Scanner
{
    // parent source module
    public Module Module { get; private set; } = null;

    // source row
    public int Row { get; private set; } = 0;

    // constructor
    public Line(Module module, string source, int line) : base(source)
    {
        Module = module;
        Row = line;
    }
}

// source module
public class Module : List<Line>
{
    // modules file name
    public string Filename { get; private set; } = null;
```

```
    // constructor
    public Module(string filename)
    {
        FileName = filename;
    }
}
```

Listing 7.6 Klassen für Datei und Quelltextzeile (Auszug)

Jede Zeile bekommt eine Referenz auf das Modul, zu dem sie gehört, und natürlich die Nummer der Quelltextzeile innerhalb des Moduls. Außerdem leiten wir die Klasse `Line` gleich von unserem Scanner ab, weil wir auf die Tokens der Zeile zugreifen wollen. Das ist quasi die Stelle, an der sich Präprozessor und Scanner treffen.

Die `Module`-Klasse bekommt eine Methode `LoadFromFile()` zum Einlesen einer Datei, die Zeile um Zeile des Quelltexts in die Liste des Moduls einfügt.

```
// load source file
public bool LoadFromFile(string filename)
{
    if (File.Exists(filename))
    {
        try
        {
            string[] lines = File.ReadAllLines(filename);
            int linenum = 1;

            foreach (string line in lines)
            {
                Line sourceline = new Line(this, line, linenum++);
                Add(sourceline);
            }

            FileName = filename;
            return true;
        }
        catch (Exception)
        {
        }
```

```
        return false;
    }
}
```

Listing 7.7 Einlesen eines Moduls

Jede Zeile bekommt dabei über den Konstruktor einen Verweis auf ihr Modul übergeben – das passiert bei der Instanziierung von `Line` durch die Übergabe der Instanz.

```
// open source module
private bool OpenModule(Module module)
{
    if (module.LoadFromFile())
    {
        string filename = module.FileName;
        string pathname = Path.GetDirectoryName(filename);
        string previous = Directory.GetCurrentDirectory();

        Hint("   " + filename);
        Modules.Add(filename);

        Directory.SetCurrentDirectory(pathname);
        Preprocess(module);
        Directory.SetCurrentDirectory(previous);

        return true;
    }

    return false;
}

// build project file
public void Build(string filename)
{
    Module main = new Module(filename);

    if (OpenModule(main))
    {
        // source is now completely processed
        // all lines contained in main
```

```
        // next ist syntax check
    }
}
```

Listing 7.8 Aufruf des Präprozessors

Unmittelbar nach dem Laden des Moduls, noch in der Methode `OpenModule()`, wird der Präprozessor aufgerufen und iteriert über alle Zeilen des Moduls. In Listing 7.8 ist die Aufrufstelle zu sehen, umrahmt vom Setzen des aktuellen Verzeichnisses, damit Pfadbezüge immer relativ zur aktuellen Quelldatei sind.

Betrachten wir einmal, was im Fall einer Include-Anweisung passiert. Includes werden mittels der Präprozessoranweisung #INCLUDE »<filename>« eingebunden. Der Präprozessor findet das Schlüsselwort #INCLUDE und öffnet die nachfolgend angegebene Datei mit der Methode `OpenModule()`. `OpenModule()` lädt die Datei und iteriert gleich wieder über alle darin enthaltenen Zeilen. Erst danach wird das Ergebnis anstelle der Zeile mit der #INCLUDE-Anweisung in das aufrufende Modul eingefügt. Der Präprozessor arbeitet also rekursiv über den Aufruf von `OpenModule()` zuerst alle geschachtelten INCLUDE-Anweisungen ab. Das funktioniert natürlich nur so lange, wie die INCLUDE-Anweisungen eine Baumstruktur ergeben. Den Fall, das ein Modul sich direkt oder indirekt rekursiv selbst einbindet, muss man abprüfen und verhindern!

Die im letzten Abschnitt besprochene smarte Line Continuation macht in unserer Skriptsprache ebenfalls der Präprozessor, sodass schließlich jede Anweisung komplett auf einer Zeile steht. Neben den Includes werden auch die Module vom Präprozessor importiert und in den Quelltext eingefügt. Hier erfolgt das Einbinden nach einer anderen Logik als bei Includes – jedes Modul wird grundsätzlich nur einmal eingebunden. Ein Include kann prinzipiell beliebig oft eingebunden werden – es ist nur eine »Textübernahme«.

Durch die Übernahme von Zeilen eines Moduls in ein anderes verlieren die Zeilen nicht die Referenz auf ihr Parent-Modul, mit dem sie ursprünglich geladen wurden. Das ermöglicht es, jederzeit wieder einen Quelltextbezug herzustellen, und das immer von der Zeile aus. Diese Quelltextreferenz ist sehr wichtig.

Im Ergebnis des Präprozessors enthält das zuerst geladene Modul, quasi das Main-Modul, nur noch die relevanten Zeilen, insbesondere auch die aus allen Includes sowie aus allen importierten Modulen, und zwar im richtigen Zeilenformat. Für die nachfolgende Syntaxprüfung eröffnen sich mit dieser Datenstruktur zwei Wege, die hier kurz beschrieben werden sollen.

Übersetzung als ein String

Um das für eine Übersetzung übliche Format eines langen Bands mit allen Zeichen des Quelltexts zu erhalten, erweitert man die Klasse `Module` einfach um eine Methode `ToString()`. Diese Methode erzeugt aus allen Zeilen in der Liste einen langen String, indem Zeile für Zeile aneinandergefügt wird – jeweils mit LF (*Line Feed*). In dem Fall wird eine weitere Methode erforderlich, die eine Rückrechnung einer beliebigen Zeichenposition in Datei und Zeile des dazugehörigen Quelltexts übernimmt. Diese Quelltextreferenz ist für eine qualifizierte Fehlermeldung unerlässlich – schließlich besteht der String ja dann aus Zeilen ganz unterschiedlicher Dateien. Dennoch ist die Rückrechnung ohne Schwierigkeiten über die Länge jeder Zeile möglich.

Übersetzung als eine String-Liste

Alternativ ist es mit der gewählten Datenstruktur auch möglich, eine zeilenweise Übersetzung zu implementieren. Anstatt alle Zeilen zuerst aneinanderzufügen, kann man jede Zeile für sich übersetzen. Das geht, weil die Anweisungen immer komplett auf einer Zeile stehen. Diese Variante ist für die Skriptsprache hier im Buch sogar von Vorteil. Das liegt nicht zuletzt am Zielformat für den Interpreter. Dennoch stünden ab hier beide Wege offen.

7.2 Syntaktische Prüfung

Die syntaktische Prüfung ist in erster Linie eine strukturelle Prüfung. Die Syntax eines Quelltexts folgt immer einem vorgegebenen *Satzbau*. Das ist bei allen Programmiersprachen so, egal ob es sich nun um ein kompliziertes Programm in C++ handelt oder nur um unser recht einfaches Skript. Die syntaktische Prüfung findet daher immer anhand einer *Grammatik* statt – also anhand der Regeln des Satzbaus der konkreten Sprache. Im Ergebnis erfahren wir, ob der Quelltext diesen Regeln entspricht.

Das klingt vielleicht etwas theoretisch, aber man sollte sich diesen Zusammenhang einmal bewusst machen. Als Programmierer oder Programmiererin betrachtet man einen unbekannten Quelltext immer zunächst dahin gehend, ob man seine Struktur erfasst. Erst in einem zweiten Schritt geht man tiefer und versucht, die Details zu verstehen. Dafür gibt es natürlich einen Grund, denn die Bedeutung oder auch *Semantik* eines Satzes hängt von dessen Struktur ab. Wir werden daher auch zwei Schritte gehen müssen. Wir werden zunächst die Syntax unseres Quelltexts prüfen und erst dann dessen Semantik. In gewisser Weise kann man zwar beides gleichzeitig prüfen, aber dazu kommen wir noch. Zunächst prüfen wir die Syntax unseres Skriptprogramms.

7.2.1 Grammatiken

In der theoretischen Informatik gibt es den Begriff der *Chomsky-Hierarchie*. Noam Chomsky hatte darin bereits 1956 vier Klassen von Grammatiken definiert, die benutzt werden können, um formale Sprachen abzuleiten. Wichtig für uns ist, dass es auch eine Definition dazu gibt, welche Art von Automat man benötigt, um einen Satz, der sich aus einer der formalen Sprachen ergibt, zu erkennen.

Die vier Grammatikklassen, die er definiert hat, sind:

- Typ 0: *rekursiv aufzählbare* Grammatiken → Turing-Maschine
- Typ 1: *kontextsensitive* Grammatiken → Turing-Maschine
- Typ 2: *kontextfreie* Grammatiken → Kellerautomat
- Typ 3: *reguläre* Grammatiken → endlicher Automat

Das klingt kompliziert, und wir brechen das zunächst schrittweise herunter. Eine der vier obigen Grammatiken kann also verwendet werden, um eine *formale Sprache* zu definieren, also quasi eine Bildungsvorschrift für *Sätze* dieser Sprache. Wenn wir bei den Programmiersprachen bleiben, dann wäre die formale Sprache unsere Skriptsprache – so, wie auch C, Pascal etc. alles formale Sprachen sind. Die Programme, die man in der jeweiligen Sprache schreibt, sind dann Sätze der jeweiligen Sprache – genau dann, wenn sie syntaktisch richtig sind!

Das ist insofern entscheidend, weil wir für unsere Skriptsprache einen Parser schreiben wollen. Wenn wir wissen, auf welcher Grammatik unsere Skriptsprache basiert, wissen wir, wie der Parser prinzipiell funktionieren muss.

Beim Scanner konnten wir jede Erkennungsfunktion als endlichen Automaten realisieren. Das ging, weil es sich bei den Literalen unserer Sprache immer um reguläre Ausdrücke gehandelt hat. Das ist übrigens bei allen aktuellen Programmiersprachen so – für die Symbole und Literale reicht immer ein endlicher Automat. So gesehen, haben also selbst die Literale einer Sprache eine Grammatik, wenn auch nur die einfachste der vier Grammatiken aus der Chomsky-Hierarchie, also die nach Typ 3, reguläre Grammatiken.

An der Stelle drehen wir den Spieß nun um. Praktisch sinnvoll sind nämlich nur die regulären Sprachen sowie die kontextfreien Sprachen! Kontextsensitive Sprachen oder gar die Typ-0-Sprachen der Chomsky-Hierarchie sind entweder zu kompliziert, um dafür einen Erkennungsalgorithmus zu erstellen, oder nicht sinnvoll – zumindest gibt es bisher noch keine Programmiersprache auf Basis einer solchen Grammatik.

Damit haben wir einen ersten Anhaltspunkt. Für einen Parser reicht ein endlicher Automat, wie wir ihn beim Scanner mehrfach verwendet haben, also nicht mehr aus. Wir werden den etwas mächtigeren Kellerautomaten benötigen und uns zusätzlich auf eine kontextfreie Grammatik beschränken. Das ist in der Tat für Programmiersprachen keine nennenswerte Einschränkung – es ist sogar eher eine sinnvolle Limitierung. Nach etwas mehr Theorie wird sicher auch klar, dass eine Programmiersprache mit einer kontextsensitiven Grammatik wahrscheinlich sehr verwirrend wäre.

Es ergibt Sinn, sich etwas genauer mit den Grammatiken zu befassen. Wir werden sehen, dass wir aus einer gegebenen Grammatik direkt ein Programm für einen Parser entwickeln können. Deshalb wäre es gut, wenn wir für unsere Skriptsprache auch selbst eine Grammatik erstellen könnten. Wie ist aber nun eine Grammatik definiert, und aus welchen Teilen besteht sie?

Eine Grammatik G ist ein Quadrupel der Form $G = \{N, T, P, S\}$. Als Tupel bezeichnet man in der Mathematik eine Menge von Mengen. Ein Programmierer stellt sich darunter am besten eine Liste von Listen vor. Die Buchstaben N, T, P und S stehen dabei für folgende Mengen:

Menge der terminalen Symbole T:

Als *terminale Symbole* werden die Symbole bezeichnet, die nicht weiter reduziert werden können. Das sind in einer Programmiersprache beispielsweise die Schlüsselwörter, die Operatoren und die Literale. Bei der lexikalischen Analyse hatten wir in dem Zusammenhang auch von Tokens gesprochen. Für die nachfolgenden Betrachtungen nehmen wir dafür kleine, fett gedruckte Buchstaben: **a**,**b**,**c**.

Menge der nicht-terminalen Symbole N:

Im Gegensatz zu den terminalen Symbolen bestehen die *nicht-terminalen Symbole* aus terminalen und nicht-terminalen Symbolen und sind daher gleichsam zusammengesetzte Symbole. Die nicht-terminalen Symbole lassen sich reduzieren. In einer Programmiersprache wären das beispielsweise die Anweisungen. Wir nehmen in den nächsten Abschnitten Großbuchstaben für die nicht-terminalen Symbole.

Menge der Produktionen P:

Mit einer *Produktion* ist die Abbildung eines nicht-terminalen Symbols auf eine Folge von terminalen und/oder nicht-terminalen Symbolen gemeint. Wir werden das gleich an Beispielen durchgehen und sehen, dass sich hinter der komplizierten Formulierung etwas ganz Einsichtiges verbirgt. In Bezug auf Programmiersprachen sind die Produktionen quasi die Bildungsvorschriften für Anweisungen.

Startsymbol S:

Ein Startsymbol ist ein Symbol aus der Menge der nicht-terminalen Symbole, und dieses Symbol stellt die Wurzel der Grammatik dar. In Bezug auf Programmiersprachen ist das Startsymbol in etwa das Programm.

Konstruieren wir mit dem Wissen doch eine erste einfache Grammatik *G* mit einer Produktion *P*:

$S \rightarrow \mathbf{a}$

Wenn wir jetzt das Startsymbol *S* expandieren, erhalten wir einen Satz der Sprache *L(G)*, der jedoch sehr kurz ist: **a**. Außerdem ist das in der Tat der einzige Satz, den diese Grammatik hervorbringen kann. Deshalb erweitern wir die Produktion für *S* nun zu:

$S \rightarrow \mathbf{a}S \mid \varepsilon$

Die rechte Seite bedeutet, dass bei der Expansion von *S* entweder **a***S* oder ε angewandt werden kann. Dabei steht das ε für eine leere Menge. Spielen wir die Produktion einmal durch, so kommt bei der Expansion zunächst das terminale Symbol **a** und dann noch mal die Expansion von *S* oder beides eben nicht. Das verblüffende Ergebnis ist nun eine Sprache mit unendlich vielen Sätzen, die aber alle die Form a, aa, aaa, aaaa ... haben. Dabei müssen wir uns immer vor Augen führen, dass **a** alles sein kann – eine Ziffer oder ein Schlüsselwort oder ein String, aber natürlich immer dasselbe und in dem Fall immer ein terminales Symbol.

Eine Produktion, in der das nicht-terminale Symbol der linken Seite auch rechts auftaucht, heißt *direkt rekursiv*. In dem Fall ist es eine *rechts-rekursive* Produktion, weil *S* ganz rechts steht – Programmierer kennen dafür eventuell den Begriff der Endrekursion. Die Produktion dürfte jedoch auch so geschrieben werden:

$S \rightarrow S\mathbf{a} \mid \varepsilon$

... wobei es sich dann um eine *links-rekursive* Regel handelt, und die ist ohne vorherige Umformung nicht als Programm formulierbar. Diese Grammatik würde in dem Fall aber die gleiche Sprache *L(G)* hervorbringen. Es ist prinzipiell immer möglich, eine links-rekursive Produktion in eine rechts-rekursive umzuwandeln. Zunächst soll aber der Hinweis genügen, dass eine links-rekursive Grammatik nicht einfach in ein Programm überführt werden kann. Warum das so ist, dazu kommen wir noch, wenn wir den Parser erstellen. Vielleicht aber schon so viel: Funktionen, die sich gleich wieder selbst aufrufen, führen zu einem *Stack-Overflow*.

Man kann zu Recht argumentieren, dass man mit a, aa, aaa ... bestimmt keine sinnvolle Programmsprache definieren kann, und deshalb wollen wir jetzt einen richtigen Schritt in Richtung einer echten Programmiersprache gehen. Wir nehmen an, unsere Terminal-

Symbole sind **if**, **then** und **endif**. Als zweite Produktion definieren wir eine Bedingung *C* mit den Terminalen **true** und **false**. Damit sieht unsere Grammatik dann folgendermaßen aus:

S → **if** *C* **then** *S* | ε **endif**

C → **true** | **false**

Mit der Grammatik *G* lässt sich folgendes Listing als Satz der Sprache *L(G)* generieren:

```
if true then
   if false then
   endif
endif
```

Listing 7.9 Beispielsatz für L(G)

Jetzt haben wir mit nur zwei Produktionen schon ein fast ansehnliches Programm generiert. Es wurde der Übersicht halber mit Zeilenumbruch und Einrückungen geschrieben – die sind so natürlich nicht Bestandteil der Grammatik.

Vielleicht fällt Ihnen auf, dass es sich bei einer Grammatikdefinition um eine *deklarative* Sprache handelt. Deklarative Sprachen werden mitunter nicht so ernst genommen, wie sie es verdienen. Das liegt auch daran, dass man es gewohnt ist, *imperativ*, also in Anweisungen oder Abfolgen zu denken. Die Grammatik *G* definiert aber eine *formale Sprache L(G)*, und die besteht im Fall von Programmiersprachen aus einer unendlichen Menge von Sätzen. Das dürfte Beweis genug sein, dass deklarative Sprachen eine enorme Mächtigkeit besitzen.

7.2.2 Backus-Nauer-Form

Bilden wir zunächst eine sehr wichtige Grammatik – wichtig, weil sie Ausdrücke beschreibt, wie sie in allen Programmiersprachen vorkommen. Ausdrücke bestehen aus Konstanten, Variablen mit Subscriptions, Operatoren und auch aus Funktionsaufrufen. Operatoren haben eine Bindung – beziehen sich also entweder auf die linke Seite oder auf die rechte Seite; es gibt zudem *unäre* und *binäre* Operatoren (in C, C++ und C# sogar einen *ternären*).

Das soll unsere Grammatik letztlich natürlich alles abdecken, aber zunächst beginnen wir mit den einfachsten Ausdrücken, bestehend aus den vier Grundrechenarten, Konstanten und Klammern. Die Grammatik sähe dazu folgendermaßen aus:

$E \rightarrow T{+}E \mid T{-}E \mid T$

$T \rightarrow F{\cdot}T \mid F/T \mid F$

$F \rightarrow N \mid \mathbf{-}F \mid \mathbf{(}\, E\, \mathbf{)}$

$N \rightarrow DN \mid \varepsilon$

$D \rightarrow \mathbf{0} \mid \mathbf{1} \mid \mathbf{2} \mid \mathbf{3} \mid \mathbf{4} \mid \mathbf{5} \mid \mathbf{6} \mid \mathbf{7} \mid \mathbf{8} \mid \mathbf{9}$

Die Produktionen stehen für: *E* für Expression (hier auch das Startsymbol), *T* für Term, *F* für Factor und *N* für natürliche Zahlen mit *D* als Ziffern. Nach der Notation aus dem vorangegangenen Abschnitt zu den Grammatiken sind alle terminalen Symbole zudem fett gedruckt, um sie besser unterscheiden zu können. Es ist offenbar eine rechts-rekursive Grammatik, weil nur Produktionen enthalten sind, die rechts-rekursiv sind, und es ist natürlich eine kontextfreie Grammatik, weil auf der linken Seite jeweils nur ein nicht-terminales Symbol steht. Bei kontextsensitiven Grammatiken stünden auf der linken Seite neben den nicht-terminalen Symbolen noch weitere nicht-terminale oder terminale Symbole als Kontextbezug, aber diese Grammatiken hatten wir bereits ausgeschlossen. Unsere Grammatik erfüllt somit alle Anforderungen, sie ist perfekt.

Wir können mit der obigen Grammatik beispielsweise die folgenden gültigen Sätze der resultierenden Sprache generieren:

$0 + 1 + 2$

$(1 + 2) \cdot 8$

$1 + 1 \cdot (2 + 3)$

$1 + 1 \cdot 2 \cdot (-3)$.

Versuchen Sie bitte einmal, den konkreten Pfad durch die Produktionen zu einem Terminal in den obigen Sätzen nachzuvollziehen. Genau das soll dann nämlich unser Parser machen.

Es gibt jedoch einige kleinere Kritikpunkte, die – offenbar schon sehr kurz nach dem Erscheinen der Chomsky-Hierarchie – im Jahre 1959 auch John W. Backus und Peter Nauer aufgefallen sein müssen. Beide arbeiteten an der Spezifikation zu ALGOL60 und schufen in Zuge dessen die nach ihnen benannte *Backus-Nauer-Form* (BNF) als Syntaxbeschreibung. Später haben auch andere Änderungen und Vorschläge zur BNF gemacht, unter anderem Niklaus Wirth. Im Ergebnis gibt es heute die sogenannte *Extended-Backus-Nauer-Form* (EBNF), die sich als *Metasprache* zur Definition von Programmiersprachen etabliert hat. Was macht die EBNF aber nun besser als die Standardgrammatiken?

Die Grammatiken und deren Notation haben ihren Ursprung und finden ihre Anwendung in der theoretischen Informatik und sind dort ein elementares und mächtiges Werkzeug. Beim Übergang zur praktischen Informatik als dem Fachgebiet, das sich mit Compilerbau befasst, fehlt es der Notation jedoch an sprachlichen Mitteln. So ist es beispielsweise nicht möglich, Iterationen oder auch optionale Elemente anzugeben. Dadurch werden die Grammatiken schnell sehr umfangreich und umständlich. Eine komplette Programmiersprache als Grammatik zu formulieren, ist so kaum vorstellbar. Die erweiterte Backus-Nauer-Form (EBNF) legt sich auf kontextfreie Grammatiken fest und bietet die noch fehlenden zusätzlichen Ausdrucksmöglichkeiten.

Die folgenden Syntaxoptionen sind in der EBNF vorgesehen:

//...	Kommentare
(...)	Gruppierungen
{...}	Wiederholungen (auch 0x)
$\{...\}^+$	Wiederholungen (min. 1x)
[...]	optionale Elemente
»...«	terminale Symbole
..	Bereichswerte
,	Aufzählungen

In EBNF sieht die obige Grammatik für einfache arithmetische Ausdrücke dann folgendermaßen aus:

```
expr   ::= term { »+« | »-« term }
term   ::= factor { »*« | »/« factor }
factor ::= num | »-« factor | »(« expr »)«
num    ::= { »0« .. »9« }+
```

Mit dieser Syntaxbeschreibung wollen wir im nächsten Abschnitt nun einen funktionierenden Parser entwerfen.

7.2.3 Top-down-LL(1)-Parser

Für den Parser, den wir erstellen wollen, wählen wir die einfachste Variante, die möglich ist, und gehen dazu nach folgenden Regeln vor:

LL-Parser erstellen

- Terminale Symbole werden vom Lexer als Enumerationen an den Parser gegeben, »+« = Token.tokADD etc.
- Produktionsregeln werden zu Methoden gleichen Namens.
- Nicht-terminale Symbole werden zu einem Methodenaufruf.
- Alternativen in Produktionen werden stets nach dem zuletzt eingelesenen Symbol entschieden.
- Ist die Alternative ein Nichtterminal, lesen wir das nächste Symbol ein und rufen dann die entsprechende Methode auf.

Damit ergibt sich folgender Quelltext, den wir anschließend noch genauer analysieren wollen:

```
// expression parser
public class Parser : Scanner
{
    // constructor and parsing entry
    public Parser(string expr) : base(expr)
    {
        GetToken();
        Expr();
    }

    // expr ::= term { +|- term }
    private void Expr()
    {
        Term();
        while (CurrToken == Token.tokADD || CurrToken == Token.tokSUB)
        {
            GetToken();
            Term();
        }
    }

    // term ::= factor { *|/ factor }
    private void Term()
    {
        Factor();
        while (CurrToken == Token.tokMUL || CurrToken == Token.tokDIV)
        {
            GetToken();
            Factor();
        }
    }

    // factor ::= num | -factor | (expr)
    private void Factor()
    {
        switch (CurrToken)
        {
            case Token.tokSUB:
```

```
                GetToken();
                Factor();
                break;

            case Token.tokLPAR:
                GetToken();
                Expr();
                GetToken();
                break;

            default:
                GetToken();
                break;
        }
    }
}
```


Listing 7.10 Parser für Ausdrücke

Beim Parser aus dem obigen Listing handelt es sich um einen *prediktiven LL(1)-Parser*. Dabei steht das erste *L* für die *Leserichtung*, in der der Parser arbeitet, hier von links nach rechts, und das zweite *L* für die *Ableitungsrichtung* der Grammatikproduktionen. Die Ableitungsrichtung ist ebenfalls von links nach rechts, was nichts anderes bedeutet, als dass der Parser versucht, eine Grammatikproduktion von links nach rechts mit dem eingelesenen Quelltext in Übereinstimmung zu bringen. Man kann auch sagen, dass der Parser eine Annahme darüber trifft, welche Produktion zu den kommenden Symbolen passen wird, und dann prüft, ob der Quelltext tatsächlich dazu passt. Wenn die Ableitungsrichtung von links nach rechts ist, handelt es sich um einen *Top-down-Parser*. Das Gegenstück wäre logischerweise ein *Bottom-up-Parser*, den wir hier jedoch nicht betrachten wollen.

Beginnen wir im Konstruktor der Klasse `Parser` und gehen wir dessen Funktionsweise schrittweise durch. Zunächst wird der Basisklasse, dem `Scanner`, der Quelltext zugewiesen. Anschließend wird das erste Symbol mit der Scanner-Methode `GetToken()` eingelesen. Das gelesene Symbol steht als Enum-Wert in der Scanner-Variablen `CurrToken`. Weil der Quelltext ein mathematischer Ausdruck sein soll, wird die Methode `Expr()` aufgerufen. Diese Annahme trifft also noch nicht der Parser selbst, das ist die Startproduktion für einen Ausdruck.

Danach ist die Aufrufreihenfolge: `Expr()` → `Term()` → `Factor()`. In der Methode `Factor()` muss der Parser selbst eine Annahme treffen und z. B. bei `CurrToken == Token.tokSUB` rekursiv noch einmal die Methode `Factor()` aufrufen, nachdem das nächste Symbol gelesen wurde. Ist die Methode `Factor()` abgearbeitet, erfolgt der Rücksprung in die Methode `Term()`. Aufgrund der While-Schleifen in `Term()` wie auch in `Expr()` können immer wieder Aufrufe von `Factor()` erfolgen. Der Parser arbeitet – bildlich gesprochen – die Produktionen seiner Grammatik von oben nach unten ab. Diese Arbeitsweise trägt auch die Bezeichnung *rekursiver Abstieg* (*Recursive Descent Parser*).

Als *Kellerautomat* speichert der Parser alle begonnenen Produktionen auf einem Stack. In dem Fall handelt es sich genau genommen um den Aufrufstack des Prozessors – die Speicherung der Historie erfolgt gleichsam in Form der Rücksprungadressen der bisher aufgerufenen Methoden. Ist der Stack letztlich abgearbeitet, befindet sich der Kellerautomat wieder in der Startproduktion der Grammatik.

Ein Kellerautomat muss natürlich nicht den Prozessorstack verwenden, das ist hier nur ein Nebeneffekt der gewählten Implementierung. Es gibt alternativ auch tabellengesteuerte *LL(1)-Parser*, die einen separaten Stack verwenden. Da wir jedoch den Prozessorstack verwenden, ist es sehr sinnvoll, dass wir die EBNF-Darstellung der Grammatik implementieren. Die für Grammatiken sonst übliche Abbildung von Wiederholungen durch Rekursion würde den Stack unnötig belasten – letztlich auch mit Blick auf die Performance.

Es ist ein Grundprinzip dieses Parsers, dass er immer »ein Symbol vorauseilt« – daher auch *LL(1)*. Das erste Symbol wurde schon vor der Startproduktion eingelesen, und erst dann begann die eigentliche Top-down-Auswertung der Produktionen.

Werfen wir noch einen Blick auf die resultierenden Prioritäten der Operatoren (*Operator Precedence*) dieses einfachen Parsers. Exakt, wie in der Grammatik beschrieben, haben Multiplikation und Division eine höhere Priorität. Das ergibt sich, weil die Operatoren bereits in der Methode `Term()` erkannt werden. Die Operatoren für Addition und Subtraktion werden erst danach, quasi beim Aufstieg, in der Methode `Expr()` erkannt. Die höchste Priorität haben die beiden Operatoren Negation sowie die Klammern, weil sie in der Methode `Factor()` eingelesen werden. Wir können also jede gewünschte Operator-Precedence in der Grammatik durch Abstufung der Produktionsregeln erreichen. In der Tat sind wir mit einem *LL(1)-Parser* nach dem rekursiven Abstieg in der Lage, jeden arithmetischen Ausdruck auswerten zu können – eine entsprechende Grammatik vorausgesetzt.

Top-down-Parser sind erstaunlich leistungsfähig und dennoch einfach genug, um sie manuell – ohne Zuhilfenahme von Tools – zu entwickeln. Wir werden bei der Code-Generierung auch noch sehen, dass man diese Art von Parsern aufgrund ihrer Programmstruktur sehr flexibel erweitern kann.

Die einzige Voraussetzung speziell für einen LL(1)-Parser ist eine LL(1)-Grammatik. Eine LL(1)-Grammatik ist dann gegeben, wenn es für alle Produktionen jeweils eine eindeutige Zuordnung eines terminalen Symbols zu einer Alternative gibt. Man spricht in dem Zusammenhang auch von den *First-Symbolen*, die gleichsam als Schalter dienen und die passende Alternative in einer Produktion auswählen. Am Beispiel der Methode `Factor()` wären das die terminalen Symbole »-« und »(«. Die Produktion factor hat genau genommen aber drei Alternativen:

factor ::= num | »-« factor | »(« expr »)«

Da jedoch *num* nicht leer sein kann und als Literal selbst ein Terminal-Symbol darstellt, ist die Unterscheidung dennoch eindeutig. Man kann in einer Fallunterscheidung also eine der drei Alternativen auswählen oder *num* auch als den Default-Zweig annehmen, wenn keines der beiden anderen *First-Symbole* in `CurrToken` steht.

Die von Niklaus Wirth entwickelte Sprache Pascal basiert auf einer LL(1)-Grammatik. Das ist in etwa auch die Art von Sprachen – einerseits bezüglich der Komplexität, andererseits auch bezüglich der vergleichsweise großen Zahl an Schlüsselwörtern –, die man mit einer LL(1)-Grammatik beschreiben kann. Wir werden noch sehen, dass beispielsweise C nicht mit einem LL(1)-Parser analysiert werden kann, und auch unsere Skriptsprache ist nicht durchgängig LL(1).

Sie werden aber auch erfahren, dass man Grammatiken, die stellenweise nicht die Bedingung einer LL(1)-Grammatik erfüllen, dennoch mit einem einfachen Top-down-Parser erkennen kann. Das eröffnet uns mehr sprachliche Flexibilität bei der Syntax unserer Skriptsprache.

7.2.4 Links-Faktorisierung bei LL(2)

Da ein LL-Parser den einfachsten Parser darstellt und da man diese Art Parser in der Tat sehr leicht erstellen kann, wäre es jetzt gut zu wissen, ob wir mit diesem Parser auch unsere Skriptsprache analysieren können. Wie bereits erwähnt, erfüllt unsere Sprache, wie viele andere Sprachen auch, nicht konsequent eine LL(1)-Grammatik.

Die folgenden beiden Zeilen sollen die Problematik verdeutlichen:

```
public function Timer()
public int nValue = 0
```

Listing 7.11 Beispiel für LL(2)-Syntax

Der Parser soll anhand des *Lookahead-Symbols* entscheiden, ob er eine Variablen- oder eine Funktionsdeklaration prüfen muss. Das Lookahead-Symbol wäre in dem Beispiel gerade `Token.tokPUBLIC`, und der Parser kann offensichtlich nicht entscheiden, welche Produktion er aufrufen soll. Eine Grammatik, die für obiges Beispiel passen würde, sähe für solche Declarations folgendermaßen aus:

Declarations	::= FunctionDecl | VariableDecl
FunctionDecl	::= (»**private**« | »**public**«) FuncDecl
FuncDecl	::= »**function**« TypeName FuncName »()«
VariableDecl	::= (»**private**« | »**public**«) VarDecl
VarDecl	::= TypeName VarName [»=« InitValues]

Aus dieser Grammatik wird ersichtlich, dass alle Alternativen der Produktion Declarations dieselbe Menge an First-Symbolen { »**private**«, »**public**« } haben, und damit ist die Grammatik nicht mehr LL(1).

Es handelt sich hier genau genommen um eine LL(2)-Grammatik, weil wir die Mehrdeutigkeit in der Produktion *Declarations* durch Zuhilfenahme eines weiteren Lookahead-Symbols auflösen könnten. Man sieht das in der Grammatik, aber auch sehr gut am Quelltext in Listing 7.11. Nach dem Schlüsselwort PUBLIC folgt entweder FUNCTION oder ein Typbezeichner. Damit ist das nächste Symbol ausreichend, um eine Entscheidung treffen zu können. Dabei stört auch nicht, dass der Typbezeichner kein terminales Startsymbol als Einleitung besitzt, weil alle anderen Alternativen ausgeschlossen werden können.

Um jetzt nicht gleich auf einen LL(2)-Parser wechseln zu müssen, gibt es die Möglichkeit, eine LL(2)-Grammatik zu einer LL(1)-Grammatik zu reduzieren. Das Verfahren heißt Links-Faktorisierung und ist, salopp ausgedrückt, eine Art »Ausklammern«. Bevor wir die Lösung für unsere Skriptsprache entwickeln, hier ein einfaches Beispiel mit einer abstrakten LL(2)-Grammatik.

Die mehrdeutige Produktion *S*:

S ::= »**a**« *A* | »**a**« *B*

lässt sich umschreiben, indem man eine Hilfsproduktion einführt, die nur noch die Alternativen enthält und das gemeinsamen Präfix voranstellt:

S ::= »**a**« (*A* | *B*).

Die beiden Nichtterminale *A* und *B* sind an der Stelle zwar nicht näher beschrieben, sollen aber verschieden beginnen, sodass dann eine Entscheidung problemlos möglich wäre. Das terminale Symbol **a** leitet jetzt *S* ein und führt zum Aufruf einer Produktionsmethode, die wiederum in *A* oder *B* unterscheiden kann. Damit ist immer nur genau ein Lookahead erforderlich, und unsere Grammatik ist somit nur noch LL(1).

Das ist in der Tat auch die Lösung, die im Quelltext unseres Parsers realisiert wurde (siehe Grammatik in Anhang C). Aus der Produktion `Declaration()` heraus erfolgt im Fall einer Public- oder Private-Deklaration der Aufruf einer weiteren Produktion mit dem Namen `ModifierDeclaration()`. Diese Methode bekommt dann auch gleich den spezifizierten *Modifier* mit. Somit hat man einerseits die Auflösung der Mehrdeutigkeit erreicht und andererseits gleich den expliziten Modifier weitergegeben. Gut zu erkennen ist ebenfalls die Umsetzung optionaler Modifier – die Angabe von PUBLIC bzw. PRIVATE ist ja nicht zwingend erforderlich, und auch ohne Modifier muss die richtige Produktion aufgerufen werden. Die Entscheidung, welche der Methoden für Klassen-, Funktions- oder Variablendeklarationen aufzurufen ist, wird deshalb sowohl in `Declaration()` als auch in der neuen Methode `ModifierDeclaration()` getroffen.

```
// declaration
private void Declaration()
{
    switch (CurrToken)
    {
        case Token.tokIDENT:
            VariableDeclaration();
            break;
        case Token.keyFUNCTION:
            FunctionDeclaration();
            break;

        case Token.keyPUBLIC:
            ModifierDeclaration(Modifiers.Public);
            break;
        case Token.keyPRIVATE:
            ModifierDeclaration(Modifiers.Private);
            break;
     }
}

// modifier declaration
private void ModifierDeclaration(Modifiers modifier = Modifiers.None)
{
    GetToken();

    switch (CurrToken)
    {
```

```
        case Token.tokIDENT:
            VariableDeclaration(modifier);
            break;
        case Token.keyFUNCTION:
            FunctionDeclaration(modifier);
            break;

        default:
            Error("Declaration expected.");
            break;
    }
}
```

Listing 7.12 Deklarationen nach Links-Faktorisierung (Auszug)

Als Grundprinzip soll gelten, dass alle Deklarationen ohne einen expliziten Modifier public sein sollen. Das soll auch innerhalb von Klassen so sein. In dem Punkt unterscheiden sich objektorientierte Programmiersprachen ohnehin etwas. Während beispielsweise C++ und C# innerhalb von Klassen standardmäßig private annehmen, sind bei TypeScript dagegen alle Deklarationen ohne einen expliziten Modifier public. Default-Public ist eine eingängige und praktikable Annahme und soll daher auch in Embedded BASIC zugrunde gelegt werden.

Damit haben wir jetzt den Spezialfall aus Listing 7.11 komplett implementiert. In der Praxis wird man zwar eine Grammatik entwerfen, aber spätestens bei der Implementierung fallen noch Probleme wie die behandelte Mehrdeutigkeit auf. Durch konsequente Analyse der Problematik findet sich aber immer ein Lösungsweg. Wir werden noch weitere Möglichkeiten behandeln, unseren LL-Parser dahin gehend zu verbessern.

7.2.5 Backtracking- und LL(k)-Parser

Für den Fall, dass sich eine LL(2)-Syntax nicht durch Links-Faktorisierung reduzieren lässt und man eine LL(*k*)-Syntax erkennen muss, gibt es dennoch eine vergleichsweise einfache Möglichkeit, dafür einen passenden Parser zu konstruieren.

Wir nehmen noch mal das Beispiel aus Listing 7.11 und versuchen nicht, durch Links-Faktorisierung eine Reduktion zu erreichen. Dann haben wir es, wie schon besprochen, mit einer LL(2)-Grammatik zu tun. Wie würde man dafür jetzt den LL-Parser erweitern?

Als pragmatischer Programmierer kommt man schnell auf die Lösung – man liest einfach noch ein zweites Lookahead-Symbol ein. Dann hätte man die Möglichkeit, an den

Stellen, an denen es eine Überschneidung der First-Symbole gibt, das zweite Lookahead-Symbol zur Unterscheidung heranzuziehen. In dem Fall würde das zweite Lookahead-Symbol tatsächlich den Unterschied zwischen `VariableDecl` und `FunctionDecl` machen. Das Prinzip lässt sich verallgemeinern – man kann durch Erhöhen der Anzahl der Lookahead-Symbole von *k* auf *k*+1 die Menge der zu erkennenden Grammatiken erhöhen. Außerdem gilt, dass alle Grammatiken, die LL(*k*) sind, dann auch zur Menge der LL(*k*+1)-Grammatiken gehören, also: LL(*k*) ? LL(*k*+1).

Technisch ist die Lösung mit mehreren Lookahead-Symbolen grundsätzlich auch einfach umzusetzen – man legt einen Puffer von *k* Symbolen an, schiebt mit jedem Aufruf von `GetToken()` diesen Puffer ein Symbol weiter und fügt das neu gelesene Symbol am Ende an. Der Startproduktion würde man auch *k*-Aufrufe von `GetToken()` voranstellen, und schon hat man stets die Möglichkeit, zunächst Lookahead[0] zu verwenden und bei Bedarf auch Lookahead[1 ... ?–1].

Es ist allerdings ein aufwendiger Prozess, das erforderliche *k* für eine gegebene Grammatik zu ermitteln oder umgekehrt zu prüfen, ob eine Grammatik noch LL(*k*) ist. Das Grundproblem besteht in der Unterscheidung mehrerer Alternativen einer Produktion anhand der jeweils ersten *k* Terminal-Symbole. Da eine Produktion meist weitere Produktionen enthält und die wieder weitere etc., muss man alle möglichen Ableitungen aufstellen und daraus die Mengen der First-Symbole bestimmen.

Sehen wir erneut ein Beispiel mit einer abstrakten Grammatik an, wobei uns eigentlich die beiden Alternativen von *S* interessieren:

S ::= *A* »**b**« | »**a**« *B* »**c**«

A ::= »**a**« | ε

B ::= »**b**« | ε

Wir bilden die First-Mengen der beiden Alternativen für *S* – nennen wir die linke Alternative S_1 und die rechte S_2. Eine FIRST_k-Menge enthält alle terminalen Symbole beim *k*-ten Ableitungsschritt, und wir stellen die FIRST-Mengen für alle *k* auf, bis es keine Schnittmengen mehr gibt:

$\text{FIRST}_1(S_1) = \{$ »**a**«, $\varepsilon \} \cap \text{FIRST}_1(S_2) = \{$ »**a**« $\} \neq 0$

$\text{FIRST}_2(S_1) = \{$ »**b**« $\} \cap \text{FIRST}_2(S_2) = \{$ »**b**«, $\varepsilon \} \neq 0$

$\text{FIRST}_3(S_1) = \{ \varepsilon \} \cap \text{FIRST}_3(S_2) = \{$ »**c**« $\} = 0$

Weil S_1 zunächst durch die Produktion *A* abgeleitet wird, haben im ersten Schritt, bei $k = 1$, beide Mengen eine Schnittmenge, wenn *A* nicht leer ist. Auch im zweiten Schritt, bei $k = 2$, sind beide Alternativen von *S* nicht verschieden, wenn *B* nicht leer ist. Erst im dritten Schritt, für $k = 3$, unterscheiden sich die beiden Mengen, sie sind *disjunkt*.

Damit handelt es sich hier um eine LL(3)-Grammatik. Stellen wir uns nun noch solche Ableitungen vor, bei denen erst A und dann B durch *?* ersetzt werden, dann unterscheiden sich die Mengen bereits im ersten bzw. im zweiten Schritt.

Dabei haben wir jetzt allerdings unterschlagen, dass es für den Fall $A = \varepsilon$ oder $B = \varepsilon$ auch eine Betrachtung der Folgemengen geben muss. Sobald nämlich eine Produktion leer bleibt, erscheint das nachfolgende Terminal-Symbol, als wäre es eines aus der Menge der First-Symbole! In dem Beispiel hier gibt es zwar keine Kollisionen, aber man dürfte den Fall nicht außer Acht lassen, weil das dazu führen könnte, dass der Parser die falsche Alternative wählt.

Bei einer realen Grammatik für eine praktisch anwendbare Sprache wäre der Aufwand schon enorm und ohne Unterstützung durch ein passendes Softwaretool händisch kaum noch realisierbar.

Ein LL(k)-Parser, wie wir ihn gerade skizziert haben, funktioniert also exakt so wie ein LL(1)-Parser. Wie wir gesehen haben, kann man auch davon ausgehen, dass selbst eine LL(k)-Grammatik in weiten Teilen nur LL(1) ist! Damit ändert sich der Parser prinzipiell überhaupt nicht und behält auch alle seine Vorteile. Lediglich an den Stellen, an denen die Grammatik nicht LL(1) entspricht, wird eine zusätzliche Abfrage der weiteren Lookahead-Symbole nötig. Für die korrekte Erstellung eines solchen Parsers wäre allerdings ein Parser-Generator schon hilfreich.

Es gibt nun noch eine Variante, unseren Parser für eine Grammatik tauglich zu machen, die nicht LL(1) ist, und das auch ganz ohne vorherige Untersuchung der Grammatik. Es handelt sich dabei um einen sogenannten *Backtracking-Parser*. Die Idee dieses Parsers ist, dass man die Alternativen einer Produktion P »durchprobieren« kann. Prinzipiell betrachtet, könnte man immer alle Ableitungen einer Grammatik – also alle Alternativen aller Produktionen – einmal probieren (*Brute Force*). In unserer Grammatik aus dem obigen Beispiel wären das vier Pfade. Der Parser würde beide Alternativen für S und darin jeweils beide Alternativen von A bzw. B probieren. Sofern der Parser bei einer Ableitung die Eingabe erkennt, wäre sie syntaktisch richtig. Es ist natürlich offensichtlich, dass das kein sinnvolles Vorgehen ist und man das praktisch auch nicht versuchen sollte.

Der Gedanke, dass man einzelne Alternativen einer Produktion nacheinander ausprobiert, ist jedoch nicht falsch. Dazu merkt man sich die aktuelle Position des Eingabebands und das aktuell gelesene Token und ruft dann die erste Alternative auf. Liefert diese Alternative einen Fehler, setzt man das Band wieder auf die zuvor gespeicherte Position zurück und ruft die nächste Alternative auf. So weit die Theorie! In der Praxis funktioniert dieser Ansatz so nicht, weil ein Parser beim Durchlaufen der Produktionen Nebeneffekte generiert – er trägt beispielsweise eine Variable in die Symboltabelle ein oder erzeugt einen Knoten im Symbolbaum. Diese Nebeneffekte ließen sich im Fehlerfall nur schwer wieder rückgängig machen! Das Rücksetzen des Eingabebands ist dagegen vergleichsweise einfach.

Deshalb setzt ein *Backtracking-Parser* für die Auswahl einer Alternative auf ein »versuchsweises« Vorauslesen. Dabei wird nicht die eigentliche Produktion aufgerufen, sondern eine Methode, die lediglich die Abfolge der nächsten Symbole vorausschauend »testet«. Man setzt, anders ausgedrückt, das *k* testweise sehr hoch. Diese Methode ist natürlich ein zusätzlicher Aufwand, und auch im Erfolgsfall muss das Eingabeband noch mal zurückgesetzt werden, um die eigentliche Produktion aufzurufen, außerdem wird der Parser dadurch stückweise unverständlich. In der Praxis betrifft das meist aber nur einzelne Stellen einer Grammatik, die vielleicht dadurch entstehen, dass sich die Sprache entwickelt und man neue Produktionen einführt. In dem Fall wird man den Parser nicht neu schreiben wollen und gegebenenfalls eben auch die Erweiterung zu einem Backtracking-Parser in Erwägung ziehen.

Ein Parser, der dieses Prinzip zur Methode erhoben und perfektioniert hat, ist der ANTLR-Parser von Terrence Parr (siehe Quelle 25 im Literaturverzeichnis). Richtigerweise muss man sagen, dass es sich um einen Parser-Generator handelt, der dieses versuchsweise Vorauslesen mithilfe von Zustandsautomaten realisiert. Wir haben zwar gelernt, dass Zustandsautomaten nur eine reguläre Grammatik erkennen können und damit für Programmiersprachen nicht geeignet sind, aber in dem Fall generiert der ANTLR die Automaten auch nur zur Erkennung der korrekten Ableitung. Die Produktionen folgen dann natürlich wieder einer kontextfreien Grammatik. Da der ANTLR die Automaten auch nicht pauschal generiert, sondern nur für die Stellen einer Grammatik, die weder LL(1) noch *links-faktorisierbar* sind, ist das Konzept sehr gut. Ein Wermutstropfen bleibt beim Einsatz eines Parser-Generators jedoch immer – das Ergebnis entspricht meist nicht dem, was man sich erhofft hatte.

Damit zeichnet sich doch ein gewisser Trend ab. Der LL-Parser lebt davon, wie gut er es schafft, die richtige Produktion zu erkennen und aufzurufen – dann ist er einfach zu schreiben und auch leicht zu pflegen. Wir werden noch weitere Vorteile sehen, wenn wir zur Codeausgabe kommen.

7.2.6 Einfache Abstraktion der Syntax

Wenn man beginnt, sich mit Compilerbau zu befassen, stößt man sehr schnell auf den Begriff des *abstrakten Syntaxbaums* (*Abstract Syntax Tree*, AST). Man versteht darunter einen *abstrahierten Ableitungsbaum*, der die komplette Syntax eines Programms, eines

Moduls oder einer Übersetzungseinheit in Form einer baumartigen Datenstruktur repräsentiert (siehe die Quellen 18, 19, 20, 21 im Literaturverzeichnis). *Abstrahiert* bedeutet in dem Zusammenhang, dass man syntaktische Elemente wie etwa Klammern oder Schlüsselwörter entfernt bzw. durch typisierte Knoten nachbildet.

Man kann sich also vorstellen, dass es beispielsweise für eine einfache IF-Anweisung einen Knoten in diesem Baum gibt, der seinerseits auf einen Knoten für die Bedingung, auf einen Knoten für den THEN-Zweig und optional auf einen Knoten für den ELSE-Zweig verweist. Die Schlüsselwörter IF, THEN und ELSE gibt es in der Darstellung dann logischerweise nicht mehr – dafür halt typisierte Knoten für IF, THEN, ELSE etc. Die Knoten werden stets beim Eintritt des Parsers in eine der Produktionen generiert. Im Ergebnis einer Produktion erhält man dann einen Zeiger auf den Teilbaum, der darunter erstellt wurde, und die oberste Produktionsregel liefert letztlich eine Referenz auf den gesamten Syntaxbaum zurück.

Der AST wird praktisch immer als *das* Ergebnis eines Parsers dargestellt. Das ist jedoch nicht ganz richtig und mitunter sogar ein unnötig großer Aufwand. Einen AST zu generieren, ist zwar prinzipiell nicht kompliziert – es ist gleichsam ein Nebenprodukt der Syntaxanalyse –, seine Erstellung kostet aber mindestens einmal Zeit und natürlich viel Speicherplatz. Die Frage ist daher, welchen Nutzen man überhaupt aus einem Syntaxbaum ziehen kann und ob es nicht vielleicht einfachere Alternativen gibt.

Klassisch ist der Syntaxbaum eine Schnittstelle zwischen einem *Compiler-Frontend* und einem *Compiler-Backend* (siehe Quelle 18 im Literaturverzeichnis). Das Frontend abstrahiert den Quelltext, während das Backend die Zielplattform abstrahiert. Sofern man also einen Compiler schreiben möchte, der für mehrere Sprachen und verschiedene Plattformen kompilieren kann, bietet sich ein abstrakter Syntaxbaum sicher an. Wir wollen jedoch einen relativ simplen Übersetzer erstellen, der zudem kaum Transformationen am Quelltext durchführen muss. In dem Fall einen Syntaxbaum zu generieren und diesen anschließend mit einem *Visitor* zu durchlaufen, um letztlich bei nahezu der gleichen Syntax zu landen, wie sie schon im Quelltext stand, wäre so, als würde man mit Kanonen auf Spatzen schießen wollen. Das wollen wir nicht.

Grundsätzlich ist jede *äquivalente Abstraktion* des Quelltexts als Ergebnis einer Syntaxanalyse denkbar, wenn sie anschließend nur geeignet ist, als Ausgangspunkt für eine Code-Generierung zu dienen. Damit sind insbesondere auch *abstrakte Zwischensprachen* (*Intermediate Languages*, IL) gemeint. Zwischensprachen, auch als *Bytecode* oder *Low Level Languages* bezeichnet, sind ein ungemein spannendes Gebiet und haben sich inzwischen, nicht zuletzt durch das LLVM-Projekt (siehe Quelle 23 im Literaturverzeichnis), zu einem eigenen Forschungsgegenstand entwickelt.

Um es noch mal klarzustellen: Bytecode oder Zwischensprachen sind nicht das direkte Ergebnis einer Syntaxanalyse. Sie lassen sich aber durchaus anstelle oder zumindest ohne die explizite Ausgabe eines *abstrakten Syntaxbaums* generieren. Es hängt von unterschiedlichen Faktoren ab, wie sinnvoll dieser Weg ist – technisch realisierbar ist er jedenfalls.

Wir werden grundsätzlich bei der Liste von Zeilen bleiben, die wir bereits in Abschnitt 7.1 zur lexikalischen Analyse definiert hatten. Allerdings werden wir die Klasse `Line` in den nächsten Abschnitten um zusätzliche Informationen anreichern. Letztlich werden wir zu jeder Zeile wissen, aus welcher Datei sie stammt, zu welchem Deklarationsbereich sie gehört und wie der erzeugte Token-Code aussieht.

7.3 Semantische Analyse

Wir haben in Kapitel 6 einen Skript-Interpreter für Token-Code erstellt. Durch die Verwendung von Tokens wird das Programm einerseits kompakter, bleibt aber andererseits noch relativ nah am ursprünglichen Quelltext. Man kann den Token-Code leicht generieren und ihn sogar wieder in den Quelltext zurückübersetzen. Eine Besonderheit des vorgestellten Token-Codes bestand darin, dass nicht nur Schlüsselwörter zu Tokens ersetzt werden, sondern auch die Bezeichner für Variablen und Funktionen. Die ersetzten Bezeichner weisen dabei eine Systematik auf, die dazu führt, dass der Interpreter eine höhere Ausführungsgeschwindigkeit erzielen kann, weil zur Laufzeit keine Suche mehr in einer Symboltabelle erforderlich ist.

Damit wir aber Variablen und Funktionen richtig ersetzen können, müssen wir den Quelltext im Vorfeld analysieren. Eine naive Herangehensweise wie etwa das »Suchen und Ersetzen« von Bezeichnern kann an der Stelle nicht funktionieren. Problematisch sind nämlich die Deklarations- oder Sichtbarkeitsbereiche (*Scopes*) von Bezeichnern. Praktisch jede Programmiersprache unterstützt Sichtbarkeitsbereiche in irgendeiner Form. Das können beispielsweise lokale Variablen innerhalb von Funktionen sein oder, wie auch bei unserem Skript, die Member von Klassen. Als Programmierer nutzt man das ganz selbstverständlich.

Wenn man aber genauer darüber nachdenkt, erkennt man, dass die Sichtbarkeitsbereiche in allen Sprachen eine Gemeinsamkeit haben – sie sind stets *hierarchisch strukturiert*. Das heißt, innerhalb eines Sichtbarkeitsbereichs kann es weitere, untergeordnete Sichtbarkeitsbereiche geben, aber diese Bereiche enden stets mit oder vor Ende ihres übergeordneten Bereichs. Das erfordert demzufolge auch eine entsprechende Datenstruktur und eine darauf ausgerichtete Suche nach der passenden Deklaration einer Variablen oder Funktion. Mit dieser Herausforderung wollen wir uns jetzt befassen.

7.3.1 Symbole und Scopes

Schauen wir uns an, wie die Übersetzung eines Programms mit Scopes und den darin deklarierten Variablen aussieht. Die linke Spalte in Tabelle 7.1 enthält einen kurzen Ausschnitt eines Quelltexts, während die rechte Spalte den rückübersetzten Token-Code dazu zeigt. Alle Schlüsselwort-Tokens sind in Großbuchstaben, und die ersetzten Bezeichner sind fett hervorgehoben (siehe dazu Tabelle 7.1).

Um das Problem noch zu betonen, wurden die Variablen in den verschiedenen Scopes stets gleich benannt – immer `i`. Das ist natürlich kein guter Programmierstil und nicht empfehlenswert, aber ein Übersetzer muss auch damit zurechtkommen.

`// class`		
`class iRobot`	$000C	CLASS **A0**
`    // member`		
`    int i = 0`	$0013	INT **a1**=0
`    // constructor`		
`    function iRobot(int i = 0)`	$001C	FUNCTION **AA**(INT **a**=0)
`        this.i = i`	$0029	**a1**=**a**
`    endfunction`	$0031	ENDFUNCTION
`endclass`	$0036	ENDCLASS
`// instance`		
`iRobot i = new iRobot(0)`	$003B	**A0** **aa**=NEW **A0.AA**(0)
`loop`	$004D	LOOP
`    inc i.i`	$0052	INC **aa.a1**
`endloop`	$005C	ENDLOOP

Tabelle 7.1 Quelltext und Token-Code mit ersetzten Bezeichnern

Wir benötigen eine Datenstruktur, mit der wir hierarchische Scopes abbilden können. In der Informatik verwendet man dafür einen Baum (*Tree*), der auch als *gerichteter azyklischer Graph* (DAG) bezeichnet wird. Im Compilerbau spricht man zwar salopp von der *Symboltabelle* – in Wahrheit ist es jedoch ein *Symbolbaum*. Eine einfache Tabelle (Liste) wäre jedenfalls nicht ausreichend! Schauen wir uns an, wie dieser Symbolbaum entsteht und wie er funktioniert.

Gehen wir zuerst von nur einem Scope, dem *Global Scope*, aus. Dieses Scope ist a priori vorhanden und somit automatisch das aktuelle Scope. Wir führen darin eine einfache

Liste mit allen Bezeichnern – das wären im obigen Beispiel nur die Klasse `iRobot` und die Instanz der Klasse `i`. Alle anderen Bezeichner sind ja nicht global. Trifft der Übersetzer auf eine Verwendung von `i` oder `iRobot`, durchsucht er die Liste im aktuellen Scope, bis er den Bezeichner gefunden hat. Findet er den Bezeichner nicht, ist das ein Fehler!

Was passiert, wenn der Übersetzer auf eine Klassendeklaration trifft? Er legt zunächst ein neues Scope an, in dem Fall ein *Class Scope*, und trägt darin als *Parent Scope* das aktuelle Scope ein. Das gerade neu erstellte Scope wird dann zum aktuellen Scope. Trifft der Übersetzer auf einen Bezeichner, durchsucht er wieder zuerst das aktuelle Scope – die Klasse. Falls der Bezeichner darin nicht zu finden ist, wechselt er in das Parent Scope und wiederholt die Suche. Das wiederholt sich, bis es kein Parent Scope mehr gibt oder der Bezeichner gefunden wurde. Die Suche iteriert also durch die Scopes – aufsteigend vom innersten zum äußersten Scope.

Da in einer Klasse auch Methoden deklariert werden können, entstehen weitere Scopes, die *Method Scopes*, die alle als Parent Scope das Class Scope der umgebenden Klasse erhalten. Somit kann man innerhalb einer Methode auf lokale Variablen zugreifen, außerdem auf alle zuvor deklarierten Variablen innerhalb der Klasse und schließlich auch auf alle globalen Variablen, die vor der Klasse deklariert wurden. Dabei verdecken lokale Bezeichner globalere, weil sie bei einer Suche eher gefunden werden.

Abbildung 7.3 soll eine Vorstellung davon vermitteln, wie die Scopes über ihr Feld *Parent* miteinander verbunden sind. Außerdem haben natürlich die Bezeichner von Klassen und Funktionen einen Verweis auf ihr Scope. Diesen Zusammenhang schauen wir uns noch genauer an.

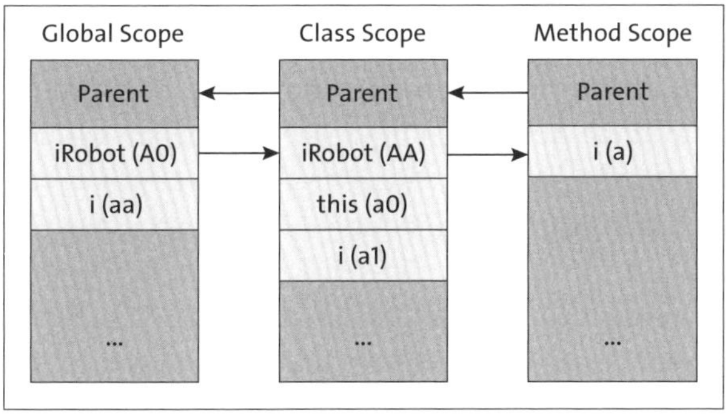

Abbildung 7.3 Scope-Hierarchie zum Listing in Tabelle 7.1

Der Symbolbaum nimmt eine zentrale Rolle im Übersetzer ein und ist an sich auch ein sehr dynamisches Konstrukt. Nehmen wir etwa folgende Deklaration als Beispiel:

```
int a = 1, b = a + 1, c = a + b.
```

Es werden im Grunde drei Einträge (a, b, c) in die Symbolliste des aktuellen Scopes eingefügt, und dabei werden die unmittelbar zuvor eingefügten Symbole (a, b) auch schon gleich wieder gesucht. Es lohnt sich daher, die Suche effektiv zu implementieren. Unser Übersetzer ist in C# geschrieben, und deshalb können wir auf die generische Klasse `Dictionary<String, Symbol>` zurückgreifen, die für die Suche *Hashing* nutzt.

Warum werden die Symbole denn überhaupt gesucht? Genau genommen wäre die Suche noch gar nicht nötig, denn eine syntaktische Prüfung des Programms betrachtet noch keine Datentypen. Der Einbezug von Datentypen in die Übersetzung erfolgt eigentlich erst in der *semantischen Analyse*, die sich an die syntaktische Analyse anschließt. Da wir einen kompakten und einfachen Übersetzer erstellen wollen, können wir aber einen gewissen Nutzen aus dem Wissen über den Datentyp eines Bezeichners ziehen. Wir können gleichsam die syntaktische und die semantische Analyse in einem Schritt ausführen. Dafür müssen wir jedoch den Typ der Symbole bei jeder Verwendung über den Eintrag im Symbolbaum herausfinden.

Die semantische Analyse eines Programms stellt sicher, dass Ausdrücke den Regeln der vordefinierten Datentypen entsprechen. Wenn man beispielsweise zwei Integer-Werte addiert, ist das Ergebnis auch ein Integer-Wert. Addiert man hingegen einen Integer-Wert zu einem Float-Wert hinzu, dann ist das Ergebnis ein Float-Wert. Man definiert also *Typkonformitäten* einer Sprache und prüft alle Ausdrücke und Zuweisungen auf deren Korrektheit. In der Regel macht man das, indem man den abstrakten Syntaxbaum (AST) annotiert und dann die Typkonformität der Teilbäume überprüft. Wir haben aber keinen AST und müssen diese Prüfungen quasi »on the fly« durchführen. Für die einfachen Ausdrücke, die wir in unserer Skriptsprache zulassen, ist das kein Nachteil, wenn wir Zugriff auf die Symbolinformationen haben.

Es lohnt sich, in die Implementierung des Symbolbaums einen hohen Aufwand zu investieren, weil der Nutzen weit über das reine Aufsuchen hinausgeht. Schauen wir uns daher an, wie man einen Symbolbaum softwareseitig entwerfen kann. Das nachfolgende Listing soll dabei die Datenbeziehungen aus Abbildung 7.3 in Form eines C#-Quelltexts widerspiegeln. Es geht konkret um die vier Klassen `Symbol`, `Symbols` sowie `Scope` und `Scopes` und um deren Beziehungen zueinander. Mehrzahlbezeichner stehen dabei stets für Listen der einfachen Bezeichner – `Symbols` ist also eine Liste von `Symbol`. Die Klasse `Symbol` repräsentiert einen Bezeichner im Quelltext, wie etwa `iRobot` aus unserem Beispiel.

```
// symbol class
public class Symbol
{
```

```
    // symbol kind
    public SymbolKind Kind { get; set; } = SymbolKind.skSYMBOL;

    // symbol name
    public Ident Ident { get; set; } = String.Empty;

    // symbol type
    public Type Type { get; set; } = Type.Void;

    // symbol scope
    public Scope Parent { get; set; } = null;

    // constructor
    public Symbol(SymbolKind kind, Ident ident)
    {
        Kind = kind;
        Ident = ident;
    }

    ...
}

// symbols class
public class Symbols : Dictionary<String, Symbol>
{
    // parent scope
    public Scope Parent { get; private set; } = null;

    // constructor
    public Symbols(Scope parent)
    {
        Parent = parent;
    }

    ...
}

// scope class
public class Scope
{
```

```
    // scope kind
    public ScopeKind Kind { get; private set; } = ScopeKind.scTOP;

    // symbol list
    public Symbols Symbols { get; private set; } = null;

    // scope name
    public Ident Ident { get; private set; } = null;

    // parent scope
    public Scope Parent { get; set; } = null;

    // constructor
    public Scope(ScopeKind kind, Ident ident, Scope parent = null)
    {
        Symbols = new Symbols(this);

        Parent = parent;
        Ident = ident;
        Kind = kind;
    }

    ...
}

// scopes class
public class Scopes
{
    // list of all scopes
    private List<Scope> ScopeList { get; set; } = new List<Scope>();

    // topmost scope
    public Global Global { get; private set; } = new Global("Top");

    // current scope
    public Scope Local { get; private set; } = null;

    // constructor
    public Scopes()
    {
```

```
        ScopeList.Add(Global);
        Local = Global;
    }

    // open a new scope
    public Scope NewScope(ScopeKind kind, Symbol symbol)
    {
        Scope scope = new Scope(kind, symbol, Local);

        if (scope != null)
        {
            ScopeList.Add(scope);
            Local = scope;

            return scope;
        }

        return null;
    }

    // close current scope
    public void CloseScope()
    {
        if (Local != Global)
            Local = Local.Parent;
    }

    ...
}
```

Listing 7.13 Implementierung eines Symbolbaums in C#

Es gibt unterschiedliche Symbolarten, sodass sich sowohl ein Member `Kind` anbietet als auch zusätzlich noch abgeleitete Symbolklassen wie etwa bei `Function` und `Variable`. Bei der Klasse `Symbols` handelt es sich um ein *Dictionary*, mit dem sich die Suche nach einem Bezeichner beschleunigen lässt.

Die zentrale Klasse ist die Klasse `Scope`. Sie hält eine Liste der Symbole eines Sichtbarkeitsbereichs und stellt zudem die *Parent-Child-Beziehung* zwischen den Sichtbarkeitsbereichen dar. Letztlich werden alle Scopes in einer Liste gehalten, die die Klasse `Scopes` verwaltet. Dabei verweist der Member `Local` immer auf das aktuelle Scope und `Global` auf das a priori vorhandene äußerste Scope. Die Klasse `Scopes` bietet zudem Methoden an, um neue Scopes zu öffnen oder auch wieder zu schließen. Der Compiler hält sich genau eine Instanz von `Scopes` und hat so stets Zugriff auf alle Symbole.

Jede der dargestellten Klassen enthält eine Vielzahl an weiteren Methoden, die im Verlauf der Übersetzung benötigt werden. Dazu gehören natürlich das Suchen sowie auch das Einfügen und Gruppieren von Symbolen. Die Grundstruktur eines Symbolbaums lässt sich am obigen Listing aber recht gut ableiten.

7.3.2 Datentypen als Kontext

Den Symbolbaum aus dem vorherigen Abschnitt wollen wir also direkt wieder mit in die Syntaxanalyse einbeziehen. Es gibt Probleme, die sich durch Zuhilfenahme des Symbolbaums elegant lösen lassen. Damit sind solche Probleme gemeint, die sich aus der Nutzung einer *kontextfreien* Grammatik ergeben. Schauen wir uns dazu die folgende Zeile an. Wie soll die Syntaxprüfung sicherstellen, dass die Zuweisung korrekt ist:

```
arr[n] = obj.field,
```

wenn sie die Deklaration der Symbole `arr` und `obj` nicht kennt? Dabei ist an der Stelle gar nicht die *Typkonformität* gemeint, sondern die *Interpunktion*. Darf auf `arr` eine eckige Klammer folgen oder ein Punkt nach `obj`? Nur anhand der Grammatik (siehe Anhang C) wäre die Syntax richtig. Wenn die Variable `arr` aber keine Array-Variable oder `obj` keine Instanz einer Klasse ist, dann ist die Zeile semantisch nicht korrekt! Durch das Aufsuchen der Symbole während der syntaktischen Analyse kann man den erforderlichen Kontextbezug frühzeitig herstellen und bleibt syntaktisch trotzdem bei einer kontextfreien Grammatik!

Wir wollen also die syntaktische und die semantische Analyse in einem Schritt ausführen. Dafür gibt es eine elegante Lösung, die wir jetzt entwickeln. Wir definieren dazu zunächst eine Klasse `Type`, die wir in die Klasse `Symbol` als Member aufnehmen. Bei jeder Deklaration einer Variablen, einer Klasse oder einer Funktion in unserem Skript setzen wir diesen `Type` entsprechend. Die Basistypen, wie BOOL, CHAR, BYTE etc., sind bereits als statische Member in der Klasse `Type` vordefiniert und können daher ganz einfach referenziert werden. Für Array-Typen gibt es die Möglichkeit, zusätzlich ein Längenattribut anzugeben, sodass aus jedem Basistyp auch ein Array-Typ werden kann.

Wie bilden wir mit der Klasse `Type` aber einen Klassentyp in unserem Skript ab? Klassentypen sind insofern komplexer, da es nicht ausreicht, sie durch ein einfaches Attribut zu ergänzen. Klassentypen enthalten Symbole, die ihrerseits auch wieder Klassen sein können. Wir würden also wieder einen Symbolbaum benötigen. Bei genauerer Überlegung haben wir diesen Symbolbaum aber schon – es sind unsere Scopes! Daher führen wir bei jeder Deklaration einer neuen Klasse nur die folgenden drei Schritte aus:

- Es wird ein neuer Typ `Type` mit dem Namen der Klasse deklariert.
- Es wird ein neues Symbol `Symbol` mit dem Namen der Klasse und dem neuen Typ als Referenz deklariert.
- Es wird ein neues Scope mit dem Namen der Klasse angelegt und dem neuen Typ `Type` zugewiesen.

Damit referenziert die neue Klasse `Type` das komplette Scope der Klasse mit allen Symbolen, die darin noch deklariert werden. Sofern wir später auf den Klassentyp treffen, können wir über diese Referenz auf alle Bezeichner der Klasse zugreifen. Ein Klassentyp ist damit quasi nur eine andere Sicht auf unsere Scopes!

Als Nächstes erweitern wir die Ausdrucksauswertung, wie wir sie in Listing 7.10 bereits entworfen haben, um die Rückgabe von Typen. Das bedeutet, dass nun jeder Teilausdruck `Expr()`, `Term()` und `Factor()`, den wir mit dem Parser auswerten, seinen Ergebnistyp zurückliefert. Damit haben wir einerseits die syntaktische Prüfung eines Ausdrucks, und andererseits können wir auch gleich die semantische Prüfung einbauen. Die genaue Implementierung ist in der Quelltextsammlung zu finden. Dazu gehören insbesondere auch die Prüfung der *Typkonformität* sowie alle automatischen *Typumwandlungen* (*Type Casts*). Unser Skript erlaubt eine sehr tolerante Verwendung von FLOAT- und INTEGER-Typen, was die Typprüfung vereinfacht. Dieser Teil ist daher nicht ganz so interessant und sicher gut vorstellbar. Das eingangs beschriebene Problem der Semantikprüfung bei Array-Subscriptions sowie insbesondere bei Zugriffen auf Member einer Klasse bringt an der Stelle sicher einen größeren Erkenntnisgewinn.

Nach jeder Variablen dürfte – rein syntaktisch gesehen – entweder ein *Array-Subscript* der Form `<variable>[<expression>]` oder ein *Member-Zugriff* der Form `<variable>.<member>` folgen. Das hat zwei Konsequenzen zur Folge. Einerseits ergibt die jeweilige Syntax semantisch ja nur Sinn, wenn es sich auch um eine Array-Variable bzw. um eine Objektinstanz handelt, und andererseits ändert sich durch den *Selector* wiederum der resultierende Typ eines Variablenzugriffs. Deshalb lohnt sich eine genauere Analyse des nachfolgenden Auszugs aus unserem Parser.

```
// variable selector <var>[<expr>] | <var>.<member>
private Type Selector(Variable variable)
{
    Type type = variable.Type;

    GetToken();
```

```
while (true)
{
    if (CurrToken == Token.tokDOT) // <var>.<member>
    {
        GetToken();

        if (type.IsClass) // class type
        {
            if (CurrToken == Token.tokIDENT)
            {
                Symbol member = type.GetField(CurrIdent);

                if (member is Function function)
                {
                    GetToken();

                    type = FunctionCall(function);
                }
                else if (member is Variable field)
                {
                    GetToken();

                    type = field.Type;
                }
                else
                    Error("Identifier is not a member.");
            }
            else
                Error("Class member expected.");
        }
        else
            Error("Class type expected");
    }
    else if (CurrToken == Token.tokLBRAK) // <var>[<expr>]
    {
        GetToken();

        if (type.IsArray) // array type
        {
```

```
                type = type.GetBase();
            }
            else
                Error("Variable was not declared as array.");

            Expression(TypeKind.tkINTEGER);
            Expect(Token.tokRBRAK, ']');
        }
        else
           break;
    }

    return type;
}

// get variable
private Type Variable()
{
    Type type = Type.Void;

    if (CurrToken == Token.tokIDENT)
    {
        if (Scope.Lookup(CurrIdent) is Variable variable)
        {
            type = Selector(variable);
        }
        else
            Error("Variable was not declared.");
    }
    else
        Error("Variable name expected.");

    return type;
}
```

Listing 7.14 Semantikanalyse bei Variablenzugriffen

Die Methode `Variable()` wird bei der Auswertung von Ausdrücken von der Methode `Factor()` aufgerufen. Sie sucht zunächst im aktuellen Scope nach dem Bezeichner, den der Parser gerade in `CurrIdent` hält. Wird der Bezeichner gefunden und handelt es sich dabei tatsächlich um eine Variable, dann wird für diese Variable die Methode `Selector()` aufgerufen.

`Selector()` liefert im einfachsten Fall nur den Typ der gefundenen Variablen zurück. Wenn allerdings ein Punkt oder eine öffnende eckige Klammer auf die Variable folgt, ermittelt `Selector()` den Basistyp bzw. den Typ des Members. Alle Stellen, an denen im obigen Listing der Typ `type` zugewiesen wird, sind fett markiert.

Die Syntaxanalyse wird auf diese Art und Weise noch mal deutlich robuster, weil wir ja quasi über die Grenzen einer kontextfreien Grammatik hinaus-gehen können. Datentypen und ihr Einfluss auf die Semantik sind dafür das klassische Beispiel. Wir können die Symbolinformationen also sehr gut einsetzen, benötigen dafür aber einen Parser, bei dem man in die Produktionen eingreifen kann. Der gewählte LL-Parser ist dafür ideal.

7.3.3 Multi-Pass-Übersetzung

Multi-Pass-Compiler sind keine neue Erfindung, und dennoch muss man sich deren Vorteile und Funktion erst einmal klarmachen. Fangen wir aber zunächst mit dem Begriff an. Mit *Pass* ist nämlich ein Durchlauf gemeint – in dem Fall ein Durchlauf des Compilers durch den Quelltext. Man darf sich das jedoch nicht so vorstellen, dass der Compiler den ganzen Quelltext mehrmals parst. Man müsste sich ja sonst fragen, was der Parser beim zweiten Durchlauf anderes finden sollte als beim ersten Mal. So funktioniert das natürlich nicht. Auch ein Multi-Pass-Compiler »sieht« den Quelltext nur einmal!

Wer gelegentlich mit Java oder C# programmiert und dann wieder zu C oder C++ wechselt, dem fallen sofort die Forward-Deklarationen auf. In Java und in C# gibt es keine Forward-Deklarationen – sämtliche Deklarationen und deren Reihenfolge sind vollkommen frei wählbar. Ist das nicht aber nur eine Designentscheidung, die die Sprache betrifft, und nichts, was durch den Compiler beeinflusst wird? Moderne C- und C++-Compiler sind mit großer Wahrscheinlichkeit *Multi-Pass-Compiler*, aber die Forwards gibt es trotzdem noch. In dem Fall ist es sicher eine Entscheidung mit Blick auf die ursprüngliche Sprachdefinition. Für eine Sprache ohne Forward-Deklarationen benötigt man jedoch zwingend einen *Multi-Pass-Compiler*. Wenn man sich dagegen beim Compiler-Design auf einen *Single-Pass-Compiler* festlegt, weil er natürlich einfacher ist, endet man bei verschiedenen Forward-Deklarationen. Das betrifft dann nicht nur Funktionen, sondern je nach Sprache auch Zeigertypen bei *rekursiven Deklarationen*. Rekursive Deklarationen entstehen beispielsweise, wenn Strukturen einen Zeiger auf den Strukturtyp enthalten.

Forward-Deklarationen sind also streng genommen nur eine Hilfestellung für Single-Pass-Compiler. Aber warum ist das so? Ein Single-Pass-Compiler hat beim Aufruf einer

Funktion, die tatsächlich erst später im Verlauf des Quelltexts definiert wird, noch keine Informationen über deren Parameter, und folglich kann er den Aufruf nicht kompilieren. Wenn man ohne Forward-Deklaration auskommen möchte, besteht die Notwendigkeit, zuerst alle Funktionsdeklarationen zu parsen. Das macht ein Multi-Pass-Compiler, allerdings ist es nicht ganz so einfach. Wir wissen ja nun, dass es eine Funktion `foo()` beliebig oft geben kann und wir deshalb zwingend die Scopes benötigen, und dafür brauchen wir zuerst eine abstrakte Syntax, damit wir den Quelltext nicht mehrfach parsen müssen! Also doch einen AST?

Für einen Multi-Pass-Compiler ist eine abstrakte Syntax fast unumgänglich, aber natürlich spielt auch die Komplexität der Sprache eine Rolle. Unser Skript ist eine sehr einfache Sprache mit einer schlichten, expliziten Syntax. Unsere bisherige Abstraktion des Quelltexts, also die Speicherung aller Zeilen in einer Liste, ist dafür ausreichend. Es gibt keine Regel, aus der man ableiten könnte, wie viele Durchläufe man bei welcher Komplexität einer Sprache benötigt. Es ist allerdings sinnvoll, zunächst mit der Struktur eines Skriptmoduls zu beginnen und sich schrittweise die Details zu erarbeiten.

Die Funktion `Preprocess()`, die unmittelbar nach dem Öffnen einer Datei ausgeführt wird und die wir bereits im Zusammenhang mit dem Präprozessor besprochen hatten, erschließt auch schon alle Klassendeklarationen und alle darin deklarierten Methoden sowie alle Funktionen, die außerhalb von Klassen deklariert werden. Schon in diesem ersten Durchlauf werden alle Scopes sowie die erkannten Symbole angelegt. Nach dem Durchlauf hat jede Zeile in der Liste zudem einen direkten Bezug zu ihrem Sichtbarkeitsbereich (*Scope*), in dem sie sich befindet. Neben den Funktionen werden auch schon die Funktionsparameter analysiert.

In den folgenden Durchläufen werden Makrodefinitionen ersetzt, danach werden alle Sprungmarken (*Labels*) gesucht, und erst im vierten Pass werden alle Zeilen nacheinander an unseren Parser übergeben. In dem Durchlauf werden dann beispielsweise auch Variablen deklariert, nachdem jede Zeile bereits ihr Scope kennt und alle Datentypen auch schon bekannt sind. Die einzelnen Durchläufe werden sequenziell nacheinander ausgeführt, sofern der vorherige Pass keinen Fehler gefunden hat.

```
// build project
public void Build(string filename)
{
    Module project = new Module(filename);

    Hint("Compiling...");

    if (OpenModule(project)) // pass 1
```

```
    {
        if (Errors == 0)
            ExpandLines(project); // pass 2

        if (Errors == 0)
            ScanLabels(project); // pass 3

        if (Errors == 0)
            ParseLines(project); // pass 4

        if (Errors == 0)
        {
            Hint("Generating...");

            GenerateCode(project); // pass 5
            CheckMemory(project);

            if (Errors == 0)
                WriteFiles(project);
        }

        Hint("Build finished - " + Errors.ToString() + " error(s).");
    }
    else
        Error("Can't open module: '" + filename + "'.");
}
```

Listing 7.15 Multi-Pass-Prinzip im Compiler

Schließlich werden im letzten Durchlauf alle Codeschnipsel, die vom Parser für die Zeilen generiert wurden, zusammengefügt und je nach gewünschtem Format als HEX- oder INC-Datei ausgegeben.

7.4 Code-Generator

Es scheint doch ein großer Sprung zu sein. Bisher haben wir gerade einmal die syntaktische und die semantische Analyse unseres Compilers besprochen – ist da der Code-Generator nicht noch ein gutes Stück entfernt? Im klassischen Compilerbau käme als nächster Schritt die Ausgabe eines Zwischencodes in einer *Intermediate Language* (IL), der im Grunde aber schon ein ausführbares Programm darstellt. In der Regel nimmt man als IL eine abstrahierte Befehlsform. Üblich ist dabei etwa Drei-Adress-Code (*Three Address Code*) oder eine SSA-Form (*Single Static Assignment*). Würde man diesen Zwischencode speichern und dafür einen Interpreter schreiben, hätte man einen Compiler für einen virtuellen Prozessor.

Eine spezielle Variante des IL-Code ist *Bytecode*, der sich in der Regel aus einfachen Befehlen für einen virtuellen *Stackprozessor* zusammensetzt. Einer der Ersten, der Bytecode verwendete, war Niklaus Wirth mit seinem *UCSD-p-System*. Er übersetzte Pascal in P-Code (*Portable Code*), um diesen dann mit einem Interpreter plattformunabhängig ausführen zu können. Zu der Zeit waren virtuelle Plattformen aber noch recht langsam. Das p-System konnte sich in der Form nicht durchsetzen. In den 1990er-Jahren verhalf dann jedoch Java mit seinem Bytecode dieser Idee noch mal zu einer echten Renaissance. Bytecode wurde damit in der Tat zu einem portablen Code. Schon bald wurde er aber auf verschiedenen Zielplattformen in nativen Code weiterübersetzt, um eine Performancesteigerung zu erreichen. Microsoft perfektionierte schließlich dieses Konzept mit der *Microsoft Intermediate Language* (MSIL, siehe Quelle 24 im Literaturverzeichnis) im Rahmen seiner .NET-Umgebung. Obwohl der MSIL-Code ein klassischer Bytecode für einen *hypothetischen Stackprozessor* ist, wird er nicht mit einem Interpreter ausgeführt. Stattdessen wird er unmittelbar vor der ersten Ausführung von einem *Just-in-Time-Compiler* (JIT-Compiler) in nativen Code für die Zielplattform kompiliert.

Wir wollen mit unserem Compiler jedoch keinen Bytecode generieren, obwohl auch das möglich wäre. Stattdessen wollen wir Token-Code ausgeben. Im Grunde können wir Token-Code ebenfalls als eine Intermediate Language (IL) bezeichnen. Der wesentliche Unterschied besteht lediglich darin, dass Bytecode immer eine Postfix-Form aufweist, während Token-Code zumeist die Infix-Darstellung der Quellsprache beibehält. Man könnte unseren Compiler also auch als einen *Source-to-Source-Compiler* bezeichnen, weil er quasi eine Programmiersprache (Embedded BASIC) in eine andere Programmiersprache (Token-Code) übersetzt und gleichzeitig noch Syntax und Semantik prüft.

Die Wahl eines LL-Parsers wird uns dabei noch mal sehr von Vorteil sein, weil wir mit diesem Parser recht einfach Infix-, aber auch Postfix-Code generieren können.

7.4.1 Direkte Codeausgabe

Beim LL-Parser wird für jede Produktion der Grammatik eine entsprechende Methode aufgerufen. Man nennt die Methoden nach Möglichkeit sogar genau so wie die Produktionen, beispielsweise bei `Expression()`. Das geht nicht immer eins zu eins, macht einen solchen Parser aber in der Praxis sehr gut lesbar.

Die direkte Codeausgabe nutzt nun die einzelnen Produktionsmethoden, um passend zur Eingabe unmittelbar die Ausgabe zu generieren. Man kann sich das Prinzip so vorstellen, dass es zwischen den Aufrufen weiterer Produktionen einfach Aufrufe zur Ausgabe gibt. Machen wir dazu ein einfaches Beispiel, bei dem eine IF-Anweisung der Form:

IF Expression **THEN** Statements

übersetzt werden soll. Wir stellen zur Verdeutlichung gleich beide Varianten gegenüber, erzeugen also einmal Infix- und einmal Postfix-Code.

<table>
<tr><th>a)</th><th>b)</th></tr>
<tr><td><pre>VOID IfStatement()
{
    Expect(tokIF);
    Emit("if (");
    Expression();
    Emit(") {");
    Expect(tokTHEN);
    Statements();
    Emit("}");
}</pre></td><td><pre>VOID IfStatement()
{
    INT label = NextLabel();
    Expect(tokIF);
    Expression();
    Emit("jmp.zero" + label.ToString());
    Expect(tokTHEN);
    Statements();
    Emit(lab.ToString() + ":");
}</pre></td></tr>
<tr><td>Infix-Code:</td><td>Postfix-Code:</td></tr>
<tr><td><pre>if (Expression.Code)
{
    Statements.Code
}</pre></td><td><pre>Expression.Code
jmp.zero 10
Statements.Code
10:</pre></td></tr>
</table>

Tabelle 7.2 Prinzip der direkten Codeausgabe im Parser; a) Ausgabe von Infix-Code (Source-to-Source; b) Ausgabe von Postfix-Code (z. B. Bytecode)

Es handelt sich bei obigem Listing um eine Pseudocode-Darstellung. In der Praxis enthält eine Produktionsmethode zusätzlich noch Fehlerprüfungen und gegebenenfalls entsprechende Ausgaben. Das sind jedoch alles Dinge, die für das Verständnis zunächst keine Rolle spielen. Die Methode `Expect()` erwartet im Eingabestrom das als Parameter übergebene Token. Wird das Token nicht gefunden, würde die Methode eine Fehlermeldung ausgeben. Bei den kursiv dargestellten Methoden handelt es sind um die eigentlichen Produktionen entsprechend der Grammatik, die ihrerseits aber auch um entsprechende Ausgaben erweitert wurden.

Jede Ausgabe erfolgt mit der Methode `Emit()`, die natürlich auch in den Unterproduktionen verwendet wird. Im Beispiel werden mittels `Emit()` nur Strings ausgegeben. Dafür würde man auf der rechten Seite dann noch einen Assembler benötigen. Durch die Reihenfolge der Aufrufe ergibt sich der in der unteren Hälfte dargestellte Code.

Die Infix-Darstellung links soll bewusst einmal der Sprache C ähneln, weil C aufgrund seiner Portabilität tatsächlich auch als Zwischensprache angesehen werden kann. Man würde dann aber noch einen kompletten C-Compiler für die Zielplattform benötigen. Bei der Postfix-Darstellung auf der rechten Seite würde sich ein klassischer stackbasierter Bytecode als Ausgabe anbieten. Dafür würde man noch einen Interpreter auf der Zielplattform benötigen.

Das Prinzip sollte anhand der beiden Pseudo-Code-Beispiele sicher erkennbar sein. In der Praxis ergeben sich natürlich umfangreichere Methoden. Die direkte Codeausgabe ist besonders einfach, erlaubt aber auch keine weiteren Optimierungen. Zudem muss man aufpassen, wenn man den Parser ändert. Es kann dann schnell zu falschen Ausgaben kommen.

7.4.2 Verzögerte Codeausgabe

In Erweiterung zur direkten Codeausgabe gibt es auch die Möglichkeit einer verzögerten Codeausgabe. Wenn man die Auswertung von Ausdrücken dahin gehend erweitern möchte, dass bereits während der Übersetzung Teilausdrücke, die beispielsweise nur aus Konstanten bestehen, schon zusammengefasst werden, muss man die Codeausgabe zunächst verzögern. Am Beispiel einer einfachen Addition zweier Konstanten 1+2 würde man demnach die 1 und das + noch nicht ausgeben, weil man stattdessen nach der Berechnung eine 3 ausgeben könnte. Das ist möglich, wenn man die Codeausgabe zunächst zurückhält, bis entweder das Ergebnis feststeht oder etwa eine Variable in dem Ausdruck vorkommt.

Nach dem geänderten Prinzip generiert jeder Teilausdruck ebenso wie jede einzelne Anweisung zunächst eine temporäre Codesequenz. Dabei fügen die Anweisungen immer nur ihre Codesequenzen zusammen und liefern diese wieder als temporäre Sequenz an die darüberliegende Produktion. Man kann so an jeder Stelle prüfen, ob etwa ein Ausdruck noch konstant ist, und die konkrete Codeausgabe dann noch ändern oder auch ganz weglassen. Die Ausgabe des gesamten Programms erfolgt somit erst ganz zum Schluss.

```
STMT IfStatement()
{
    EXPR expr;
    STMTS stmts;
```

```
    Expect(tokIF);
    expr = Expression();
    Expect(tokTHEN);
    stmts = Statements();

    return EmitIfStmt(expr,stmts);
}
```

Listing 7.16 Prinzip der verzögerten Codeausgabe

Bildlich kann man die beiden Strategien der unmittelbaren bzw. der verzögerten Codeausgabe so charakterisieren, dass die unmittelbare Codeausgabe schon beim Abstieg des Parsers und die verzögerte Codeausgabe erst beim Aufstieg erfolgt. Beide Strategien sind jedoch recht einfach zu realisieren. Die Datenstrukturen sind bei der verzögerten Codeausgabe etwas komplexer. Dafür hat man da schon die Möglichkeit, einfache Optimierungen, wie etwa *Constant Folding*, zu realisieren.

Wir sind mit der Prämisse in den Compilerbau gestartet, immer nur die einfachste Lösung zu implementieren. Für unsere Skriptsprache soll die direkte Codeausgabe daher genügen. Dennoch könnte man, etwa mit Blick auf eine entsprechende Lehrveranstaltung, diesen Ansatz auch durchbrechen und schauen, was darüber hinaus möglich ist. Letztlich kann man anstelle unseres Token-Codes auch einen Bytecode definieren und diesen dann als Ausgabe erzeugen. Da alle Quellen zu diesem Buch verfügbar sind, kann man die Teile austauschen, für die man eine bessere Lösung entwickeln möchte.

Kapitel 8
Zusammenfassung

Nichts, was nicht schon gesagt wurde, und trotzdem noch einmal etwas Neues.

Das vorliegende Buch versucht, ein Single-Chip-System mit einem modernen 32-Bit-Mikrocontroller als eingebettetes System mit all seinen Aspekten zu betrachten. Das ergibt einerseits zwar ein sehr umfangreiches und interessantes Themenspektrum, führt aber zwangsläufig an manchen Stellen auch zu Vereinfachungen. Wenn Sie als Leser oder Leserin jedoch bis hierhin gekommen sind, hat sich der Versuch schon gelohnt.

Neben der Wissensvermittlung besteht ein besonderes Anliegen dieses Buchs auch darin, die Motivation zu wecken, einmal etwas Neues zu probieren. Dazu bietet das Buch unter anderem Anregungen zur Hardwareentwicklung, weil das für Informatikerinnen und Informatiker oft eine Grenze darstellt, die sie nicht überschreiten. Andererseits finden sich aber auch Anregungen zu Themen wie Multitasking oder, sehr speziell, auch zum Compilerbau, was wiederum für Elektrotechniker und Elektronikerinnen ungewohnt sein dürfte. Es geht nicht darum, immer jeden Schritt genau vorzugeben und im Detail zu erklären, sondern vielmehr darum, zu vermitteln, was mit begrenztem Aufwand möglich ist. An der Stelle kommt das Buch dann aber auch an seine Grenzen. Natürlich würde der eine oder andere Leser, und hoffentlich auch Leserin, an mancher Stelle noch etwas mehr erwarten. Ein sinnvolles Maß zu finden zwischen Interesse wecken auf der einen Seite und einer ansprechenden Komplexität andererseits, ist jedoch ein schmaler Grat.

Dazu bietet das Buch neben dem Text aber auch noch eine sehr umfangreiche Software. Die Software umfasst alle im Buch beschriebenen Aspekte, und jeder Aspekt ist komplett ausprogrammiert bzw. im Fall der Hardware komplett entworfen. Je nach Interesse besteht also die Möglichkeit, sich auf nur einen oder einige der Aspekte zu konzentrieren und diese zu ändern oder zu verbessern. Das richtet sich insbesondere an Studierende, Hobbyelektroniker sowie auch an Lehrende an Hochschulen. Die Einarbeitung in die Software erfordert etwas Zeit, stellt dann aber eine sehr gute Basis dar, um Details zu erklären oder Teile als Aufgaben herauszulösen. Der Autor hatte das in seinen Lehrveranstaltungen genau so praktiziert, und die Reaktion der Studierenden darauf war positiv.

Die Kombination aus Hard- und Software erfüllt Anforderungen vieler unterschiedlicher Fachgebiete und kann somit auch fächerübergreifend genutzt werden.

Beginnend mit einem Rückblick auf die Themengebiete, die im Buch behandelt wurden, wagen wir anschließend einen Ausblick auf weitere interessante Ideen.

8.1 Themengebiete

Im vorliegenden Buch werden einige teils sehr verschiedene Themengebiete zusammen betrachtet. Das ergibt insofern Sinn, weil das verbindende Element ein eingebettetes System ist. Ein modernes eingebettetes System besteht heute zunächst aus einer Hardware, meist nicht mehr als einer Leiterplatte mit einigen Steckverbindern. Dazu gehört immer auch eine durchaus komplexe Software, die vorrangig in C, oft auch schon in C++ erstellt wird. Neben der reinen Systemsoftware oder auch Firmware gibt es meist noch eine Programmier- oder vielleicht auch nur eine Konfigurationssoftware. Damit ist das Spektrum, das sich hinter dem Begriff *Embedded Systems* verbirgt, enorm weit gesteckt. Wer sich also heute mit dem Entwurf solcher Systeme befassen möchte, benötigt ein solides Wissen und ein tiefgehendes Verständnis.

In Kapitel 2, »Hardware«, haben wir uns ausgiebig mit dem Entwurf eines kleinen Breakout-Boards für einen modernen Mikrocontroller befasst. Wir haben die Idee eines Single-Chip-Systems vorangestellt und uns dann durch die einzelnen Schritte des Schaltungs- und des Leiterplattenentwurfs vorgearbeitet. Immer stand das Ziel im Vordergrund, am Ende auch tatsächlich eine eigene Leiterplatte herstellen zu können. Der Gedanke, es selbst zu tun, war dabei wesentlich, weil dieses Kapitel auch zur Motivation gedacht ist. Wir haben dabei vieles weggelassen, was man über Schaltungstechnik und Layout wissen muss, weil das zunächst eher abschrecken könnte. Das bedeutet natürlich nicht, dass man sich dieses Wissen nicht trotzdem noch aneignen sollte. Dennoch hat man am Ende des Kapitels einen eigenen Entwurf!

Kapitel 3, »Bootloader«, beschreibt die Entwicklung eines Bootloaders für den STM32-Mikrocontroller. Der Bootloader ist eine Schlüsselkomponente für unser Board ebenso wie für jedes andere Embedded System, und deshalb sollte man als Entwickler eine Vorstellung davon haben, wie komplex oder wie einfach es letztlich ist, ihn zu entwickeln. Darüber hinaus sollte auch eine Sensibilität für das Sicherheitsrisiko geschaffen werden, das ein Bootloader letztlich darstellt.

Kapitel 4, »Betriebssystem«, gibt einen Einblick in die Entwicklung eines Multitasking-Systems. In der Praxis wird man wahrscheinlich eher ein fertiges Betriebssystem nutzen. Es sollte aber dennoch gezeigt werden, dass es nicht aufwendig und schon gar nicht unmöglich ist, ein eigenes System zu erstellen. Die Vorteile eines bestehenden Systems liegen eher darin, dass man innerhalb eines Entwicklerteams Aufgaben besser separieren kann. Das zu erkennen, ist aber auch ein Ergebnis des Kapitels.

Kapitel 5, »Embedded BASIC«, stellt eine Skriptsprache vor, wie man sie für die Programmierung und Konfiguration einer Hardware verwenden kann. Dieses Kapitel ist als Anregung gedacht, sich auch mit domainspezifischen Sprachen zu befassen. BASIC dient als Hommage einerseits und als Ansporn für eine einfache und vielseitige Sprache andererseits. Wenn man bedenkt, dass es in der Geschichte kaum eine Programmiersprache gab, die so verbreitet und dennoch so kontrovers diskutiert wurde, fühlt man sich als Softwareentwickler ein Stück weit herausgefordert, eine eigene Interpretation zu entwickeln.

Unabhängig von der eigentlichen Skriptsprache beschreibt Kapitel 6, »Interpreter«, ausführlich die Entwicklung eines eigenen Interpreters in C. Ausgehend von den Ideen, die einen Interpreter als solchen auszeichnen, wird ein vollständiger Skript-Interpreter für Embedded BASIC entwickelt. Dieses Kapitel ist Anregung und Wissensvermittlung zugleich. Es geht weniger darum, einem Retrotrend zu folgen, den es gibt und der auch einen gewissen Kult mit sich bringt. Es ist eher der Versuch, die Komplexität, die sich dahinter verbirgt, herunterzubrechen und verständlich darzustellen. Es gibt nur wenige Quellen, die dieses Gebiet genau beleuchten.

Letztlich geht auch Kapitel 7, »Übersetzer«, in dieselbe Richtung. Allerdings ist Compilerbau ein Grundlagenfach der Informatik und als solches sehr gut mit Literatur untersetzt. Dennoch muss man feststellen, dass sich die Werke zu dem Thema ähneln und immer den gleichen klassischen Ansatz beschreiben. Hier sollte ein möglichst einfacher Ansatz gefunden werden, der jedoch nicht so trivial ist, dass man damit praktisch nicht arbeiten kann. Die beschriebene Lösung ist praktikabel und gegenüber klassischen Werken leichter verständlich.

Ganz gleich, welches der Themengebiete Ihnen als Leser oder Leserin nun am nächsten liegt – ein Blick über den Tellerrand ist immer lohnenswert.

8.2 Ausblick

Es bleibt die Frage, was wir mit unserem Breakout-Board anfangen können. Einige Ideen wurden bereits angesprochen, wie etwa die Drehzahlregelung oder die Steuerung autonomer mobiler Roboter. Das sind durchaus interessante Aufgaben, aber hätten wir dafür das Modbus-Protokoll gebraucht oder eine Echtzeituhr? Der folgende Ausblick soll eine neue Tür aufstoßen, ohne jedoch auf die konkrete Realisierung einzugehen.

Im Bereich der *Low-Power-Radio-Kommunikation* gibt es einen Funkstandard, der heraussticht. Unter dem Namen LoRa vertreibt die Firma SEMTECH Schaltkreise, mit denen sich sehr reichweitenstarke, aber dennoch lizenzfreie Funkverbindungen realisieren lassen. So kann man mit einfachen Modulen Funkstrecken aufbauen, die, je nach verwendeter Antenne, bereits einen bis zwei Kilometer überbrücken können. Die LoRa-Technologie basiert auf einer komplexen Modulationsart (*Chirp Spread Spectrum Modulation*). Einerseits erreicht man damit eine beeindruckende Reichweite bei nur ca. 10 mW zulässiger Sendeleistung, und andererseits ist diese Modulation auch relativ immun gegen Störungen durch Mehrfachausbreitungen. Was bedeutet das?

Wenn man beispielsweise innerhalb von Gebäuden eine zuverlässige Funkübertragung aufbauen möchte, kommt man mit der üblichen FM-Modulation (*Frequency Modulation*), wie sie von vielen Funkmodulen verwendet wird, schnell an Grenzen. Durch Reflexion und Auslöschung entstehen Bereiche, an denen einfach kein Empfang möglich ist. Selbst wenn die Kommunikation anfangs noch funktioniert, kann sich das durch Umbauten oder sogar nur durch Verschieben von Schränken komplett ändern. Gegenüber solchen Effekten zeigt sich die Chirp Spread Spectrum Modulation deutlich robuster, weshalb sie für den Einsatz als einfache Datenschnittstelle innerhalb von Gebäuden ideal geeignet erscheint. Man kann damit vergleichsweise einfach ein separates technisches Funknetz in einem Gebäude parallel zu einem bereits existierenden WLAN-Netzwerk aufbauen. Die beiden Standards beeinflussen sich nicht gegenseitig, weil ihre Frequenzbereiche weit voneinander getrennt liegen. Da in der Gebäudeautomation zunehmend mehr Geräte über eine Modbus-RTU-Schnittstelle verfügen, ist die konsequente Idee die, einen frei programmierbaren LoRa-Transceiver mit Modbus-Schnittstelle zu bauen. Dafür ist unser Breakout-Board ideal geeignet, wie Abbildung 8.1 verdeutlichen soll.

Das abgebildete Gerät ist zunächst nur ein Prototyp und besteht primär aus unserem Breakout-Board, zusammen mit einem fertig aufgebauten LoRa-Transceiver (RFM95), der direkt über unseren Systembus angesteuert werden kann. Ein Schaltregler mit einem weiten Betriebsspannungsbereich von 8 bis 30 V erleichtert den Einsatz. Zusammen mit einem kleinen Lochrasterfeld, auf dem man zusätzlich noch eine Sensorschaltung aufbauen könnte, passt die gesamte Leiterplatte in ein Wandgehäuse mit der Größe von nur 80 × 80 × 25 mm.

Durch die vorhandene Modbus-RTU-Schnittstelle kann das Modul beispiels-weise mit Wechselrichtern, Energiezählern oder ähnlichen Geräten kommunizieren und die ausgelesenen Daten mittels LoRa-Kommunikation in eine Zentrale übertragen. Aufgrund der hohen Empfindlichkeit der LoRa-Empfänger ist die Reichweite selbst in größeren Gebäuden sehr gut.

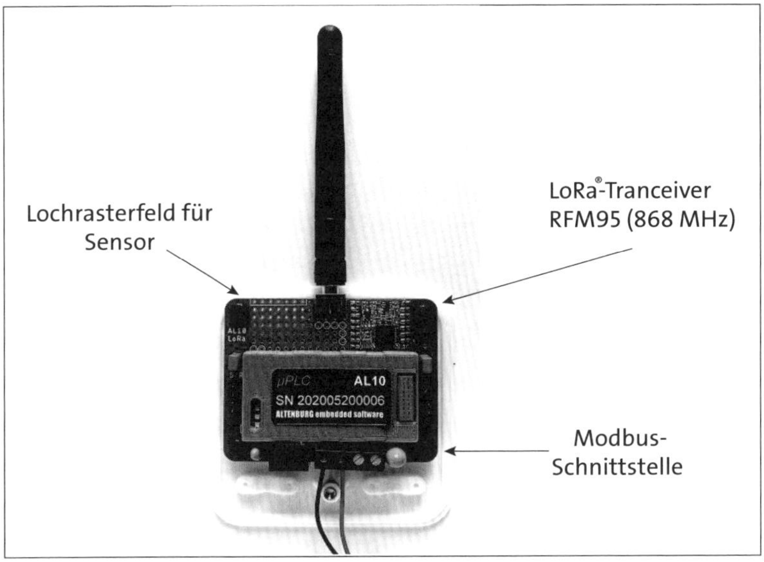

Abbildung 8.1 Breakout-Board in der Gebäudeautomation

Durch die Funkkommunikation eröffnen sich zudem komplett neue Möglichkeiten. Man würde sicher auch das Skriptprogramm gern per Funk übertragen wollen, wofür man den Bootloader anpassen müsste, und sicher gäbe es viele weitere Einsatzmöglichkeiten, wie Mesh-Netzwerke oder Solarbetrieb.

Der größte Vorteil unseres Breakout-Boards ist letztlich der, dass jede Änderung möglich ist! Mit dieser Idee endet das Buch, und es bleibt der Wunsch, dass Sie als Leser oder Leserin Wissen und Anregungen entnehmen konnten.

Viel Spaß beim Experimentieren!

Anhang

Anhang A
Schaltplan

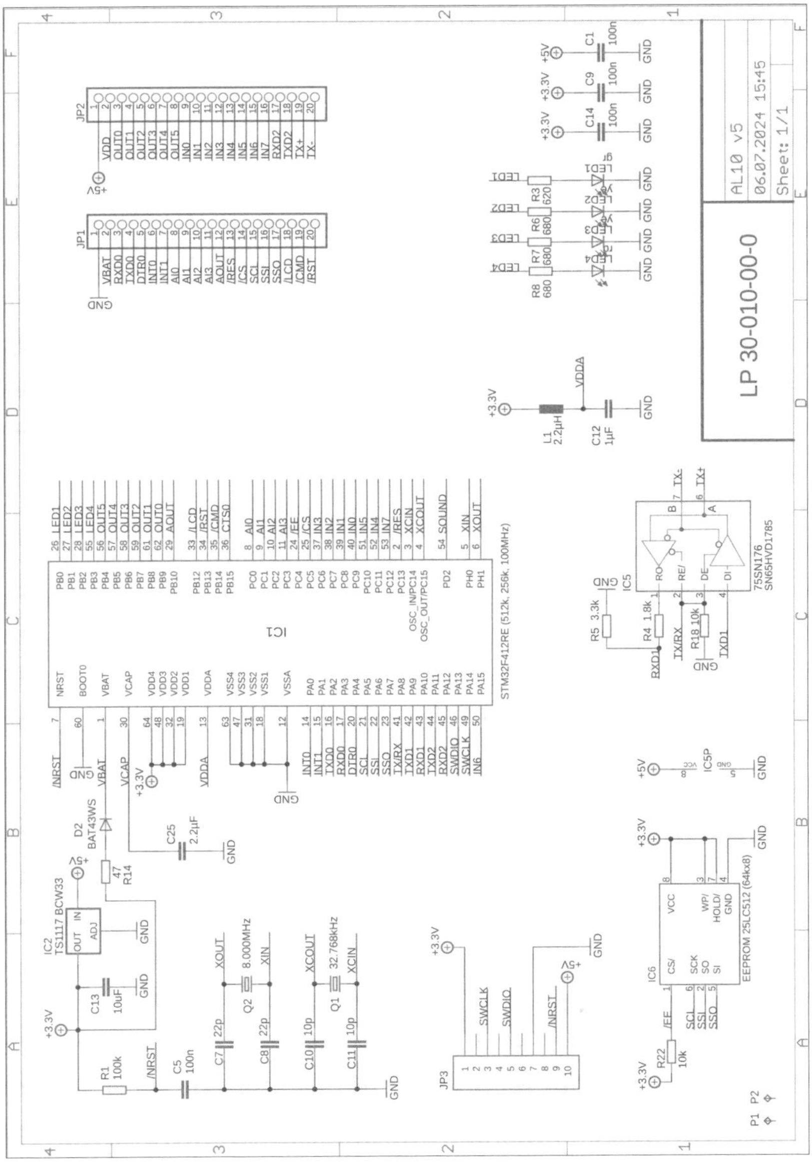

Abbildung A.1 Schaltplan Breakout-Board

Anhang B
Leiterplatte

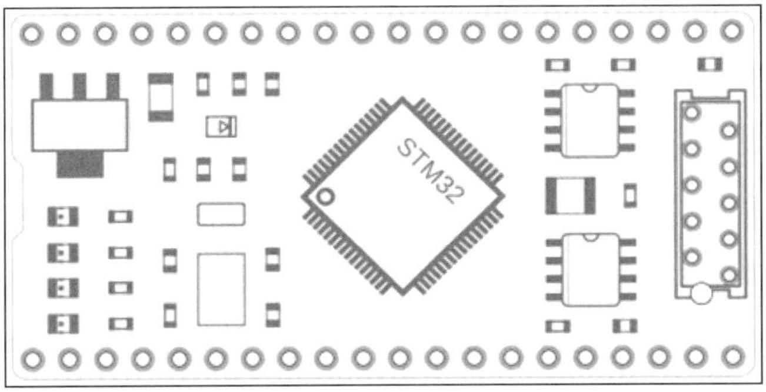

Abbildung B.1 Leiterplatte Breakout-Board, Bestückung

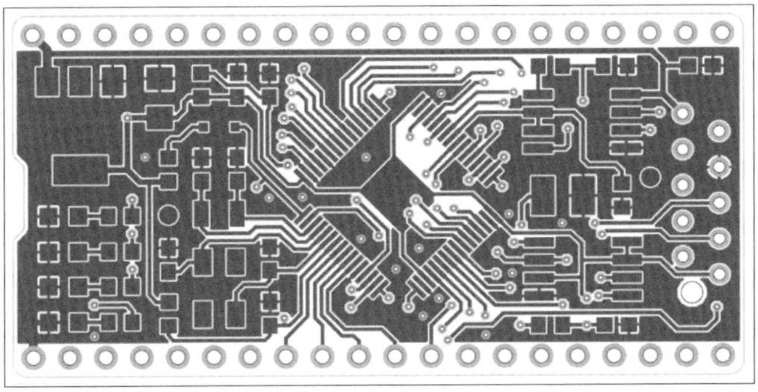

Abbildung B.2 Leiterplatte Breakout-Board, Top-Layer

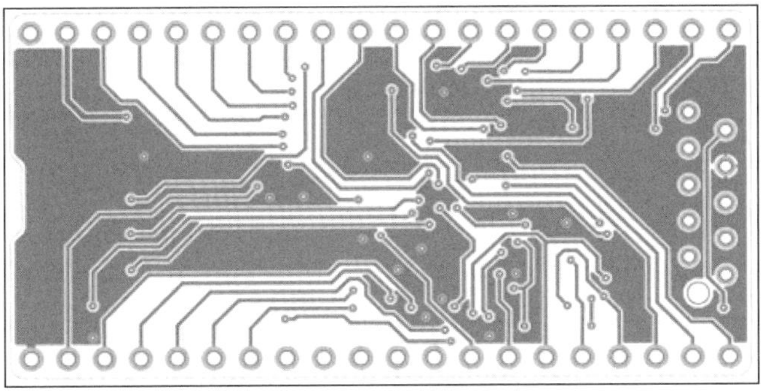

Abbildung B.3 Leiterplatte Breakout-Board, Bottom-Layer

Anhang C
Grundlagen von Embedded BASIC

C.1 Grammatik

Die Grammatik von Embedded BASIC im EBNF-Format:

C.1.1 // Script...

Script ::= { *Statements* }

Label ::= *Identifier*

Instruction ::= *Declaration* | *Statement*

Statements ::= [*Label* »**:**«] *Instruction* { »**:** « *Instruction* } <nl>

C.1.2 // Declarations...

Declaration ::= [»**private**« | »**public**«] *ModifierDecl*

ModifierDecl ::= *ClassDecl* | *FunctionDecl* | *VariableDecl*

ClassDecl ::= »**class**« *ClassName* <nl> *Statements* »**endclass**«

ClassName ::= *Identifier*

FunctionDecl ::= »**function**« *FuncDecl* <nl> *Statements* »**endfunction**«

FuncDecl ::= [*TypeName*] *FuncName* » **(**« [*ParamsDecl*] »**)**«

FuncName ::= *Identifier*

ParamsDecl ::= *ParamDecl* { »**,**« *ParamDecl* }

ParamDecl ::= *TypeName* *ParamName* [»**[]**«] [»**=**« *DefaultValue*]

DefaultValue ::= *Expr* | *String*

ParamName ::= *Identifier*

VariableDecl ::= *TypeName* *VarName* [» **[**« *Integer* »**]**«] [»**=**« *InitValues*]

InitValue ::= *InitList* | *Expr* | *String*

InitList ::= »**{**« *Expr* | *String* { »**,**« *Expr* | *String* } »**}**«

VarName ::= *Identifier*

TypeName ::= *TypeId* | *ClassName*

TypeId ::= »**bool**« | »**char**« | »**byte**« | »**word**« | »**short**« | »**int**« | »**float**« | »**object**«

C.1.3 // Expressions...

Cond ::= *Expr* { »<« | »>« | »<=« | »>=« | »<>« | »==« *Expr* }

Expr ::= *Term* { »+« | »-« | »**xor**« | »**or**« *Term* }

Term ::= *Factor* { »*« | »/« | »<<« | »>>« | »**mod**« | »**and**« *Factor* }

Factor ::= *Value* | »-« *Factor* | »(« *Cond* »)«

Value ::= *Num* | *Variable* | *FuncCall*

Num ::= *Int* | *Float* | *Char* | *ESC* | *CR* | *NL*

C.1.4 // Literals...

String ::= »»«{ <char> }»««

Char ::= »'« <char> »'«

Float ::= { »0« .. »9« }$^{+}$ ».« { »0« .. »9« }

Int ::= { »0« .. »9« }$^{+}$

ESC ::= »**esc**«

CR ::= »**cr**«

NL ::= »**nl**«

C.1.5 // Statements...

Statement ::= *Assignment* | *Repetition* | *Selection* | *Branch*

Assignment ::= *Variable* »=« *Expr* | *FuncCall*

Variable ::= *VarName* [{ » [« *Expr* »]« | [».« *Selector*] }]

Selector ::= *Identifier*

FuncCall ::= *Function* | *Method*

Function ::= *FuncName* » (« *Params* »)«

Method ::= *VarName* [» [« *Expr* »]«] ».« *Function*

Params ::= *Param* {»,« *Param* }

Param ::= *Expr* | *String*

C.1.6 // Repetitions...

Repetition ::= *ForStmt* | *LoopStmt* | *WhileStmt*

ForStmt ::= »**for**« *ForAssign* »**to**« *Expr* [»**by**« *Expr*] <nl> *Statements* »**endfor**«

ForAssign ::= *Variable* »**=**« *Expr*

LoopStmt ::= »**loop**« <nl> *Statements* »**endloop**«

WhileStmt ::= »**while**« *Cond* <nl> *Statements* »**endwhile**«

C.1.7 // Selections...

Selection ::= *IfStmt* | *SelectStmt* | *OnStmt*

IfStmt ::= *IfLine* | *IfBlock* | *IfElse* | *IfElseIf*

IfLine ::= »**if**« Cond »**then**« *Statements*

IfBlock ::= »**if**« Cond »**then**« <nl> *Statements* »**endif**«

IfElse ::= »**if**« Cond »**then**« <nl> *Statements* »**else**« <nl> *Statements* »**endif**«

IfElseIf ::= »**if**« Cond »**then**« <nl> *Statements* { »**elseif**« Cond »**then**« <nl> *Statements* } »**else**« <nl> *Statements* »**endif**«

SelectStmt ::= »**on**« *Expr* <nl> { *CaseStmt* } [*CaseElse*] »**endselect**«

CaseStmt ::= »**case**« *Ranges* <nl> *Statements*

CaseElse ::= »**case**« »**else**« <nl> *Statements*

Ranges ::= *Range* { »,« *Range* }

Range ::= *Expr* [»**to**« *Expr*]

OnStmt ::= *OnCall* | *OnGoto*

OnCall ::= »**on**« Expr »**call**« *Funcs*

OnGoto ::= »**on**« Expr »**goto**« *Labels*

Funcs ::= *FuncName* { »,« *FuncName* }

Labels ::= *Label* { »,« *Label* }

C.1.8 // Branches...

Branch ::= *GotoStmt* | *ExitStmt* | *ReturnStmt* / *IfExit* | *IfGoto* | *IfReturn* | *End*

IfExit ::= »**if**« Cond »**exit**«

IfGoto ::= »**if**« Cond »**goto**« *Label*

IfReturn ::= »**if**« Cond »**return**« [*Expr*]

ReturnStmt ::= »**return**« [*Expr*]

GotoStmt ::= »**goto**« *Label*

ExitStmt ::= »**exit**«

EndStmt ::= »**end**«

C.2 Token-Liste

In den nachfolgenden Tabellen sind alle Token-Codes aufgelistet, die der Embedded BASIC Interpreter ab Version 4.1.0 unterstützt.

Token (hex)	Schlüsselwort	Funktion
80	IF	IF-Anweisung
81	THEN	
82	ELSE	
83	ELSEIF	
84	ENDIF	
85	CASE	SELECT-Anweisung
86	SELECT	
87	ENDSELECT	
88	LOOP	LOOP-Schleife
89	ENDLOOP	
8A	WHILE	WHILE-Schleife
8B	ENDWHILE	
8C	FOR	FOR-Schleife

Tabelle C.1 Schlüsselwörter

Token (hex)	Schlüsselwort	Funktion
8D	TO	
8E	STEP	
8F	ENDFOR	
90	ON	ON ... GOTO ... bzw. ON ... CALL ...
91	GOTO	
92	CALL	
93	EXIT	EXIT-Anweisung
94	RETURN	RETURN-Anweisung
95	FUNCTION	FUNCTION-Deklaration
96	ENDFUNCTION	
97	NEW	NEW-Operator
98	CLASS	CLASS-Deklaration
99	ENDCLASS	
9A	INT	Software-Interrupt
9B	TASK	TASK-Deklaration
9C	WAIT	WAIT-Anweisung
9D	SLEEP	SLEEP-Anweisung
9E	END	Task- oder Programmende

Tabelle C.1 Schlüsselwörter (Forts.)

Token (hex)	Anweisung	Funktion
9F	CLS	Grafikfunktionen
A0	FONT	Zeichensatz
A1	COLOR	Farbe
A2	LOCATE	Position
A3	GRAFIX	Zeichenbefehle

Tabelle C.2 Befehle

Token (hex)	Anweisung	Funktion
A4	OPEN	Stream-Operationen
A5	FIND	Suchen
A6	READ	Eingabe binär
A7	WRITE	Ausgabe binär
A8	INPUT	Eingabe ASCII
A9	PRINT	Ausgabe ASCII
AA	FLUSH	Puffer löschen
AB	CLOSE	Schließen
AC	INC	Variable erhöhen
AD	DEC	Variable verringern
AE	SEND	Protokoll senden
AF	RECV	Protokoll empfangen
B0	LOAD	Speicher lesen
B1	STORE	Speicher schreiben
B2	SOUND	Tonausgabe
B3	FORMAT	String formatieren
B4	INSERT	Array-Operationen
B5	DELETE	Löschen eines Arrays
B6	SENDSMS	SMS senden
B7	RECVSMS	SMS empfangen

Tabelle C.2 Befehle (Forts.)

Token (hex)	Anweisung	Funktion
B8	SETSERIAL	serielle Schnittstelle
B9	SETPWM	PWM-Ausgang
BA	SETDRIVE	Servo- oder Stepper-Drive

Tabelle C.3 Hardware-Setup

Token (hex)	Anweisung	Funktion
BB	SETCLOCK	RTC-Uhr
BC	SETMODEM	GSM-Modem
BD	SETMAPPING	CAN Message Mapping
BE	SETCOUNTER	Zählereingang
BF	SETDISPLAY	grafisches LCD-Display
C0	SETNETWORK	Netzwerke und Bussysteme

Tabelle C.3 Hardware-Setup (Forts.)

Token (hex)	Anweisung	Funktion
C1	BOOL	Boolean
C2	CHAR	8-Bit-Zeichen
C3	BYTE	8 Bit ohne Vorzeichen
C4	WORD	16 Bit ohne Vorzeichen
C5	INT16	16 Bit mit Vorzeichen
C6	INT32	32 Bit mit Vorzeichen
C7	FLOAT	Gleitkommazahlen

Tabelle C.4 Deklarationen

Token (hex)	Anweisung	Funktion
C8	ERR	Fehlernummer
C9	MSG	Message-ID
CA	RXDn	Empfangen Zeichen
CB	ADCn	Analogeingang
CC	PWMn	PWM-Ausgang
CD	PORTn.b	Port oder Portbit
CE	REGS[n].b	Register oder Registerbit

Tabelle C.5 Systemvariablen

Token (hex)	Anweisung	Funktion
CF	TICKS	Millisekunden-Ticks
D0	DATE	Datum in Sekunden
D1	.YEAR	Jahr
D2	.MONTH	Monat
D3	.DAY	Tag
D4	TIME	Zeit in Sekunden
D5	.HOUR	Stunde
D6	.MINUTE	Minute
D7	.SECOND	Sekunde
D8	TIMERn	Timer
D9	.ENABLED	aktiv
DA	.ELAPSED	abgelaufen
DB	COUNTERn	Zählerwert
DC	.INCR	Incremente
DD	DRIVEn	Motor-Drive
DE	.SPEED	Geschwindigkeit
DF	.SLOPE	Rampe
E0	.MOVE	Schritte

Tabelle C.5 Systemvariablen (Forts.)

Token (hex)	Anweisung	Funktion
E1	DEG()	f(x)
E2	RAD()	
E3	SIN()	
E4	COS()	
E5	TAN()	

Tabelle C.6 Intrinsische Funktionen

Token (hex)	Anweisung	Funktion
E6	ATN()	
E7	SQR()	
E8	EXP()	
E9	LOG()	
EA	LO()	
EB	HI()	
EC	ABS()	
ED	SIGN()	
EE	TRUNC()	
EF	ROUND()	
F0	MIN()	f(x,y)
F1	MAX()	
F2	POW()	
F3	LEN()	f(str)
F4	VAL()	
F5	POS()	
F6	EOF()	f(obj)
F7	INFO()	

Tabelle C.6 Intrinsische Funktionen (Forts.)

Token (hex)	Anweisung	Funktion
F8	CR	Carriage Return (13h)
F9	NL	New Line (10h)
FA	ESC	Escape (27h)
FB	CHR()	Zeichencode
FC	BIN()	Binärformat

Tabelle C.7 Formatierungen

Token (hex)	Anweisung	Funktion
FD	HEX()	Hexformat
FE	USING()	Userformat

Tabelle C.7 Formatierungen (Forts.)

Token (hex)	Anweisung	Funktion
FF	PROGEND	letztes Token am Ende

Tabelle C.8 Spezial-Token

Anhang D
Literaturverzeichnis

[1] Frank O'Brien, *The Apollo Guidance Computer*, Springer-Verlag, 2010.

[2] *https://www.arm.com/technologies/cmsis*.

[3] Texas Instruments, *TMS 1000 Series Data Manual*, TI, 1976.

[4] Texas Instruments, G.W. Boone, *Computing Systems CPU*, US-Patent #3757306, Houston, 1973.

[5] Intel, *MCS-4 Micro Computer Set*, Intel Corporation, 1971.

[6] U. Altenburg, *Prozessor-Ziegel, M16C-TinyBrick in BASIC programmiert*, ELEKTOR, Heft 3, 2009.

[7] Elektronik-Reihe, *Standard-Schaltungen der Digital- und Analogtechnik*, Franzis Verlag, 2007.

[8] ATMEL, AVR121 *Enhancing ADC Resolution by Oversampling*, Application Note, ATMEL, 2005.

[9] M. Stigge, H. Plötz, W. Müller, J.-P. Redlich, *Reversing CRC – Theory and Practice*, HU Berlin Public Report SAR-PR-2006-05, 2006.

[10] E. Glatz, *Betriebssysteme Grundlagen, Konzepte, Systemprogrammierung*, dpunkt.verlag, Heidelberg, 2019.

[11] J. Goll, M. Dausmann, *C als erste Programmiersprache*, 8. Auflage, Springer Vieweg, Wiesbaden, 2014.

[12] B. Heinrich, P. Linke, M. Glöckler, *Grundlagen Automatisierung, Sensorik, Regelung, Steuerung*, 2. Auflage, Springer Vieweg, 2017.

[13] J. Altenburg, U. Altenburg, *Mobile Roboter – Vom einfachen Experiment zur künstlichen Intelligenz*, 3. Auflage, Carl Hanser Verlag, München, 2002.

[14] J. Altenburg, *Embedded Systems Engineering, Grundlagen-Technik-Anwendungen*, Carl Hanser Verlag, 2021.

[15] W. W. Petersen, *Cyclic Codes for Error Detection*. Proceedings of the IRE, Vol. 49, No. 1, 1961, S. 228–235.

[16] H. Reß, G. Viebeck, *Datenstrukturen und Algorithmen; Objektorientiertes Programmieren in C++*, Hanser Verlag, München, Wien, 2000.

[17] Hewlett-Packard, *2000F Time-Shared Basic programmer's guide*, 1973.

[18] A. V. Aho, R. Sethi, J. D. Ullmann, *Compilerbau*, Addison-Wesley Verlag, Bonn, 1988.

[19] N. Wirth, *Grundlagen und Techniken des Compilerbaus*, Oldenbourg Wissenschaftsverlag, 2008.

[20] U. Meyer, *Grundkurs Compilerbau*, Rheinwerk Verlag, Bonn, 2021.

[21] R. Wilhelm, D. Maurer, *Übersetzerbau, Theorie, Konstruktion, Generierung*, Springer-Verlag, Berlin, Heidelberg, 1992, 1997.

[22] R. Wilhelm, H. Seidl, *Übersetzerbau, Virtuelle Maschinen*, Springer-Verlag, Berlin, Heidelberg, 2007.

[23] K. Nacke, *Lern LLVM 12*, Packt Publishing, Birmingham, 2021.

[24] T. Archer, *Inside C#, Objektorientiertes Programmieren der nächsten Generation mit C#*, Microsoft Press Deutschland, 2001.

[25] T. Parr, *Language Implementation Patterns*, The Pragmatic Programmers, 2010.

[26] ST-Microelectronics, *How to use EEPROM emulation on STM32 MCUs*, Application Note, ST-Microelectronics, 2024.

[27] B. Bauer, R. Höllerer, *Übersetzung objektorientierter Programmiersprachen*, Springer-Verlag, Berlin Heidelberg, 1998.

Index

D

E

F

G

M

N

O

P

R

S

T

U

V

W

X

Z